Vespa

mi' amore

LA SPEZIA
BOLOGNA
98
BAR

Vespa

mi' amore

Lutz-Ulrich Kubisch / Günther Uhlig

Motor buch Verlag

Abbildungen:

Auto Union GmbH (3), Bajaj Motorfahrzeug-Vertrieb GmbH (2), BMW AG (1), Der Reiz (5), Fried. Krupp AG (1), Josef Faber GmbH (1), Fujumi Space Publishing (1), W. Jan Fusaro (6), Geely Ming Co. (1), in-Vento Verlag GmbH, Welden (2), Emil Jellinek (1), Koch Motorrad GmbH (2), Archiv Ulrich Kubisch (116), Kreisarchiv Mettmann (2), Museum of Vespa Art/bild-werk-lange.de (3), Donald Neuburger (2) Werbeagentur Herbert Nonn GmbH (5), Ludwig Opolony (1), Piaggio & C. SpA (289), Vaclav Petrik (1), B. K. Portanje (2), Archiv Halwart Schrader (9), Ulrich Schwab (1), SIP Scootershop (5), Bettina Uhlig (4), Günther Uhlig (210), Patrick Uhlig (2), Vespa-Club von Deutschland (3), Vespahouse Melbourne (3), Vespa GmbH Augsburg (58), WK-Verlag (6), Taichiro Yasukawa (2), Zweirad-Museum Neckarsulm (1).

Titelfoto:
Die Schauspielerin Yvonne Furneaux, bekannt geworden durch den Film »Dolce Vita«, hier mit Marcello Mastroianni bei Dreharbeiten auf einer Vespa im Frühjahr 1962. Das Foto auf Seite 2 wurde 1959 anläßlich der Giro Vespistico di Tre Mare in Sizilien aufgenommen.

Einbandgestaltung: Luis dos Santos

ISBN 978-3-613-03700-1

1. Auflage 2014
Die Vorauflage erschien 2012 mit der ISBN 978-3-613-03479-2

Sie finden uns im Internet unter
www.motorbuch-verlag.de

Innengestaltung: Tebitron GmbH, 70839 Gerlingen
Druck und Bindung: Bechtel-Druck GmbH & Co. KG, 73061 Ebersbach/Fils
Printed in Germany

Inhalt

Vorwort zur Neuauflage

Dieses Buch ist eine Liebeserklärung. An meine Liebe - mi` amore.

Als im Sommer 2011 der Verlag mit der Frage an mich herangetreten ist, ob ich Lust hätte, die Neuauflage von Lutz-Ulrich Kubischs Kultbuch zu verfassen, sagte ich recht spontan zu, immerhin kannte ich mich mit Vespas ganz gut aus. Als ich dann Kubischs Text noch einmal von vorne bis hinten las, wurde mir schlagartig klar, dass die Latte enorm hoch lag. Kubisch hatte mit unendlicher Akribie Fakten zusammengetragen, präzise ausgewertet und mit für die damalige Zeit hervorragendem Bildmaterial zu einem einzigartigen Werk zusammengefügt - allerdings auf dem Stand zu Beginn der Neunzigerjahre. Und er schien sich damit abgefunden zu haben, dass es mit der Einführung neuer Rohrrahmenroller mit Kunstoffbeplankung á la Sfera und Quartz bei Piaggio mit der Vespa zu Ende gehen würde. Heute wissen wir: es sollte anders kommen. Ganz anders.

Zunächst galt es, Fakten für die Fortschreibung der Modellchronik nach 1990 zu sammeln. In den öffentlich zugänglichen Literaturquellen und Internetseiten fanden sich eine Reihe Ungereimtheiten, von den Unzulänglichkeiten falscher Abbildungen bis hin zu groben Fehlern, die sich bei den verschiedensten Autoren immer und immer wiederholt hatten - das konnte ja kaum ein Zufall sein ... Also kam nur in Frage, es genauer zu machen - ein Fulltimejob auf Monate!

Um die Texte mit entsprechendem Bildmaterial unterlegen zu können, durchstöberte ich mein Archiv mit Aufnahmen von Szenetreffen, zahlreichen Italienreisen und einem Besuch im Werk Pontedera mit dem Museo Piaggio. Aber das sollte nicht genügen, neue Reisen über die Alpen zu Werkstätten und Restaurationsbetrieben waren angesagt. Und mit der Kamera legte ich mich auf die Lauer, um Szenen auf Straßen und Plätzen einzufangen. Wieder zuhause ging ich ohne Fotoausrüstung nicht mehr aus dem Haus, bis ich all die Motive im Kasten hatte, die geeignet erschienen, dem Leser ein umfassendes Bild vermitteln zu können.

Es stellte sich aber auch heraus, dass die übrigen Kapitel nach mehr als zwanzig Jahren nicht einfach so in eine Neuauflage übernommen werden konnten und weiterer Recherchen bedurften, bis endlich im November 2012 das neue Buch präsentiert werden konnte. Dass die Lagerbestände binnen eineinhalb Jahren dahinschmolzen eröffnet nun die Gelegenheit, eine weitere überarbeitete und ergänzte Auflage des Buchklassikers vorzustellen.

Fortgeschrieben wurde nicht nur die Modellgeschichte bis zum aktuellen Jahrgang 2014, auch die Kapitel über die Geburt der Vespa und die Vespa im Ausland wurden von Grund auf neu gefasst und mit zahlreichen neuen Bildern versehen. Zusätzlich konnten einige Ungenauigkeiten beseitigt, Bilder ausgetauscht und Ergänzungen vorgenommen werden. Und für technisch weniger versierte Leser werden ein paar Grundkenntnisse zum Verständnis eines Zweitaktmotors, eines Viertaktmotors oder einer stufenlosen Getriebeautomatik vermittelt - genug also, damit auch die auf ihre Kosten kommen, die bereits eine ältere Auflage des Buches besitzen.

An dieser Stelle gilt mein Dank denen, die mich bei der Arbeit unterstützt haben, allen voran meiner Familie. Und ich wiederhole meine Bitte: sollten Ihnen Fehler auffallen oder haben Sie Hinweise, dann scheuen Sie sich nicht, sich an uns zu wenden. Wir sind dankbar für jede Anregung.

Ihnen, liebe Leser, wünsche ich bei der Lektüre des umfangreichsten Vespabuchs, das jemals in einer deutschen Originalausgabe erschienen ist, viel Spaß. Tauchen Sie mit allen Sinnen ein in ein Leben mit der einzigartigen Vespa. Genießen Sie das Gefühl grenzenloser Freiheit, von einem Abenteuer unter südlicher Sonne - mit Pasta und Vino, mit Espresso, Meer und mehr.

Freiburg i.Br., im Sommer 2014
Günther Uhlig

Vorwort zur Erstauflage

Als Autor und Verlag sich unabhängig voneinander mit dem Gedanken beschäftigten, ein Buch zum Thema Vespa entstehen zu lassen, ahnte niemand, welch eine umfangreiche Arbeit alle Beteiligten erwartete.

Der »Griff ins Wespennest« — hier wörtlich zu verstehen — brachte eine solche Fülle von Material ans Tageslicht, daß sich die Realisierung der Idee von einem Buch über den Vespa-Motorroller schon bald als ein recht kompliziertes Unterfangen erwies. Erschwerend war der Umstand, daß von den ersten Anfängen an die Firma Piaggio in Italien wie auch ihre ausländischen Lizenznehmer in allen Publikationen im Vergleich zu anderen Automobil- und Motorradfirmen den menschlichen Aspekt des Rollerfahrens und die Ausstrahlung der Vespa an sich in den Vordergrund stellten; Berichterstattungen technischen Inhalts oder genaue Modellbeschreibungen bildeten in ihren Veröffentlichungen die Ausnahme. So war es oft ein schwieriges Unterfangen, ihre korrekte Typenbezeichnung zu finden.

Die Basis für die Typologie dieses Buches ist das offizielle Seriennummernverzeichnis des Hauses Piaggio mit den dazugehörigen Modellbezeichnungen, das von den Anfängen 1946, also vom ersten Modell V.98, bis zum Ende des Produktionsjahres 1990 vorlag. Die dort verwendeten Typenbezeichnungen unterscheiden sich indessen zum Teil von den Modellbezeichnungen, die in der Werbung und in Firmenprospekten benutzt werden. Hinzu kommen Unterschiede zwischen den im Herstellerland Italien verwendeten Bezeichnungen und denen, die man in den Import- bzw. Lizenznehmerländern, insbesondere Deutschland, Frankreich und England, verwendete.

Die Konturen waren somit gezeichnet, doch die vielschichtige Substanz zu ihrer Ausfüllung verlangte ein intensives Studium der Technikgeschichte des Hauses Piaggio ebenso sehr wie die Beschäftigung mit der europäischen Wirtschaftsentwicklung der letzten viereinhalb Jahrzehnte. Denn die Vespa ist nicht irgend ein Rollerfabrikat und dieses Buch nicht nur eine

Beschreibung seiner Besonderheiten. Der Name Vespa steht vielmehr für ein ganzes Phänomen, dessen Erscheinen revolutionäre Folgen hatte und die motorisierte Welt entscheidend beeinflußte.

Und da ein Phänomen nicht allein mit wenigen Worten zu erklären und kommentieren ist, sondern eine genaue Analyse verlangt und in allen Details dargestellt sein will, um in seiner Bedeutung erfaßbar zu sein, geriet dieses Buch zu einer recht ausführlichen Dokumentation. Sie enthält alle Entwicklungsstadien, die der Vespa-Motorroller seit seiner Geburt im Jahre 1945 durchlief. Und sie beschränkt sich nicht allein auf Italien, sondern erzählt die Vespa-Story auch aus allen anderen Ländern, in denen es je Lizenz- und Montageproduktionen (und Plagiate!) gab.

Die Hintergrundstory zu der enormen Typenvielfalt, die unternehmerischen Aktivitäten des Herstellerwerks, die motorsportliche Seite, das internationale Clubleben, Rekord- und Langstreckenfahrten: Kein Themenbereich wurde ausgelassen. Die Chronologie der Berichterstattung schließt in allen Kapiteln eine technische Beschreibung der jeweils aktuellen Modelle ein und nennt deren wichtigste Unterscheidungsmerkmale. So kann der Leser sich schnell informieren, wenn er Einzelheiten zu einem bestimmten Vespa-Modell sucht.

Das bekannte Dreiradfahrzeug »Ape« bleibt nicht unerwähnt, denn bei diesem Kleintransporter handelt es sich ebenfalls um ein weitverbreitetes Vespa-Produkt, das parallel zum Roller entstanden ist. Weniger bekannt ist die Tatsache, daß es auch einmal ein Vespa-Automobil gab – auf dieses interessante Fahrzeug wird mit gleicher Ausführlichkeit eingegangen.

Bei der Entstehung des Buches haben viele Vespa-Freunde und -Experten mitgewirkt, bei denen sich Autoren und Verlag an dieser Stelle herzlich bedanken möchten.

Im Hause Piaggio war es vor allem Sergio Lanza von der Direzione Commerciale e Marketing, der Ulrich Kubisch den Weg zum Archiv freimachte. Bei der Bildbeschaffung ließ Allessandra Pollina ihn in die abgelegensten Winkel der Werbeabteilung vorstoßen, während Stefane Panarisi den Staub von alten Aktendeckeln wischte und auf hohen Leitern so manch verborgenen Schatz aus dem Firmenarchiv holte. Und ohne Loriana Mancini wäre in Pontedera nichts gelaufen; Als Dolmetscherin trug sie Sprachbarrieren ab, außerdem futterte sie unzähligemale den Fotokopierer mit alten Vespa-Dokumenten... grazie!

Wolfgang Rauser von der Geschäftsleitung der Vespa GmbH in Diedorf bei Augsburg und Hans Prihoda von der Marketingabteilung unterstützten das Projekt ebenfalls nach Kräften, nicht zuletzt auch Lothar Behr als langjähriger Presse- und PR-Berater für die Vespa GmbH, Arthur Eichner als Präsident des Vespa-Club Deutschland und Hans Krüger vom Rollermuseum Aßmannshausen. Ralf Hornung und Professor Dr. Peter Kirchberg spürten in ihren Archiven Fotos von Vespa-Vorläufern auf, und Klaus Peters, Chef des Protokolls der Deutschen Aerospace, steuerte Informationen zur Geschichte der Messerschmitt-Vespa bei.

Dank auch Dr. Bernd Wiersch vom Automuseum Wolfsburg (Volkswagenwerk für seine Hintergrund-Information zur Augsburger Rollerproduktion sowie Herrn Ulrich Rauchenbichler vom Kreisarchiv Ratingen für das Informationsmaterial über die Hoffmann-Werke. Viel Unterstützung ließ dem Autor Kurt Klühs zuteil werden, der bei allen Reisen nach Pontedera als sachkundiger Berater zur Verfügung stand.

Für das technische Lektorat zeichnete Andy Schwietzer verantwortlich. Darüberhinaus unterstützten uns Gerd-Dieter Schulze vom Vespa-Club Hamburg, B. K. Portanje vom Scooter & Vespa Club aus Bunnik in den Niederlanden, Lucien Pauli aus Dübendorf in der Schweiz, Albert Wayss, Präsident der Vespa-Club-Austria, Komm. Rat Josef Faber von der Vespa-65-Generalvertretung in Österreich, Taichiro Yasukawa aus Osaka und Hiroshi Sawai, Saitama, Japan.

Ohne die tatkräftige und uneigennützige Hilfe aller Spezialisten hätte diese Arbeit kaum realisiert werden können. Reisen durch ganz Europa waren notwendig, um das Material zusammenzutragen, Archive wurden durchforstet, Interviews geführt, Spezialisten befragt.

Die Quantität des Stoffes nahm zuletzt schon fast beunruhigende Dimensionen an. All dieses Material lückenlos durchzuarbeiten, erforderte viel Zeit, die Flächen mehrerer Schreibtische und die Inanspruchnahme einer Datenverarbeitung per Computer. Mit dessen Hilfe war es möglich, die vielfältigen Informationen und Hinweise aus den verschiedensten Quellen miteinander zu verknüpfen, eine Chronologie des Hauses Piaggio und der Vespa-Produkte und Ereignisse zu erstellen sowie Höhepunkte in der Entwicklung aufzuzeigen, die vor dem Hintergrund des Konkurrenzgeschehens noch an Brillanz gewinnen.

Als ganz hervorragende Quellen zur Vespa-Historie erwiesen sich nicht zuletzt auch die Zeitschriften *Piaggio*, herausgegeben vom Werk seit dem Jahre 1949, sowie *Vespa Nachrichten*, *Vespa-Tip* und *Vespisti* — allesamt ausgezeichnete Chroniken zur Rollergeschichte .

Es bedarf dieses Buches nicht, um Vespa-Enthusiasten eine besondere Philosophie zu vermitteln, eine solche haben sie seit geraumer Zeit selbst mitgeprägt. Die älteren schon vor Jahrzehnten, die jüngeren vielleicht erst seit einigen Wochen. Alle überzeugten Vespisti tragen dazu bei, daß diese vor über vierzig Jahren geborene Roller-Philosophie weiterlebt – und ewig jung bleibt.

Denn die Vespa ist weitaus mehr als ein Vehikel aus 1365 Einzelteilen. Ihre klassische Linie ist zeitlos und steht damit in einer Reihe mit dem berühmten Thonetstuhl, dem Rolls-Royce-Kühler, der Coca-Cola-Flasche. Der Vespa-Schöpfer Corradino d'Ascanio war überzeugt, daß der toskanische Motorroller auch eine erotische Komponente habe. Woran nicht zu zweifeln ist.

Für den Vespa-Enthusiasten steht fest, daß der Roller niemals »out« war oder sein wird. Und wer bisher der Faszination Vespa noch nicht erlegen ist, konnte beim Durchblättern dieser zweihundert Seiten Gefahr laufen, den Virus einzufangen – womit ein weiteres Anliegen dieses Buches, das weit über die Geschichtsschreibung in Sachen Vespa hinausgeht, erfüllt wäre... (Stand 1993)

14
MADRID
M-243238
M-302.397

Vespa – was sonst?!

In Singapur wie an unzähligen anderen Stellen der weiten Welt wurde die Vespa zur Selbstverständlichkeit.
Gegenüberliegende Seite: ein kirchlicher Würdenträger aus Spanien bei der Eurovespa 1962.

Vespa: Ein Symbolbegriff, eine Zauberformel. Fünf Buchstaben, die den Ausdruck eines ganzen Lebensgefühls wiedergeben. Das Wort »Vespa« steht für Jungsein, für Mobilität, für Romantik, Zweisamkeit und noch viel mehr. Es gibt eine Vespa-Philosophie, ja — einen Vespa-Kult.

Wo immer sich junge und auch junggebliebene Leute zusammenfinden, ist die Vespa mit von der Partie. Und als Motorroller hat dieses Fahrzeug das einst rein männliche Privileg durchbrochen, nach welchem es nur den Herren der Schöpfung vorbehalten war, sich zweirädrig zu motorisieren. Ein Mädchen auf einem Motorrad? Das war früher höchst ungewöhnlich, galt sogar als unschicklich. Gewiß, heute ist das anders. Aber erst der Roller sorgte dafür, daß motorisiertes Zweiradfahren nicht Männersache blieb. In der Werbung sprechen die Rollerhersteller die Frau sogar bevorzugt an, denn sehr bald hatten sie herausgefunden, daß gerade der Motorroller der Frau gänzlich neue Freiräume in ihrem Dasein verschaffte. Die anfänglich etwas hölzerne Formulierung, daß »auch Damen« einen Roller handhaben könnten, wich sehr schnell der gezielten und durch flotte Fotos unterstrichenen Aussage, daß man es eigentlich vorrangig auf weibliche Rollerkundschaft abgesehen hatte...

Ob auf dem Weg zur Uni, zur Schule, zum Büro oder zur Disco: Der Roller ist im Straßenverkehr sowie bei der zunehmenden Verknappung der Parkflächen allen anderen Verkehrsmitteln überlegen. Nur ganz wenige, extreme Wetterverhältnisse schließen eine Benutzung des Rollers aus. Der Sonntagsausflug, auch die Urlaubsreise allein, zu zweit oder in einer Scootergruppe sind per Roller kein Streß, keine Tortur. Es geht nicht um Geschwindigkeiten jenseits der 100 oder gar 150 km/h, um Rekordzeiten oder Überholprestige. Dem Rollerfahrer geht es viel mehr um ein ökonomisches und zugleich entspanntes Fahren und um eine bestmögliche Nutzung bestimmter rollertypischer Gegebenheiten, auf deren Vielfalt in diesem Buch ausführlich eingegangen wird.

Der Roller ist ein Kind der späten vierziger Jahre, hat aber bis heute kein bißchen von seiner anfänglichen Bedeutung eingebüßt. Im Gegenteil: Der zunehmende Massenverkehr bietet dem Zweiradfahrer eine echte Chance, dem Verkehrsinfarkt zu entgehen. Wer behende vorankommen will und öffentliche Nahverkehrsmittel, aus welchen Gründen auch immer, nicht benutzen kann oder mag, ist mit seiner Vespa noch immer am besten dran.

Der Roller hat auch eine soziale Komponente. Wo der Autofahrer in seinem Gehäuse ein von seiner Umwelt isoliertes Dasein führt, der Motorradfahrer durch eine Handbewegung am Gasgriff in Sekundenbruchteilen auf und davon ist, bleibt dem Rollerchauffeur der Kontakt zu seiner Umwelt erhalten. Trotz Schutzhelmpflicht (es lebe die Halbschale!) kommuniziert er mit dem Kollegen nebenan beim Ampelstop. Man parkt seinen Roller neben einem weiteren — und wo sie abgestellt sind, finden sich die nächsten ein. Das ist am Arbeitsplatz nicht anders als vor dem Bistro, vor dem Sportstadion oder auf dem romantischen Campingplatz am See.

Geselligkeit ist nämlich ein Begriff, den Motorrad- und Rollerfahrer stärker pflegen als andere motorisierte Mitmenschen. Und die vielen Vespa-Clubs, Vespa-Treffen, Vespa-Rallies haben eine lange Tradition! Sie sind Teil des oben erwähnten Kults, ebenso wie die Präsenz der Vespa in so vielen Filmen, Festivals oder Shows.

Italienisches Flair: stilbewußte Signora auf einer LX neuester Art.

Nicht ohne Grund ist die Popularität der italienischen Wespe mit ihrer schlanken Taille ein weltweites Phänomen.

Die praktischen Seiten des Rollerfahrens haben die gleiche Gewichtung wie die italienische Eleganz des Fahrzeugs. Das Flair gerade einer Vespa, das einfach unnachahmlich ist, trug viel zum Erfolg dieses Rollers bei. Man identifiziert sich gern mit diesem Gefährt, egal, ob Das italien es sich um ein antikes Stück aus den frühen fünf ziger Jahren mit hohem zum Sammlerwert oder um eine des Vespa nagelneue Cosa handelt: Vespisti sind stolz auf ihren Roller und haben es niemals nötig, sich quasi zu entschuldigen, daß sie »nur« auf zwei Rädern daherkommen. Ganz im Gegenteil: Es gibt auch heute noch jede Menge guter Gründe, die für die Benutzung dieses Motorrollers sprechen.

Es gab Zeiten, in denen Motorrad- und Rollerfahren weniger mit sportlichen oder weltanschaulichen Credos zu tun hatte, sondern eine reine Notwendigkeit darstellte mangels anderer Fahrzeuge. Denn nach 1945 hatten die allerwenigsten ein Auto, und öffentliche Verkehrsmittel konnten das Mobilitätsbedürfnis nur zu einem Bruchteil erfüllen. Da kam die Wiedererfindung des Rollers genau zur richtigen Zeit.

Die in den fünfziger Jahren noch vorherrschende Kleiderordnung trug einen guten Teil dazu bei, daß der Motorroller eine so große Verbreitung fand. Denn Büroleiter wie auch Geschäftsführer leg ten ganz besonderen Wert darauf, daß ihre Mitarbeiter in korrekter Kleidung zur Arbeit erschienen. Man brauchte nicht, wie als Motorradfahrer, besondere Schutzkleidung (die Helmpflicht gab es noch lange nicht), und so bevorzugten die etwas besser Verdienenden den Roller gegenüber dem Kleinmotorrad, das allenfalls der Arbeiter im Blaumann bestieg, dem dies auch weiter nichts ausmachte. Und in zunehmendem Maße setzten die Rollerstrategen jedoch auf das von der Jeans-Mode noch nicht erfaßte weibliche Geschlecht. Die junge Dame in Rock und Bluse konnte auf dem Sattel der Vespa beinahe so elegant sitzen wie in einem Auto!

> *Das italienische Flair trug viel zum Erfolg des Vespa-Rollers bei*

Hatten die Herrenreiter des vorigen Jahrhunderts noch den Damensattel geschaffen, um den sportiven Ladies einen sittsamen Sitz zu Pferde zu ermöglichen, so erschrak die Männerwelt der Wirtschaftswunderzeit vor dem Anblick des petticoatbewehrten Fräuleins, das wenig ladylike auf dem Sattel eines Kleinmotorrades nach Art der NSU Quickly hockte. Auch die Flucht der motorisierten Zweiradfahrerin in die knitterfreie Latexhose war keine elegante Alternative. So offerierten die Rollerhersteller den Töchtern und Ehefrauen ihrer Kunden den Scooter als adäquates, auch und gerade für Damen geeignetes Fahrzeug. »Kinderleicht zu bedienen, selbst von Frauen«, redeten Prospekttexte den Familienvätern ein.

Als die erste Motorisierungswelle, die dem Roller als »Nutzfahrzeug« für die Notwendigkeit der Mobilität zu seinem Starterfolg verholfen hatte, am Abklingen war, versuchten Piaggio und seine Konkurrenten, den Scooter als Zweitfahrzeug populär zu machen. Doch in den meisten Familien stellte der Roller noch immer das alleinige Fahrzeug, mit dem der Vater morgens zur Arbeit fuhr – Frau und Tochter blieben weiterhin unmotorisiert, nahmen am Wochenende allenfalls auf dem Sozius Platz. Bis Mitte 1956 durften bei uns Beifahrerinnen laut Straßenverkehrsordnung noch im Damensitz mitfahren und beide Beine keusch und einseitig am Hinterradblech baumeln lassen sehr zum Nachteil der Fahrstabilität. Diese Art des Mitfahrens blieb in Italien sehr viel länger populär.

Die mittfünfziger Jahre waren geradezu von einem Roller-Boom geprägt. Mehr denn je war Mobilität angesagt, zumal die expandierenden Industriegebiete und schnell wachsenden Trabantenstädte eine Trennung von Wohnung und Arbeitsplatz mit sich brachten, der so manches Nahverkehrssystem nicht gerecht werden konnte. Noch hatten nur wenige die

Chance, sich einen Kleinwagen oder gar einen VW Käfer zu leisten, also blieb der Roller ein idealer Kompromiss. Nur bei Wochenendausflügen oder Ferienreisen setzte er Grenzen, wenn die Familie drei oder mehr Personen groß war. Eine Übergangslösung war das Seitenwagengespann, bevor dann doch ein Kleinwagen oder sogar ein VW-Käfer, der für viele ein

Traumfahrzeug darstellte, angeschafft wurde.

So entwickelte sich der Roller in den sechziger Jahren immer mehr zu einem Fahrzeug für junge Leute: zum einen mit dem Aufkommen der kleinen 50-ccm-Motoren für diejenigen, die für etwas Größeres noch nicht alt genug waren, zum anderen als Statussymbol für verschiedene Subkulturen, die die zunehmende wirtschaftliche Sättigung hervorgebracht hat. In britischen Großstädten demonstriert die Bewegung der »Mods« (abgeleitet von »Modernists«) ungeachtet einer oft proletarischen Herkunft ihren Anspruch auf gesellschaftlichen Aufstieg in extravaganten und betont gepflegten Auftritten mit Anzug, Krawatte und dem passenden Fahrzeug: einem mit möglichst viel Chrom und Extras ausgestatteten Scooter der Marken Vespa und Lambretta. In Brighton entlädt sich der soziale Konflikt zwischen den Mods auf der einen und verfeindeten Rockerbanden auf der anderen Seite regelmäßig in heftigen Straßenschlachten. Der Film »Quadrophenia« bringt das Thema mit sehenswerten Bildern 1979 in die Kinos, damals ebbte die Bewegung bereits wieder ab. Zu dieser Zeit erfanden sich in Hamburg die Popper, die ebenfalls die Vespa zu ihrem Statussymbol erhoben. Sie pflegten bei ihren Auftritten mit Lifestyleklamotten von Lacoste, Designerschuhen von Timberland und Edelzigaretten von Dunhill zu provozieren und prägten für einige Jahre die Szene der Antirebellen.

Vereinzelt hielten sich Zweirad-Hersteller mit dem einen oder anderen Rollermodell am Markt, doch allein die Vespa vermochte ihre Dominanz zu behaupten. Es dauerte bis 1977, ehe sie wieder ernste Konkurrenz bekam — diesmal aus Fernost. Honda und Yamaha traten auf den Plan und und begannen, mit pfiffigen, zum Teil futuristisch gestylten Scootern mit hohem Bedienungskomfort neue Käuferkreise zu erschließen. Die Erkenntnis von der Bedrohung der Großstädte durch Verkehrsinfarkte half den Japanern, neue Argumente ins Feld zu führen: Stauzeiten, Parkplatznot, automobile Immobilität. Der Roller — und gewiß nicht allein der japanische — gab dem homo mot. die Freiheit auf Rädern zurück, die im Auto zunehmend Einschränkungen erfuhr. Nur zu gern entbehren Rollerfahrer dabei der prickelnden Angstlust, dem süchtig machenden Hochgefühl des Motorrad-fahrens auf der schmalen Haftgrenze zwi-schen Leben und Tod. »Sie genießen statt dessen die Welt und ihren schönsten Schein — Image mittels Roller, mit einem Ding, das alle Köpfe verdreht«, wie der *Spiegel* schon im Dezember 1982 so treffend schrieb.

Es ist ein weiter Bogen, der sich von der ersten Vespa der vierziger Jahre bis zum Cityflitzer von heute spannt. Doch ihr Konzept ist geblieben, wenn auch die

Ob zum Picknick Ausflug am Wochenende oder auf dem täglichen Weg zur Arbeit. Mit der Vespa erhielt die Mobilität eine neue Dimension.

Inhalte im Laufe der Jahrzehnte wechselten, durch Zeitumstände, Modeeinflüsse oder wirtschaftliche und auch umweltbezogene Gegebenheiten bedingt.

Vor allem eins hat sich über alle Jahre gehalten: Der Name Vespa steht nach wie vor als Gattungsbegriff für den Motorroller schlechthin. Zugegeben, nicht jeder Scooter ist eine Vespa, wie auch nicht jeder Geländewagen ein Jeep, jede Armbanduhr eine Rolex ist. Jedoch: Spontan interviewt, dürfte unter Garantie wohl so gut wie jeder Teenager mit »Vespa« antworten, wurde nach einem Rollerfabrikat gefragt.

Vespa — was sonst ?!

KAPITEL 1

Die Geburt der Vespa

Die Geschichte der Vespa ist die Geschichte von einer friedlichen Eroberung der Welt. Sie begann 1945, kurz nach dem letzten und stürmischsten Abschnitt des Krieges, als Enrico Piaggio vor dem Problem stand, seine zerbombten Betriebs stätten auf eine Friedens produktion umzustellen und den 12.000 dort zuvor beschäftigten Menschen wieder Arbeit zu verschaffen. Eine Realisierung Piaggios neuer Produktideen ermöglichte der damals 54jährige Ingenieur Corradino d'Ascanio, der sich bis dahin nur mit flugtechnischen Aufgaben befaßt hatte. Ohne Bezug zu traditionellen Motorradkonzepten und sicherlich auch ohne Kenntnis früherer Konstruktionen rollerartiger Zweiräder gelang es ihm, einen neuen Fahrzeugtyp zu schaffen, der sich binnen kurzer Zeit in allen sozialen Schichten durchsetzte und in der ganzen Welt unter dem Namen »Vespa« bekannt wurde.

Vespa V.98 Prototyp 1945 (MP6). Mit diesem Scooter begann der Welterfolg der Roller-Produzenten von Pontedera. Alle typischen Merkmale späterer Vespa-Generationen sind bereits erkennbar.

Vom Schiffsausrüster zum Rollerproduzenten

Der Name Piaggio stand bis 1945 für einen bedeutenden Industriekonzern, dessen Aktivitäten vor allem im italienischen. Rüstungswesen seine Ausprägung gefunden hatte. Als sich der Genueser Industrielle Rinaldo Piaggio, Vater des 1905 geborenen Enrico Piaggio, im Jahre 1884 in Sestri Ponente als Unternehmer selbständig machte, konnte es noch keinerlei Anzeichen dafür geben, daß seine Firma dereinst zu einem bedeutenden Hersteler für Militärflugzeuge, dann aber zum größten europäischen Zweiradproduzenten aufsteigen würde.

Rinaldo Piaggio richtete eine bescheidene Werkstatt für Holzverarbeitung ein, die an Bedeutung rasch zunahm. Schon. bald entstanden hier auch Innenausbau- :en für Schiffe. So fertigte man hier das Interieur für so bekannte Passagierdampfer wie die »Regina Elena«, die »Leonardo 1a Vinci« oder auch die deutsche »Loreley«. Die Piaggio-Chronik verzeichnet die Herstellung von Einrichtungen für insgesamt 221 Schiffe und Yachten, drei darunter auch für den Norddeutschen Lloyd.

Nur wenig später begann Piaggio in Sestri Ponente mit dem Bau von Eisenbahnwaggons. In den letzten Jahren des 19. Jahrhunderts hat te das Eisenbahnwesen überall eine zunehmende Bedeutung gewonnen, und Piaggios Firma gehörte zu den ersten, die in Italien Waggons herstellte. Im Verlauf der weiteren Expansion erwarb die Societá Piaggio 1901 ein Grundstück in Finale Ligure bei Savona, wo zunächst ebenfalls Bahnwaggons gebaut, ab 1915 aber auch Flugzeug-Reparaturen durchgeführt wurden. Schließlich entstanden hier auch komplette Flugzeuge und Flugboote. Ein Werk in Pisa kam hinzu.

1924 übernahm Piaggio eine große Lkw-Motorenbau-Werkstatt in Pontedera. In diesem nicht sehr romantischen Industriestädtchen in der Toskana etablierte sich ein neuer Piaggio-Zweig, die Herstellung von Flugzeug-Triebwerken. Damit besaß die Gesellschaft vier Standorte. Finale Ligure baute man in der Zeit von 1928 bis 1930 zum ersten industriellen Forschungszentrum Italiens aus, wo es einen Windkanal und ein Becken für hydrodynamische Versuche an Flugzeugrümpfen und Flugbootschwimmern gab.

Links: Herstellung von Schiffseinrichtungen in Pontedera in den frühen dreißiger Jahren. Aus einer Werkstatt für Holzverarbeitung entwickelte sich ein Unternehmen von Weltrang.

Oben: Boote für die italienische Kriegsmarine im Piaggio-Werk.

Rechts: Auch Hubschrauber gehörten zum Piaggio-Bauprogramm.

Unten: Zerstörungen großen Ausmaßes machten einen Neubeginn nach 1945 besonders schwer. Das Piaggio-Werk hatte durch Bombenangriffe stark gelitten.

Oben: Ein von Piaggio eingerichtetes Boot der Küstenwache verläßt die Werkshalle.

Unten: 1959er Piaggio P.166 als Aero-Taxi auf dem Flughafen von Turin.

Noch im Jahre 1924 wurden in Pontedera die ersten in Italien serienmäßig gebauten luftgekühlten Flugmotoren fertiggestellt. Die Leistung der Sternmotoren reichte von 300 bis 1750 Pferdestärken. Im Verlauf von zehn Jahren entwickelte sich dieser Betrieb, der zunächst einige hundert Beschäftigte zählte, zu einem Rüstungskoloß mit hohem technologischen Standard mit 10.000 Mitarbeitern. Im Waggonbau arbeitete man ebenfalls nach modernsten Methoden, unter anderem nach den Patenten der amerikanischen Budd Manufacturing Company, Ganzstahl-Aufbauten für Trambahnen und Omnibusse.

21 Internationale Rekorde in den dreißiger Jahren mit Piaggio-Flugzeugen

Enrico Piaggio, der 1938 nach dem Tode seines Vaters Direktor des Werkes in Pontedera geworden war, hatte sein ehrgeiziges Ziel erreicht und seinem Unternehmen weltweite Anerkennung verschafft. Auch die 21 internationalen Bestleistungen auf aeronautischem Gebiet trugen zum Prestige des Namens Piaggio bei — darunter war ein 17.000-Meter-Höhenrekord für Flugzeuge mit Kolbenmotoren, geflogen von Oberst Mario Pezzi. Er wurde bis heute nicht überboten.

Bei Ausbruch des Zweiten Weltkrieges hatte die Società Piaggio in der europäischen Luftfahrtindustrie eine bedeutende Position erlangt. Mussolinis Eroberungspläne bezogen die Kapazitäten eines solchen Konzerns mit ein: Piaggio-Flugzeuge wie der viermotorige Bomber P 108, dessen Bewaffnung sogar nordamerikanischen Bombern überlegen war, wurden in Abessinien, Albanien und Griechenland eingesetzt. Mit allen seinen Konsequenzen ein düsteres Kapitel in der Piaggio-Historie.

Ganz im Dienste der verhängnisvollen Mussolini-Politik wurde das Werk in Pontedera 1940 stark erweitert und zum Mittelpunkt des Piaggio-Konzerns gemacht. So entstand hier 1941 ein Flugzeug mit druckfester Kabine, die P 111— das erste Flugzeug, das für den Stratosphärenflug taugte. Es folgte die P 108 C mit Druckausgleichskabine für den Zivilbedarf.

Bei der starken Ausrichtung der Produktion auf militärische Rüstungsgüter gerieten die Piaggiowerke zwangsläufig zur Zielscheibe feindlicher Angriffe. Vom Boden und von der Luft aus wurden zwischen Oktober 1943 und Juni 1944 die 150.000 Quadratmeter großen Betriebsstätten und Produktionsanlagen - allein 70.000 in Pontedera - dem Erdboden weitgehend gleichgemacht.

Um zu retten, was noch zu retten war, konnte ein kleiner Teil transportfähiger Werkzeuge und Maschinen ins norditalienische Biella (Piemont), das sich zunehmend zu einer Hochburg des italienischen Widerstandes gegen den Faschismus (Resistenza) entwickelte, verlagert werden. Nach dort wurde bis auf weiteres auch die technische Abteilung mit Konstruktionsbüro und den Entwicklungsingenieuren verlegt.

Firmenchef Enrico Piaggio stand nach dem Ende der Kampfhandlungen vor der gewaltigen Herausforderung, mit dem übriggebliebenen Material und der geschrumpften Belegschaft in den wenigen verschonten Gebäudeteilen die Produktion wieder anzukurbeln - aber was sollte hergestellt werden? Die Metallreste und das, was auf dem Markt zu beschaffen war, taugte allenfalls für die Herstellung von Kochtöpfen, Bratpfannen und Spaghettisieben.

Eines der ehemals größten europäischen Industrieunternehmen und Küchengeschirr - ging das zusammen? Direttore Piaggio entschied: »No!«

Dottore Enrico Piaggio, eine der großen Unternehmer-Persönlichkeiten Italiens.

Die Verwüstungen in Italien hatten zu katastrophalen Lebensbedingungen geführt. Das Verkehrswesen war in den letzten Kriegsmonaten völlig zusammengebrochen, Bahnstrecken und Brücken waren gesprengt, Überlandstraßen von Panzern zerfahren; Züge, Busse und Autos Bomben und Querschlägern zum Opfer gefallen. Und wie es aussah, würden die zerstörten Autofabriken Jahre benötigen, bis sie wieder brauchbare Fahrzeuge herstellen konnten.

Der Ur-Roller Paperino

Enrico Piaggio erkannte, daß das Wiedererlangen von Mobilität für die Bevölkerung in dieser Zeit überlebensnotwendig war, um zur Arbeit zu gelangen, Güter des täglichen Bedarfs zu beschaffen und Erledigungen aller Art tätigen zu können. Angeregt durch die vielseitigen Welbikes, handliche Motorroller, die von britischen und amerikanischen Fallschirmjägern benutzt wurden, erteilte Piaggio seiner Entwicklungsabteilung den Auftrag, ein praktisches motorisiertes Zweirad zu konstruieren, das wirtschaftlich, alltagstauglich, anspruchslos, einfach zu warten, für die schlechten Straßenverhältnisse geeignet und bei all dem auch noch preiswert sein sollte.

Auf diese Weise entstand unter der Federführung des Ingenieurs Renzo Spolti noch 1944 in Biella aus alten Rohren und Blechresten der erste Prototyp eines Motorrollers der Firma Piaggio mit dem Modellcode MP5 (Moto Piaggio Nr. 5). Dabei soll der Aeromoto-Scooter, der bereits vor dem Krieg von Volugrafo in Turin für das Militär entwickelt worden war, Pate gestanden haben. Der MP5 verfügte zwar schon über ein Beinschild und durchgehende Trittbretter, nicht aber die sonstigen vespatypischen Merkmale wie die schlanke Taille, die runden Seitenbacken und vor allem den praktischen offenen Durchstieg. Ausgestattet war er mit einem Motorradlenker und -Sattel, Schubkarrenrädern und einem 98-ccm-Einzylinder-

Direkt vom Welbike Roller der alliierten Luftlandetruppen abgeleitet war der englische Corgi-Roller (oben), von dem Enrico Piaggio sich inspirieren ließ...

...und der Ur-Roller »Paperino« (rechts) war der erste Versuch, diese Idee aus vorhandenen Bauteilen zu realisieren.

Zweitaktmotor, der zuvor als Anlaßaggregat für Flugzeugmotoren gedient hatte und von Sachs gestammt haben soll. Mittels einer Kardanwelle wurde die Antriebskraft stufenlos auf das Hinterrad übertragen. Seiner etwas unförmigen Gestalt halber erhielt der Roller den Spitznamen »Paperino«, die italienische Bezeichnung für »Donald Duck«. Stimmen die Überlieferungen, sollen damals mehr als einhundert solcher Fahrzeuge hergestellt worden sein, was heute vor dem Hintergrund, daß Firmenchef Piaggio schon beim ersten Anblick sein Mißfallen bekundet und das Projekt verworfen haben soll, und daß außer dem restaurierten Ausstellungsstück im Piaggiomuseum nur noch ein anderes Exemplar existieren soll, nicht mehr ohne weiteres nachvollziehbar erscheint.

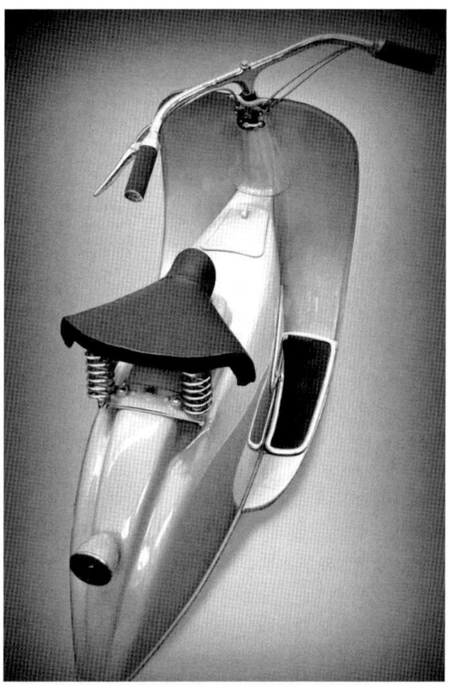

Der Paperino war ausgesprochen schmalbrüstig und hatte nur wenig Bodenfreiheit.

Die Vespa – Phönix aus der Asche

Die Gesamtbelegschaft Piaggios ist von ehemals rund 14.000 Beschäftigten, davon mehr als die Hälfte im Werk Pontedera, auf ein paar hundert am Ende des Krieges geschrumpft. Ihnen und den langsam zurückkommenden Heimkehrern galt es, so schnell wie möglich Arbeit zu geben – zum Wohle der Familien und natürlich zur Wiederauferstehung des Unternehmens. Mit seinem Tatendrang hob sich Piaggio dabei wohltuend vom Geldadel Italiens ab, der sich lieber zweifelhaften Spekulationen hingab als die Ärmel hochzukrempeln und tatkräftig beim Wiederaufbau anzupacken.

Enrico Piaggio bestellte seinen fähigsten Ingenieur, Corradino D´Ascanio – ein begnadeter Konstrukteur von Luftfahrzeugen, darunter dem ersten flugtauglichen Hubschrauber – nach Biella, um ihn mit der Entwicklung des neuen Motorrollers zu beauftragen. Nach anfänglichem Zögern stimmte D´Ascanio, der mit Zweirädern bisher nicht das geringste zu tun hatte, zu. Eine Weiterentwicklung des ungelenken Paperino allerdings lehnte er strikt ab und bestand auf völlig freier Hand für die Verwirklichung seiner Ideen. Piaggio, vom Genie D`Ascanios überzeugt, soll dazu mit den Worten: »Sie alter Sturkopf, tun Sie, was Sie wollen, aber tun Sie es«, seinen Segen erteilt haben. So schaffte es D`Ascanio, die Vespa in ihrer Grundform, wie sie uns noch heute vertraut ist, von der ersten Konstruktionszeichnung am 30. August 1945 bis zum fahrbereiten Prototypen binnen weniger Wochen auf die Räder zu stellen.

Ingenieur Corradino d'Ascanio, Schöpfer der Vespa.

Vom Prototyp MP6 zur Serienproduktion der V.98

In seiner Festansprache anläßlich des zwanzigsten Vespa-Jubiläums 1966 erinnerte D`Ascanio an die Anfänge: »Bereits während der Zeit der Besatzung beschäftigte man sich im Technischen Büro, das nach Biella verlegt worden war, mit der Frage, wie es nach dem Krieg weitergehen sollte. Zunächst waren es vorhandene Konstruktionen aus dem Nutzwagensektor, die einer näheren Prüfung unterzogen wurden«.

Auf Piaggios Anregung hin wandte man sich dann aber dem Zweirad zu. D`Ascanio selbst hatte sich zuvor noch nie näher mit Motorrädern beschäftigt und kannte sie eher von Sportveranstaltungen. Er erinnert sich weiter: »Bei Autofahrten konnte ich verschiedentlich beobachten, wie Motorradfahrer bei einer Panne am Straßenrand mühselig das Rad ausbauen und den Reifen von der Felge ziehen mußten. Mir war daran gelegen, daß für die Behebung einer Reifenpanne für den Scooterfahrer keine größeren Umstände verbunden sein sollten als für einen Autofahrer«.

Durch die Übernahme von Konstruktionsmerkmalen aus dem Flugzeugbau setzte D`Ascanio diesen Vorsatz in die Tat um: Statt eine übliche Gabel zur Führung des Vorderrades zu verwenden, schuf er eine einseitige Einrohraufhängung, was schnellere Radwechsel ermöglicht, zumal Vorder- und Hinterrad die gleiche Dimension aufwiesen und untereinander austauschbar waren. Die Vespa konnte man von Anfang an mit einem Reserverad geliefert bekommen, was bei einem Motorrad meist nur in Verbindung mit einem Seitenwagen ging.

Beim Fahrgestell der Vespa hatte man Anleihen am modernen Automobilbau genommen: statt des traditionellen Rohrrahmens verwendete D`Ascanio eine verschweißte selbsttragende Stahlblechkarosserie mit hoher Stabilität. Durch das breite Wetterschild vor den Beinen blieben der Fahrer und seine Kleidung vor Verschmutzung verschont.

Der freie Durchstieg, bisher nur beim Damenfahrrad üblich, verlieh dem Fahrzeug eine vielseitige Nutzung und war eine Folge der neuartigen liegenden Anordnung des Motors, der ohne Sekundärantrieb im Block mit dem Getriebe direkt vor dem Hinterrad saß. Das Auf- und Absteigen war für jedermann und jedefrau leichter als bei einem Motorrad, zumal es anstelle von Fußrasten ein festes durchgehendes Bodentrittblech gab, das auch noch als Ablage genutzt werden konnte. Mit Ausnahme der Fußbremse waren alle Bedienelemente am Lenker angeordnet. Selbst um den Gang zu wechseln, mußte man nicht mehr die Hand vom Lenker nehmen, um den damals weit verbreiteten Tankschalthebel zu erreichen: das ging jetzt von einem Drehgriff am linken Lenkerende aus über ein mehrfach umgelenktes Gestänge.

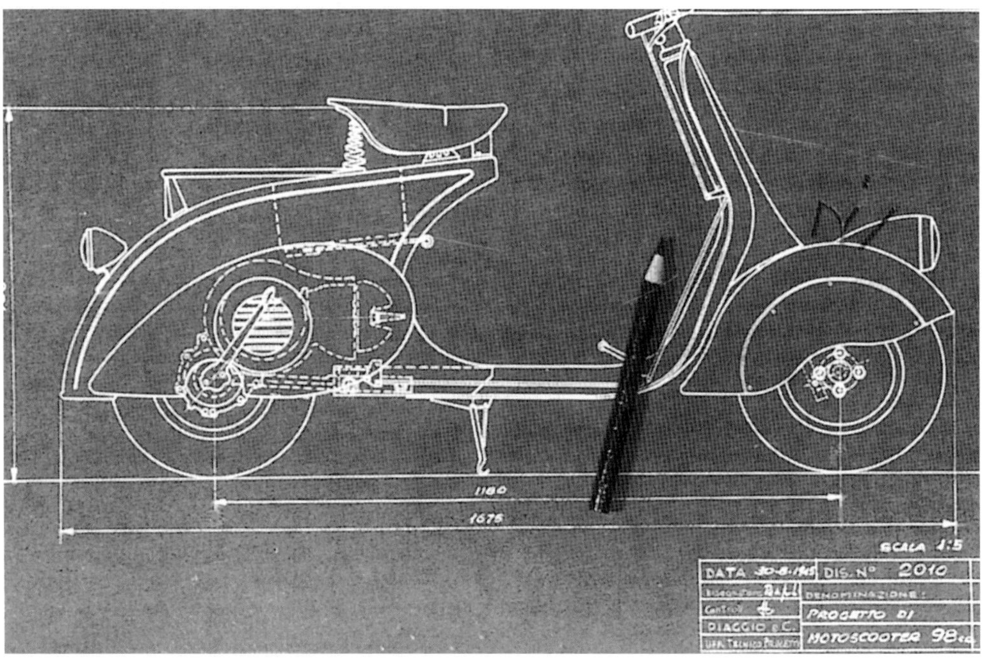

Erste Konstruktionszeichnung für den Prototype der V.98, datiert vom 30. August 1945 und von Enrico Piaggio mit »si« abgezeichnet.

Enrico Piaggio besuchte das Konstruktionsbüro in Biella in kurzen Abständen und drängte zur Eile, um schnellstmöglich die Produktion aufnehmen zu können. Noch im Oktober 1945 stand der erste Vespa-Prototyp mit der Bezeichnung »Motoscooter 98cc«, später »MP6«*, auf seinen 8-Zoll-Rädern, und Piaggio berief eine Mitarbeiterkonferenz ein, um seine Vorstellung von der künftigen Ausrichtung des Unternehmens bekanntzugeben. Den Vorserienfahrzeugen sah man noch das Kriegsklima an: Das Blechkleid trug graugrünen Schutzlack und auf dem Beinschild prangte noch das alte Fliegerlogo. Die Lichtausbeute des kleinen Scheinwerfers auf dem vorderen Schutzblech, der mit einem 5W-Birnchen auskommen mußte, war erbärmlich – manch altersschwache Karbidlampe** hatte da mehr zu bie-

**) Die genaue Nomenklatur der Prototypen zum Zeitpunkt ihrer Entwicklung ist nicht zweifelsfrei zu eruieren. In der Erstauflage dieses Buches wird der »Paperino« noch als »Prototyp Nr. 1« bezeichnet. In einem Archivdokument ist neben einem Foto unter dem Datum »5-4-46« handschriftlich angemerkt: »Il Paperino di Sig. Ing. D. Spolti … moto M.P.3«. Heute jedenfalls bezeichnet das Unternehmen Piaggio den Paperino als »MP5«. Folgerichtig erhielt das darauf folgende Vorserienmodell der Vespa 98 dann den Code »MP6«.*

Prototyp MP6 von 1945 in restauriertem Zustand - heute ein unbezahlbares Sammlerobjekt

Ansicht des oben abgebildeten Prototyps MP6 von der linken Seite

ten. Aber all die Besonderheiten, die dem Roller seinen Namen einbrachten, waren bereits unverkennbar: die schmale Taille, der rundliche Leib und auch das Motorgeräusch. Als Enrico Piaggio zum ersten Mal vor ihm stand, soll er geäußert haben: »Sembra una Vespa«, was zu Deutsch bedeutet: »Sieht aus wie eine Wespe«. Damit hatte das Fahrzeug für alle Zeit seinen Namen weg. Und selbst die neuesten Baureihen GT/GTS und Primavera mit ihren Abkömmlingen verfügen über die einzigartigen ursprünglichen Stilmerkmale, was bis heute die Genialität und Wandlungsfähigkeit des Originalentwurfs beweist

1952 stand diese V.98 auf der italienischen Zweiradausstellung. Das Wort »Prototipo« deutet darauf hin, daß es sich um eines der ersten Vorserienmodelle handelte.

Der MP6 wurde noch von dem 98-ccm Sachs-Motor des Paperino angetrieben. Anders als bei der späteren Serie weist er an der rechten Seitenbacke vorne große Lüftungsschlitze und hinten schuppenförmige Auslässe für die Fahrtwindkühlung des Motors auf. Die aber wurde wegen thermischer Probleme von D`Ascanio rasch verworfen: er konstruierte einen neuen schlitzgesteuerten Einzylinder-Zweitaktmotor mit einer Gebläsekühlung - ein Meisterwerk an Einfachheit und Zweckmäßigkeit, an dem Firmenchef Piaggio großen Gefallen fand und das später so in die Serie übernommen wurde. Dadurch entfielen bei der Vespa 98 die auffälligen Schlitze in der Backe, die fortan ein rundes offenes Fenster bekam, hinter dem das durch ein Gitter geschützte Schaufelrad für die Kühlluft platziert war

***) Die von Pferdefuhrwerken übernommenen und mit Acetylen betriebenen Gaslampen stellten die erste Generation der Beleuchtung an Motorfahrzeugen dar.*

Kleine Vespa-Motorenkunde

Beim Vespa-Motor handelt es sich um einen Hubkolben-Verbrennungsmotor. In einem Zylinder bewegt sich ein Kolben auf und ab. Der Weg vom tiefsten bis zum höchsten Punkt wird als Hub bezeichnet, der Raum dafür im Zylinder entsprechend Hubraum. Bei der Vespa 98 hatte der Zylinder einen Durchmesser (Bohrung) von 50 mm und der Weg des Kolbens betrug von ganz unten bis ganz oben ebenfalls 50 mm (Hub). Je eine Auf- oder Abbewegung entspricht einem »Arbeits-Takt«". Die Hubbewegung wird über das Pleuel in eine Drehbewegung der Kurbelwelle umgewandelt. Damit der Kolben sich bewegt, wird zuerst eine Kraft benötigt, die ihn von oben nach unten drückt. Das geschieht, indem in einem abgeschlossenen Raum über dem Kolben, dem Brennraum – einer Mulde im Zylinderkopf – ein hochexplosives komprimiertes Luft-Kraftstoffgemisch durch den Funken der Zündkerze zur Explosion gebracht wird und sich dabei ausdehnt. Bevor der Vorgang wiederholt werden kann, muß das verbrannte Gas ausgestoßen werden, der Brennraum erneut gefüllt, das Gasgemisch verdichtet und schließlich gezündet werden.
Diese vier Arbeitsschritte, nämlich Ansaugen, Verdichten, Arbeiten und Ausstoßen, wiederholen sich in immer gleicher Weise. Das Gasgemisch wird im Vergaser durch Zerstäubung des Kraftstoffs und Luft erzeugt und durch einen Schlitz unten im Zylinder aufgrund des Unterdrucks, der dort durch den sich nach oben bewegenden Kolben entsteht, zunächst ins Kurbelgehäuse angesaugt, daher der Name Saugmotor.
Abgedichtet wird der Einlaßschlitz durch die Wand des Kolbens. Er öffnet sich, wenn der untere Kolbenrand nach oben gleitet und schließt sich wieder bei der Abwärtsbewegung des Kolbens. Man spricht deswegen von einer Schlitz- oder Kolbenkantensteuerung. Das Abgas entweicht durch einen höher gelegenen Auslaßschlitz, wenn der Kolben nach der Zündung wieder nach unten fährt und der obere Kolbenrand das Schlitzfenster freigibt. Gleichzeitig kommt es im Kurbelgehäuse zu einer Vorverdichtung des angesaugten Frischgases, das durch den dann entstehenden Überdruck durch einen sog. Überströmkanal in der Zylinderwand in den Brennraum gelangt. Gleichzeitig entweicht das letzte Abgas, bis der obere Kolbenrand den Auslaßschlitz bei der nächsten Aufwärtsbewegung wieder verschließt.
Die oben beschriebenen vier Arbeitsschritte finden nicht einzeln hintereinander statt, sondern in nur zwei Takten, nämlich »Verdichten« in der Brennkammer und gleichzeitig »Ansaugen« in die Kurbelkammer mit der Aufwärtsbewegung des Kolbens im ersten und »Verbrennen«, »Vorverdichten«, »Auslassen« und »Überströmen« mit der Kolben-Abwärtsbewegung im zweiten Takt. Somit ist jeder zweite Takt ein Arbeitstakt, daher der Name »Zweitaktmotor«.
Die Zweitaktmotoren besitzen keinen eigenen Ölkreislauf, sondern erhalten ihre Schmierung durch dem Kraftstoff beigemischtes Öl. Sie arbeiten sehr effizient und sind einem Viertaktmotor bei gleichem Hubrum leistungsmäßig überlegen. Ihre Nachteile sind ein deutlich höherer Verbrauch, schlechtere Abgaswerte und die Gefahr thermischer Probleme.
Die Vespamotoren wurden im Laufe der folgenden Jahre und Jahrzehnte durch Optimierung der Baukomponenten bei den Kolbenformen oder der Anzahl der Überströmkanäle bis zu Meilensteinen wie der Drehschiebersteuerung 1958/59, der Getrenntschmierung 1972, der Membransteuerung 1983 und sogar einer Einspritzversion 1998 immer weiter entwickelt, worauf an Ort und Stelle im Text verwiesen wird.

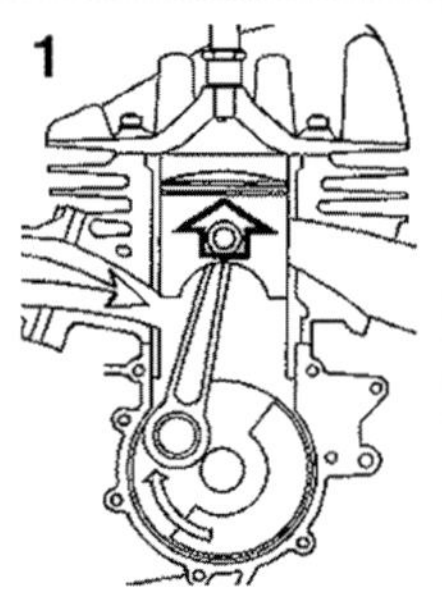

Der Kolben bewegt sich nach oben, verschließt den Auslaß und gibt den Einlaß frei. Durch den Unterdruck im Kurbelgehäuse strömt Frischgas ein.

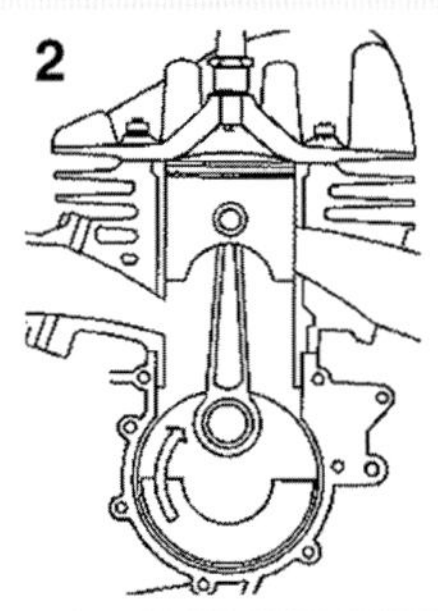

Je weiter der Kolben nach oben wandert, umso stärker wird das Frischgas verdichtet.

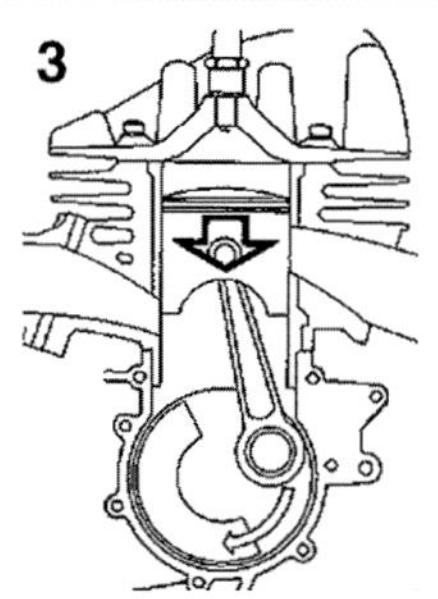

Durch den Funken der Zündkerze wird das verdichtete Gas zur Verbrennung gebracht, dehnt sich aus und treibt den Kolben nach unten. Der Einlaß wird verschlossen und das frische Gas im Kurbelgehäuse vorverdichtet.

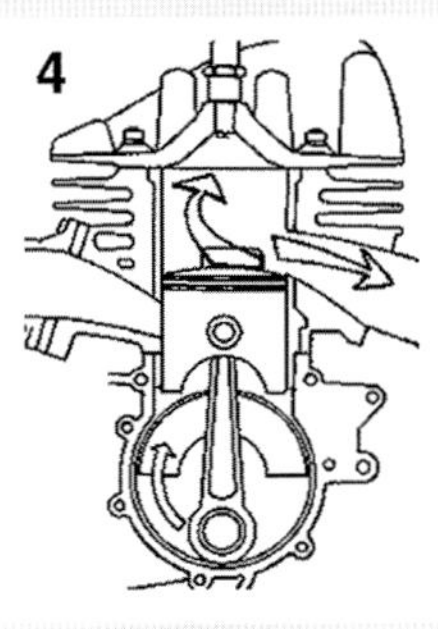

Durch die Abwärtsbewegung des Kolbens wird der Auslaß freigegeben. Das Abgas gelangt in den Auspuff und das neue vorverdichtete Frischgas gelangt durch die Überströmkanäle nach oben in den Brennraum. Der Prozess beginnt von vorne.

Der 23. April 1946 gilt gemeinhin als die Geburtsstunde der Vespa. Piaggio reicht beim Industrie- und Handelsministerium in Florenz Typmuster, Konstruktionszeichnungen und technische Daten für das »neuartige verkleidete Zweirad« ein und erhält ohne Änderungsauflagen die patentierte amtliche Bauartzulassung (»Brevetto«).
Die Serienproduktion der Vespa 98 konnte anlaufen. Das geschah von Anfang an im Werk Pontedera, obwohl die Fahrzeuge das diagonal geteilte blaue Piaggiowappen mit dem Schriftzug »PIAGGIO GENOVA« oben auf das Beinschild montiert bekamen. Dahinter verbarg sich die eigens für die Vespa gegründete Vertriebsgesellschaft S.A.R.P.I. (Società Agenzie Rappresentanze Prodotti Industriali) mit Sitz in Genua – Vespas wurden dort nie gebaut.

Während an dem Prototyp MP6 noch das alte Fliegerlogo prangte, bekam die Vespa 98 ihren eigenen Schriftzug und ein neues Logo.

Die Vespa 98 der ersten Serie ist dem Prototyp MP6 sehr ähnlich. Der Kickstartarm ist gerade und das Vorderrad noch verkleidet.

Die Lichtausbeute des kleinen Scheinwerfers der V.98 der ersten Serie war ausgesprochen mickrig.

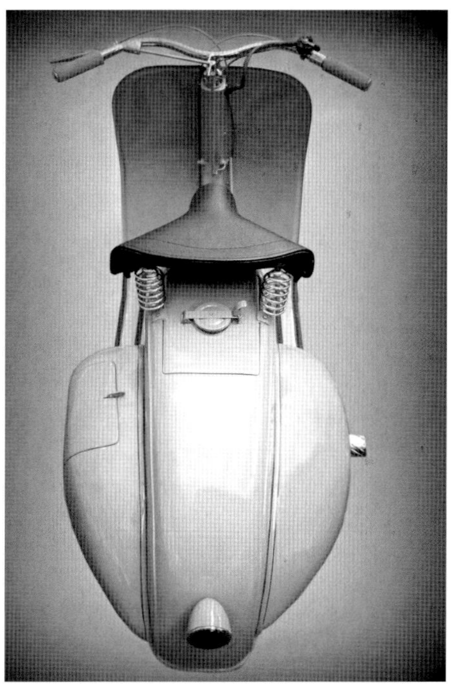

Die runden Seitenbacken machen die Vespa unverwechselbar. Links befindet sich die Klappe eines kleinen Staufachs. Die drei Gänge werden vom linken Drehgriff über ein mechanisches Gestänge geschaltet.

Der mit einem Verhältnis von Bohrung x Hub mit 50 mm x 50 mm quadratisch ausgelegte Motor mit 98 ccm Hubraum entwickelte eine Leistung von 3,2 PS bei 4.500/min, die dem Roller zu einer Höchstgeschwindigkeit von 60 km/h und einer Steigfähigkeit von 20 Prozent im ersten Gang verhalf. Das Getriebe verfügte über drei Gänge. Getankt wurde ein Öl-Benzin-Gemisch von 1:20 (5%). Die Räder mit Reifen der Größe 3,50x8" hatten zweigeteilte Preßstahlfelgen, die jedermann das Wechseln des Schlauchs oder Reifens ermöglichte. Die Triebsatzschwinge mit der Motor-Getriebeeinheit und dem Hinterrad wurde von Gummipuffern abgefedert, das Vorderrad von einer gewickelten Bandstahlfeder.
Ein Ständer war nicht vorhanden. Das Fahrzeug wurde einfach mit den Trittbrettern am Bordstein abgestützt oder irgendwo angelehnt. Um Schäden am Bodenblech zu verhindern, brachte man noch in der allerersten Serie auf beiden Seiten am hinteren Ende kleine sichelförmige Metallkufen als Ständerersatz an. Für Wartungsarbeiten konnten die Seitenbacken aus Aluminiumblech abgenommen und die sogenannte »Vergaserklappe« unter dem Sitz geöffnet werden. Um das Vorderrad zu wechseln, mußte bei der bis Ende 1946 gefertigten ersten Serie auf der rechten Seite erst der innere Teil des tief nach unten gezogenen Kotflügels abgeschraubt werden. In der zweiten Serie der V.98 entfiel diese Arbeit, aus dem Kotflügel wurde ein offenes Schutzblech. In der nächsten Auflage ab Seriennummer 6745 im Jahr 1947 wich der gerade Kickstarterarm einer bogenförmigen Ausführung, wodurch die Wirksamkeit verbessert werden konnte. Das Rücklicht erhielt die Form eines kleinen Döschens, und auch die Lichtausbeute konnte durch einen größeren Durchmesser des Scheinwerfers mit einer Biluxbirne gesteigert werden. Neben diesen augenfälligen Änderungen wurden ständig irgendwelche sonstigen Teile und Aggregate weiterentwickelt, die den Motor, den Auspuff, die Position des Bremspedals und viele weitere Details betrafen

Von März 1946 bis April 1948 wurden die laufenden Seriennummern V.98 1.001 bis V.98 18.079 vergeben. Der Verkaufspreis betrug anfangs 55.000 Lire in der Standardversion und 61.000 Lire als Luxusausführung mit einem verchromten Lenker, Gummieinsätzen in den Trittbrettschienen und einem höherwertigen Sattel. Als beliebtestes Zubehör waren ein Gepäckträger, auf dem sich auch ein Sitzkissen für den Beifahrer befestigen ließ, und ein Ersatzrad zu bekommen. Obwohl sich der Name »Vespa« längst durchgesetzt hatte, wird in den Auslieferungsunterlagen Piaggios immer noch der Modellcode »MP6 L« (Lusso) und »MP6 N« (Normale) verwendet. Weniger bekannt ist, dass 1738 Fahrzeuge schon damals mit einem 125-ccm-Motor ausgerüstet und als »MP6-125« (»Vespa 125 rigida«) zum Preis von 68.000 Lire in den Export gingen. Die kurzhubig ausgelegte Maschine mit 56,6 mm Bohrung x 50,5 mm Hub schöpfte aus exakt 126 ccm Hubraum 4 PS. Ab Motornummer 13989 wurden die Maße auf 56,5 mm x 49,8 mm zurückgenommen, um mit 124,79 ccm Hubraum die gängigen Zulassungs- und Versicherungsgrenzen in der 125er-Klasse einzuhalten.

Die V.98 der zweiten Generation besitzt einen gebogenen Kickstartarm und einen größeren Scheinwerfer. Die Verkleidung des Vorderrads ist weggefallen.

Die V.98 der zweiten Generation von der linken Seite.

Trotz der bereits angelaufenen Produktion des weiterentwickelten Nachfolgers mit 125 ccm, wurde die Vespa 98 für den italienischen Markt noch bis ins Jahr 1948 hinein gebaut.

Durch einen grandios vorbereiteten und in ganz Italien sowie den europäischen Exportmärkten durchgeführten Werbefeldzug wurde die Vespa als Transportmittel und Freizeitfahrzeug gleichermaßen bekanntgemacht. Schnell fand sie ihre Liebhaber – sie paßte in die Zeit des Aufbaus und zu den Menschen, die gerade im Begriff waren, ihren Weg zur Individualität über die erste Nachkriegsmode, den »New Look«, zu finden. Dazu gehörte eine neue Art der Mobilität, und die Vespa passte dazu. Sie war nicht nur schick, sondern für tausendundeinen Zweck vom Kohlentransport bis zum Familienausflug universell einsetzbar.

Die Erwartungen Piaggios hatten sich fürs Erste erfüllt. Die Nachfrage war groß und nahm rapide zu. Die 2484 im Jahr 1946 und die 10.535 im folgenden Jahr hergestellten »Wespen« konnten den Bedarf bei weitem nicht decken. Um den Appetit nach ihnen zu stillen, mußten die Produktionskapazitäten in Pontedera erheblich ausgeweitet werden. Mit seiner Vision: »Zehntausende werden wir herstellen« sollte Enrico Piaggio recht behalten. Binnen eines halben Jahrzehnts entwickelte sich Rollerfahren zu einem gänzlich neuen Lebensstil.

Das wunderschöne Aquarell einer Vespa 98 der ersten Serie hängt im Treppenaufgang der Vespa-Collezione Mauro Pascoli in Ravenna, genau über dem dekorativ hergerichteten Original (unten)

IRM
ZH 112·806

Vespazierfahrt

Den Begriff »Vespazieren« benutzte man, wie viele ähnliche Wortspiele, in der Vespa-Werbung immer wieder. So ist auch die Revue der Bilder auf den nachfolgenden Seiten eine Vespazierfahrt durch die frühe Epoche der Piaggio-Historie — eine Mischung aus Oldtimer-Nostalgie und Technik-Geschichte aller Produkte, die unter dem Namen Vespa einen Bogen von den späten vierziger bis zu frühen sechziger Jahren spannt.

Oben: Vespa V.98 Prototyp MP6 auf dem Werksgelände von Pontedera. Noch befindet sich die Vorderradaufhängung auf der linken Seite.

Rechts: Blick in eine Werkshalle in Pontedera, aufgenommen im Frühjahr 1952. Zu sehen ist neben der 125er Vespa eine Reihe Außenborder, genannt Moscone, sowie eine Anzahl von Ape-Lastenrollern mit unterschiedlichen Aufbauten versehen.

Gegenüberliegende Seite: Herstellung der Messerschmitt-Vespa in Augsburg Mitte der fünfziger fahre.

Die italienische Filmschauspielerin Claudia Mori als Vespa-Model.

Von Anfang an warb Piaggio mit attraktiven jungen Damen für die Vespa.

A LD 55

Der in Frankreich produzierte Kleinwagen Vespa 400, der in bescheidenen Stückzahlen auch in Deutschland verkauft wurde. Er hatte es dort aber sehr schwer, gegen die einheimische Konkurrenz zu bestehen.

Abfahrbereit in die großen Ferien – damals sagte man Sommerfrische.

Große Vespa-400-Parade zum 50-Jahre-Jubiläum 2007.

Rechts: Juan Manuel Fangio, einer der erfolgreichsten Grand-Prix-Fahrer südamerikanischer Herkunft, zog in Rio de Janeiro eine Vespa-Lizenz-Produktion auf.

Rechts: Vespa-Europatreffen 1959 in Paris. Tausende von Vespafahrern waren erschienen und fuhren in Nationaltrachten einen Korso über die Champs Elysées.

Gegenüberliegende Seite: Auch in New York konnte man die Vespa sehen. Ein Foto aus dem Jahre 1959.

Oben: Szene an einem Kai im Hafen von Genua mit drei unterschiedlichen Ape-Lastenrollern; ganz rechts der Sattelzug Pentaró.

Links: Aus dem italienischen Stadtleben ist die Ape und ihr Nachfolger namens Vespa Car nicht mehr wegzudenken. Dieser fahrbare Erfrischungs- und Gelati-Stand parkt vor dem Mailänder Dom.

Die technisch auf dem Vespa-Roller basierende Ape wurde von der Vespa GmbH in Augsburg auch auf dem deutschen Markt angeboten. Es gab diverse Karosserievarianten, so auch diesen praktischen Kastenwagen.

Lagerfeueridylle mit Ape.

Ape 50 im Einsatz. Das Design der kleinen Baureihe wurde 1996 in Anlehnung an die größere Ape TM von Giorgetto Giugiaro überarbeitet.

In perfekter Airbrush-Technik individualisieren Roller-Fans ihre Fahrzeuge nach allen Regeln der Kunst. Die Gemälde zieren die hinteren »Backen« und sind oft das Werk hochbegabter Könner. Die Fotos auf dieser Seite entstanden bei einem internationalen Vespa-Treffen in Frankfurt am Main 1985.

Gegenüberliegende Seite: Als wäre die Vespa nur erfunden worden, um der Sozia die Gelegenheit zu geben, ihre hübschen Beine zu zeigen! Ab Mitte 1956 war in Deutschland dieser »Damensitz« nicht mehr erlaubt.

Lambretta trifft Ape.

29
Vespa

KAPITEL 2

Vespa – Komet am Rollerhimmel

Einen der ersten Vespa Prospekte zierte dieses Titelmotiv. Es signalisiert Unbeschwertheit und Lebensfreude.

Gegenüberliegende Seite; Eine Messerschmitt-Vespa in alpiner Idylle; eine Aufnahme aus dem Jahre 1960.

Innerhalb der kurzen Zeitspanne von nur zwei Jahren, nämlich von 1948 bis 1949, stieg die Vespa in Italien wie ein Komet am Rollerhimmel auf. Und fast gleichzeitig ging das »kleine Auto auf zwei Rädern« auch in den wichtigsten europäischen Ländern auf Erfolgskurs.

Nach einem vielversprechenden Start der Vespa-Vorläufer trat im Jahr 1948 das Erfolgsmodell 125 — das mit verschiedenen Änderungen bis 1969 im Programm blieb — seinen Siegeszug um die ganze Welt an. Einige Exemplare der Vespa V.98 waren bereits 1946/47 mit dem 125-ccm-Motor exportiert worden, zum Beispiel in die Schweiz. (Modellcode „MP6-125" - „Vespa 125 rigida")

In den ersten zwei Jahren betrug die Produktion 55.500 Fahrzeuge, davon 1948 19.822 und 1949 35.678. Im Jahr 1950 waren es bereits 61.881.

Parallel zum Vespa-Scooter war in Pontedera mit der »Ape« ein Kleintransportfahrzeug auf drei Rädern entstanden, das mit der gleichen Begeisterung wie der Roller aufgenommen wurde.

Mehr als eine Million Vespa 125 stellte Piaggio bis zum Produktionsende dieses Modells her. Nach anfänglich geäußerter Skepsis waren die Kommentare der internationalen Fachpresse geradezu überschwenglich. Man war sich einig: Der Motorroller stellte das Instrument einer friedlichen Mobilmachung dar, als der Zweite Weltkrieg mit all seinen Schrecken vorüber war. Im Herbst 1949 waren mehr als 50.000 »Wespen« auf den Straßen Italiens und weiterer 35 Länder unterwegs.

In all ihren werblichen Aussagen und Veröffentlichungen verkaufte die Firma Piaggio von Anfang an ihren Kunden mehr »Lifestyle«, wie man heute sagt, als technische Information. Mit dieser Zielsetzung wurde Anfang 1949 auch die Vespa-Kundenzeitschrift *Piaggio* aus der Taufe gehoben, die im ersten Jahr mit sieben Ausgaben auf den Markt kam.

Fast sämtliche Beiträge des Heftes galten nur einem Thema, nämlich der Verbreitung der Vespa über die ganze Welt. Darüber gab es viel zu berichten, denn seit 1949 fuhren Vespa-Roller nicht nur überall in Europa, sondern auch bereits in Indien, Südafrika, Argentinien, Hongkong und Australien. Erstmals war Piaggio mit einem Stand auf der Frühjahrsmesse 1949 in Frankfurt am Main vertreten, wo sich der Weltrekordfahrer Ernst Henne auf eine Vespa 125 setzte. Hier kam es auch zu einem ersten Kontakt des Lintorfer Fahrradfabrikanten J. 0. Hoffmann mit Piaggio, der sich kurz danach erfolgreich um die Lizenzproduktion der Vespa in Deutschland bemühte.

Auch im Clubleben hatte sich in Italien eine Art von Vespa-Dynamik entwickelt.

*Der Bär ist los!
Ein Wanderzirkus scheint
in der Nähe zu sein.
Schnappschuß aus dem Jahre 1949.*

Als »Unione Vespisti d'Italia« konstituierte sich 1949 der erste Zusammenschluß von 30 Vespa-Clubs in Italien; später wurde daraus der »Vespa Club d'Italia«. Viele sportliche Aktivitäten gingen auf das Konto dieser Clubs. Und von Anfang an wurde von Piaggio die Frau als Rollerfahrerin in den Mittelpunkt der werblichen Strategien gestellt. 1949 wählte man zum erstenmal eine Miss Vespa: Den Titel erkannte die Jury Graziella Buontempo aus Neapel zu.

Der Segen der Kirche durfte hier wie bei so vielen anderen Geschehnissen in all den folgenden Jahren nicht fehlen. So segnete Papst Pius XII auch die anläßlich ihres Jahrestreffens nach Rom gereisten Vespisti aus ganz Italien.

Die Bemühungen zur Eroberung auch ausländischer Märkte dokumentierten sich in der Herstellung von Werbeprospekten in vielen Sprachen. Der Vertrieb der Vespa-Roller lag in den Händen der Firma S.A.R.P.I in Genua, die ihre Exklusivrechte auf allen frühen Werbemitteln deutlich herausstellte.

Im Oktober 1947 erschien ein sehr schöner Vierfarbprospekt in französischer Sprache, dessen Titelmotiv, eine dynamische junge Dame auf der Ur-Vespa, die Leser dieses Buches auf jeder Seite begleitet. Kurze Zeit später veröffentlichte Piaggio ein dreisprachiges Werbeblatt — die Vespa auf dem Titel weist bereits die neuere Lampenform auf — für die Exportländer Deutschland, Frankreich und USA. Piaggio suchte allerorts Importeure mit ausbaufähigen Vertriebsmöglichkeiten, was unter den Gegebenheiten der ersten Nachkriegszeit nicht leicht war. Während man die Vespa in der Schweiz, die bald zu einem der wichtigsten Importländer avancierte, schon ab 1946 durch die Firma Titan in Zürich und ab 1947 von der Intercommercial S.A. in Genf bekommen konnte, wurden die ersten Roller aus Pontedera weiter nördlich der Alpen von vielen jedoch noch belächelt. Schon binnen kurzer Zeit sollte sich dies ändern.

Auch im Motorsport stand die Vespa von Anfang an auf der Seite der Gewinner: 33 Siege in Italien gab es bereits im ersten Jahr, darunter den Libro d'Oro, die Trofeo dei Laghi und die Sei Giorni Internazionale, wie die Sechs-Tage-Fahrt bei den Italienern heißt.

Die Vorläufer des Vespa-Motorrollers

Indes, der Motorroller ist keineswegs eine Erfindung der Nachkriegszeit. Es sei daher eine Retrospektive auf die Anfänge der Rolleridee gestattet, die immerhin schon über siebzig Jahre zurückliegen.

So tauchten um 1915 in den USA, in den »Goldenen Zwanzigern« dann auch in Europa erstmals zweirädrige Motorfahrzeuge auf, die man als Vorläufer des Motorrollers bezeichnen darf. Ein Erfolg blieb ihnen jedoch versagt, weil die Zeit noch nicht reif war für Fahrzeuge, die eine Alternative zum Motorrad darstellten. Dennoch spielten diese frühen Konstruktionen in der Zweiradgeschichte durchaus eine Rolle.

In Italien, wo der Kult um den Motorroller seine stärkste Ausprägung fand, benutzte man als Gattungsbegriff für diese Fahrzeuge seit jeher das dem Englischen entlehnte Wort »Scooter«, wie auch in vielen anderen Ländern der Welt (to scoot = flitzen). Nur in Deutschland etablierte sich das Wort »Roller«, geprägt von der Firma Krupp in Essen. Denn dort war im Jahre 1920 — übrigens parallel zu einem kettengetriebenen 5-Tonnen-Lastwagen — ein leichtes Zweirad entstanden, das tatsächlich Ähnlichkeit mit einem Kindertretroller aufwies. Der Krupp-Roller hatte sehr kleine Räder, ein ebenes Standbrett, eine hoch aufragende Lenkstange und einen 1,75-PS-Motor am Vorderrad. Der »Kruppstahl-Klappstuhl« (die Lenkstange ließ sich um 90 Grad umlegen) bekam die Reichspatentnummer 348042. Fotos zeigen Fahrer dieses Rollers zwar meist im Stehen, aber es gab auch einen Sattel. Clou des Krupp-Rollers: Die hohle Lenkstange diente zugleich als Vorratsbehälter für Schmieröl. Aber diese Idee war nicht ganz neu: Die Motorradhersteller Hildebrand, Wolfmüller und Geisenhof hatten sich so etwas schon 1894 ausgedacht gehabt.

Man muß erwähnen, daß der Krupp-Roller keine Kreation der Kanonenbauer aus Essen war, sondern eine Lizenzkonstruktion darstellte. Lizenzgeber war die Firma Autoped in New York, und sie verkaufte Nutzungsrechte an ihrem Zweirad auch nach England, Dänemark und in die Tschechoslowakei. Der Motorenhersteller Briggs & Stratton in Milwaukee (Stationärmotoren, Rasenmäher, Cycle-Cars)

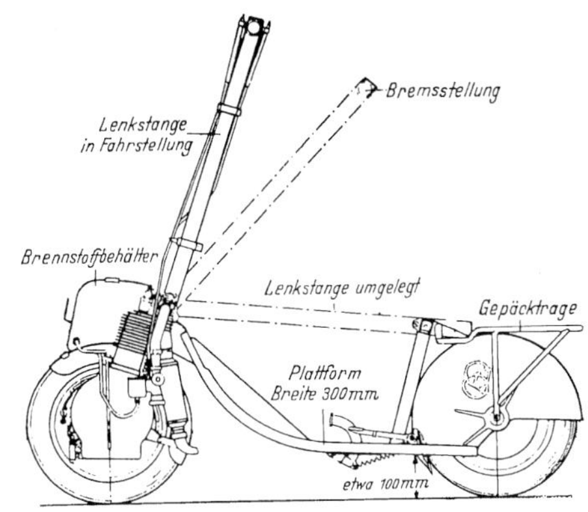

Älteste deutsche Rollerkonstruktion ist dieses Fahrzeug der Firma Krupp mit umlegbarer Lenkstange.

hatte um 1915 ebenfalls einen Scooter der Öffentlichkeit vorgestellt.

Der auch als »Motorläufer« bezeichnete Krupp-Roller mit seinem Fahrradsattel und der skurrilen Lenkstange wurde von Journalisten mit Hohn und Spott belegt. Gewiß war er baulich gut durchdacht, aber man machte eben eine lächerliche Figur auf diesem »motorisierten Pantoffel«. Daß man bei Krupp selbst nicht von seinen Qualitäten, die er offensichtlich hatte, überzeugt war, mag dafür ausschlaggebend gewesen sein, keine Werbekampagne für den Roller zu starten. Das Fahrzeug geriet in Vergessenheit. Lieber zog man sich wie ein Polarforscher an und fuhr weiterhin Motorrad.

Den Krupp-Roller konnte man im Stehen wie im Sitzen fahren. So oder so erregte man meist Heiterkeit...

Ähnlich wie der Krupp-Roller war der Motorläufer der Firma Postler in Niedersedlitz, Sachsen, aufgebaut. Auch er wies ein flaches Stahlblechgerüst auf, hatte den Motor aber hinter und nicht, wie

Der originelle Postler-Roller aus Sachsen anno 1920. Er hatte einen Viertaktmotor!

beim Krupp, vor dem Vorderrad. Aber ein großer Werkzeugkasten stand der Idee vom freien Durchstieg buchstäblich im Wege. Als Antriebsmotor diente ein Einzylinder-Viertaktmotor von 251 ccm und 2 PS Leistung; die Zündung besorgte ein Bosch-Magnet. Über ein Zweiganggetriebe wurde die Kraft durch einen Gummikeilriemen auf das Hinterrad übertragen; gestartet wurde per Andrehkurbel. Das Vorderrad wies eine gekapselte Schraubenfederung auf, das Hinterrad blieb ungefedert.

Eine wirtschaftliche Serienfertigung des Postler-Rollers kam nicht in Gang. Wie auch andere Fahrzeugmodelle dieser Art, verschwand der 1920 vorgestellte Motorläufer bald wieder von der Bildfläche.

Der von DKW gebaute Golem, durchaus als ein Roller-Vorläufer zu bezeichen.

Dieses Schicksal erlitten auch die »Sesselräder« des ansonsten so erfolgreichen Zweiradproduzenten Jörgen Skafte Rasmussen. Der unter der Marke DKW angebotene Golem aus Zschopau wies schon alle wesentlichen Elemente späterer Roller auf: Einen heruntergezogenen Rahmen, kleine Räder und einen bequemen, sesselartigen Sitz. Der Sitzkomfort war überhaupt das dominierende Merkmal dieses »Triumphes deutscher Technik« (Werbeslogan) mit 1-PS-Zweitaktmotor in der Rahmenmitte. Die Füße ruhten während der Fahrt in Blechpantoffeln zu beiden Seiten des Vorderrades. Mit nur 32 kg Gewicht war dieser frühe Easy-Rider noch um 11 kg leichter als der Krupp-Roller.

Das DKW Lomos »Sesselrad« der frühen zwanziger Jahre: bequem, aber schwer verkäuflich...

Aus dem Golem entwickelte der DKW-Ingenieur Ernst Eichler das Lomos-Sesselrad. Es zeigte einen ähnlichen Aufbau, nur befand sich hier der Motor unterhalb des Sattels. Das Fahrzeug war zwar bequem und handlich zu fahren, aber es fand nur wenige Käufer.

Ein ähnlich konzipiertes Motorzweirad war die von 1921 bis 1925 in München und später in Nürnberg hergestellte Megola von Meixner, Gockerell und Landgraf: Karosserieartige Verkleidung, Sitzkomfort im Sessel, breite Fußauflage, Beinfreiheit und Schutz vor Straßenschmutz waren ihre Besonderheiten. Der Motor saß in der Nabe des Vorderrades.

Als »Scootamota« machte 1920 in London eines von immerhin sieben verschiedenen Rollermodellen von sich reden, die

Das von der Waffenfirma Mauser gebaute Einspurauto, 1921 vorgestellt.

Oben: Einspurauto Atlantic, wie der Mauser mit Stützrädern versehen.

Links: Max Schüler konstruierte 1921 diesen vollverkleideten Roller.

man auf der ersten Nachkriegs-Motorshow bewundern konnte — vier Vier- und drei Zweitakter zwischen 145 und 270 ccm Hubraum. Doch weder der fesche Scootamota noch die sechs anderen konnten mit all den ihnen noch anhaftenden Mängeln und Fehlern gegen die Konkurrenz des Motorrades bestehen. Die Voreingenommenheit war zu groß, und niemand brach eine Lanze für den Scooter, dessen Bauform in den Augen seiner Kritiker ursächlich an allen Nachteilen, die man nur finden konnte, schuld war.

Ein Zwischending, nämlich halb Auto und halb Roller, waren die sogenannten Einspurautos. Der Oberndorfer Waffenhersteller Mauser — gleichermaßen zu jener Branche gehörend, die nach dem Ende des Ersten Weltkrieges nach alternativen Produktionsmöglichkeiten Ausschau hielt — trat 1923 mit einem wannenförmig verkleideten Zweirad an die Öffentlichkeit, das mit seitlichen Stützrädern versehen und bis 1925 auf dem Markt war. Eine Kopie dieser Konstruktion war das in Berlin von der Wendriner AG gebaute Einspurauto namens »Atlantic«, das ebenso glücklos blieb.

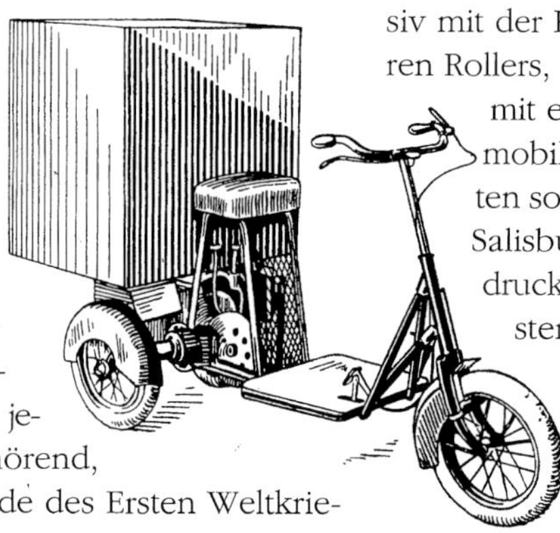

Oben: Das von Abbotsford um 1920 angebotene Motor-Pony, im Konstruktionsprinzip mit dem späteren Ape-Lastenroller vergleichbar.

In Deutschland wie in vielen anderen Ländern gab es diverse Ansätze in dieser und ähnlicher Richtung wie zum Beispiel den Motorläufer der Firma Autoflug, das Neracar des Amerikaners Carl A. Neracher, das karossierte Motorrad von Max Schüler, den Tautz-Motorläufer, das Motor-Pony von Abbotsford oder den Autoglider. In Hamburg befaßte sich der Industriekaufmann Festenberg-Pakisch intensiv mit der Konstruktion eines brauchbaren Rollers, in den USA versuchte man es mit einem Superscooter, der automobilgemäße Behaglichkeit bieten sollte. Auch der Motorroller von Salisbury steht hierfür als ein eindrucksvolles Beispiel mit Windfenster, Sesselsitz und seinem stufenlosen Keilriemengetriebe mit Fliehkraftkupplung. Zeitgenössische Aufzeichnungen listen für den Zeitraum von 1920 bis 1951 nicht weniger als 70 verschiedene Konstruktionen von fünf Dutzend Herstellern auf; 43 von ihnen erfüllen das Kriterium »große Beinfreiheit« oder sogar »völlige Beinfreiheit«.

Während der Kriegsausbruch im September 1939 diesbezüglichen Entwicklungen in Deutschland zunächst ein Ende setzte, gewann der Roller in Großbritannien zunehmend an Bedeutung. Und zwar in einer Bauform, die an den Krupp-Roller erinnerte: Zusammenklappbare und von einer Person zu tragende Fahrzeuge für den Fallschirmabwurf. Es wurde berichtet, daß diese Welbikes ihren Großeinsatz bei den Luftlandetruppen 1944 in der Normandie hervorragend bestanden, da man sich mit ihnen auch durch unwegsames, zerstörtes Gelände bewegen konnte, wo der Jeep nicht mehr

Rechts: Der in Leipzig gebaute Tautz Motorläufer, eine weitere glücklose Erscheinung der zwanziger Jahre.

Der 1921 vorgestellte Autoflug-Motorläufer mit 1-PS-Zweitakter, dem Tautz nicht unähnlich.

durchkam. Nur mit wenigen Änderungen wurde dieser Armeeroller nach dem Kriege unter dem Namen Corgi weitergebaut.

Zwischen der amerikanischen und der britischen Bauweise und Zielsetzung fanden die italienischen Ingenieure später die besonders für europäische Verhält-

Was immer die Dame hinter dem Motorradfahrer lenkte — die Aufmerksamkeit aller war ihr sicher! Ein Foto von 1920.

nisse geeignete goldene Mitte. Denn nicht nur in Pontedera entstand ein Scooter, sondern auch in Lambrate bei der — ebenfalls im Rüstungsgeschäft großgewordenen — Firma Innocenti. Der als »Gartenstuhl« anfangs verlachte Lambretta-Roller war billiger als ein Motorrad und avancierte schon bald zu einem Herausforderer für die Vespa.

Doch im Unterschied zu all diesen Konstruktionen blieb es der Vespa vorbehalten, wirklich »aus einem Guß« zu sein. Ihr perfektes Design, ihre schicken Linien waren ein hervorragendes Beispiel für italienisches Formgefühl — nicht ohne Grund genießen in Italien beheimatete Karossiers wie Pininfarina, Bertone, Michelotti, Giugiaro, Zagato oder Boneschi eine so hohe Reputation. Daß die Vespa ein hohes Design-Niveau hatte, bestätigte auch der prominente Fachjournalist Dr. Günter Winkler und Mitarbeiter der Zeitschriften *ATZ, NTZ* und *Roller-Revue*: »Der gedrungen wirkende Vespa-Scooter war das Gegenteil einer Stückelei... Er gab ein zeitloses Musterbeispiel für die integrierende Ausrichtung einer Konstruktion einerseits auf höchsten praktischen Nutzen und einfachste Wartung, andererseits auf rationellste Fertigung unter Ausschöpfung aller Möglichkeiten, die sich im Werk damals boten...«

Der Motorroller forderte vom Käufer einen neuen Glauben

Warum dem Roller in früheren Zeiten ein Erfolg versagt geblieben war, analysierte Winkler in einem 1952 veröffentlichten Aufsatz: »Der Motorroller ist eigentlich gar nicht so viel jünger als das Kraftrad, aber er ist in allen Ländern einst von diesem völlig überrollt worden. Er hat fortan hinter dem sich stürmisch fortentwickelnden und verbreitenden Motorrad kaum mehr als ein Schattendasein geführt, gestützt von nur ganz wenigen Schöpfern und Verwendern. Den größten Wirkungskreis fand er noch in den Vereinigten Staaten, ohne aber hier in einen nennenswerten Wettbewerb mit dem Motorrad zu gelangen. Warum? Und was hat sich daran inzwischen verändert?

Die Gründe für das mangelnde Durchsetzungsvermögen des Motorrollers lagen wahrscheinlich kaum jemals nur in seiner Konstruktion, so unvollkommen die der geschichtlichen Baumuster auch gewesen sein mag. Denn die zeitgenössischen Krafträder waren oft auch nicht besser, wenngleich deren Hersteller den Vorteil genossen, sich an viele andere Konstruktionen halten zu können. Als entscheidend im Wettlauf Motorrad—Motorroller kam vielmehr hinzu, daß sich das erste dem mit Recht mißtrauischen Publikum darstellte als eine mehr oder minder umfangreiche Weiterentwicklung eines schon bekannten und als brauchbar erkannten Fahrzeugs — des Fahrrades. Das Andere aber, der Motorroller, trat fordernd und herausfordernd neben das Bekannte und Anerkannte. Es forderte von der Öffentlichkeit, vor allem vom Käufer einen neuen Glauben. Damals wie heute (und alle Zeit) ist damit das Wagnis verbunden, daß Zuschauer oder

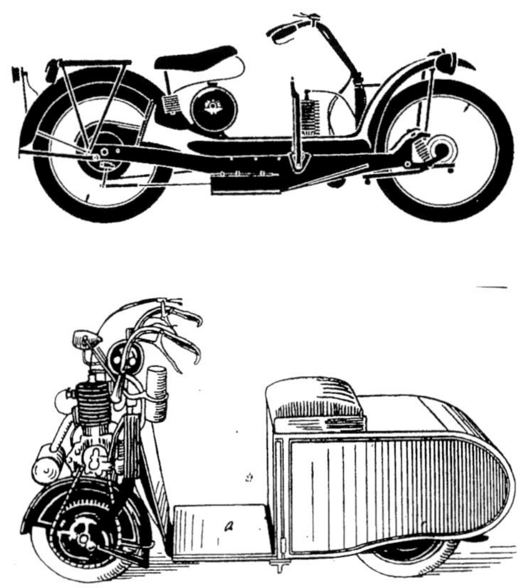

Neracar 1925 mit Achsschenkellenkung (oben) und ein amerikanischer Autoglider mit Frontantrieb.

Konkurrenten spotten und daß sich Geldgeber, Händler und Käufer zurückhalten. Der bleibende Erfolg des kurzlebigen, grundsätzlich Neuen ist also schließlich eine ganz ungewollte Stützung des Alten, Bewährten in der allgemeinen Meinung und im Markt.

Viele Hersteller taten den Roller zunächst als Modeerscheinung ab

Sollen Fortschritt und Veränderung gleichermaßen wirken, sollen berechtigte Bemühungen, gewisse Mängel des Kraftrades in manchen Verwendungsbereichen zu umgehen, zu einem greifbaren Fortschritt führen, so wird dies am besten gelingen, wenn bedeutsame allgemeine Umstände das Eindringen in den Markt begünstigen. Herbeizwingen kann man sie nicht. Das Eindringen ist um so schwieriger, je stärker die konservative Industrie ist — und umgekehrt. Dies war in vielen Ländern am Ende des Zweiten Weltkrieges der Fall, und damit war die Stunde der Verwirklichung grundsätzlicher Neuerungen gekommen, die einem Teil der Fachwelt zwar lange genug bekannt, aber wirtschaftlich bislang zur Erfolglosigkeit verurteilt gewesen waren. Während die Fabrikation von Motorrädern am Boden lag, konnten wendige Betriebe mit guten Fertigungseinrichtungen Boden gewinnen und dabei neue Wege beschreiten. Das brachte uns den Motorroller, sein Dasein im Verkehr.«

Sowohl der Vespa als auch der Lambretta gelang, was ihren Vorläufern einst versagt geblieben war. Ihre Hersteller schafften es, im In- und Ausland gegen die etablierte Motorrad-Konkurrenz weite Käuferschichten anzusprechen, darunter viele »verhinderte Autofahrer«. Allerdings waren zunächst gerade in Deutschland die Vorbehalte noch immer groß; vor allem traute man den kleinen Rädern nicht. So taten auch die Bielefelder und Nürnberger Motorradhersteller den Roller zunächst als eine Modeerscheinung ab, die nur in Italien ihre Daseinsberechtigung habe, weil es dort weniger regne...

Viele Käufer dachten logischer, vor allem Frauen: Sie überließen das Fahren im Regen jenen, die es nicht anders wollten oder die sich mit einer weitaus größeren Verschmutzung beim Motorradfahren abfanden. Sie freuten sich beim Motorroller über Annehmlichkeiten wie Komfort, leichte Bedienbarkeit, Wind- und Wetterschutz — ohne den Zwang zu besonderer Motorradkleidung. Man setzte sich einfach auf den Roller und startete.

Rechts: Super Vel Auto nannte sich dieser 1922 in Frankreich gebaute Roller-Vorläufer.

Doch nicht die ablehnende oder zumindest noch abwartende Haltung der Motorradproduzenten gab den Ausschlag für das zukünftige Schicksal des Rollers, sondern die Zeitumstände, wie sie auch Winkler beschrieb, und ein Publikum, das die Vorteile dieser Fahrzeuggattung erkannt hatte und den Virus schnell wei-

Cas-Scooter, in der Tschechoslowakei hergestellt, beim Start zu einem Bergrennen in Zbrazlav 1921.

tergab. Die Vespa war schließlich der Ausgangs- und Angelpunkt einer Bewegung, deren Wellen um den ganzen Erdball gingen.

Das Grundkonzept der Vespa 125

Das Grundkonzept der Vespa, das bereits vor sieben Jahrzehnten Gültigkeit erlangte und bei der aktuellen PX noch immer gilt, läßt sich in wenigen Worten zusammenfassen: Vielseitigkeit und Bequemlichkeit im Einsatz, unverwechselbares Design, selbsttragende Karosserie, Motor und Getriebe als kompakter Block, Direktantrieb auf das Hinterrad ohne Kette oder Kardanwelle sowie kleine, untereinander austauschbare Räder, einseitig aufgehängt und wie beim Automobil montiert. Piaggios Maxime aus dem Flugzeugbau wandte man auch beim Motorroller an: Größtmögliche Stabilität bei minimalem Gewicht.

Während es bei den verschiedenen Vespa-Modellen in späteren Jahren zu abweichenden Motorpositionen kam, blieb es bei der 125er beim liegend eingebauten Triebwerk; es leistete zu Anfang 4 PS bei

Vespa 125 von 1949/50.

4500/min mit einem Hubraum von 125 ccm. Vergaser und Luftfilter befanden sich im Hohlraum der Karosserie unterhalb des Sattels. Auf der Kurbelwelle saß der Lichtmaschinen-Rotor mit Ventilatorschaufeln für die Zuführung von Kühlluft zu den Rippen des Zylinders. Das Kraftstoff/Luft-Gemisch gelangte ganz unten am Zylinder in den Einlaßkanal, der von der Unterkante des Leichtmetall-Nasenkolbens freigegeben und geschlossen wurde. Man tankte einen Liter Öl auf 20 Liter Sprit. Die Zündung (6-V-Anlage) erfolgte durch ein Magnetschwungrad; angelassen wurde der Motor durch einen Kickstarter. Über eine Zweischeiben-Federkupplung und das angeflanschte Dreiganggetriebe wurde die Motorkraft auf das Hinterrad übertragen. Geschaltet wurde am linken Handgriff über ein Gestänge, das erst 1951 durch einen Bowdenzug ersetzt wurde. Gasdrehgriff und Vorderrad-Bremshebel befanden sich rechts. Ein Zündschloß gab es nicht — man trat den Motor an, und um ihn abzustellen, drückte man den Knopf eines Kurzschlußschalters unterhalb vom Sattel, wo auch der Benzinhahn war. Rechts am Lenker befanden sich der Lichtschalter sowie der Hupenknopf.

Die Reifen von Pirelli hatten die Dimension 3,5 x 8 Zoll. Bei einer Gesamtlänge des 125er Vespa-Rollers von 1655 mm, einer Lenkerbreite von 790 im Jahr 1948 (reduziert auf 700 ab 1949) und einer Höhe von zunächst 950 mm (später 860 mm) betrug das Leergewicht je nach Ausstattung 60 bis 75 kg.

Als Höchstgeschwindigkeit in der Ebene gab das Werk 70 km/h an; im ersten Gang bescheinigte man dem Roller eine Steigfähigkeit von 22 Prozent, von 13 im zweiten und 6 Prozent im dritten Gang. Mit zwei Litern Zweitaktgemisch kam man in der Regel 100 Kilometer weit, so daß die 5 Liter Tankinhalt für einen Aktionsradius von etwa 250 Kilometern reichten.

Vom ersten Jahr an wurde die Vespa 125 in mehreren Varianten angeboten, sowohl mit einem einzelnen Motorrad-

Karosserie		*V.98*	*125*
Motor		*1 Zyl. Zweitakt*	
Hubraum	*ccm*	*125*	
B x H	*mm*	*56,5 x 49,8*	
PS/min		*4/4500*	
Kraftstoff		*1:20*	
Zündung		*Schwungrad-Magnet*	
Anlasser		*Kickstarter*	
Getriebe		*3-Gang*	
Länge	*mm*	*1655*	
Breite (Lenker)	*mm*	*790*	*700*
Höhe	*mm*	*860*	*950*
Höhe Bodenblech	*mm*	*150*	
Radstand	*mm*	*1170*	*1130*
Kurvenradius	*mm*	*2500*	*1500*
Leergewicht	*kg*	*60*	*60-75*
Bereifung		*3 5 x 8 "*	
Vorderradaufhängung		*links*	*rechts*
Tankinhalt	*l*	*5*	
Steigfähigkeit %	*1.*	*22*	
	2.	*13*	
	3.	*6*	
max. km/h		*70*	
Verbrauch 1/100 km		*ca. 2*	
Anmerkungen		*Gestänge-Gangschaltung 1951 durch Bowdenzug ersetzt.*	

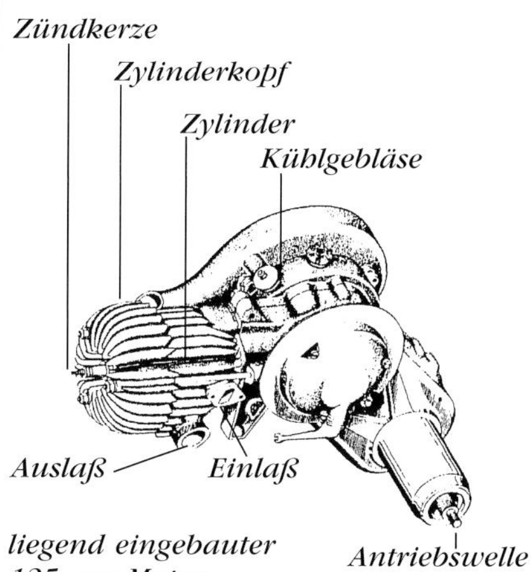

liegend eingebauter 125-ccm-Motor

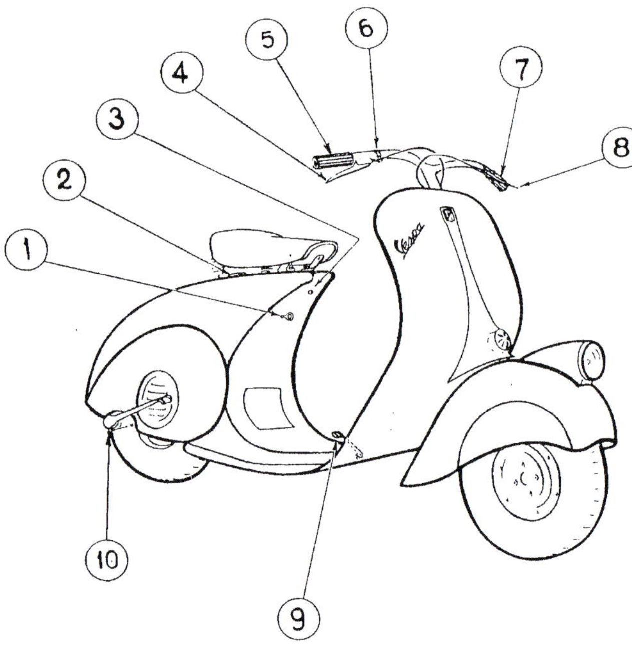

Bedienungsorgane der Vespa 125, hier noch im Gewand der Vespa V.98:

(1) Kraftstoffhahn
(2) Tankeinfüllstutzen
(3) Kurzschlußschalter
(4) Vorderrad-Bremshebel
(5) Gasdrehgriff
(6) Hupenknopf und Lichtschalter
(7) Gangschaltung
(8) Kupplungshebel
(9) Hinterrad-Bremspedal
(10) Kickstarter

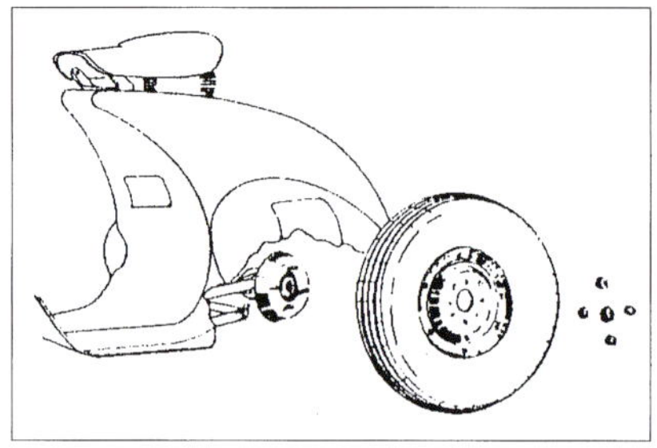

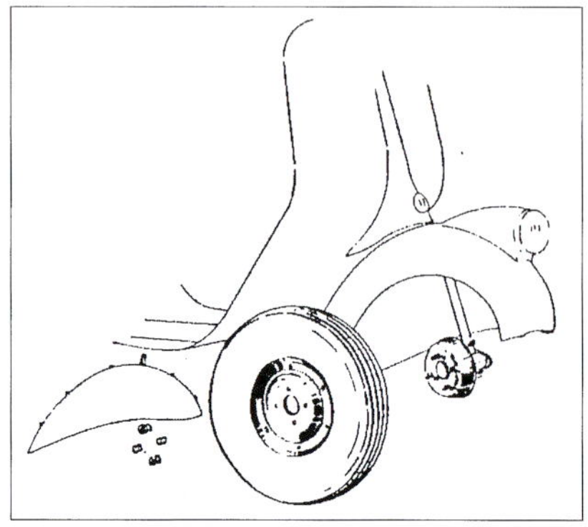

Rechts: Einfach wie bei einem Auto sollte im Falle einer Reifenpanne der Radwechsel vor sich gehen — das war eine Konstruktionsvorgabe.

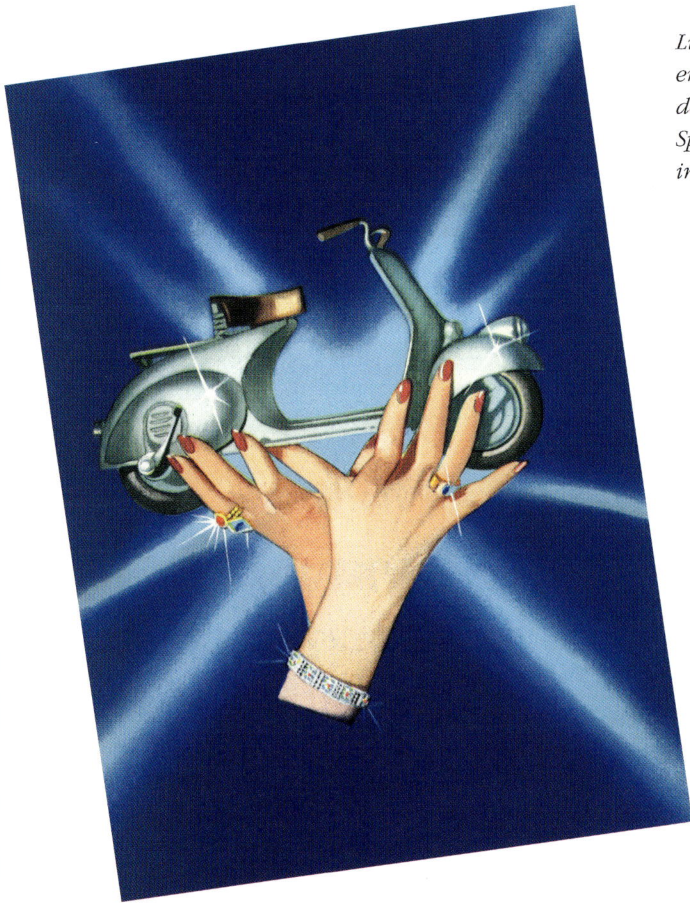

Links: Titelseite eines der ersten Vespa-Prospekte, den es auch in deutscher Sprache gab, gedruckt in Genua.

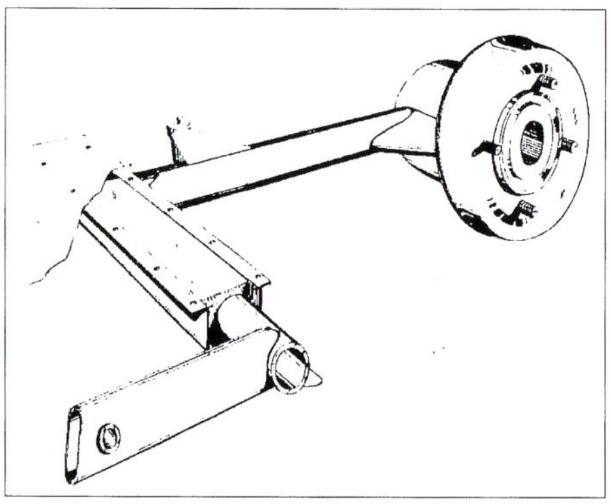

Hinterradaufhängung

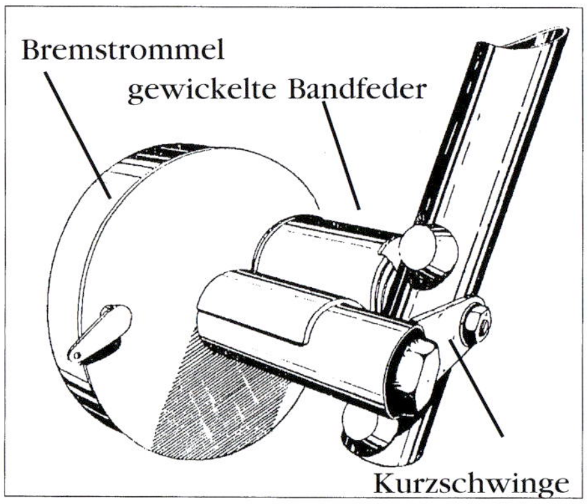

Links: Details der Vorderradaufhängung, als sie noch an der linken Seite saß.

Links: 1951 in Italien aufgenommenes Bild. Drei Vespa-Roller aus Deutschland nahmen an der 1000-Meilen-Fahrt teil.

Rechts: Eine Vespa 1949 wird geprüft.

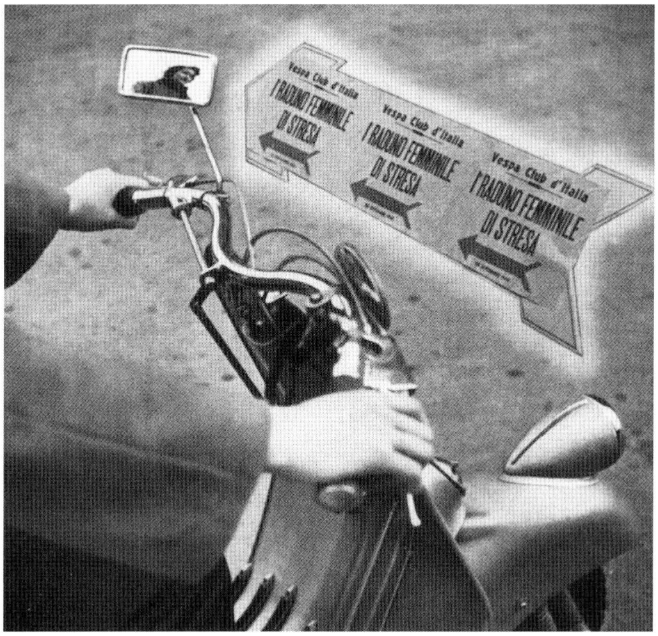

Oben links: Lenker der 1948er Vespa mit der Gestänge-Gangschaltung.

Oben: Schon für die ersten Vespa-Modelle war als Zubehör eine Windschutzscheibe erhältlich.

sattel und einem Gepäckträger als auch mit zwei einzelnen Sitzen, oder als Soloroller ohne Gepäckträger, aber mit der Befestigungsmöglichkeit für einen Anhänger. Auch ein Reserverad konnte hinten am Aufbau montiert werden, oder vor dem Beinschild ein Gestell für einen Einkaufskorb. Und schon sehr früh gab es einen Vespa-Beiwagen; bestellte man ihn ab Werk, erhielten der 1. und der 2. Gang andere Übersetzungen. Die technische Ausstattung der Vespa und ihre Abmessungen änderten sich in den ersten Jahren nur geringfügig. Einer der ersten Prospekte vom Oktober 1947 stellt die Vespa 125 vor, allerdings noch mit dem Fahrgestell und der Karosserie der Vespa 98, erkennbar am Heck mit dem kreisförmigen Ausschnitt, aber schon mit dem 125- ccm-Motor. Bei der späteren 125 ab 1948 wurde dieser Belüftungsausschnitt nach unten geöffnet. In dieser Karosserieform präsentiert sich dann auch der erste Prospekt für Deutschland aus dem Jahr 1950. Am auffälligsten war die Umgestaltung des Scheinwerfers ab 1949, als er die Stromlinienform des Modells V.98 ablegte und mehr einem Feuerwehrhelm glich.

Alle Modelle der Jahre 1948 bis 1950 tragen eine mit V1T bis V15T beginnende Seriennummer von 001 bis 104096. Bis Mitte Mai 1949 waren 50.000 Roller ausgeliefert worden.

Titelbild des Vespa-TIPs 1962/63 (offizielles Organ des Vespa Clubs von Deutschland e.V.) Man verstand zu feiern.

KAPITEL 3

Weltweiter Siegeszug der Vespa

Brescia 1951: Ein Vespa-Gespann am Start zur 1000-Meilen-Rundfahrt.

Die Zeitspanne von 1950 bis zum Jahr 1962 kennzeichnet eine Entwicklung bei Piaggio, in deren Verlauf die Vespa erstmals auch außerhalb Italiens produziert wurde und in der auch die Exportaktivitäten weltweit dynamisch zunahmen.

Im Vergleich zu der heutigen Vielfalt mutet die Modellpalette der damaligen Zeit relativ bescheiden an. Zu der Ur-Vespa 125 gesellte sich 1954 die erste 150; 1955 folgte das Modell 150 GS. 1957 führte Piaggio in Italien wie schon A.C.M.A. in Frankreich eine 150 GL ein.

Die Produktionszahlen steigerten sich kontinuierlich, bis die Kurve Mitte der fünfziger Jahre etwas abzuflachen begann. 1953 lief die 500.000 Vespa vom Band, 1956 feierte man bei Piaggio die erste Million. Die Produktionszahlen, so wie sie in der Vespa Jubiläumsschrift »Piaggio & C. - 75 Anni di Attivitä« (75 Jahre Piaggio) veröffentlicht sind, sprechen eine deutliche Sprache:

1950	61.881	1957	225.291
1951	91.048	1958	231.961
1952	131.058	1959	250.481
1953	171.200	1960	275.000
1954	182.615		
1955	213.487		
1956	220.832		

Eine vergleichbare Entwicklung zeigte sich auch beim Bestand an Motorrollern in Deutschland, wie die Zulassungsstatistik des Kraftfahrt-Bundesamtes aus der Zeit von 1950 bis 1962 aussagt, wobei die Vespa auch hier ihre beherrschende Marktposition ausbauen konnte:

1950	2.101	1957	389.612
1951	10.711	1958	449.607
1952	31.761	1959	479.403
1953	80.685	1960	509.114
1954	155.039	1961	518.036
1955	241.857	1962	497.173
1956	332.696		

Die Mehrzahl dieser auf Deutschlands Straßen zugelassenen Motorroller gehörte zu der Kategorie der 125er Modelle.

Inzwischen hatte man bei Piaggio — wie später noch in diesem Buch ausführlich dargelegt wird — einen Kleinwagen konstruiert, der als Vespa 400 im Oktober 1957 auf dem Pariser Salon sein Debüt gab. Ab 1958 wurde das Fahrzeug von der Firma A.C.M.A. in Frankreich hergestellt. Dieser Abstecher in die Automobilproduktion währte bis 1961. Das dreirädrige Lastenfahrzeug Ape hingegen, schon sehr viel früher vorgestellt, war alles andere als eine kurzfristige Zeiterscheinung und fand zunehmende Verbreitung bei den Gewerbetreibenden und Kommunalbehörden weltweit.

Die Jahre 1962/63 kennzeichneten für das Haus Piaggio in doppelter Hinsicht eine Umbruchphase. Mit Ausnahme von Spanien endeten die Lizenzfertigungen in Europa, während dann Indien als erster Repräsentant eines Entwicklungslandes mit der Produktion der Vespa begann (S. 119).

Die sich andeutenden Absatzschwierigkeiten auf dem Rollermarkt in ganz Europa und ein zunehmender Konkurrenzdruck führten zur Entwicklung einer neuen, kleineren Vespa mit einem Motor der Moped-Kategorie: Mit der Produktion der Vespa 50, 50 N, 50 S und Vespa 90 begann bei Piaggio 1963 eine neue Ära.

Vespa-Chronologie 1. Teil: 1950 bis 1962

In der nachfolgenden Chronologie der Jahre 1950 bis 1962 sind Jahr für Jahr die herausragenden Ereignisse festgehalten, die vor allem die Vespa-Modellentwicklung sowohl auf dem italienischen als auch auf dem gesamten europäischen Markt betreffen. Der zweite Teil der Vespa-Chronologie beginnt auf Seite 183.

1950

Die Vespa 125 wird in Italien unverändert weitergebaut. Für die Mitnahme einer Sozia ist inzwischen ein Sitzkissen für den Gepäckständer lieferbar. Weltweit werden knapp über 60.000 Fahrzeuge verkauft — eine stolze Zahl für ein einziges Modell! Mit der Produktion der Vespa auch außerhalb Italiens wird dieses Jahr zu einem wichtigen Meilenstein für Piaggio und die Vespa-Freunde in Deutschland: Die Firma Hoffmann in Lintorf baut den italienischen Roller bis zum Jahre 1954.

Auch in der Clubszene tut sich viel. Der Vespa-Club von Italien hält seinen ersten Kongress in Viareggio ab, der Vespa-Club von Bologna organisiert die erste Sternfahrt mit Abordnungen aus allen Städten Italiens. Viel Beachtung findet auch eine Damenrallye nach San Remo mit 250 Teilnehmerinnen, bei der zum zweiten Mal eine Miss Vespa für die Saison 1951 gewählt wird. Mit von der Partie war auch eine Abordnung aus Deutschland, angeführt von Karin Bretze, Präsidentin des Vespa Clubs von Köln.

Eines der herausragenden Ereignisse ist die Weltrekordfahrt auf der Rennstrecke von Linas-Montlhéry, bei der Vespa erstmals ihre Erzrivalin Lambretta im Langstreckenweltrekord unterbieten kann. Überhaupt wird der Motorsport großgeschrieben: In Deutschland nehmen an der ADAC-Deutschlandfahrt nicht weniger als 150 Auto- sowie 200 Motorradrennfahrer mit Motorrollern der Klasse von 100 bis 125 ccm teil. Die Mannschaftsieger Friedel Schön, Heiner Dietrich und Kurt Flüglein sowie Fritz Huschke von Hanstein, Helmut Polensky und Petermax Müller erhalten von der Vespa Vertriebs-GmbH Ehrenurkunden für ihren Sieg.

Überall in Europa steht die Vespa im Mittelpunkt des Rollerinteresses. Auf dem Pariser Salon ist neben drei Vespa 125 die Weltrekordmaschine von Montlhéry zu sehen. Die Chancen für den französischen Markt werden hoch bewertet, die Serienproduktion in Frankreich vorbereitet.

Ganz oben: Diese 125er von 1950— noch mit der einfachen Vorderradführung — weist ein Sitzkissen hinter dem Sattel des Fahrers auf sowie einen mit Flügelschrauben befestigten vorderen Gepäckträger.

Oben: Internationales Vespa-Treffen in Bologna, Frühjahr 1950, veranstaltet vom Vespa Club d'Italia.

Oben: Miss Vespa 1950 im Zwiegespräch mit einer Dame aus der Antike — die der Signorina ein gewisses Interesse entgegenzubringen scheint.

Auch den Winter braucht die Vespa nicht zu scheuen. Hier zwei Modelle von 1953, erkennbar an den waagerechten Schlitzen in der Motorverkleidung

IFMA 1956 in Frankfurt: Die Knaben scheinen die Sache recht ernstzunehmen. Für sie muß diese Vespa 150 ein wahres Traumgefährt gewesen sein!

Kein Werbegag war ausgefallen genug, um für die Vespa herzuhalten. Die Piaggio-Leute hatten stets ausgezeichnete Ideen.

Die 1951er Vespa 125 weist etwas weiter nach hinten gezogene Aufrittsflächen für die Füße des Beifahrers auf

Auch das Rücklicht und die vordere Radaufhängung, jetzt mit Dämpferelement, haben sich beim 1951er Modell geändert.

Oben: Neu sind auch Gangschaltung, Lenkkopf, Tachometer sowie (unten) die Betätigung des Benzinhahns und der Filter.

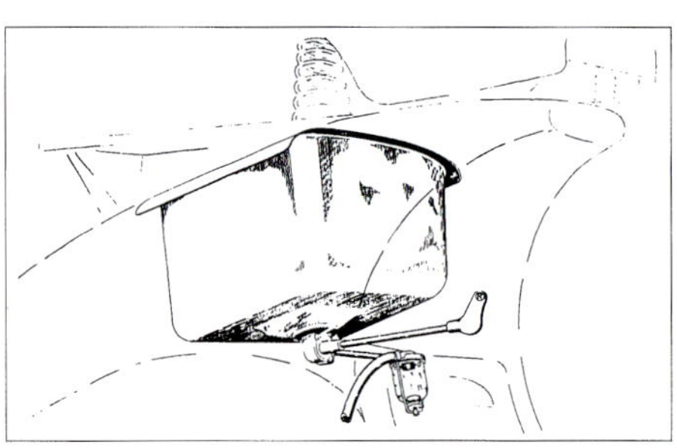

1951

In diesem Jahr erfährt die Vespa 125 die ersten größeren Modellveränderungen wie eine verbesserte Vorderradaufhängung mit hydraulischer Dämpfung, einen Bowdenzug für die Gangschaltung, einen neuen Sitz, ein serienmäßiges Sitzkissen für die Sozia, ein neues, jetzt eckiges Rücklicht sowie einen neuen Kraftstofffilter und Benzinhahn.

In Frankreich beginnt die Herstellung der Vespa durch die 1950 gegründete Firma A.C.M.A., die bis 1962 währt. Von Produktionsbeginn an unterscheiden sich diese Vespa-Modelle durch eine andere Art der Anbringung des Scheinwerfers: Er wanderte vom Kotflügel an den Lenker und hat das für Frankreich typische gelbe Licht. Die Gründe hierfür sind in den Zulassungsbestimmungen zu finden. Das Piaggio-Emblem am Vorderbau enthält den Zusatz A.C.M.A. Bei den frühen Modellen konnte man noch den Motor von der Schwinge abschrauben, erst später waren Motorgehäuse und Schwinge aus einem Guß.

In Großbritannien weisen 1951 erste Presseberichte auf die Fertigung der Vespa durch die Motorradfabrik Douglas in Kingswood hin. Auch bei der britischen Lizenz-Vespa ist die Anbringung des Scheinwerfers ihr äußeres Erkennungszeichen, denn er befindet sich vorn auf dem Frontschild. Mit der Bezeichnung »Two Wheel Car« stellt man den Komfort der Douglas-Vespa in der Werbung heraus: »Eine Vespa zu besitzen, heißt unabhängig und bequem reisen zu können«.

Auf der 29. Mailänder Messe präsentiert sich Piaggio mit seinen Erfolgsmodellen und der Ape sowie der 171 km/h schnellen Weltrekordmaschine, mit der Dino Mazzoncini am 8. Februar 1951 den absoluten Zweirad-Geschwindigkeitsrekord der 125-ccm-Klasse herausgefahren hatte. Besonderer Gag ist eine riesige Gulliver-Vespa, die den gigantischen Erfolg der Vespa in aller Welt symbolisieren soll.

1951 auf der Fiera di Milano zu bewundern: Eine gigantische Werbe-Vespa, genannt »Vespone«.

Nach fünf Produktionsjahren sind 1951 bereits 150.000 Vespa-Roller auf der Straße. Und auch in den Vereinigten Staaten macht der italienische Roller Furore: Im Dezember 1951 startet das berühmte Versandhaus Sears, Roebuck & Co den Import der ersten 1000 Vespa-Scooter nach Amerika.

Der Erfolg der Vespa zeigt sich auch durch sein Erscheinen in Filmen. In Deutschland spielt sie in dem Operetten-Musical »Nachtfalter« mit Johannes Heesters und Gisela Schmidting ihre erste Hauptrolle.

Auch die Verkehrspolizei in Irland fuhr Vespa!

1952

In diesem Jahr gibt es keine wesentlichen technischen Veränderungen an dem Basismodell Vespa 125; seine Hersteller sehen wenig Veranlassung, ihr Produkt zu überarbeiten. Der Vespa-Boom hat inzwischen auch die Schweiz erreicht. Ende des Jahres sind dort 40.000 Roller auf der Straße; der Anteil der Motorroller an den Motorzweirädern hat sich von 6 Prozent im Jahr 1947 auf 60 Prozent erhöht.

Auch in Deutschland hat sich das Vespa-Fieber weiterverbreitet. Als Dachverband aller regionalen Clubs wird 1952 der Vespa-Club von Deutschland(VCVD) gegründet. Die Zahl aller europäischen Vespa-Clubmitglieder ist inzwischen auf 50.000 gestiegen, wobei die meisten in Italien organisiert sind.

Oben: Vespa 125 Modell 1953, eine Studioaufnahme zu Werbezwecken. Links: Frühe Vespa-Werbung in den Vereinigten Staaten.

1953

In Pontedera laufen zwei Varianten der Vespa vom Band. Die »normale« Vespa — auch Modell 53 genannt — beließ man im Vorderbau unverändert, bei ihr befindet sich der Scheinwerfer weiterhin auf dem vorderen Kotflügel. Die Vorderradaufhängung ist — wie später bei der 150er — verkleidet, die Motorabdeckung weist erstmals waagerechte Kühlschlitze auf.

Die Leistung des 125-ccm-Motors wird mit 5 statt der bisherigen 4,5 PS angegeben, er verbraucht 2 Liter Zweitaktgemisch auf 100 Kilometer. Das Gewicht dieses Rollers beträgt 86 kg, die maximale Steigfähigkeit im ersten Gang gibt das Werk mit 25 Prozent an.

Ganz anders sieht dagegen das preiswertere Modell 53 u aus: Traditionelle Vorderradaufhängung, aber Scheinwerfer im Lenker integriert und eine dynamisch wirkende, nach unten offene Motorverkleidung. Bei gleichen Abmessungen wiegt diese Vespa nur 78 kg, der Verbrauch wird aber mit 2,3 Liter auf 100 Kilometer angegeben. Die Steigfähigkeit beträgt 22 Prozent.

Ab 1953 wird die Motorengeneration Modell B durch das Modell C abgelöst, bei dem der Nasenkolben durch einen Flachkolben ersetzt wird, während der Hubraum bei einem jetzt quadratischen Verhältnis von Hub x Bohrung von 54 x 54 mm unverändert bleibt.

1953 ist auch das erste Produktionsjahr der in Spanien gebauten Vespa. Hersteller ist die Moto Vespa S.A. in Ciudad Lineal, einem Vorort von Madrid. Die Pro-

Vespa 53 u, 53 — 1953

		53 u	53
Motor		1 Zyl. Zweitakt	
Hubraum ccm		125	
B x H mm		56,5 x 49,8	54 x 54
PS/min		4,5/4500	5/4800
Kraftstoff		1:20	
Zündung		Schwungrad-Magnet	
Anlasser		Kickstarter	
Getriebe		3-Gang	
Länge mm		1655	
Breite (Lenker)	mm	790	
Radstand	mm	1160	
Kurvenradius	mm	1500	
Leergewicht	kg	78	86
Bereifung		3,5 x 8 "	
Tankinhalt	l	6,25	
Steigfähigkeit %	1.	22	25
	2.	13	
	3.	6	
max. km/h		75	70
Verbrauch l/100 km		2,3	2
Anmerkungen		Beim Modell 53 u befindet sich der Scheinwerfer am Lenker.	

Vespa 125, Typ 53 u von 1953 mit dem jetzt nach oben gewanderten Scheinwerfer.

duktion nimmt auf einem Werksgelände ihren Anfang, das dem Industriellen Julian Camarillo gehört; der Ausstoß im ersten Jahr beträgt 448 Maschinen. Spanien ist neben einigen Entwicklungsländern heute das einzige europäische Land, in welchem noch eine Lizenz-Vespa produziert wird.

In Pontedera feiert man mit den Segnungen des Erzbischofs von Pisa das erste große Produktionsjubiläum — die 500.000. Vespa. Es laufen nun monatlich mehr als 10.000 Roller vom Band; im ganzen Jahr 1946 waren es insgesamt nur 2500 gewesen...

1954

Die Modelle 1954 sind wie im Vorjahr in zwei Leistungsvarianten lieferbar, nämlich als Modell 54 mit 5 PS, gut für 75 km/h, bei einem Leergewicht von 86 kg und einer Steigfähigkeit von 25 Prozent (äußerlich bereits wie die spätere Vespa 150, allerdings noch mit einem mehr stromlinienförmigen Scheinwerfer auf dem Kotflügel) und als Modell u (Modell 53 u) mit 4,5 PS bei 78 kg und einer Steigfähigkeit von 22 Prozent (hier ist der Scheinwerfer am Lenker angebracht, die Motorenverkleidung nach unten offen).

Nachdem Hoffmann in Deutschland gegen den Willen Piaggios eine eigene, stärkere Motorenkonstruktion mit 5 PS entwickelt hat, die sogenannte Hoffmann Königin, brachte Piaggio in Italien eine 150-ccm-Version heraus, die bis 1979 auf dem Markt blieb und mit 1.187.342 zugeteilten Seriennummern zu einem der Erfolgsmodelle von Pontedera avancierte. In Deutschland wird dieser Roller ab 1955 von der Firma Messerschmitt in Nachfolge Hoffmanns zunächst unverändert als Modell T/1 montiert und dann später mit Teilen aus deutscher Produktion bestückt — das war das Modell T/2.

1954 werden gemäß Werksunterlagen für diese 150er Modelle in Italien Seriennummern mit dem Prefix VL1T für die Nummern 1001 bis 8173 vergeben; die Produktion in größerem Stil setzt erst 1955 ein. Äußerlich ist das Modell 150 eine Mischung aus den beiden Modellvarianten der 125er. Die Beleuchtung ist am Lenker angebracht (die Lampenform wird erst 1957 wieder geändert), die Vorderradaufhängung abgedeckt, der rechte hintere Kotflügel hat waagerechte Lüftungsschlitze. Dieses Design der Motorabdeckung bleibt bis 1958/59 unverändert.

Erstmalig ist die Vespa serienmäßig mit einem Kilometerzähler ausgestattet. Die vordere Beleuchtung kann, wie schon bisher, dreifach geschaltet werden: Fern-

Oben: Die italienische Vespa 150 als Ausstellungsfahrzeug mit aufgeschnittener Karosserie (entsprach der Messerschmitt-Vespa T/1).

Links: Drahtseilakt einer weiteren Ausstellungs-Vespa, verblüffend für die Betrachter.

Vespa 150 1954/55

Motor		1 Zyl. Zweitakt
Hubraum	ccm	145,45
B x H	mm	57 x 57
PS/min		5,5
Kraftstoff		1:20
Zündung		Schwungrad-Magnet
Anlasser		Kickstarter
Getriebe		3-Gang
Länge	mm	1655
Breite (Lenker)	mm	790
Höhe Bodenblech	mm	200
Radstand	mm	1160
Kurvenradius	mm	1500
Leergewicht	kg	90
Bereifung		3,5 x 8 "
Tankinhalt	l	6,25
max. km/h		75
Verbrauch l/100 km		ca. 2,2
Anmerkungen		Serienmäßig mit Tachometer versehen. Die Motorabdeckung weist waagerechte Lüftungsschlitze auf. Wahlweise ein oder zwei Sättel oder ein Sitzkissen für den Sozius.

licht, Abblendlicht und Standlicht, der Schalter ist mit dem Hupenknopf integriert. Der 150-ccm-Motor mit den Zylindermaßen 57 x 57 mm leistet 5,5 PS und ist gut für eine Höchstgeschwindigkeit von 75 km/h, er verbraucht 2,2 Liter Zweitaktgemisch auf 100 Kilometer.

Wie die 125er kann man die 150er mit einem Motorradsitz plus Gepäckständer (wahlweise mit einem Sozius-Sitzkissen) oder mit zwei Sätteln bekommen. Auch die Montage eines Beiwagens ist — wie bisher — bei jedem Vespa-Modell ohne weiteres möglich.

Wie schon in den Jahren zuvor, treffen sich Vespa-Fahrer aus aller Welt zu zahlreichen Rallies und Veranstaltungen. Herausragendes Ereignis dieses Jahres ist die Folklorerallye von Paris, die am 10. Mai 1954 startet. Hauptattraktion sind spezialkarossierte Roller als Mondfahrzeuge. In Turin formen 625 Teilnehmer aus Piemont am 19. März 1954 auf einer Straßenfläche von 4200 Quadratmetern das Piaggio-Zeichen.

1955

Unverändert werden die Modelle 125 und 150 produziert. Für die 150er von der Serie VL1T vergibt Pontedera noch die Seriennummern 8174 bis 17000, ab Nr. 17001 bis 64970 lautet das Prefix VL2T. Mit der 150 GS startet die erfolgreiche GS Baureihe: erstmals eine Vespa mit 10-Zoll-Rädern. Bis zur Ablösung

Vespa 150 GS 1956

Motor		1 Zyl. Zweitakt
Hubraum	ccm	145,45
B x H	mm	57 x 57
PS/min		8/7500
Kraftstoff		1:20
Zündung		Schwungrad-Magnet
Anlasser		Kickstarter
Getriebe		4-Gang
Länge	mm	1790
Breite (Lenker)	mm	710
Höhe	mm	1050
Höhe Bodenblech	mm	160
Radstand	mm	1180
Kurvenradius	mm	1400
Leergewicht	kg	100 - 104
Bereifung		3,5 x 10 "
Tankinhalt	l	9,5
Steigfähigkeit %	1.	30
	2.	20
	3.	12
	4.	8
max. km/h		100
Verbrauch l/100 km		ca. 4,2
Anmerkungen		Bowdenzüge verlaufen innerhalb der Lenkerverkleidung. Dieses Modell entspricht der bei Messerschmitt gebauten Vespa 150 GS/1.

durch die 160 GS lauten die Seriennummern der 150 GS VS1T 001001 bis 00127350. Sie ist an einer durchgehenden Sitzbank anstelle der einzelnen oder doppelten Motorradsitze zu erkennen. In Deutschland wird sie – bei Messerschmitt gebaut – als GS/1 in Weiß und als GS/2 in Silbergrau ausgeliefert. Ab 1962 wird das GS-Modell dann durch das Modell 160 GS abgelöst, das sich durch geschwungene Chromleisten an den Kotflügeln erkennen läßt.

Nach der Trennung Hoffmanns von Piaggio hat die Vespa Messerschmitt GmbH ab 1955 die deutsche Lizenz-Produktion übernommen; für den Verkauf wurde in Augsburg die Vespa Vertriebs-GmbH gegründet. Nicht mehr in Deutsch-

Rechts: In München aufgenommene Vespa 150 GS. Im Hintergrund die Frauenkirche.

Unten: Vespa 150 GS Baujahr 1955 ohne Motorverkleidung, jetzt mit Sitzbank und einer wahlweise erhältlichen Vorrichtung zur Unterbringung des Reserverades.

land angeboten wird die Vespa 125. Messerschmitt baut zunächst die 150 aus italienischen Originalteilen (T/1) und später mit Teilen aus deutscher Fertigung (T/2) sowie die 150 GS (GS/1). Hinzu kommt die Anfertigung von Ersatzteilen für die Hoffmann-Vespa. Das Werksgelände umfaßt eine Million Quadratmeter mit zwei großen Hallen, der Tagesausstoß beträgt 50 bis 55 Vespa-Roller, etwa ein Viertel davon sind GS-Modelle.

Erstmalig erscheint in Deutschland die Zeitschrift *Vespa-Tip* (Schutzgebühr 30 Pfennig!), gemeinsam herausgegeben vom Vespa-Club von Deutschland und der Vespa-Messerschmitt GmbH.

Am 14. und 15. Januar treffen sich in Paris Mitglieder des Vespa Club Europa, Dachverband der Länderclubs von Italien, Frankreich, Dänemark, Großbritannien, Schweden, Österreich, Spanien und Belgien, um einen internationalen Veranstaltungskalender festzulegen. Deutschland ist nicht mit von der Partie, denn der Vespa-Club von Deutschland, Dachorganisation für die vielen, bereits seit langem bestehenden Regionalclubs, wird erst im nächsten Jahr Mitglied.

Wenn sich Vespa-Fahrer zu ihren großen Meetings trafen, kam es auch schon einmal zu solchen Straßenkunstwerken. Ein Foto aus dem Jahre 1955.

1956

Dieses Jahr wird zu einem besonderen Jubiläumsjahr für Pontedera und die Vespa-Welt: Am 26. April 1956 läuft die millionste Vespa vom Band. In Deutschland feiert man dieses Jubiläum mit einer Werbekampagne, bei der eine Vespa an einem Ballon am Himmel schwebt.

Die Vespa 125 — äußerlich weiterhin an ihrem Scheinwerfer auf dem vorderen Kotflügel erkennbar — erfährt in Italien für das Jahr 1956 einige Verbesserungen hinsichtlich Leistung und Fahrkomfort, dabei werden Detailmodifikationen von der Vespa 150 übernommen, so ein größerer Tank mit einem Fassungsvermögen von 8,2 statt bisher 6,25 Liter sowie eine Verbesserung der Fahrwerte durch aerodynamisch günstigere, flachere Seitenverkleidungen und ein strömungsgünstigeres Vorderschild. Auch die Kühlung des Motors hat man verbessert, und zwar durch einen Ventilator mit verringertem Umfang und erhöhter Leistung sowie durch eine optimierte Ausformung der Kühlrippen am Zylinderkopf. Erstmals gibt es einen Choke sowie eine Stellschraube zur Höhenregulierung am Scheinwerfer, mit der sich Gewichtsunterschiede ausgleichen lassen. Den Fahrkomfort hat man durch einen geänderten Sattel nachhaltig verbessert, der zusätzlich eine vordere Abfederung erhält.

In Pontedera läuft die millionste Vespa vom Band

Vergleichbare Modellverbesserungen erfährt auch die Vespa 150. Neu ist zum Beispiel die Beleuchtung des Kilometerzählers für Nachtfahrten, ein abschließbares Werkzeugfach, mehr Stauraum im linken Hinterkotflügel durch kleinere Batterien und verbesserte Bremswirkung durch Aluminium-Bremstrommeln. Der 5,5-PS-Motor schafft bei einem Fahrzeuggewicht von 92 kg eine Spitzengeschwindigkeit von 80 km/h, bei einem Durchschnittsverbrauch von 2,2 Liter auf 100 Kilometer.

Pontedera ist nach wie vor Anziehungspunkt für Händler und Service-Mitarbeiter aus aller Welt, die sich im Mutterwerk über Produktionsmethoden und Neuheiten informieren. In diesem Jahr sind es auch 48 Händler aus Deutschland sowie Angehörige des Messerschmitt-Vespa-Werkes, die Piaggio einen Besuch abstatten. Höhepunkt dieses Besuches sind artistische Vorführungen, mit denen die Vielseitigkeit, Zuverlässigkeit und Sportlichkeit der Vespa verdeutlicht werden.

Internationalität und weitreichende Clubaktivitäten kennzeichnen die Vespa-Bewegung. Es kommt 1956 zum Beitritt des Vespa-Clubs von Deutschland, dem sechs Landesvereine mit ihren Regionalclubs angeschlossen sind, zum VCE. Das jährliche Europatreffen findet dieses Jahr in München statt. Die Vespa-

Motor und Fahrwerk im Röntgenblick: Eine Vespa 125 von 1956, bei der man einige Details des 150-ccm-Modells übernommen hatte.

Unten: Elektrisches Kabelschema der 150er Vespa von 1956. Die bei Messerschmitt gebaute 150 Touren bekam das verbesserte GS-Fahrwerk.

Gegenüberliegende Seite: Vespa Demonstration anläßlich einer Händlertagung im Piaggio-Werk.

Fahrer können zwischen 23 verschiedenen internationalen Veranstaltungen wählen, in Österreich, Portugal, Italien, Spanien, Deutschland, Frankreich, Belgien, Dänemark, Holland und der Schweiz.

Bei Messerschmitt werden die Modelle für 1956 ebenfalls überarbeitet. Die Vespa 150 Touren (T/2) hat jetzt das verbesserte Fahrgestell der Vespa GS und damit auch die größeren 10-Zoll-Räder. Das Reserverad wandert vom Heck hinter das Knieschutzblech, bei der GS sitzt es in Längsrichtung zwischen den Beinen des Fahrers. Die Bedienungshebel für Benzinhahn und Starterzug (Choke) wurden nach außen verlegt, der Lenker hat eine organische Verkleidung bekommen, die sich vom Scheinwerfergehäuse bis zu den Lenkergriffen erstreckt, und im Scheinwerfergehäuse gibt es erstmals ein Zündschloß mit abziehbarem Schlüssel: ein zusätzlicher Sicherheitsfaktor, den auch die Versicherungen begrüßen. Die 150 GS erhält eine bequemere Denfeld Sitzbank anstelle der italienischen. Gut für die Sozia, die ab 1. Mai 1956 nicht mehr im Damensitz mitfahren darf. In Frankreich baut A.C.M.A. eine eigene 150 GL, die einzige Vespa mit 9"-Rädern. In Abweichung zur italienischen 150er wird hier der 125-ccm Motor durch eine größere Bohrung von 54 auf 58,5 mm auf 145 ccm gebracht.

Als letztes europäisches Lizenz-Produktionsland kommt Belgien hinzu. Allerdings werden bei der Moto Industry S.A. keine eigenen Teile hergestellt, sondern Originalteile aus Pontedera verbaut.

Vespa 150 mit dem Reserverad innerhalb des Frontschildes.

1957

Unverändert ist in Italien die Vespa 125 im Programm, ein Bestseller, der aus dem Straßenbild nicht mehr fortzudenken ist. Das Modell 150 hat erstmals die fast bis zu den Lenkergriffen reichende Lampenverkleidung. Der 5,5-PS-Motor sorgt für eine Höchstgeschwindigkeit von 80 km/h und verbraucht 2,2 Liter auf 100 Kilometer. Nachdem die zu Anfang des Jahres gebauten Modelle noch die Seriennummern VB1T 130694 bis 132737 tragen, beginnen sie anschließend mit 1001 bis 55375 Ende 1957.

Für den italienischen Markt und nicht für den Export bestimmt wird seit Anfang des Jahres eine neue Vespa 150 mit der Bezeichnung »GL« (Gran Lusso) mit 10-Zoll-Rädern und einem Ersatzrad am Beinschild angeboten, die nicht mit der von 1956 bis 1958 von der französischen A.C.M.A. gebauten 150 GL (»Grand Luxe«) verwechselt werden darf. Sie bleibt bis 1962 im Programm. Ihre Seriennummern beginnen 1957/58 mit VGL1T, 1959 bis 1961 VGLA1T und 1962 schließlich VGLB1T. In diesen sechs Produktionsjahren wurden knapp 64.000 Seriennummern zugeteilt, was allerdings nicht unbedingt mit der tatsächlichen Zahl der hergestellten Fahrzeuge übereinstimmen muß. 1962 wird das erfolgreiche Modell von einer völlig neu entwickelten »GL«, die auch in den Export kommt, abgelöst.

GL steht für eine besonders üppige Ausstattung.

Vespa auf Russisch

Tacho mit kyrillischen Schriftzeichen

Auch eine weitere »neue« Vespa macht von sich reden: die Wjatka. Ein Ebenbild der Vespa 150 — allerdings ohne offizielle Lizenz als Plagiat in der UdSSR auf den Markt gebracht. Nach einem Nebenfluß der Wolga benannt, hat die Wjatka (Bild links) einen 150-ccm-Motor und ein Tankvolumen, das für etwa 450 Kilometer reichen soll. Federung und die hydraulischen Stoßdämpfer hat man den Erfordernissen der russischen Straßen angepaßt. Im Rahmen einer Landwirtschaftsausstellung wird dieser Roller erstmals in Moskau vorgestellt, und im Januar 1957 taucht über ihn eine erste Pressemeldung in Deutschland auf. Auch die Werkszeitung *Piaggio* vermeldet dieses Ereignis, ohne daß man im Werk daran großen Anstoß zu nehmen

Die russische Wjatka ist eine perfekt gelungene Raubkopie!

Bei Douglas in Bristol läuft die Produktion eigener Motoren aus.

Bei den A.C.M.A. läuft die Serienfertigung des Kleinwagens Vespa 400 an.

scheint. Man meldet eine vorgesehene Stückzahl von 50.000 Exemplaren, die innerhalb des ersten Fünfjahresplanes der Sowjetunion gebaut werden sollen.

Die Firma Douglas beendet ihre Motorradproduktion im Jahr 1957. Bis Ende 1960 werden noch Roller produziert und montiert. Danach bleibt Douglas als Generalimporteur mit Piaggio jedoch weiterhin im Geschäft .

In Frankreich wird der Vespa-Kleinwagen 400 auf dem Pariser Salon vorgestellt. Im Folgejahr beginnt die Serienproduktion.

Besonders reizvoll lesen sich immer wieder abenteuerliche Reisen mit einer Vespa. Im Dezember 1956 gestartet, fährt der Schwede Guy Ebert über Dakar, Gambia, Senegal, Guinea zurück über Las Palmas, Sevilla und Stockholm. Insgesamt absolvierte er über 11.000 Kilometer ohne größere Pannen, davon 3000 Kilometer auf für Motorfahrzeuge normalerweise fast unpassierbaren Routen.

In Deutschland werden 1957 nur zwei Grundmodelle angeboten, die Vespa Touren Export und die Vespa Grand Sport, beides 150er. In diesem Jahr steigt Messerschmitt aus dem Vespa-Geschäft aus. Bis 1963 bezeichnet man alle 150er, die anschließend von der Vespa GmbH in Augsburg noch bis Oktober gefertigt werden, als T/4.

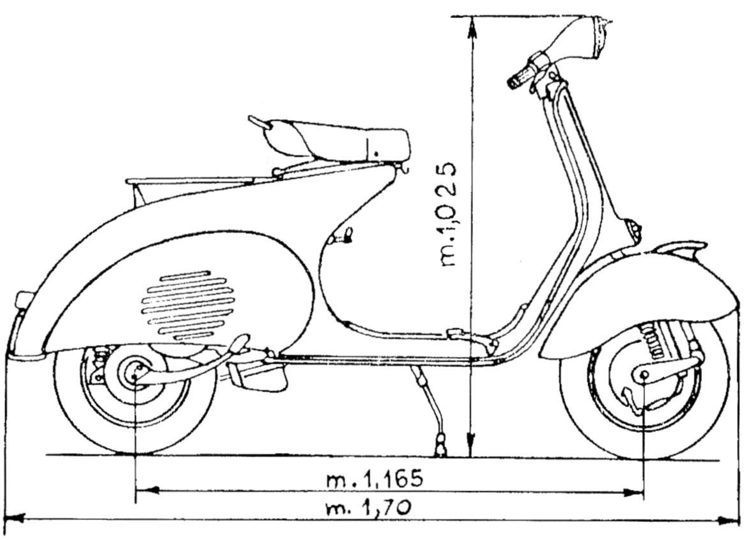

Das 1957er Modell der Vespa 150 mit seinen Abmessungen. Das Homologationsblatt vermerkte eine Spitzengeschwindigkeit von 82,9 km/h.

Rechts: Variationen der Vespa 150 mit einem und zwei herkömmlichen Motorradsätteln.

Links: Das große AbenteuerAfrika-Tour zweier Globetrotter mit einer Vespa 150 GS von 1957.

Vespa 150 von 1957 mit Seitenwagen, wie stets in der »englischen« Art auf der linken Fahrzeugseite angebracht.

Vespa und Camping: Begriffe, die zusammenpaßten!

1958

In diesem Jahr ist nach längerer Zeit erstmals eine Verjüngungskur für die betagte 125er angesagt. Mit ihrem Motorradsitz und dem Gepäckträger sieht sie zwar noch immer wie bei ihrer Geburt aus, doch das Facelifting zeigt sich in erster Linie an dem neuen Lenker, der endlich — wie bei der 150er — die Beleuchtung vom vorderen Kotflügel an den Lenker wandern läßt. Auch die hinteren Kotflügel-Abdeckungen haben eine neue, weniger rundliche Form angenommen. Das wirkt sich auch auf das Gewicht des Rollers aus: Gegenüber dem Vorjahr hat die Vespa von 86 auf 81 Kilogramm abgespeckt. Der Tank faßt allerdings nur noch 7,7 anstelle von 8,2 Liter Kraftstoff; mit einem Liter kommt man im Schnitt 55 Kilometer weit. Die angegebene Höchstgeschwindigkeit des 4,5-PS-Modells bleibt bei 75 km/h. In der Werbung wird besonders der niedrige Geräuschpegel des Rollers herausgestellt: Er beträgt nur 81 Phon.

Auch gibt es neue Seriennummern. Seit Aufnahme der Produktion ist es das fünfte Mal, daß sie wieder neu beginnen: Im Jahr 1958 tragen die Modelle die Kombination VNA1T 01001 bis 068031. Die Werksaufzeichnungen nennen insgesamt 67.031 Stück. Unverändert beließ man die Vespa 150 sowie das Modell GS. Ins Augsburger Programm aufgenommen wurde eine Neuauflage der 125er, die sich wieder zunehmender Beliebtheit erfreute.

Besonders stolz ist Piaggio auf seine Produktions- und Montagebetriebe im Ausland, in Frankreich, England, Spanien, Deutschland, Brasilien und Belgien sowie auf seine Exportentwicklung. In der Hauszeitschrift *Piaggio* finden sich in der Ausgabe 49 hierzu ausführliche Angaben: Von der Gesamtproduktion wurden 216.597 Fahrzeuge ins Ausland verkauft, davon 132.906 nach Europa, 38.593 nach Nordamerika, 16.699 nach Südamerika, 11.103 nach Afrika, 3861 in den vorderen Orient, 9652 nach Asien und 3783 nach Australien. Zu recht kann Piaggio behaupten: Millionen auf der ganzen Welt fahren Vespa.

Röntgenansicht vom technischen Aufbau einer Vespa 125 von 1958.

Rechts: Hans Stuck, der ehemalige Grand-Prix-Fahrer, war als langjähriger Präsident des Vespa-Clubs von Deutschland eine beliebte und sehr aktive Persönlichkeit. Hier eine Aufnahme von 1961.

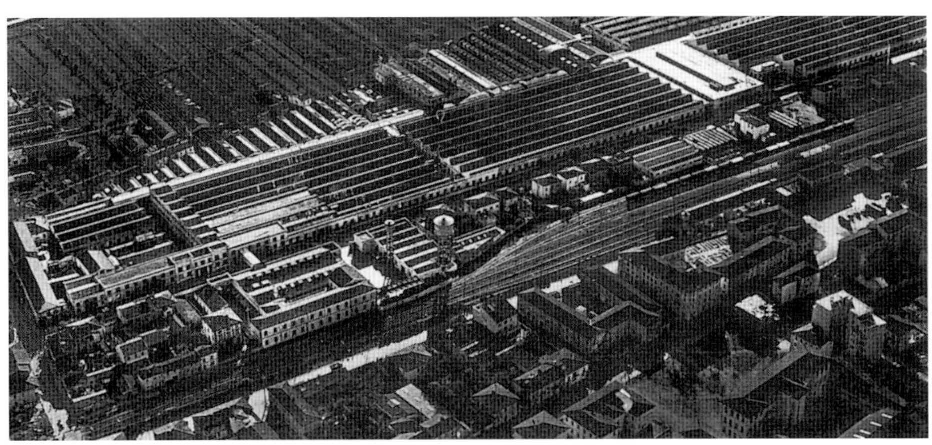

Unten: Luftaufnahme des Piaggio-Werkes in Pontedera aus den späten fünfziger Jahren.

Volant der Vespa 125 - der Tacho hat eine fast recheckige Form.

In Deutschland wählt man beim Bundestreffen im September den Rennfahrer Hans Stuck zum Präsidenten des Vespa-Clubs Deutschland. Eine neue Ära beginnt. Amüsant liest sich in diesem Zusammenhang die Beschreibung der Clubkleidung bei festlichen Anlässen: Blau-oder rot-schwarz gestreiftes Sakko, dunkle Hose, weißes Hemd, dunkle Schleife oder Krawatte.

1959

Nach den Modellverbesserungen an der Vespa 125 im Vorjahr ist in diesem Jahr eine überarbeitete Vespa 150 im Programm. Die für die Werbung wichtigste Aussage lautet »zwei Prozent« — damit ist gemeint, daß der Motor mit einer zweiprozentigen Ölbeimischung zum Kraftstoff betrieben werden kann, also einem Verhältnis von 1:50 im Gegensatz zu den früheren 1:20. Als Höchstgeschwindigkeit der 150er wird 85 km/h genannt. Neu für die 150 ist das Viergang-Schaltgetriebe (das gab es bisher nur bei der GS), ferner ein beleuchteter, leicht ablesbarer ovaler Kilometerzähler, eine Zierleiste um das vordere Schutzblech, eine Dauerstromhupe zur Gewährleistung einer besseren Klangwirkung bei niedrigen Tourenzahlen sowie ein neues Stoplicht. Das Gewicht des Rollers beträgt 85 kg.

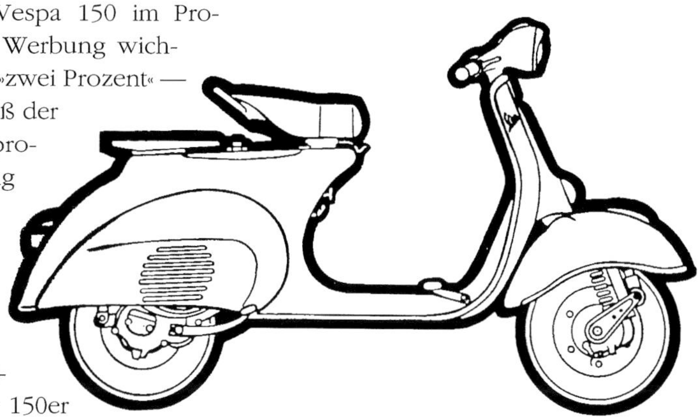

Markante Silhouette: Mit mehr Eleganz und einem leiseren Motor wartete die 1959er Vespa 150 auf. Auch das Tourenmodell hatte jetzt ein Vierganggetriebe.

Ganz oben: Volant der Vespa 150.

Auffällige Flugzeug-Werbung, wie sie 1960 am Himmel zu sehen war.

Neu sind die deutlich erkennbaren Vertiefungen am vorderen und an den hinteren Kotflügeln, die ähnlich wie die Chromleisten bei der GL gestaltet sind. Verändert haben sich die Form der Rückleuchten, die Verzierung auf dem vorderen Kotflügel sowie die Gestalt des Scheinwerfers und des Trittbretts. Geblieben ist der traditionelle Motorradsitz.

Das GS-Modell hat Reifen der Größe 3,50 x 10", einen Benzintank von 9,5 Liter

Fassungsvermögen, eine Motorleistung von 8 PS und eine Höchstgeschwindigkeit von 100 km/h. Bei einem Gewicht von 104 kg wird der Normverbrauch mit 3 Liter pro 100 Kilometer angegeben.

In Deutschland sind in diesem Jahr drei Grundmodelle auf dem Markt, darunter wieder die Vespa 125; es gibt sie in Standardausführung und als de-Luxe-Modell. Dann die Vespa 150 in Normalausführung

Links: Das 150-ccm-Modell des Jahrgangs 1959. Nur geringe Details wie die Lampen- und Lenkergestaltung lassen die Unterschiede erkennen.

Rechts: Vespa 125 Modell 1959, die karosseriemäßig an das Modell 150 angepaßt worden war, vor dem Werk in Pontedera.

und ebenfalls in einer de-Luxe-Version (erkennbar an ihrer Sitzbank) und schließlich die GS alias Grand Sport. Mit diesem Programm vermag die Firma Vespa in Deutschland ihren Marktanteil im Rollergeschäft auf 30 Prozent zu steigern und beginnt den Marktführer Heinkel mit seinem Viertaktroller von seinem ersten Platz zu verdrängen.

Das große Vespa-Europatreffen findet in diesem Jahr während der Olympischen Sommerspiele in Rom statt und bekommt dadurch zusätzlich eine internationale Note.

1960

Wieder gibt es bei den Modellen 125 und 150 einige Veränderungen. Wie bei der Vespa 150 erhält jetzt auch die 125er einen Motor mit Drehschiebersteuerung, der ebenfalls mit einem zweiprozentigen Gemisch zu fahren ist. Durch die technischen Verbesserungen konnte auf einen vierten Gang verzichtet werden, was dem Wunsch nach einer einfacheren Bedienung entgegenkommt. Auf Bestellung erhält der Kunde die 125er dennoch mit einem Vierganggetriebe (ab Seriennummer-Prefix VNB). Äußerlich wurde die Karosserie jener der Vespa 150 angepaßt, und in Frankreich wird die 125er sogar mit Chromleisten am Heck angeboten.

In diesem Jahr erreicht Vespa die Traumgrenze von zwei Millionen verkauften Fahrzeugen. Der Vespa-Club Deutschland und die Zeitschrift *Vespa-Tip* feiern ebenso ihr zehnjähriges Jubiläum wie Firma Vespa in Augsburg die zehnjährige Vespa-Präsenz in Deutschland — ein ganz besonderer Anlaß, zu welchem Enrico Piaggio in die Bundesrepublik kommt.

In Deutschland wird die Blinkerpflicht bei Krafträdern und mithin auch bei Motorrollern eingeführt, ein Kriterium, das bei der Identifizierung von Modellbaujahr und Herkunftsland hilfreich ist.

1961

In Deutschland werden die gleichen Grundmodelle 125, 150 und 150 GS wie im Vorjahr angeboten, allerdings entfällt bei der 150er die Standardversion.

Das herausragende sportliche Ereignis dieses Jahres ist die 3. Vespa-Europameisterschaft auf dem Nürburgring, an der Fahrer aus zwölf Ländern teilnehmen. Berthold Schmidt siegt um Haaresbreite vor dem Italiener Gianfranco Fiora.

Vorbei ist indes die große Zeit der kleinen Autos. Auch der in Frankreich bei A.C.M.A. hergestellte Vespa-Kleinwagen 400, seit 1958 auf dem Markt, wird aus der Produktion genommen. Dieses Fahrzeug, so zweckmäßig es in seiner Konzeption war, hatte sich gegen den zunehmenden Trend zum Mittelklassewagen durch eine starke Konkurrenz nicht durchsetzen können.In der Schweiz und in Frankreich gibt es das Rollermodell 150 mit einem 125-ccm-Motor.

1962

Auf Kundenwunsch werden dieses Jahr sowohl die 125er als auch die 150er Modelle wahlweise mit den herkömmlichen Motorradsitzen oder mit der durchgehenden Sitzbank ausgeliefert, was einen Aufpreis von 2000 Lire ausmacht.

Neu ist dagegen im Programm die GS mit 160-ccm-Motor, die das Vorgängermodell von 150 ccm ablöst. Diese Modelle, bis 1964 angeboten, tragen die Seriennummern VSB1T von 001001 bis 0061000.

Die wichtigsten Änderungen bei der GS 160 sind ein stabileres Fahrwerk, eine geänderte Vorderradführung, ein abschließbares Fach hinter der Sitzbank. Der alte GS-Motor ist ziviler geworden und bringt bei 6500 Umdrehungen seine 8,5 PS Leistung. Diese GS 160 wurde bis 1964 gebaut und dann durch die 180 Super Sport ersetzt. Ihr folgte dann 1968 die 180

Rechts: 1961 war das letzte Jahr der Fertigung des Vespa 400 bei der A.C.M.A. Das Bild symbolisiert (sicher ungewollt) den Abschied vom Vespa-Auto...

Unten: Madame und ihr Vespa-Scooter vor einer berühmten Kulisse: Es ist das Hotel Schmied von Kochel am Kochelsee in Oberbayern.

Vespa 160 GS 1962

Motor		1 Zyl. Zweitakt
Hubraum	ccm	158,53
B x H	mm	58 x 60
PS/min		8,5/6500
Kraftstoff		1:20
Zündung		Schwungrad-Magnet
Anlasser		Kickstarter
Getriebe		4-Gang
Länge	mm	1795
Breite (Lenker)	mm	710
Höhe	mm	1045
Höhe Bodenblech	mm	160
Radstand	mm	1220
Kurvenradius	mm	1500
Leergewicht	kg	110
Bereifung		3,5 x 10 "
Tankinhalt	l	9
Steigfähigkeit %	1.	32
	2.	22
	3.	13
	4.	8
max. km/h		89
Verbrauch l/100 km		ca. 3
Anmerkungen		Abschließbares Fach hinter dem Soziussitz. Ab Seriennummer V5B1T beträgt die Fahrzeuglänge 1775 mm.

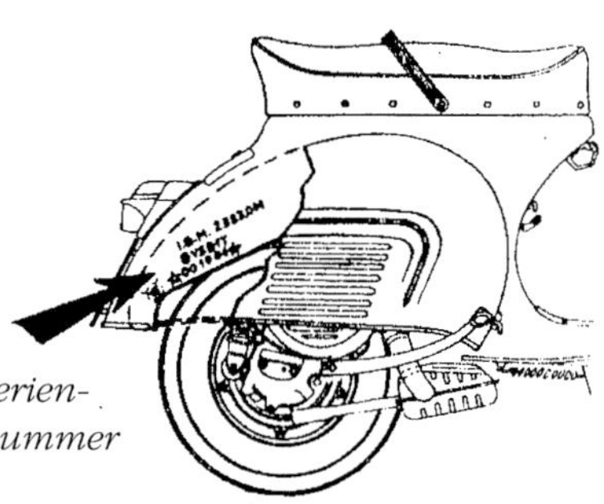

Serien-nummer

Rechts: Maßzeichnung aus dem Homologationsblatt für die 160 GS von 1962.

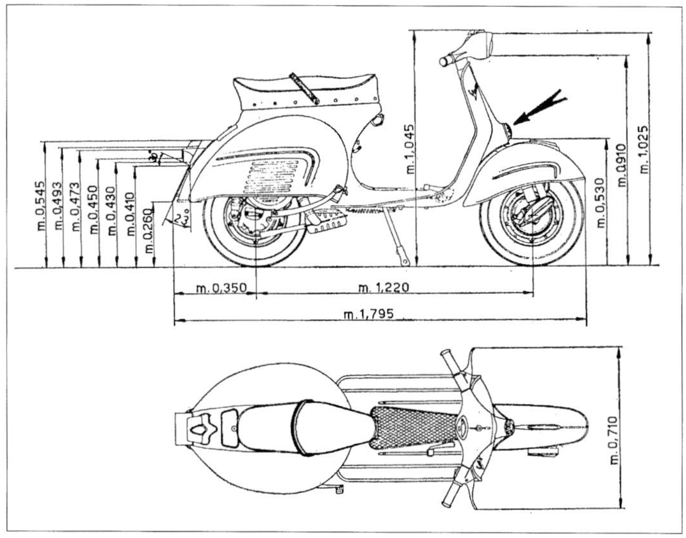

Unten: Die deutsche Version der Vespa 160 GS mit ihren seitlichen Blinkern.

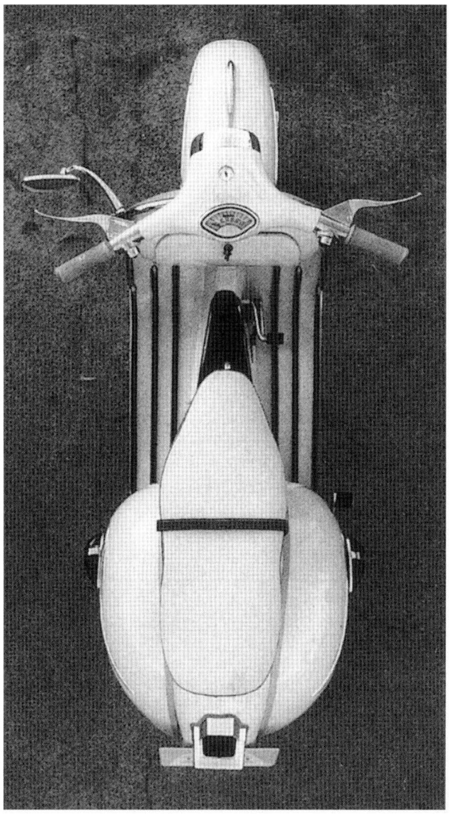

Oben: Die deutsche GS 160 in der Draufsicht. Auffällig das abschließbare Fach im Frontschild und die Blinker.

Oben: Deutsche Vespa-Vertreter bei einem Werksbesuch 1962 in Pontedera.

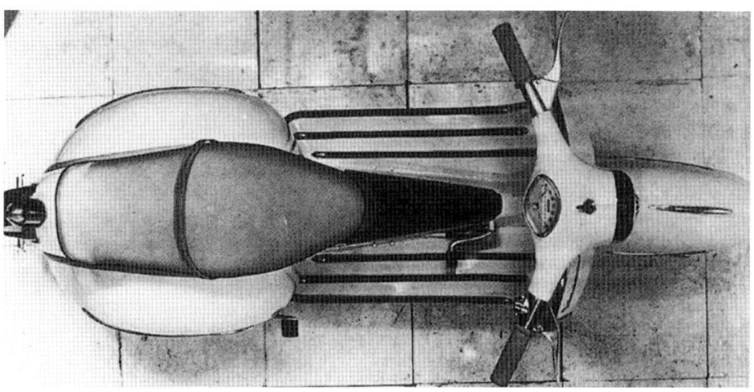

Die Vespa 160 GS für den italienischen Markt aus zwei Perspektiven. Der Blick von oben läßt einige Unterschiede zu der deutschen Version erkennen.

Rally, die erst 1973 wieder aus dem Programm genommen wurde.

Diese Vespa GS wurde auch in Deutschland bis 1963 produziert (GS/4), ferner die Vespa 150 Touren (T/4). Beide Modelle werden im September 1962 auf der IFMA in Frankfurt vorgestellt.

In diesem Jahr läuft die Vespa-Produktion in Indien an: Am 27. September 1962 zelebriert die Bajaj Auto Ltd. bereits die 10.000. Vespa 150 als »Rolls of the Line« nach bewährter Vespa-Tradition. Doch während in Europa und Amerika der Begriff Vespa und Vespa-Fahren identisch mit Lebensfreude, Geselligkeit und Clubleben sind, hat die Einführung der Vespa im Orient die Aufgabe, die Industrialisierung zu fördern und gleichzeitig das Bedürfnis nach Mobilität zu geringen Kosten zu ermöglichen, so wie es in Italien kurz nach dem Kriege auch der Fall war.

Überschaubar in der Produktpalette, aber kometenhaft in den Stückzahlen und in der Verbreitung, hat sich Piaggio mit seinen Vespa-Modellen in der Zeit von 1950 bis 1962 eine führende Stellung auf dem Rollermarkt gesichert. Wo immer vom Roller die Rede war, konnte nur die Vespa gemeint sein — zumindest beherrschte sie das Thema, bei aller Wertschätzung der lieben Konkurrenz.

Vespa 150 GL 1962

Motor		1 Zyl. Zweitakt
Hubraum	ccm	145,45
B x H	mm	57 x 57
PS/min		5,7/5000
Kraftstoff		1:50
Zündung		Schwungrad-Magnet
Anlasser		Kickstarter
Getriebe		4-Gang
Länge	mm	1770
Breite (Lenker)	mm	675
Höhe	mm	1020
Höhe Bodenblech	mm	150
Radstand	mm	1180
Kurvenradius	mm	1500
Leergewicht	kg	95
Bereifung		3,5 x 10 "
Tankinhalt	l	7,7
Steigfähigkeit %	1.	35
	2.	22
	3.	14
	4.	9
max. km/h		88
Verbrauch l/100 km		ca. 2,2
Anmerkungen		Neue Scheinwerferform, Chromzierleisten, Doppelsitzbank. Die Kühlschlitze in der Motorabdeckung waagerecht in Trapezform.

Oben: Blick auf den Motor einer Vespa 150 GL.

Neben der kraftvollen Vespa 160 GS kommt 1962 ein weiteres neues Modell als Nachfolger der 150 VBB mit dem Drehschiebermotor ins Angebot, die bildschöne Vespa 150 GL (Gran Lusso) mit einer völlig neu konstruierten Karosserie, die schlanker, gestreckter und kantiger als alle bisherigen Fahrzeuge ausfällt, und deren augenfälligstes Merkmal der markante Trapezscheinwerfer mit einem integrierten Tacho im Muscheldesign ist. Der einschließlich der 10-Zoll-Felgen ganz in vornehmem Elfenbein gehaltene Roller verfügt in der Exportausführung über eine ungeteilte Doppelsitzbank, Chromzierleisten auf Kotflügel und Seitenbacken und ein verchromtes Rücklicht. Das Luftgitter in der rechten Backe ist parallelogrammförmig gestaltet. Die Seriennummern beginnen mit VLA1T. 1965 wird die GL von der 150 Sprint im gleichen Kleid mit vorzugsweise silberner Lackierung abgelöst (VLB1T). Sie soll bis 1974 im Programm bleiben.

Die neue Karosserie mit dem charakteristischen Scheinwerfer erhalten noch eine Reihe weiterer Fahrzeuge aus Pontedera: 1963/64 eine für den Export in die Schweiz bestimmte 125 GT (Gran Turismo) mit 8-Zoll-Rädern (VNL1T), 1965 bis 68 die als Nachfolger der rundlichen Vespa 160 GS gehandelte 180 Super Sport (VSC1T), die in Deutschland auf dem offiziellen Vertriebsweg nicht in den Handel kommt und heute ein gesuchtes Sammlerobjekt ist, und schließlich ebenfalls 1965 die Vespa 125 GT (VNL2T).

Als »Vespa Super« kommt 1965 auch die Nachfolgerin der VNB mit 125cc (VNC1T) und eine 150cc-Variante (VBC1T) in den Genuss der neuen Karosserie, allerdings mit dem Lenkkopf der Primavera und den kleinen 8"-Rädern.

Mit einigen Retuschen und einem riesigen 130mm-Rundscheinwerfer lebt die kantige Karosserie in der Rally 180 (VSD1T, 1968-73), der 125 GTR (Gran Turismo Rinnovata) (VNL2T, 1968-76) der 150 Sprint Veloce (VLB2T, 1969-79), der Rally 200 (VSE1T, 1972-76) und der 125 T.S. (Turismo Speciale) (VNL3T, 1975-78) bis Ende der Siebzigerjahre fort.

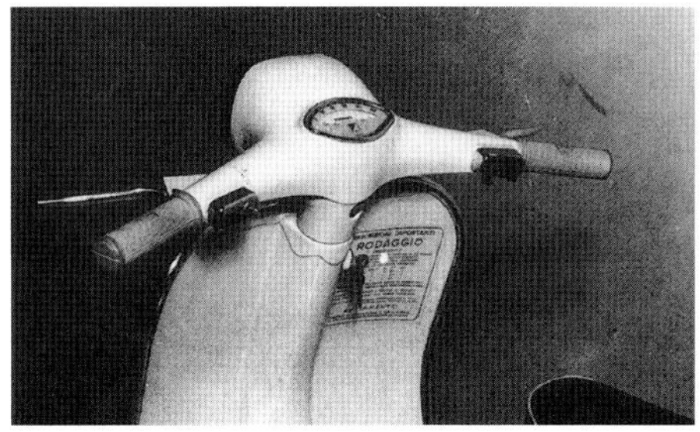

Links: Die 150 GL mit ihrem organisch gestalteten Lenker samt Scheinwerfer und Tacho. Innerhalb des Frontschildes erkennt man den Aufkleber mit den Einfahrhinweisen.

Oben: Vespa 150 GL mit dem trapezförmigen Scheinwerfer, Doppelsitzbank und eleganten Chromleisten.

KAPITEL 4

Die Vespa kommt nach Deutschland

Der von Hoffmann gebaute Roller war die erste außerhalb Italiens produzierte Vespa.
Gegenüberliegende Seite: Die Schauspielerin Erika Remberg im Film »Drei weiße Birken«, gedreht 1961.

Die Italiener waren sich darüber durchaus im Klaren, daß die Vespa auch auf dem deutschen Markt gute Chancen haben würde. Ihre eigenen Produktionskapazitäten hätten zum damaligen Zeitpunkt aber nicht ausgereicht, ein so großes Marktpotential abzudecken; es galt also, in Deutschland, wo schließlich auch das klassische Motorrad seit jeher einen hohen Stellenwert genoß, einen Lizenzpartner zu finden. Der sich auch bald einstellte – in der Person des rheinischen Industriellen J.O. Hoffmann. Seine Nachfolge trat 1955 der Flugzeugbauer Willy Messerschmitt an., in dessen Augsburger Werk die deutsche Lizenzvespa bis Ende 1957 gefertigt wurde; anschließend war es die Vespa GmbH in Augsburg, die bis zum Oktober 1963 als Hersteller aktiv war. Danach wurde die Vespa nur noch als Importprodukt auf den Markt gebracht.

Hoffmann-Vespa: Italienisches Kind mit rheinischem Schmiß

In einem modernen Industriebetrieb in Lintorf bei Düsseldorf stand die Wiege der ersten Vespa made in Germany. Die Hoffmann-Werke nahmen dort im März 1950 die Lizenzfertigung jenes italienischen Rollers auf, dessen Erscheinen von einem ungeduldigen Publikum bereits sehnlichst erwartet wurde.

Dem Fahrradproduzenten Jakob Oswald Hoffmann waren zu Beginn des Jahres 1949 Pressefotos von einem in Italien hergestellten Fahrzeug auf den Tisch gekommen, das ihn faszinierte: Ein motorradähnliches Zweirad, dennoch von grundsätzlich anderer Beschaffenheit, vor allem mit recht kleinen, nur achtzölligen Rädern. Und was hatte man sich unter der Bezeichnung Vespa vorzustellen? Hoffmanns Neugierde war geweckt. Auf der Frankfurter Frühjahrsausstellung hatte er die Gelegenheit, die Vespa näher in Augenschein zu nehmen. »Das Ding bau' ich!« soll Hoffmann kurzerhand gesagt haben.

Noch im gleichen Jahr bewarb sich der damals 53jährige Unternehmer in Pontedera um eine Lizenz für den deutschen Markt. Piaggio kam Hoffmanns Anfrage sehr gelegen, denn die Italiener hatten kurz vorher der Auto Union in Ingolstadt die Nachbaurechte angeboten, aber eine Absage erhalten. Unter der Auflage, die Vespa ohne Veränderungen auf den Markt zu bringen, bekam Hoffmann von der Firma Piaggio positiven Bescheid. Und er schaffte es, in seinem Lintorfer Betrieb binnen kurzem die Produktion des Motorrollers in Gang zu bringen.

Der »Vater der deutschen Vespa« hatte damals bereits eine bewegte Karriere hinter sich. Als Sohn eines Düsseldorfer Konditors hatte er zunächst das Bankfach gelernt, sich 1919 an einer Tabakwaren-Großhandlung beteiligt und anschließend in Köln eine Fahrradgroßhandlung gegründet. Im Oktober 1938, als dieses Unternehmen schon lange bankrott war, beteiligte er sich als Gesellschafter an einer Fahrradfabrik in Solingen. 1944 stellte auch diese Firma ihre Produktion ein — Bombenschäden zwangen dazu.

Hoffmann fand alsbald zu seinem Betätigungsfeld zurück und erwarb nach Kriegsende von den Mannesmann-Röhrenwerken ein 60.000 Quadratmeter großes

Vespa 125 Hoffmann 1950

Motor		1 Zyl. Zweitakt
Hubraum	ccm	124,8
B x H	mm	49,8 x 56,5
PS/min		4,5/4800
Kraftstoff		1:20
Zündung		Schwungrad-Magnet
Anlasser		Kickstarter
Getriebe		3-Gang
Länge	mm	1655
Breite (Lenker)	mm	790
Höhe	mm	950
Höhe Bodenblech	mm	150
Radstand	mm	1130
Kurvenradius	mm	1500
Leergewicht	kg	94
Bereifung		3,5 x 8 "
Tankinhalt	l	7
max. km/h		70
Verbrauch l/100 km		ca. 2,4
Anmerkungen		Anfänglich mit 4 PS Leistung bei 4000/min angegeben. Bei Seitenwagenbetrieb zulässiges Gesamtgewicht 280 kg. Ab 1954 Modell A benannt.

Betriebsgrundstück mit einer Halle, die einst eine Schaufelfabrik beherbergt hatte. Mit finanzieller Unterstützung eines Hamburger Kaufmanns namens Behrens entstand hier eine neue Betriebsstätte der Solinger Fahrradfabrik J. O. Hoffmann.

Fahrräder erfreuten sich in jener schwierigen Nachkriegszeit, als es vielen Menschen am Nötigsten fehlte, einer besonders großen Nachfrage. In bescheidenem Umfang nahm Hoffmann Ende 1945 die Produktion auf. Es mangelte sowohl an Facharbeitern als auch an Maschinen. Die ersten Räder, die Hoffmann verkaufte, waren alles andere als Luxusartikel, doch sie galten als stabil und solide. 1000 Stück betrug die monatliche Produktion.

Hoffmanns Zielstrebigkeit und Geschäftssinn ließen aus der alten »Schippenfabrik« einen Betrieb werden, der bald zu den modernsten der Zweiradbranche zählte. Man baute eine zweite Halle und stellte zusätzliches Personal ein. Am 1. Juli 1945 hatte die Belegschaft 63 Mitarbeiter gezählt, am 1. Juli 1948 waren es bereits 357. Auch die Piaggio-Vertreter waren beeindruckt von der modernen Fahrradfertigung an der Autostraße zum Düsseldorfer Industriegebiet. Bis auf Sattel, Kette und Speichen ließ Hoffmann alles im eigenen Betrieb herstellen. Am Fließband durchwanderten alle Einzelteile das vollautomatische, mit Gas beheizte Lackier-Tauchbad; auch Galvanisierungsarbeiten erledigte man in eigener Regie. Die Produktionskapazität pro Tag hatte sich inzwischen auf 500 Fahrräder gesteigert.

Aber es waren nur 250, die täglich das Lintorfer Werk verließen — trotz kräftig steigender Nachfrage. Rückschläge bei geschäftlichen Zielsetzungen hatten den Unternehmer vorsichtig werden lassen; Produktion und Zahlungsfähigkeit seiner Firma mußten in Einklang stehen. Als Hoffmann mit Piaggio verhandelte, war er übrigens auf dem Motor-Zweiradsektor kein Neuling mehr, denn er hatte bereits 1948 die Fertigung von 100- und 125-ccm-Motorrädern aufgenommen. Wahlweise konnte man sie mit Sachs- oder Ilo-Motor bekommen. Die Produktion nahm zwar nur geringe Ausmaße an, aber für das Vespa-Geschäft stellte sie eine gute Grundlage dar

J. Oswald Hoffmann, wie er seine Briefe zu unterzeichnen pflegte, nahm also die Rollerfertigung auf, von der er sich sehr viel versprach. In Italien und auch in Frankreich hatte der Scooter sein begeistertes Publikum längst gefunden, als Hoffmann mit diesem Fahrzeug einen Anfang wagte — und es war in der Tat ein Wagnis: Hierzulande schien die Sache für viele zu spekulativ und voller Risiken zu sein. Es dürfte sicher nicht leicht gewesen sein, sich nur ein Jahr nach der Währungsreform eine ausreichende Marktübersicht zu verschaffen; noch war ja auch völlig offen, welche Entwicklung sich beim Auto und Motorrad abzeichnen würde und wieviel Raum der Gattung Motorroller bliebe. Die Trends auf den ausländischen Märkten ließen nur sehr bedingt eine Schlußfolgerung zu, denn dort lagen die Verhältnisse in jeder Hinsicht anders.

In Italien und in der Schweiz hatte der Scooter bereits sein Publikum gefunden

Anfang September 1949 war der Vertrag zwischen Piaggio und Hoffmann unterschriftsreif. Demnach hatte Hoffmann für Deutschland eine Exklusivlizenz zur Produktion sowie das Vertriebsrecht, den

Jakob Oswald Hoffmann, der sich gern »Vater der deutschen Vespa« nennen ließ.

Die regionale Aufteilung beim Vertrieb der Vespa. Für das nördliche Bundesgebiet war der Hersteller Hoffmann zuständig, für den Süden die Vespa Vertriebs-GmbH in Frankfurt am Main, wo sie in der Zeppelinallee ihren Sitz hatte.

Vespa-Laden von Fred Eckhardt in Frankfurt am Main Anfang der Fünfziger.

originalgetreu hergestellten Vespa-Roller im Norden Deutschlands (also in der »Britischen Zone«) zu verkaufen sowie in nordwesteuropäische Länder zu exportieren, etwa nach Holland, Belgien und Dänemark. Die Vertriebsrechte in der südlichen Hälfte Westdeutschlands wurden der ebenfalls 1950 gegründeten Vespa Vertriebs-GmbH von Fred Eckhardt am Platz der Republik in Frankfurt am Main eingeräumt. Dort wurde auch die erste Vespa in Deutschland für den Straßenverkehr zugelassen. Optimistisch äußerte sich Hoffmann, daß die Vespa »die Vorherrschaft des Fahrrades als Massenverkehrsmittel brechen« werde. In der Tat stieg das Interesse an der Vespa in Deutschland wie in den Nachbarstaaten sehr schnell. Zahlreiche Aufträge gingen ein, noch bevor man in Lintorf im März 1950 die ersten Roller aus deutscher Produktion ausliefern konnte.

Am 18. Oktober hatten die Bauarbeiten für eine neue, 7000 Quadratmeter große Fertigungshalle begonnen, die auch ein Konstruktionsbüro und eine Versuchs-Werkstatt beherbergen sollte. Schon ein halbes Jahr später konnte die zweistöckige Halle ihrer Bestimmung übergeben werden. Im Untergeschoß waren die Maschinenräume für die mechanische Bearbeitung der einzelnen Fahrzeugteile untergebracht, in der Montagehalle befand sich ein im Boden eingelassenes Laufband, das der Hoffmann-Ingenieur Kneer eigens hierfür entwickelt hatte. Den Firmennamen »Solinger Fahrradfabrik« hatte das Unternehmen abgelegt; jetzt waren die Hoffmann-Werke schließlich ein Betrieb der Kraftfahrzeugbranche.

Als besonders modern galt die Lackieranlage, eingerichtet von der Firma Hager & Weitmann aus Bergisch-Gladbach. Durch Infrarot-Dunkelstrahlung war die üblicherweise einige Stunden dauernde Trocknung der Lacke einschließlich der Metallgrundfüllungen auf acht bis zehn Minuten verkürzt werden.

Für die Serienproduktion bedeutete dies eine enorme Zeitersparnis, die sich letztlich auch auf den Preis der deutschen Vespa auswirkte. Sie kostete soviel wie ein 125-ccm-Motorrad, nämlich 1220 Mark. Das Piaggio-Markenemblem am Frontschild hatte Hoffmann geschickt in eines mit seinem Signet abgewandelt, denn dem Original-Vespa-Schriftzug durfte keine weitere Herstellerbezeichnung beigefügt werden.

Bereits vor Auslieferung des ersten Rollers hatte Hoffmann durch geschickte Werbung eine so große Nachfrage erzeugt, daß die Jahresproduktion für 1950 im vorhinein verkauft war. Überall erregte die Vespa Aufsehen — wo immer sie auftauchte, gab es bald eine Ansammlung Schaulustiger. Doktoren, Rechtsanwälte, Angestellte in höheren Positionen waren die ersten Käufer. Ein Auto konnten sich viele noch nicht leisten. Man muß aber wissen, daß ein Vespa-Besitzer in den fünfziger Jahren auf seinen Roller ebenso stolz war wie heute ein Audi-Besitzer auf seinen Quattro.

Um 1951 war Hoffmann in Lintorf zu einem Begriff in der deutschen Zweiradindustrie geworden. Hier produzierten 850 Mitarbeiter pro Jahr 12.000 Vespa-Roller. Gern hätte man die Fertigung weiter ausgedehnt, doch es herrschten weltweit Energie- und Rohstoffmangel — nicht zuletzt eine Folge des Korea-Krieges. Aber auch qualifizierte Facharbeiter gab es nicht in unbegrenzter Zahl, denn im Raum Düsseldorf war die Kfz-Branche bislang kaum vertreten gewesen. Pendler aus Mülheim, Essen, Duisburg, Velbert und Ratingen wurden beschäftigt.

Bis zum Herbst wurden 23.000 Hoffmann-Roller hergestellt. Damit waren die hohen Erwartungen des Firmenchefs 1949 voll bestätigt worden. In den einzelnen Verkaufsgebieten Westdeutschlands betrug der Anteil an Hoffmann-Vespa-Rollern zwischen 35 und 59 Prozent am Gesamtvolumen. Auch das Nachziehen zahlreicher weiterer Hersteller, die nun mit eigenen Rollerkonstruktionen erschienen, ließ sich auf die Aktivitäten Hoffmanns zurückführen, der als Pionier einen Markt geöffnet hatte.

Die Vespa setzte sich in Deutschland durch. Zuerst in der Großstadt, dann auch auf dem Lande. Die anfangs geäußerte Ansicht, ein Roller tauge nicht fürs Gelände, wurde widerlegt: Selbst Eifelförster

Der Radwechsel ging bei der Vespa leicht vonstatten. Genau in die Felge des Reserverades passend gab es einen kleinen Kraftstoffkanister. Die Platzierung des Ersatzrades wechselte in der Vespa-Geschichte mehrfach — vom Heck zum Frontschild, dann unter die linke Heckverkleidung.

fuhren auf der Vespa zu den Holzschlägern im Revier. Skeptiker wurden überzeugt: Der Roller hatte eine Steigfähigkeit von 25 Prozent, ließ sich ruhig und sicher beherrschen, bot sogar die Möglichkeit, einen Seitenwagen anzuschließen. Hoffmann-Pressechef Hans F. Tiedtke: »Die Vespa ist die einzige 125-ccm-Maschine, die vollkommen beiwagenfest ist!«. Für den Gespannbetrieb fertigte die Firma Hoffmann eigene Seitenwagen und eine besondere Endübersetzung an.

In der Presse wurde die Hoffmann-Vespa sehr gelobt und als ausgereifte Konstruktion bezeichnet. So erschien bereits im März 1950 im Düsseldorfer *Handelsblatt* ein Beitrag über die »Invasion der Motorroller« und führte aus, daß die Vespa der geglückte Versuch sei, das Motorrad »damenfähig zu machen«. Vor allem sei die Leistung des 125-ccm-Fahrzeugs erstaunlich, wie vier Weltrekorde bewiesen, die kürzlich mit einem frisierten Exemplar aufgestellt worden seien.

»Die Vespa ist die einzige 125-ccm-Maschine, die beiwagenfest ist«

»Wird der motorisierte Straßenverkehr in Deutschland durch den Roller revolutioniert?« fragte das Hamburger Abendblatt am 27. März 1953. »Tausende, die im Heiligen Jahr nach Rom pilgern, bringen von dort den Eindruck einer Roller-Invasion mit... Der Roller ist bequemer als das Motorrad und vor allem schmutz- und schutzsicherer, dazu ist er wirtschaftlich in Anschaffung und Betrieb.«

Daß die Vespa kein Spielzeug, sondern eine ernstzunehmende Konstruktion darstellte, hatte Hoffmann innerhalb von drei Jahren hinlänglich bewiesen. Sie war frei von Kinderkrankheiten und versprach weiterhin besten Absatz. Das Geschäft übertraf Hoffmanns Erwartungen, so daß er in eine neue 450-Tonnen-Blechpresse investierte, wie sie bisher nur das Wolfsburger Volkswagenwerk hatte. Hoffmann, der 1948 schon einmal zehntausend DKW-Motorradrahmen für die Auto Union im Lohnauftrag hergestellt hatte, erwog zeitweilig sogar die Einrichtung einer eigenen Motorenstraße, bevor er herausfand, daß die Pinneberger Motorenfabrik Ilo billiger produzieren konnte. So kam es, daß diese später in Unterlizenz den Piaggio-Motor bauten.

In der amerikanischen Zeitschrift *Life* verglich man den Wirtschaftswunder-Exponenten in Lintorf bereits mit Krupp, als Hoffmann erste Anzeichen von Nervosität zu zeigen begann. Denn bei allem Rollerglück stand seine Firma auf unsicherem Fundament. Statt Reserven zu bilden, hatten die Hoffmann-Werke ständig expandiert. Die geringste Krise, so war zu befürchten, konnte das unterkapitalisierte Unternehmen in ernste Bedrängnis bringen. Als NSU mit der deutschen Lambretta und die Firma Glas mit dem Goggo-Roller auf den Markt drängten und Hoffmann überdies mit seinem ehrgeizigen Motorrad-Programm, das noch immer parallel zum Rollergeschäft lief, große Einbußen hinnehmen mußte, standen die Zeichen auf Sturm.

Vor allem das seit 1951 gebaute Hoffmann-Motorrad »Gouverneur« mit einem 250-ccm-Boxermotor — später auch mit 300 ccm lieferbar — ließ sich nur schwer verkaufen. Seine Entwicklung und Herstellung hatte viel Geld verschlungen. Aber die Konstruktion war nicht ausgereift, und Garantieschäden und Nachbesserungen belasteten Hoffmanns Kasse noch zusätzlich. Als sich 1954 in der gesamten Zweiradbranche Deutschlands Absatzschwierigkeiten abzuzeichnen begannen, gehörten die Hoffmann-Werke zu den ersten, die das schmerzhaft zu spüren bekamen.

Denn auch das Vespa-Geschäft war von der Flaute betroffen. Produzierte und verkaufte man noch im Sommer 1953 monatlich 1850 Roller, so war ein Jahr später der Absatz auf weniger als die Hälfte gesunken. Dies hatte einen speziellen Grund: Die Roller der Konkurrenz waren stärker motorisiert. Verzweifelt wandte sich der Lintorfer Wirtschaftskapitän an die Piaggio-Manager und regte die Herstellung eines größeren Motors an. »Wir wissen schon, was für die Vespa

richtig ist,« beschieden sie ihn und ließen den Mann aus Deutschland stehen.

Entgegen der Vertragsregelung beschloß darauf Hoffmann, in eigener Regie ein stärkeres Triebwerk von 5 statt bisher 4,5 PS Leistung zu entwickeln. Auch optisch unterschied sich diese Hoffmann-Vespa von dem bisherigen Modell durch auffälligen Chromschmuck auf den seitlichen »Backen« und am vorderen Schutzblech sowie einen zusätzlichen Scheinwerfer am Lenker; die Lampe unten auf dem vorderen Kotflügel erklärte man zum Nebelscheinwerfer. Die Edelwespe mit der Bezeichnung Modell 54 wurde zur »Königin« gekrönt und gab ihr Debüt auf der IFMA im Herbst des Jahres 1953. Der Standard-Roller wurde von jetzt an Modell A genannt. Der *Spiegel* berichtete, die Modifikationen hätten Hoffmann eine halbe Million Mark gekostet — und seinen Kontrakt mit Piaggio obendrein.

Auch die Düsseldorfer Stadtpolizei bezog von den Hoffmann-Werken Vespa-Roller. Einige weitere Gemeinden in Nordrhein-Westfalen zogen nach; insgesamt kamen 110 Roller zur Auslieferung.

Hoffmanns Stolz und Desaster: die Ende 1953 präsentierte »Königin« mit 5-PS-Motor.

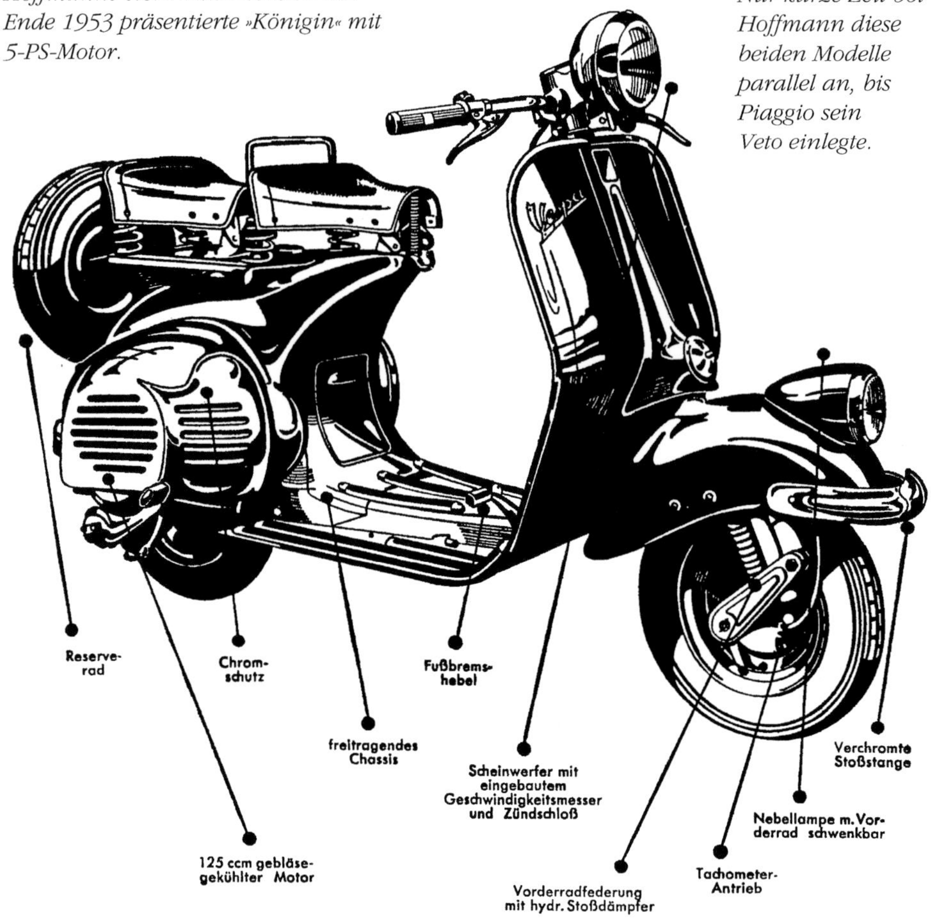

Nur kurze Zeit bot Hoffmann diese beiden Modelle parallel an, bis Piaggio sein Veto einlegte.

Denn die Italiener erkannten auf Vertragsbruch und kündigten zum 17. September 1954 die Zusammenarbeit auf.

Zunächst schien Hoffmann das kalt zu lassen. Würde ein halbes Mehr-PS und ein bißchen Chromschmuck ihm zum Verhängnis werden können? Er hatte zudem ein anderes Eisen im Feuer — die Hoffmann-Kabine. Doch dieser zweiplätzige Kleinstwagen wurde von BMW-Advokaten als Plagiat der Isetta bezeichnet, und die Bayern strengten einen Prozeß an, um Hoffmann am Bau seines Fahrzeugs zu hindern. In der Folge sperrte Hoffmanns Hausbank ihm einen bereits zugesagten 500.000-Mark-Kredit. Und da die Hoffmann-Werke der Rheinisch-Westfälischen Bank AG ohnedies 4,5 Millionen Mark schuldeten und Verbindlichkeiten in etwa gleicher Höhe bei diversen Zulieferern bestanden, war der Zusammenbruch vorprogrammiert. Zu allem Übel hatte Hoffmann seine Banker nicht von der Vertragsauflösung mit Piaggio informiert. Als sie davon aus anderer Quelle erfuhren, war das Desaster perfekt.

So mußte Hoffmann am 25. November 1954 den Vergleich anmelden. Die ersten Prototypen der Hoffmann-Kabine auf deutschen Straßen hatten ihre Testkilometer vergeblich absolviert, die bereits vorliegenden 800 Bestellungen konnten nicht ausgeführt werden. In einer Pressekonferenz machte Hoffmann für sein Schicksal in erster Linie die Banken und vor allem Piaggio verantwortlich, nicht zuletzt aber auch den verregneten Sommer 1954.

Über Nacht wurden die Werkshallen von Justizbeamten besetzt, die im Interesse der Hoffmann-Gläubiger Maschinen, fertige und halbfertige Motorroller, Kabinen und Motorräder plombierten. Mit sämtlichen Ersatzteilen und allem Zubehör verfuhr man ebenso. 25 Mannschaftswagen der Polizei sperrten das Gelände ab, denn es war seitens einiger Arbeiter, die sich betrogen fühlten, zu handgreiflichen Auseinandersetzungen gekommen. Sie hatten versucht, halbfertige Roller oder auch Maschinenteile in ihren Besitz zu bringen als Ausgleich für den Lohnausfall. Ein Dreher oder Schweißer verdiente damals nicht mehr als 70 bis 80 Mark in der Woche! Dramatische Szenen spielten sich ab. Einen Monat vor Weihnachten eine scheinbar sichere Stellung zu verlieren und den letztfälligen Lohn nicht zu erhalten, war bitter. Aber die meisten Männer und Frauen der Hoffmann-Belegschaft fanden schnell neue Arbeit, denn in Düsseldorf und Umgebung gab es genügend Jobs. Die Pleite der Hoffmann-Werke aber wurde in westdeutschen Wirtschaftskreisen als ein klassisches Beispiel für die »blinde Wundergläubigkeit vieler Industrieller« gewertet, obwohl man anerkennen mußte, daß Hoffmann eines der modernsten und fortschrittlichsten Unternehmen der Branche geschaffen hatte.

Erstaunlich gut verkraftete Hoffmann diesen Schlag und bereitete alsbald ein Comeback vor. In den alten Hallen, wo der Konkursverwalter durch einen kleinen Stamm von Facharbeitern bis zum März 1955 aus vorhandenen Teilen noch knapp 2000 Roller sowohl des A- als auch des (aus italienischer Sicht illegalen!) Königin-Modells zusammenschrauben ließ, zog der jetzt sechzigjährige J.Oswald Hoffmann eine Zulieferfertigung für die Karosseriefabrik Karmann auf. Und schon bald erwirtschaftete er wieder ein Plus.

Über 40.000 Roller hatte Hoffmann produziert. Noch in der Phase der Liquidation kämpfte »der Fisch, dem man plötzlich das Wasser abgelassen hat« (wie er einem *Spiegel*-Redakteur erklärte) gegen die Kündigung seines Vertrages durch Piaggio und machte vor dem Landgericht einen Rechtsstreit anhängig, bei welchem er jedoch chancenlos dastand. Das Aktenzeichen 4-O-4/54 konnte alsbald abgehakt werden.

»Wie ein Fisch, dem man plötzlich das Wasser abgelassen hat«

Besser sah es mit der Befriedigung der Gläubiger aus. Die Mindestabfindung in Höhe von 35 Prozent der Schuldensumme war gewährleistet. Die betroffenen Vespa- und Gouverneur-Händler erhielten sogar 70 Prozent ihrer Forderungen, und kleinere Gläubiger wurden voll entschädigt. Allein aus der Produktion heraus war eine Befriedigung der Ansprüche möglich; wäre der Betrieb abrupt stillgelegt worden, hätte der Maschinenpark des Werkes höchstens den zehnten Teil seines Wertes erbracht.

Gegen eine Weiterführung der Produktion sprach sich der Vertreter der Reifenfirma Englebert aus sowie die Gemeinde Lintorf, bei der Hoffmann mit 101.000 Mark Grund- und Gewerbesteuern in der Kreide stand. Der Piaggio-Vertreter hatte sich der Stimme enthalten.

Vespa-Roller bauten die Hoffmann-Werke nie wieder. Doch der Betrieb überlebte als Zulieferfirma noch bis 1991 und machte erst endgültig dicht, als die weltweite Abrüstungswelle für eine neuerliche, anhaltende Auftragsflaute sorgte. Letzter Eigentümer des Lintorfer Werkes am Breitscheider Weg war der Nürnberger Diehl-Konzern, der im Bundeswehr-Auftrag Übungsmunition, Munitionsbehälter und Kartuschen produzierte.

In den frühen fünfziger Jahren galten die Hoffmann-Werke in Lintorf bei Düsseldorf als einer der modernsten Industriebetriebe der Region.

Hoffmann-Vespa Königin 1953

Motor		1 Zyl. Zweitakt
Hubraum	ccm	125
B x H	mm	49,8 x 56,5
PS/min		5/5000
Kraftstoff		1:20
Zündung		Schwungrad-Magnet
Anlasser		Kickstarter
Getriebe		3-Gang
Länge	mm	1655
Breite (Lenker)	mm	790
Höhe	mm	950
Höhe Bodenblech	mm	150
Radstand	mm	1130
Kurvenradius	mm	1500
Leergewicht	kg	95
Bereifung		3,5 x 8 "
Tankinhalt	l	7
Steigfähigkeit %	1.	25
	2.	20
	3.	13
max. km/h		75
Verbrauch l/100 km		ca. 2,5
Anmerkungen		Auffallend viel Chromschmuck; Hauptscheinwerfer mit Tachometer und Zündschloß am Lenker, unterer Scheinwerfer als Nebelleuchte, neue Auspuffanlage. Serienmäßig zwei einzelne Motorradsättel und hinten montiertes Ersatzrad.

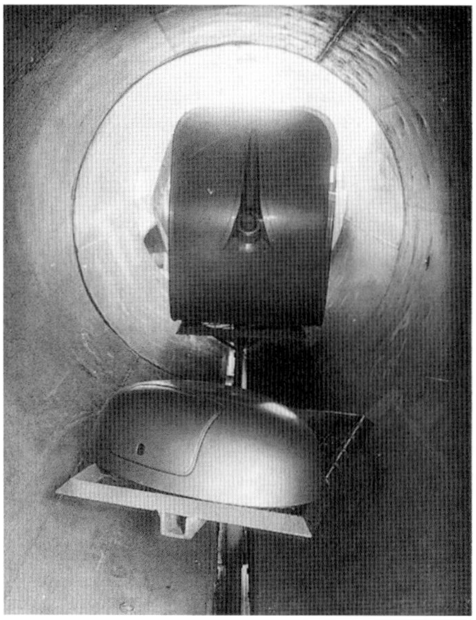

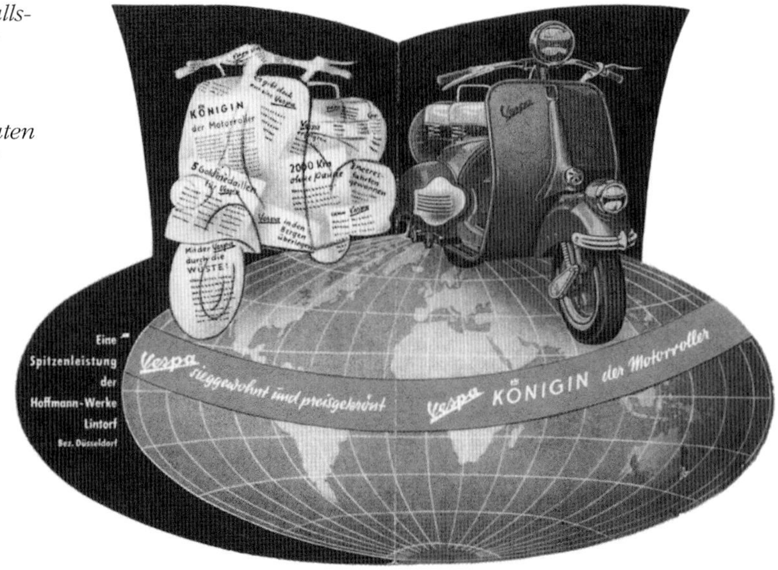

In puncto Einfallsreichtum stand Hoffmann den italienischen Vespa-Werbeleuten in nichts nach!

Links: Die moderne Lackieranlage bei Hoffmann.

Eine Umstellung auf die Fertigung ziviler Güter schien nicht möglich zu sein; so schloß der Betrieb endgültig seine Tore.

Messerschmitt-Vespa: Die Wespe aus der Flugzeugfabrik

Als die Kündigung des Vertrages zwischen Piaggio und Hoffmann, das Desaster um die Iso-Kabinen-Kopie und in dessen Folge die Pleite der Firma in Lintorf bekannt wurden, fürchteten die meisten Vespa-Händler in Deutschland um ihre Existenz. Mit der Vespa hatten sich viele von ihnen eine geschäftliche Grundlage geschaffen, die ernsthaft gefährdet schien: »Wenn jetzt auch die Ersatzteilversorgung aussetzt, geht mancher von uns kaputt!«

Eine vespalose Zeit sollte es in der Bundesrepublik jedoch nicht geben. Es wäre auch undenkbar gewesen, hätte Piaggio sich die offensichtlich bestehenden Marktchancen nördlich der Alpen entgehen lassen. Es war die Flugzeugfirma Messerschmitt mit Stammsitz in Regensburg, die das Geschäft fortführte und nunmehr einen höheren Bonus genoß als die Hoffmann-Werke, die ihren Lizenzzahlungen nicht mehr nachkommen konnten.

Am 18. Januar 1955 wurde die Vespa-Messerschmitt GmbH gegründet, die durch einen Lizenzvertrag mit Piaggio die Herstellung und den Alleinvertrieb des Vespa-Rollers in Deutschland übernahm. Kapitalmäßig waren die Messerschmitt AG und die Firma Piaggio zu je 50 Prozent beteiligt. Da in der Nähe von Augsburg ein Fabrikgelände zur Verfügung stand, konnte unverzüglich mit der Arbeit begonnen werden.

Das Programm in groben Umrissen lautete zunächst: Zusammenbau aus Italien kommender Originalteile zur Vespa 150 — der Vespa »Touren« mit Dreiganggetriebe und 5,5 PS-Motor — und zur Vespa Grand Sport, auch GS genannt, einem mit einem Vierganggetriebe und einem leistungsstärkeren und sportlicheren 8 PS Motor ausgestatteten 150er Modell. Darüberhinaus galt es, den Vertrieb von Ersatzteilen für alle älteren Hoffmann-Vespa-Roller zu organisieren, die bereits auf Deutschlands Straßen liefen.

Schon im Frühjahr 1955 rollte eine erste Vespa aus Messerschmitt-Montage auf der Landebahn des Augsburger Zweigwerkes (genannt Werk IV) an. Zum Produktionsbeginn sagte Professor Dr.-Ing. Willy Messerschmitt in einem Gruß an die deutschen Vespa-Fahrer: »Die Ursache, daß Dr. Piaggio, Erfinder der italienischen Vespa — und der heutige Roller ist eine echte Erfindung, nicht die Weiterentwicklung eines motorisierten Zweirades — die neue Lizenz gerade an das Messerschmitt-Werk gab, liegt wohl außer an der günstigen Werkskapazität in der Hauptsache an der jahrelangen Verbindung zwischen dem italienischen und dem deutschen Flugzeugbauer begründet. Unsere alte fliegerische Verbundenheit dürfte die Grundlage und das Vertrauen zu dieser fruchtbaren Zusammenarbeit geschaffen haben.« Messerschmitts Optimismus sollte jedoch alsbald verhaltenere Formen annehmen.

Im Kraftfahrzeugbau verfügte Willy Messerschmitt bereits über einige Erfahrungen. Als nämlich dem Professor wegen seiner Rolle als Rüstungsfabrikant und Konstrukteur des Jagdflugzeugs Me Bf 109 sowie des Strahljägers Me 262 durch die Alliierten 1945 ein Produktionsverbot für Flugzeuge auferlegt worden war, hatte er sein Interesse der Mobilität auf der Straße zugewendet. Im Januar 1952 war es zu einem Vertrag mit dem Rosenheimer Diplomingenieur Fritz Fend gekommen, der früher ebenfalls in der Luftfahrt gearbeitet und Fahrwerke für Düsenjäger konstruiert hatte. Messerschmitt war von Fends Dreirad-Motorfahrzeugen angetan und produzierte diese seit 1953 in seinem Regensburger Werk.

Der Fend-Flitzer, als Messerschmitt-Kabinenroller mit seiner Plexiglas-Kanzel und den zwei Tandemsitzen weltberühmt geworden, war als Dreirad- und später auch als Vierradfahrzeug erhältlich. Dieses Vehikel, im Volksmund »Düsenjäger des klei-

Die ersten bei Messerschmitt hergestellten Vespa-Roller gingen nicht so schnell weg wie erwartet — Anfang 1955 war noch der preisgünstigere Hoffmann-Roller im Handel.

Vespa 150 Messerschmitt GS/1 1955

Motor		1 Zyl. Zweitakt
Hubraum	ccm	145,6
B x H	mm	57 x 57
PS/min		8/7500
Kraftstoff		1:20
Zündung		Schwungrad-Magnet
Anlasser		Kickstarter
Getriebe		4-Gang
Länge	mm	1700
Breite (Lenker)	mm	700
Höhe	mm	1050
Höhe Bodenblech	mm	150
Radstand	mm	1180
Kurvenradius	mm	1500
Leergewicht	kg	95
Bereifung		3,5 x 10 "
Tankinhalt	l	9,5
Steigfähigkeit %	1.	22
	2.	13
	3.	6
max. km/h		100
Verbrauch l/100 km		ca. 2,9
Anmerkungen		Wie die italienische Vespa 150 GS (Grand Sport). In einigen Details der Hoffmann-Vespa Königin entsprechend.

nen Mannes« genannt, fiel nicht nur durch seine ungewöhnliche Konzeption auf, sondern stellte auch das preiswerteste geschlossene Mobil auf Deutschlands Straßen dar. Es kostete 2470 Mark, während das Fuldamobil 3000, der winzige Champion 4050, ein VW Standard 4400 Mark kosteten. Die Motorkabinen von Heinkel, BMW und Zündapp waren damals noch nicht auf dem Markt.

Der Kabinenroller, kurz KaRo, integrierte schnell ins alltägliche Straßenbild. Seine Konstruktion war eine Pionierleistung, vergleichbar mit der des Hauses Piaggio. Das Kriterium der ungewohnten Form vermochte der Kabinenroller eben-

Oben: Messerschmitt-Kabinenroller KR 200 von 1959, ungewöhnlich und preiswert.

Links: Auch bei schlechtesten Wetterverhältnissen war der Kabinenroller zu fahren.

so erfolgreich zu überwinden wie der Vespa-Motorroller.

Als Messerschmitt in der Nachfolge Hoffmanns die Vespa-Lizenz bekam, sah sich der italienische Roller schon einer weitaus größeren Konkurrenz gegenübergestellt, als dies 1950 der Fall gewesen war. Auf dem Markt waren 35 verschiedene Modelle von 16 Herstellern. Allein neun deutsche Motorradproduzenten hatten Ende 1954, als Messerschmitt mit Piaggio ins Gespräch kam, die Roller-Herstellung aufgenommen, wobei die 125-ccm-Klasse nur mehr gering vertreten war. Die meisten Motoren hatten 150 oder 175 ccm Hubraum.

Eine leistungsstärkere Vespa, um die Hoffmann in Pontedera vergeblich gekämpft hatte, hatte man in Italien bereits 1954 mit dem Modell 150 entwickelt. Dieser 150-ccm-Motor mit 5,5 PS trieb nun auch die Vespa an, als sie in Augsburg zu neuem Leben erweckt wurde. Eine Vespa 125 wie in Italien baute man bei Messerschmitt nicht, sie wurde erst wieder ab 1958 von der Vespa GmbH in Augsburg ins Programm aufgenommen. Die Vespa-Messerschmitt GmbH (die in einigen Inseraten mit »Vespa-Messerschmittwerk Regensburg« warb, in anderen als »Vespa Messerschmitt Augsburg« firmierte) hatte sich vorgenommen, jährlich 8000 Einheiten herzustellen; später war von einer monatlichen Mindestproduktion in Höhe von 1250 Rollern die Rede. Wertmäßig sollte der Messerschmitt AG etwa die Hälfte der Erträge aus dem Vespa-Geschäft zufließen. Überdies war ein gemeinsamer Vertrieb der Vespa-Messerschmitt GmbH (Roller) und der Firma RSM (KaRo) geplant.

Als Messerschmitt den Rollerbau aufnahm, gab es 35 Modelle von 16 Herstellern

Im gesamten Jahr 1955 verließen nach werksinternen Unterlagen 2218 Roller das Band, davon 2017 des Modells 150 und nur 201 des GS-Modells. 1956 waren es nach Einführung der neuen Modelle immerhin 8536 Exemplare, davon entfielen 6253 Stück auf das Modell 150 und 2213 auf das GS-Modell. Aber im dritten Produktionsjahr sanken die Zahlen um etwa 20 Prozent, es wurden nur noch 5168 150er und 1756 GS-Modelle produziert. Damit addiert sich die Gesamtzahl der bei Messerschmitt produzierten Roller auf 17.678 Einheiten.

Die bei Vertragsabschluß angestrebten Stückzahlen erwiesen sich von Anfang an als zu hoch angesetzt. Denn nur einen geringen Teil ihrer Produktion konnte die Vespa-Messerschmitt GmbH im ersten Jahr absetzen, da die bisherige Vertragsfirma Hoffmann die Erlaubnis bekommen hatte, im Rahmen eines Vergleichs bis zum September 1955 noch 2000 Roller zu verkaufen — jene nämlich, die nach dem Zusammenbruch der Firma aus Restbeständen montiert worden waren. Die meisten Exemplare gehörten zu einer bereits verbesserten Ausführung mit dem Hauptscheinwerfer in der Lenkermitte, »Luxus-Tachometer«, zwei Sätteln und 5 PS Motorleistung, der Hoffmann-Königin. Ebenfalls im Lieferprogramm war der Hoffmann-Seitenwagen, samt Spritzdecke und Windschutzscheibe, für nur 520 Mark.

Noch im Februar 1955 teilten die Hoffmann-Werke (in Liquidation) ihren bisherigen Vertragshändlern sowie der Motorpresse mit, daß der Piaggio-Vertrag eigentlich erst am 31. Dezember 1959 hätte enden sollen und daß in dem von ihnen angestrengten Prozeß noch keine Entscheidung gefallen sei. Solange eine

Oben: Karosseriebau in Augsburg; eine Aufnahme von 1956.

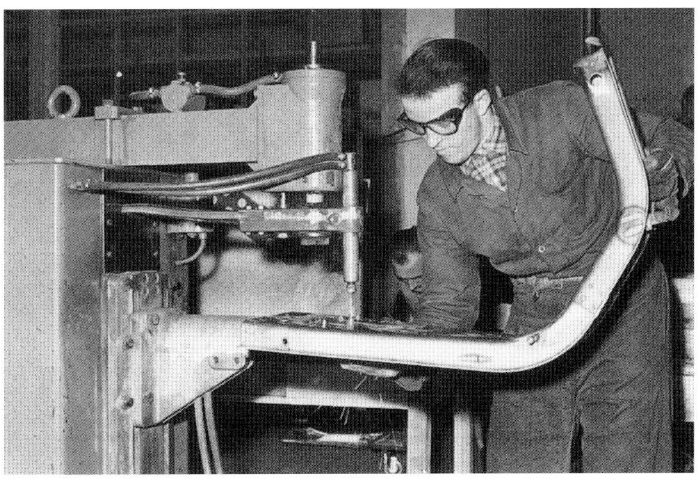

Rechts: Punktschweißen des Bodenblechs.

solche Entscheidung ausstünde, fehle es der Vespa-Messerschmitt GmbH an der Voraussetzung, ihre Lizenzrechte ausüben zu dürfen.

Hoffmann beabsichtigte, auch im Interesse seiner Zulieferer, die Produktion »sanft« auslaufen zu lassen: »Eine Unterlassung dieses Auslaufs der Fertigung würde unsere Zulieferer um mehr als zwei Millionen Mark schädigen und mit einer Erhöhung der Schadenersatzforderungen auch die gesamten Vergleichsgläubiger in gleicher Weise beeinträchtigen. Außerdem wäre eine solche sinnlose Vernichtung von Millionenwerten, die letzten Endes Bestand des deutschen Nationalvermögens sind, nicht zu verantworten.«

Man bestand auf einer Erfüllung der Abschlußverträge von 1954/55 und blokkierte somit fürs erste die Aktivitäten Messerschmitts. Die letzte Hoffmann-Vespa wurde zu 1395 Mark angeboten und lag damit ein gutes Stück unter dem Preis des in Augsburg hergestellten Rollers, der 1575 Mark kostete. Dies bewog so manchen Händler, seine Bestellung lieber nach Lintorf zu geben, solange man von dort noch Roller erhalten konnte. Zur Unterstützung ihrer Verkaufsbemühungen stellten die Hoffmann-Werke sogar noch Werbematerial zur Verfügung.

1955 war also ein Jahr, in der es die Vespa aus zwei deutschen Montagefabriken gab. Mit großem Unbehagen mußten die Messerschmitt-Manager mit ansehen, wie der preisgünstigere Hoffmann-Roller ihnen — zunächst noch — einen Strich durch die Rechnung machte. Aber sie setzten auf die Zukunft und bauten ein neues Werk an der Ausfallstraße von Augsburg nach Landsberg auf einem Grundstück von einer Million Quadratmetern Fläche. Zwei Hallen von 2000 und 5000 Quadratmetern waren für die Vespa-Fertigung vorgesehen, für den Kundendienst entstand eine kleinere Halle von 600 Quadratmetern.

Die Vespa-Produktion vollzog sich in einem fließbandähnlichen Vorgang: Die Roller standen auf Böcken, auf denen sie von einer Bearbeitungsstelle zur nächsten bewegt wurden. Nach modernsten Gesichtspunkten war auch die Lackiererei mit Infrarot-Trocknung eingerichtet.

Im Sommer 1955 konnten etwa 50 bis 55 Vespa-Roller pro Arbeitstag gefertigt werden. Diese wurden auch als Vespa 150 des Typs T/1 bezeichnet, oder einfach als Vespa 55 nach dem Baujahr. Zehn Prozent gehörten zum neuen, etwas stärkeren und nobler ausgestatteten GS-Typ.

An dieser Stelle sei ein Abstecher in die Vespa-Typologie und Seriennummernsystematik gestattet, die aus der Sicht der Augsburger Produktion — das heißt sowohl Messerschmitt als auch Vespa Augsburg — sehr differenziert ist.

Bei den Modellen Vespa 150 Touren unterscheiden wir die Bauserien T/1, T/2, T/3 und T/4. Das 1955 bei Messerschmitt hergestellte Modell in italienischer Ori-

Vespa 150 Messerschmitt T/2 1956

Motor		1 Zyl. Zweitakt
Hubraum	ccm	145,6
B x H	mm	57 x 57
PS/min		5,5/5000
Kraftstoff		1:20
Zündung		Schwungrad-Magnet
Anlasser		Kickstarter
Getriebe		3-Gang
Länge	mm	1700
Breite (Lenker)	mm	700
Höhe	mm	1050
Höhe Bodenblech	mm	160
Radstand	mm	1180
Kurvenradius	mm	1500
Leergewicht	kg	100
Bereifung		3,5 x 10 "
Tankinhalt	l	9,5
Steigfähigkeit %	1.	28
	2.	18
	3.	9
max. km/h		70
Verbrauch l/100 km		ca. 2,2
Anmerkungen		Lenker mit integriertem Scheinwerfer und Tachometer, eine Chromzierleiste über dem runden Kühlluft-Ausschnitt in der Motorabdeckung.

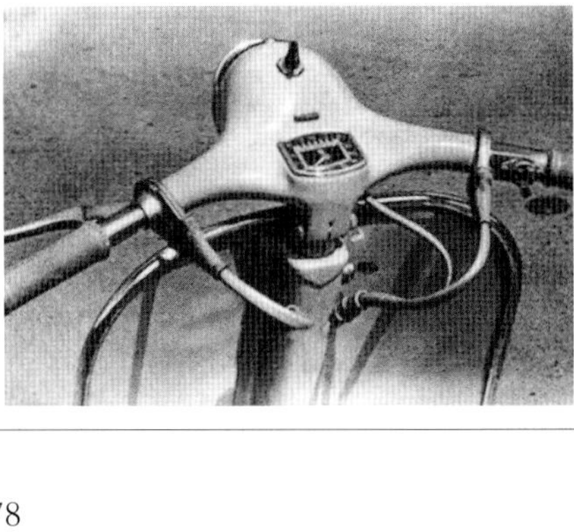

ginalausführung gilt als T/1. Unterscheidungsmerkmale zur italienischen Schwester sind die Messerschmitt-Plakette am Bug und ein Rücklicht und Tacho aus deutscher Produktion. Die Fahrgestellnummern sind identisch mit der italienischen Bezeichnung, das heißt sie beginnen mit der Kombination VL1T, die Motoren mit VL1M.

Daran anschließend folgt 1956 das Modell T/2, das sich gegenüber seinem Vorgänger durch einen um 20 mm verlängerten Radstand (jetzt 1180 mm) erkennen läßt sowie an einigen Modifikationen hinsichtlich Bereifung und Lenkergestaltung. Vom GS-Modell wurde das Fahrgestell und damit auch die 10-Zoll-Bereifung ebenso wie der formschönere Lenker übernommen, der mit einem VDO-Tacho bestückt ist. Die Kabelstränge sind noch außerhalb in einem großen Bogen verlegt. An den Leistungsdaten des Motors hat sich nichts geändert. Abweichend von dem T/1-Modell werden hier erstmals nicht italienische Seriennummern verwendet, sondern eigene deutsche Nummern. In den Werksunterlagen spricht man von der Vespa T 150/2 Typ 82, denen der Nummernkreis VD1T 1001 bis 7000 zugeteilt wurde.

Das Modell T/3, von 1957 bis 1959 gebaut, unterscheidet sich äußerlich von den Vorgängern durch einen neuen Lenker, bei dem erstmals die Kabelstränge innerhalb des Lenkergehäuses verlegt wurden. 1958 wird auch das viereckige Hella-Rücklicht nach Übernahme der Produktion durch die Vespa Augsburg GmbH durch ein ovales Schwanenhalsrücklicht ersetzt. Dieses Modell T 150/3 Typ 122 ist an dem Nummernkreis VD2T 7001 bis 13800 zu erkennen.

Das Folgemodell T/4 — von Vespa Augsburg von 1959 bis 1963 gebaut — ist

Rollenprüfstand in Augsburg. Im Scooterbau gab es eine solche Einrichtung noch nicht überall!

nach italienischer Modelltypologie kein 150er Modell, sondern das GL-Modell mit 150 ccm, erkennbar an den Seriennummern, die mit VGL beginnen. Die Werksunterlagen bezeichnen es als Vespa 150 T/4 Typ 332. Die Seriennummern lauten VGLA1T 314388 bis 315388 und VGLB1T ab 315489.

Parallel zu den T-Modellen ist die GS-Typologie aufgebaut. Bei den als GS/1 bekannten Modellen handelt es sich um die bei Messerschmit im ersten Jahr 1955 hergestellten Modelle, die noch zu 100 % aus italienischen Bauteilen montiert sind. Sie sind noch mit Magnetzündung anstelle der späteren Batteriezündung ausgestattet. Deren Seriennummern beginnen — ebenso wie die der italienischen Modelle — mit dem Kürzel VS1T. Das GS/2-Modell erhält erstmals die deutsche Denfeld-Sitzbank, die Bowdenzüge verlaufen noch außerhalb des Lenkers. Die Werksunterlagen bezeichnen diese Modelle mit den Seriennummern VD1TS 1001 bis 7000 als GS/2 Typ 62.

Bis 1955 war der Vespa-Motor eine Million Mal gebaut worden

Die GS/3, bis 1961 von Vespa Augsburg produziert, erhält dann die Bowdenzüge im Lenker. Als GS 150/3 Typ 112 trägt sie die Seriennummern VD2TS 70001 bis 10480 und als Typ 162 die Nummern VD2TS 10481 bis 13300. Nach einem Motorenwechsel gibt es eine dritte Variante, den Typ 212 TS, dessen Seriennummern von VD2TS 13301 bis 35177 laufen.

Bei der ab 1962 gebauten GS/4 handelt es sich um das stärkere 8,5 PS Modell mit 158 ccm Hubraum, das in Italien als 160 GS mit dem gleichen Seriennummernkürzel beginnt wie in Deutschland, nämlich mit VSB1T. Lediglich die Nummernfolge verrät, ob es sich um ein deutsches oder italienisches Fabrikat handelt. In Italien enden die Seriennummern bei 0061000, in Deutschland beginnen sie ab 500001.

Nach diesem Exkurs wieder zurück zum Thema Messerschmitt.

Hatte Hoffmann fast sämtliche Bestandteile seiner Vespa in Eigenfertigung hergestellt, so bezog Messerschmitt den überwiegenden Teil aus Italien. Nur in geringem Umfang bediente man sich bundesdeutscher Lieferanten, etwa bei der elektrischen Anlage von Bosch (ausgenommen die Zündanlage, die zum Motor gehörte). Ferner waren Reifen, Sättel und Tachometer deutscher Herkunft, wodurch man zumindest für diese Teile Einfuhrzoll sparte.

So wurde in Augsburg auch der Originalmotor von Piaggio eingebaut — Hoffmann hatte mit seinem bei Ilo hergestellten Triebwerk eine Eigenentwicklung, wenn auch nach fest umrissenen italienischen Vorgaben, zur Verfügung gehabt. Aber der Piaggio-Motor, bis 1955 gut eine Million Mal gebaut, kam aus einer so perfekt eingespielten Produktion, wie sie wirtschaftlicher und technisch ausgereifter kaum denkbar gewesen wäre. Qualität und Lebensdauer der Aggregate aus Pontedera ließen nichts zu wünschen übrig.

Umfangreiche Pläne, die Werksanlagen in Augsburg auszubauen und die Arbeit gleichzeitig weiter zu rationalisieren, wurden durch Probleme in Frage gestellt, die nicht bei der Firma Messerschmitt lagen. Als ein großes Handicap erwies sich zum Beispiel die Forderung Piaggios nach einer Änderung des Lizenzvertrages. Danach wäre Messerschmitt nur noch ein Prozent des Umsatzes als Prämie für die Namensrechte geblieben. Auch bestanden die Italiener darauf, daß die Messerschmitt AG sich mit zehn Prozent an der Fertigungsfinanzierung der Vespa-Messerschmitt GmbH beteiligen sollte, was der Vorstand aber ablehnte. So kam es Ende 1955 zu einer Verminderung der bisher paritätischen Beteiligung der Messerschmitt AG an der GmbH auf zehn Prozent; die freigewordenen 40 Prozent übernahm die schweizerische Firma Industrielle Martial Frène.

Ungeachtet dieser Verschiebung von Beteiligungsverhältnissen gingen die Arbeiten in Produktion und Vertrieb emsig weiter. Vor allem wurde das Kundendienstnetz ausgebaut, das künftig

Vespa 150 Messerschmitt GS/2 1955

Motor		1 Zyl. Zweitakt
Hubraum	ccm	145,6
B x H	mm	57 x 57
PS/min		8/7500
Kraftstoff		1:15
Zündung		Schwungrad-Magnet
Anlasser		Kickstarter
Getriebe		4-Gang
Länge	mm	1700
Breite (Lenker)	mm	700
Höhe	mm	1050
Höhe Bodenblech	mm	150
Radstand	mm	1180
Kurvenradius	mm	1400
Leergewicht	kg	102
Bereifung		3,5 x 10 "
Tankinhalt	l	9,5
max. km/h		100
Verbrauch l/100 km		ca. 2,9
Anmerkungen		Deutsche Denfeld-Sitzbank; auch Reifen und Tachometer kommen aus deutscher Fertigung. Die Bowdenzüge verlaufen noch außerhalb der Lenkerverkleidung.

Oben: Das Augsburger Messerschmitt-Werk, von Westen aus aufgenommen.

auch die Besitzer der Hoffmann-Roller betreuen sollte. Denn hier lag einiges im Argen: Viele der bisherigen Hoffmann-Repräsentanten hatten sich nach dem Debakel von Lintorf mit anderen Herstellern liiert, etwa mit Glas oder Heinkel, und ihr Vespa-Ersatzteillager aufgelöst. Monatelang gab es keinen Teilenachschub; Besitzer einer defekten Vespa waren immobil und ratlos. Bei Messerschmitt war man noch nicht soweit, die Hoffmann-Vorräte, so sagte man ihnen, seien aufgebraucht; Lieferschwierigkeiten mit Original-Ersatzteilen aus Italien trugen zur weiteren Verärgerung aller Beteiligten bei. Allenfalls die Zentralwerkstatt der Vespa-Messerschmitt GmbH war imstande, Reparaturen an älteren Modellen fachmännisch vorzunehmen; der Händler an der Ecke — sofern es ihn noch gab — konnte erst ab Sommer 1955 sein Ersatzteillager wieder auffüllen, wobei sich zum Kummer seiner Kunden die Preise nach oben bewegt hatten.

Unter dem Zeichen der Olympia-Ringe: Vespa-Fahrer bei einem Treffen in Innsbruck.

Mit Spannung erwartete die verbliebene Händlerschaft die neuen Modelle für 1956, für die etliche Verbesserungen angekündigt worden waren. Man warb mit dem Slogan: »Nicht lange probieren — Vespazieren«. Zwei verschiedene Ausführungen standen zur Wahl, die Touren-Vespa T 56 und die Vespa Grand Sport, kurz GS, beides 150er Modelle.

Die Touren-Vespa T 56 (T/2) hatte den bewährten 150 ccm-Einzylinder-Zweitaktmotor mit 5,5 PS Leistung bei 5000/min des Vorgängermodells behalten. Neu war das verbesserte Fahrgestell des Grand-Sport-Modells (GS), damit war die Radgröße auf ebenfalls 10 Zoll angehoben worden. Das Vorderrad wies eine gezogene Schwinghebelfederung auf; als Federungselemente dienten eine Schraubenfeder und ein doppelt wirkender hydraulischer Stoßdämpfer. Die Hinterradfederung war eine Triebsatzschwinge, ebenfalls mit Schraubenfeder und einem doppelt wirkenden Stoßdämpfer versehen. Es gab noch weitere Verbesserungen, so einen auf 9,5 Liter vergrößerten Kraftstofftank und nach außen an die Karosserie verlegte Bedienungshebel für Benzinhahn und Starterzug, wodurch sie erreichbar waren, ohne daß der Fahrer absteigen mußte. Der Lenker hatte eine

Dr. Enrico Piaggio besuchte Anfang 1956 die Vespa-Messerschmitt-Werke in Augsburg. Mit der Qualität der 150 GS scheint er zufrieden zu sein.

organische Verkleidung erhalten, die das Scheinwerfergehäuse samt darin befindlichem Zündschloß einbezog und bis zu den Griffen reichte. Das Reserverad hatte seinen Platz vom Heck des Fahrzeugs hinter das Knieschutzblech gewechselt. Geblieben waren das Dreiganggetriebe mit der Ölbad-Mehrscheibenkupplung, das Gewicht von etwa 100 Kilogramm, ein Kraftstoff-Normverbrauch von 2,2 Liter Gemisch auf 100 Kilometer und die Höchstgeschwindigkeit von 80 km/h. Statt einer Sitzbank à la GS hatte die Touren-Vespa zwei Einzelsättel, deren Federungshärte sich verstellen ließ.

Ganz ohne Zweifel hatte die Vespa durch das neue Fahrwerk und die größeren Räder eine bessere Straßenlage aufzuweisen, was vor allem beim Befahren schlechter Wegstrecken von Vorteil war. Der größere Kraftstofftank ermöglichte die Erweiterung des Aktionsradius auf rund 400 Kilometer. Und daß man zum Umschalten auf Reserve jetzt nicht mehr anhalten und absteigen mußte, wurde ebenfalls als angenehm vermerkt. Auch war das Zündschloß mit abziehbarem Schlüssel ein Fortschritt — zuvor hatten auch Unbefugte die Vespa per Kickstarter anwerfen können.

Die Verlegung des 10-Zoll-Reserverades an das Knieschutzblech war ebenfalls von Vorteil, denn nun konnte man am Heck mehr Gepäck unterbringen und mußte es nicht abladen, um im Falle einer Reifenpanne ans Ersatzrad zu kommen. Und da der Stromkreis für Hupe und Standlicht auf Gleichstrom geschaltet war, konnte man jetzt die sogenannte Schnarre gegen ein richtiges Signalhorn auswechseln, auch ließ sich das Standlicht bei abgestelltem Motor einschalten. Von einander unabhängig waren nach wie vor Zündstrom und Scheinwerfer-Hauptlicht, da sie direkt aus der Wechselstrom erzeugenden Lichtmaschine gespeist wurden. Last not least hatte man die GS-Bremsen für das 1956er Vespa-Normalmodell übernommen.

Die 150 GS war mit dem gleichen Motor wie das Tourenmodell ausgestattet, hatte aber 8 PS Leistung bei 7500/min und ein Vierganggetriebe. Die Höchstgeschwindigkeit betrug 100 km/h, der Kraftstoffverbrauch 2,9 Liter, die Höchststeigfähigkeit 23 Prozent bei einem Eigengewicht von 102 kg. Durch die Verwendung eines einheitlichen Fahrgestells für das Tourenmodell und die GS entfiel bei letztgenanntem Modell der höckerartige Aufbau des Benzintanks, der jetzt nicht mehr 12 Liter wie beim GS-Modell von 1955 faßte, sondern nur noch 9,5 Liter. Ferner hatte sich die Linienführung der Karosserie im Übergang zum Knieschutzblech und zur Bodenplatte ein wenig verändert, was eine etwas bequemere Beinhaltung ermöglichte.

Ab 1. Mai 1956 war der »Damensitz« in Deutschland nicht mehr erlaubt

Die italienische Sitzbank hatte man durch eine aus deutscher Fertigung ersetzt. Diese Denfeld-Bank fügte sich gut in die Linie des Rollers ein, wies eine etwas breitere Sitzfläche auf und war weicher. Was vor allem die Sozia als angenehm empfunden haben dürfte.

Apropos Sozia: Auch wenn sie noch so hübsche Beine hatte, durfte sie ab 1. Mai 1956 nicht mehr im »Damensitz« mitfahren. In der neuen Fassung des Paragraphen 34 der StVO hieß es nämlich: »Begleitpersonen von Krafträdern und Kraftrollern müssen in gleicher Weise wie der Fahrzeugführer auf dem Fahrzeug Platz nehmen« — was der Fahrsicherheit nur zugute kommen konnte.

Die heraufziehende Zweiradkrise in Deutschland bekam auch die Vespa-Messerschmitt GmbH zu spüren. Zumal der Rollermarkt jetzt eine starke Überbesetzung aufwies und nur noch wenige Hersteller auf rentable Stückzahlen kamen. Der Kampf um Marktanteile war voll entbrannt, und in seiner Folge gab es Konkurse, Vergleiche, Kurzarbeit, Entlassungen. Ohne langfristige Planungen und Alternativkonzepte , gestützt auf sorgfältige Marktanalysen, war auf Dauer kein Geschäft mehr zu machen. Messerschmitt geriet zwar nicht in eine existenzbedrohende Situation, konnte die Vespa-Produktion auch rentabel halten, vermochte die Fertigung aber nicht auszudehnen, wie es geplant war. Die Zuwachsraten fielen bescheiden aus, die Händler klagten über Lagerbestände, die nur langsam abflossen.

War der Kulminationspunkt in der Rollerentwicklung erreicht oder gar schon überschritten? Fast sah es so aus. Es war offensichtlich, daß sich jetzt viele Roller-

Sportliches Quartett: Vier Fahrer auf Vespa 150 GS, ein Foto von 1958.
Unten: Luftaufnahme des Augsburger Werks.

fahrer in der Lage sahen, einen Kleinwagen zu kaufen, denn das Auto rangierte nun einmal an vorderster Stelle aller Anschaffungen, egal, wie hoch die Teilzahlungsraten für den Kühlschrank oder den Fernseher das Budget bereits belasteten. Mehr und mehr wurden die Rollermobile und Kleinstwagen nach Art des KaRo, der Isetta oder des Goggomobils zum Rivalen für den Motorroller.

Die Vespa-Fertigung in der ehemaligen Flugzeugfabrik war nicht nur mit hohen Anlaufschwierigkeiten belastet, sondern langfristig für die Messerschmitt AG auch wenig rentabel. Da auch der Modellwechsel 1956 unterm Strich keine Verbesserung der Ertragslage gebracht hatte, stieg die Messerschmitt AG Ende 1957 aus dem Vespa-Geschäft aus. Ab Januar 1958 warb die Vespa GmbH Augsburg in der vom Vespa-Club von Deutschland herausgegebenen Zeitschrift *Vespa Tip* erstmals unter eigenem Namen für die beiden berühmten Geschwister, die Vespa Touren Export und die Vespa Grand Sport, die zunächst noch das Messerschmitt-Emblem auf dem Vorderbau trugen.

Vespa Augsburg

Der Rückzug der Messerschmitt AG aus der Vespa-Messerschmitt GmbH vollzog sich, wie bereits geschildert, in mehreren Schritten. Am 30. Dezember 1957 wurde die Bindung dann vollends gelöst. Im Rahmen einer Kapitalerhöhung auf 3 Millionen DM verteilte man die Gesellschafteranteile neu: Die Industrielle Martial Frène erhielten 80 Prozent, die Piaggio & Co. 20 Prozent. Gleichzeitig wurde die Gesellschaft in Vespa GmbH umfirmiert; alle Vereinbarungen mit der Messerschmitt AG erloschen. Die Eintragung ins Handelsregister erfolgte am 6. Februar 1958.

Ungeachtet dieser Vorgänge lief der Produktionsbetrieb in Augsburg reibungslos weiter. Bei Vespa galt die Formel: produzierte Maschinen gleich verkaufte Maschinen. Dies zeigte sich auch an der Entwicklung der Marktanteile. Bereits 1958 konnte Vespa in Deutschland einen Anteil von 30 Prozent erringen, 1959 stand der Vespa-Roller in einigen Gebieten Deutschlands an erster Stelle, insbesondere in Süddeutschland.

Nach ihrer Firmengründung expandierte die Vespa GmbH in Augsburg. Eine neue Glashalle für die Materialanlieferung entstand; man entwickelte verbesserte Verfahren zur Materialkontrolle, bei der Montage und bei der Endkontrolle. Neu war zum Beispiel das Einfahren der Maschinen in der Halle auf Walzenpaaren, so daß sich nicht das Fahrzeug bewegte, sondern die Straße. Solche Rollenprüfstände waren damals durchaus eine Novität. Im Ersatzteillager hielt das Werk alle Teile bereit, und zwar nicht nur für Fahrzeuge der laufenden Produktion, sondern auch für alle älteren in Deutschland gefertigten Vespa-Roller.

Im Januar und Februar 1958 wurden die beiden von Messerschmitt übernommenen Grundmodelle 150 Touren Export (5,5 PS bei 5500/min, Steigfähigkeit 28 Prozent, Eigengewicht ca. 102 kg, Dreiganggetriebe) und Vespa Grand Sport (8 PS bei 7500/min, Steigfähigkeit 32 Prozent, Eigengewicht ca. 102 kg, Vierganggetriebe) in einer besonderen Werbeaktion herausgestellt. Im Laufe des Jahres folgte dann eine neue 125er, womit die berühmte Fahrzeugfamilie Vespa komplett war, die nun aus den drei Grundmodellen Vespa 125, Vespa GS und Vespa 150 sowie dem Vespa Lastenroller Ape und der Wasser-Vespa »Moscone«, einem 3,3-PS-Außenbordmotor, bestand.

Geringeres Gewicht durch eine neue Karosseriebauweise

Die Vespa 125 gab es 1958 in zwei unterschiedlichen Ausführungen. Als Typ 152 — in der Farbe Pastellblau — trug sie die Seriennummern von VNA1T 125001 bis 126800 und war mit dem kleineren 4,5-PS-Motor und serienmäßig mit 8-Zoll-Reifen versehen. Als Vespa 125/1 Typ 222 wies das neuere Modell einen 4,6-PS-Motor und 8-Zoll-Reifen auf, so wie es auch in den Werbeprospekten und Anzeigen beschrieben wird.

Nach der Produktionsstatistik wurden von dem Modell 125 mit 8-Zoll-Reifen im Jahre 1958 1102 Stück und 698 Exemplare im Jahr 1959 produziert. Für das Jahr 1958 vermerken die Werksunterlagen noch 2110 Exemplare des Modells GLE. Hierbei handelt es sich um eine kleine Serie aus der Baureihe Typ 152 mit 10-Zoll-Reifen, die wie eine GL aussieht (also eine GL-Exportversion, denn die italienische GL wurde nie exportiert) und dennoch eine 125er ist. So wurden auch in Belgien ab 1957 normale 125er mit den größeren Rädern angeboten. Die Franzosen gingen ihren eigenen Weg, indem sie sich für die Montage von 9-Zoll-Reifen entschieden.

Bei der 125er Vespa (in der obigen Terminologie die Vespa 125/1 Typ 222) mit Dreiganggetriebe und 8-Zoll-Reifen handelte es sich um das neue Modell, das im gleichen Jahr auch in Italien vorgestellt wurde. Nach drei Jahren Pause war damit erstmals wieder eine Vespa dieser Hubraumklasse auf dem deutschen Markt.

Gegenüber der Ur-Vespa von Hoffmann gab es wichtige Verbesserungen. Erstmals wurde die Karosserie des Rollers in Schalenbauweise hergestellt, wodurch einige Karosserienähte verschwanden; das Gewicht verminderte sich zugleich von 86 auf 81 kg, die Motorleistung stieg auf 4,6 PS. Das Beinschutzschild war schmaler geworden, die Motorverklei-

Vespa 125 Typ 152 1958

Motor		1 Zyl. Zweitakt
Hubraum	ccm	123,6
B x H	mm	54 x 54
PS/min		4,6/5100
Kraftstoff		1:20
Zündung		Schwungrad-Magnet
Anlasser		Kickstarter
Getriebe		3-Gang
Länge	mm	1635
Breite (Lenker)	mm	655
Höhe	mm	985
Radstand	mm	1180
Kurvenradius	mm	1500
Leergewicht	kg	81
Bereifung		3,5 x 8 "
Tankinhalt	l	7,7
max. km/h		75
Verbrauch l/100 km		ca. 2,2
Anmerkungen		Serienmäßig mit Motorradsätteln, in der de-Luxe-Ausführung mit Denfeld-Sitzbank. Keine Klappe mehr vorn unter dem Sitz.

Die 1958er Vespa GS in Produktion. Im Scheinwerfergehäuse erkennt man Tacho und Zündschloß.

Oben: Eine Anzahl Vespa 150 GS im Lager.

Unten: im Augsburger Werk produzierte Vespa 125 (Typ 152). Die Blinker geben dem Roller ein markantes Aussehen.

Rechts: Vespa 150, noch ohne seitliche Blinker.

dung und der Ablagekasten schlanker. Die Klappe unter dem Vordersitz war entfallen, Luftfilter und Ansaugstutzen saßen jetzt dichter am Motor. Äußerlich waren jetzt keine großen Unterschiede mehr zum GS-Modell erkennbar, denn auch der Scheinwerfer war vom Kotflügel zum Lenker gewandert. In der »de Luxe«-Version konnte man gegen einen Aufpreis von 60 Mark (der Grundpreis betrug 1280 Mark) den Motorradsattel mit einer Sitzbank von Denfeld tauschen. Außerdem schmückten Chromverzierungen die seitlichen Verkleidungen und das Beinschild.

Die Reaktionen seitens der Käufer und der Motorpresse waren sehr positiv. Die beiden Motorjournalisten Dr. Paul Simsa und J. F. Drkosch fanden lobende Worte in der Fachzeitschrift *Roller Mobil Kleinwagen*: »Die Vespa ist seit langem allgemein sehr leise, die Vespa 125 ist noch leiser! Die selbsttragende, absolut klapper- und dröhnfreie Karosserie zusammen mit erstklassiger Schalldämpfung und elastischer Motoraufhängung zeigt, wie man dem Lärmproblem konstruktiv wirklich zu Leibe rücken muß.«

Die Vespa 125 war bewußt einfach angelegt. Es gab keinen Elektro-, sondern nur einen einfachen Kickstarter. Auch für die Zündung war keine Batterie im Spiel. Die einfachste Art der Magnetzündung — nur der Unterbrecher mußte gewartet werden — kam zum Einsatz, eine 6-Volt-Anlage versorgte die 25/25-Watt-Biluxbirne im Scheinwerfer. Wegen der Magnetzündung gab es Licht nur bei laufendem Motor und kein Parklicht. Auch fehlte die Tachobeleuchtung. Im Gegensatz zum GS-Modell gab es auch keinen Einsteckschlüssel. Als Diebstahlsicherung diente ein Lenkerschloß, welches den Lenker bei vollem Linkseinschlag arretierte. *Roller Mobil Kleinwagen* monierte: »Bei jedem Abschließen muß man unbedingt den Lenker auch einrasten lassen, sonst fährt man ahnungslos, bis man voll links einschlägt, der Lenker blockiert und man sich auf dem Hosenboden wiederfindet.«

Unter Absatzschwierigkeiten hatte das bewährte Modell 150 T/3 im Jahr 1958 zu leiden: Anstelle der angestrebten 5000 Stück wurden nur etwa 1100 produziert. Denn dieses 150-ccm-Modell mit einer Motorleistung von 5,5 PS verlor Kunden an die schwächere Vespa 125 und an die GS, deren Produktion in diesem Jahr beinahe eine Verdoppelung erlebte. Gleichwohl handelte es sich bei der Vespa 150 um ein ausgereiftes Modell, das mit einigen Verbesserungen noch bis 1962 in der Augsburger Produktion bleiben sollte. Neben guten Fahreigenschaften, so zum Beispiel eine Höchststeigfähigkeit von knapp 30 Prozent im ersten Gang, schätzten die Besitzer vor allem den günstigen Benzinverbrauch. Selbst bei Vollgasfahrt war es nicht möglich, die 3,5 Liter-Grenze zu erreichen, und es bedurfte schon schärfster Fahrweise, um überhaupt einen Verbrauch von 3 Litern auf 100 Kilometer zu übersteigen. Nachteilig war das Mischungsverhältnis von 1:25, das erst beim Folgemodell eine Änderung erfuhr. Werksintern wurde dieses Modell als T 150/3 Typ 122 bezeichnet und ist an den Fahrgestellnummern VD2T 7001 bis 13800 zu erkennen. Die Farben ab Werk waren Bordeauxrot, Cortinagrau und Silbergrau.

Schließlich gab es als drittes Modell die Vespa 150 GS Grand Sport mit einem schärferen 8-PS-Motor und Vierganggetriebe, die heute in Oldtimerkreisen als eines der attraktivsten Vespa-Modelle überhaupt gilt. 1955 eingeführt, wurden in der Zeit von 1958 bis 1962 an diesem Prestigeroller praktisch keinerlei Veränderungen vorgenommen. Den sportlichen GS-Fahrern bereitete es Spaß, den Motor wie eine Turbine in höchste Höhe bis zu 7500/min zu drehen und ohne aufwendige Tuningmaßnahmen auf der Autobahn bei 95 bis 100 km/h auch einmal mit einem VW Käfer gleichzuziehen. Für 1650 Mark bekam man »viel Fahrzeug fürs Geld«, wenn auch einige kritisierten, der Ölverbrauch sei zu hoch und der Motor im Vergleich zum Fahrwerk zu potent.

Wie bereits im Messerschmitt-Kapitel geschildert, gab es bei der GS/3, die von der Vespa GmbH Augsburg bis 1961 unverändert gebaut wurde, in diesen Jahren drei Varianten, die sich je nach Baujahr durch differenzierte Bezeichnungen der Fahrgestell-Nummern unterscheiden. Als Typ 112 tragen sie die Seriennummern VD2TS 7001 bis 10480, als Typ 162 die Nummern VD2TS 10481 bis 13300 und als Typ 212 die Nummern VD2TS 13301 bis 35177.

Die technischen Eckdaten für Motorleistung und Fahrgestell blieben unverändert. Vom Werk wurde die GS/3 in silbergrauer Lackierung angeboten.

Im Produktionsjahr 1959 blieb die Vespa 125 unverändert. Eine Frühjahrssensation stellte die neue Vespa 150 (T/4) dar: Äußerlich glich sie der zuvor überarbeiteten neuen Vespa 125 in Schalenbauweise, hatte allerdings 10-Zoll-Reifen bekommen. Die wichtigste Veränderung

So fröhlich waren die Swinging Fifties:

Vespa 150 T/4 — 1959

Motor		1 Zyl. Zweitakt
Hubraum	ccm	145,4
B x H	mm	57 x 57
PS/min		5,7/5000
Kraftstoff		1:50
Zündung		Schwungrad-Magnet
Anlasser		Kickstarter
Getriebe		4-Gang
Länge	mm	1635
Breite (Lenker)	mm	710
Höhe	mm	1020
Radstand	mm	1180
Kurvenradius	mm	1500
Leergewicht	kg	88
Bereifung		3,5 x 10 "
Tankinhalt	l	7,7
max. km/h		80
Verbrauch l/100 km		ca. 2,3
Anmerkungen		In der Luxusausführung mit Denfeld-Sitzbank. Wichtigstes Kriterium: Geringeres Motoröl-Mischungsverhältnis.

Vespa 150 de Luxe T/4 von 1959.

Vespa 160 GS/4 Typ 382 1962/63

Motor		1 Zyl. Zweitakt
Hubraum	ccm	158,53
B x H	mm	58 x 60
PS/min		8,5/6500
Kraftstoff		1:25
Zündung		Schwungrad-Magnet
Anlasser		Kickstarter
Getriebe		4-Gang
Länge	mm	1795
Breite (Lenker)	mm	710
Höhe	mm	1045
Radstand	mm	1180
Kurvenradius	mm	1400
Leergewicht	kg	110
Bereifung		3,5 x 10 "
Tankinhalt	l	9
max. km/h		100
Verbrauch l/100 km		ca. 3
Anmerkungen		Seitliche Blinker an den hinteren Verkleidungen, geschwungener Chromzierstreifen. Letztes Modell der Augsburger Produktion.

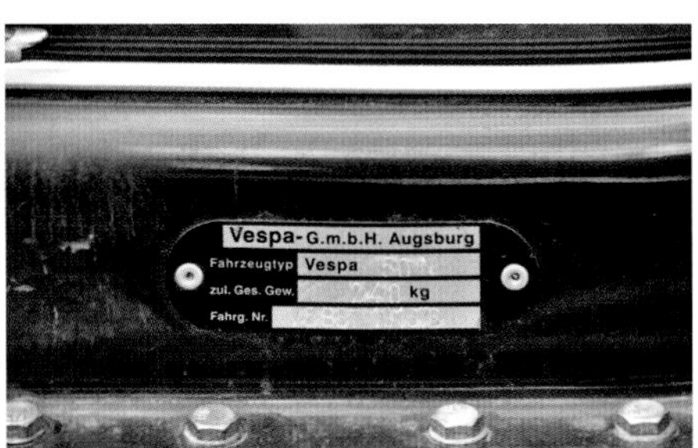

Letzte Baureihe aus Augsburg: Vespa 50N.

Charmante Verführung im Park. Vespa 160 GS/4 von 1962.

war die Reduktion des Mischungsverhältnisses von Öl zu Kraftstoff auf 1:50 — der Motor vertrug sogar noch 1:60. Stets war der hohe Ölverbrauch beim Zweitaktmotor kritisiert worden; doch dieses Mischungsverhältnis entsprach nun fast dem geringen Ölverbrauch eines Viertaktmotors. Damit war die Diskussion um einen nachteiligen Kostenfaktor vom Tisch.

Publikum und Fachwelt waren sich einig, daß Vespa mit dem neuen Modell wieder einen großartigen Roller geschaffen hatte. Vor allem wurde der neue Motor gepriesen. Der Unterschied zum Vorgänger bestand in der Verlagerung des Einströmkanals für die Gemischzufuhr vom Zylinder zum Kurbelgehäuse. Durch diese Veränderung ließen sich bessere Kühl- und Strömungseffekte erreichen. Wie bei der Grand Sport wurde ein Fallstromvergaser eingebaut. Auch hatte man durch die neue Bauweise das Gewicht von 105 auf 88 kg senken können, wodurch die Vespa 150 schneller und wendiger wurde. Bessere Bremsen sowie eine Funkentstörung der elektrischen Anlage sorgten für mehr Sicherheit und Komfort. Eine gute Nachricht für Vespa-Fahrer war auch die Heraufsetzung der vom Werk empfohlenen Wartungsdienst-Intervalle von 1500 auf 4000 Kilometer für den Schmierdienst und von 3000 auf 8000 Kilometer für den Wartungsdienst.

Der Erfolg des neuen Modells ließ sich auch an den Produktionszahlen ablesen. Während 1958 von der angegrauten 150er nicht mehr als 1177 Exemplare produziert wurden, stieg der Ausstoß 1959 auf 7391 Einheiten. Zur Auswahl standen statt der bisherigen Einheitsausführung eine Normalversion mit Schwingsätteln für 1425 Mark und die Luxusvariante mit Denfeld-Sitzbank und Chromverzierungen zum Preis von 1485 Mark.

Die werksinterne Bezeichnung für dieses Modell lautete zunächst Vespa 150 T/4 Typ 202. Wie aus den Seriennum-

Oben. Endmontage der Vespa GS; eine Aufnahme von 1962.
Rechts. Man feiert in Augsburg die Fertigstellung der 50.000 Vespa.

mern VGLAIT 300001 bis 314387 zu erkennen ist, handelt es sich nach italienischer Typologie um das in Deutschland nicht angebotene GL-Modell 150, das aber als Fortführung der 150er Modellbaureihe interpretiert wird. Es folgte später ein neuer Typ 332 dieses T/4-Modells, zu identifizieren durch die Fahrgestellnummern VGLAIT 314388 bis 315488 und VGLBIT ab 315489.

Durch die Modellverbesserungen bei der 150er hatte sich im Jahr 1959 der Anteil der einzelnen Modelle an der Gesamtproduktion gegenüber dem Vorjahr deutlich verändert. Insgesamt stieg die Produktion auf 13.954 Motorroller an, hiervon entfielen auf die Vespa 125 nur mehr 5 Prozent, nämlich 698 Stück. Sieger war mit 52 Prozent (7321 Stück) die Vespa 150 vor der GS mit 43 Prozent (5935 Stück).

Derartig rasante Produktionssteigerungen konnte das Jahr 1960 allerdings nicht mehr bieten; dafür fanden zwei wichtige Jubiläen statt. Anläßlich des zehnjährigen Bestehens von Vespa in Deutschland und des Vespa Clubs von Deutschland (VCVD) reiste Dottore Enrico Piaggio am 12. April 1960 nach Augsburg, und im gleichen Jahr lief die 50.000. Vespa der Augsburger Produktion (also ab 1955) vom Band. Es handelt sich um eine GS, die in vespatypischem Zeremoniell unter Anwesenheit der Motorpresse in den Produktionshallen gefeiert wurde.

Parallel zur Einführung der Blinkerpflicht bei Krafträdern und Motorrollern, die es in Italien nicht gab, wurden alle drei Grundmodelle 125, 150 und GS optisch überarbeitet, ohne daß sie wesentliche technische Neuerungen erfuhren.

Die Vespa mit ihrem Motor, der einen Hubraum von 125 ccm hatte, trug die Bezeichnung Vespa 125 auf dem Schutzschild. Es handelte sich jetzt um das Modell 125/2 des Typs 282 mit den Seriennummern VNB1T 128895 bis 131513, dem 1962 der Typ 392 mit den Nummern VNB3T ab 131514 folgte. Die Standardfarbe war Bavariablau.

1960 überraschte das Vespa-Werk seine Kunden mit einer Preissenkung: Ab dem 5. März kosteten die Modelle Vespa 125 in Normalausführung 90 Mark weniger, also 1190 Mark, und die Vespa 125 »de Luxe« 1250 Mark, was einer Preissenkung um 30 Mark entsprach. Mit dieser Ermäßigung folgte die Fabrik der Empfehlung des Bundeswirtschaftsministeriums, »die aus der Mengenkonjunktur sich ergebenden Vorteile dem Verbraucher zugute kommen zu lassen.«

Mit großem Zeremoniell lief in Augsburg die 50000. Vespa vom Band

Die Produktionszahlen sprechen wieder eine deutliche Sprache. War es im Vorjahr die neue 150er, die das Spitzenmodell darstellte, so war es 1960 wieder das GS/3-Modell. 54 Prozent der Gesamtfertigung von 17.892 Stück entfielen auf dieses Modell (9600 Stück), 19 Prozent auf die Vespa 125 (3403 Strick) und nur noch 27 Prozent auf die 150er Vespa (4889 Stück). Damit war 1960 ein Spitzenjahr in der Augsburger Produktion - in den Folgejahren bis 1963 sollten sich diese Zahlen halbieren. Der Rollerboom ging seinem ersten Ende entgegen. 1961 straffte Vespa Augsburg das Produktionsprogramm und beschränkte sich bei der 150er auf die »de Luxe«-Ausführung, die zum Preis von 1525 Mark angeboten wurde. Der Preis für die Vespa 125 in Normalaus führung hob man wieder geringfügig auf 1230 Mark an, die Luxusausführung kostete 1290 Mark. Unverändert war auch das GS-Modell mit 1690 Mark im Angebot. Es hatte seine Spitzenposition im Vespa-Programm ausgebaut: 66 Prozent der Fertigung entfielen auf dieses sportliche Modell (6400 Stück), während die Modelle Vespa 125 (12 Prozent und 1133 Stück) und Vespa 150 (22 Prozent und

Links: Auf Testfahrt mit einer 150er Vespa im Gelände.

Oben: Zu Augsburger Vespa-Werkern kommt der Nikolaus.

2177 Stück) deutlich zurückgefallen waren.

1962 war das Ende der Augsburger Produktion abzusehen. Trotz Einführung eines neuen GS Modells, der GS/4 mit 160 ccm, der Produktion der GLE mit 90 Stück und der GSE mit 650 Stück liefen nur noch 5312 Roller vom Band. Von der betagten 125er waren es nur 717 Stück, im Folgejahr bis Oktober 1963 — dem Ende der Augsburger Produktion — nur noch 400. Ähnlich sah es bei der 150er aus, die letztmalig 1962 in Produktion war (mit 1900 Stück) und wahlweise mit Vier- oder Dreiganggetriebe zum Preis von 1525 bzw. 1490 Mark verkauft wurden.

Auf der IFMA in Frankfurt im September 1962 wurden die Viergang 150er und die neue GS 160 als Neuheiten vorgestellt. Das neue GS-Modell erbrachte bei einem Hubraum von 160 ccm eine Mehrleistung von einem halben PS, das heißt, seine Motorleistung betrug nunmehr 8,5 PS. Die Drehzahl hatte man senken können, höher als 6500 brauchte man nicht zu gehen. Anstelle des Fallstromvergasers gab es jetzt einen Autovergaser, die Reifengröße mit 10 Zoll und die Spitzengeschwindigkeit mit 100 km/h blieben unverändert. Damit präsentierte sich die GS 160 als ein etwas zivilisierteres Sportmodell als ihre Vorgängerin. Im Vordergrund der Modellentwicklung hatten Steigerung der Beschleunigung, Elastizität und allgemeiner Fahrkomfort gestanden. Das Drehmoment lag schon im unteren Drehzahlbereich höher, was auch in hügeligem Gelände ein zügiges Fahren bei weniger Schaltvorgängen ermöglichte. Unter anderem hatte man auch die Kurbelwellenlagerung verändert. Somit ergaben sich aus diesen Merkmalen die größere Motorelastizität, ein gesteigertes Anzugsvermögen, eine höhere Lebensdauer sowie geringere Wartungskosten bei

Von Augsburg in alle Winkel der Bundesrepublik: Täglich verließen einige Lkw-Ladungen Vespa-Roller das Werk.

gleichzeitiger Erhöhung der Intervalle für größere Inspektionen auf 8000 Kilometer. Die Vespa GS 160 war damit ein echter Gebrauchsroller mit sportlicher Note geworden. Elegant wirkte die neue Lackierung in »Alabaster«-Weiß. Der Preis ab Werk betrug 1750 Mark. Äußerliche Erkennungsmerkmale gegenüber der GS 150 waren die geschwungenen Chromleisten mit integrierten Blinkern an den »Backen«, ein eckiges und größeres Rücklicht, Chromstreifen auch an dem vorderen Kotflügel sowie ein dynamischer aussehender Frontscheinwerfer. Doch die Absatzmöglichkeiten waren begrenzt: Von der GS 160 wurden 1962 gerade einmal 1955 Exemplare gebaut, im folgenden Jahr bis Oktober 1963 nur noch 506.

Den Preis für die noch parallel angebotene GS 150 hatte die Vespa GmbH um 100 Mark reduziert; von 1690 auf 1590 Mark. Es handelte sich hierbei um Lagerbestände aus dem Jahr 1961; produziert wurde die GS 150 in diesem Jahr nicht mehr.

Im Oktober 1963 kam das Ende für die Augsburger Produktion. Die Rollerbaisse hatte auch Deutschland erreicht. Ein geändertes Käuferverhalten und gestiegene Produktionskosten bei geringerem Absatzvolumen ließen eine Fertigung außerhalb von Pontedera nicht mehr rentabel erscheinen. Insgesamt 74.771 Vespa-Roller hatten in der Zeit von 1955 bis 1965 die Bänder in Augsburg verlassen, davon waren 30.902 150er und 29.455 GS/5-Modelle. Die Produktionsblätter verzeichnen ferner noch den Pentarò Sattelzug, den Ape-Lastenroller in vier Varianten sowie das Vespa-Modell 50 N.

Heute erfolgt der Vertrieb der Vespa und aller anderen Konzernmarken durch die Piaggio Deutschland GmbH im Hafencenter, Reisholzer Werftstr. 40, 40589 Düsseldorf.

KAPITEL 5

Vespa-Konkurrenz

Motorroller aller Fabrikate auf dem Hof einer Werkstatt.
Gegenüberliegende Seite: Keine Fehlassoziationen bitte —- NSU hatte die Lambretta keineswegs in den Sand gesetzt!

Der Erfolg der Vespa zu Beginn der fünfziger Jahre rief bald die Konkurrenz auf den Plan. Zahlreiche Hersteller in Italien und anderen europäischen Ländern versuchten, auf der Scooterwelle mitzuschwimmen und Roller zu bauen, von denen sie sich ein profitables Geschäft erhofften. Sowohl Motorradproduzenten in Deutschland, England und Frankreich, die anfangs die Rolleridee als kurzlebige Modesache abgetan hatten, befanden sich darunter, als auch branchenfremde Quereinsteiger wie in Deutschland der niederbayerische Landmaschinenfabrikant Hans Glas oder der Flugzeugbauer Ernst Heinkel.

Während es deutsche Rollerproduzenten auf recht beachtliche Stückzahlen brachten, blieben die Bemühungen der Briten ohne sichtbare Erfolge; ideenreicher war die Konkurrenz in Frankreich, wo man sich in Technik und Formgebung an italienischen Vorbildern orientierte. Auch die Österreicher hatten mit Puch und KTM heiße Eisen im Feuer. Stärkster Kontrahent der Vespa aber war auf allen europäischen Märkten lange Zeit ein Scooter, der ebenfalls aus Italien kam: die Lambretta aus dem Hause Innocenti. Zwar gab es auch zahlreiche andere Zweiradhersteller in Italien, doch als Vespa-Konkurrent trat der Lambretta-Roller am stärksten in Erscheinung, zumal er auch Lizenznehmer wie zum Beispiel die Firma NSU fand.

Lambretta, Guzzi & Co.

Zweifellos war und blieb die Vespa zunächst die Nummer Eins, doch die der Vespa nachgeborene Lambretta folgte ihr dichtauf, bevor sie zum Überholspurt ansetzte, in Italien wie bei uns in Deutschland. Der Name dieses Rollers leitete sich aus dem Fluß Lambro ab, »an dessen Ufer ein Fahrzeug das Licht erblickte, das bunt wie eine Blume war und ein Schmuckstück der Mechanik darstellt, das die Schönheiten der Natur, den Rhythmus der Technik und die Nüchternheit des Rechnens glücklich in sich vereinigte«, wie ein zeitgenössischer Werbetext es formulierte. Der Lambro schnitt das Lambretta-Werk wie auch die kleine Stadt Lambrate in zwei Teile. Heute ist sie längst in Groß-Mailand eingemeindet.

Die ersten Lambretta-Modelle, die der Vespa Paroli bieten konnten — im Motorsport lieferten sich beide Kontrahenten einen harten Kampf um Geschwindigkeitsrekorde und Weltmeisterschaften — waren der etwas spartanische Typ 125 c und der vollverkleidete »Autoroller« 125 lc.

Stets bildeten bei der Lambretta Motor, Getriebe und Hinterrad eine gemeinsame Baugruppe, angeordnet auf einem kräftigen Rohrstück im Fahrgestell. Das Hinterrad war drehstabgefedert, die Vorderradfederung besorgten Schraubenfedern und Schwingarme. Der Zweitakt-Einzylindermotor hatte 123 ccm Hubraum und leistete 5 PS; die Höchstgeschwindigkeit betrug 70 bis 75 km/h. Eine einseitige Gewichtsverteilung blieb der Lambretta — im Gegensatz zur Wespe — erspart.

Wie die Vespa, wurde auch die Lambretta zu einem Welterfolg. Fernandino

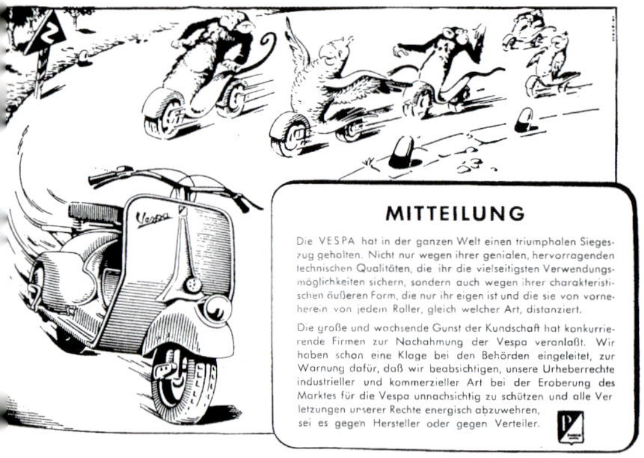

Aggressive Vespa-Werbung zu einer Zeit, als Hoffmann noch nicht Lizenznehmer war...

Innocentis Firma baute ein weites Verkaufs- und Servicenetz auf, das sich bald über ganz Westeuropa, aber auch nach Afrika und Asien ausdehnte. Lizenzen wurden vergeben, so auch 1950 an die Firma NSU in Neckarsulm.

Nach der Auflösung der Ehe mit NSU 1957 verschwand die Original-Lambretta fast gänzlich vom deutschen Markt. Nur kurzfristig war es 1959 dem Hamburger General-Importeur Schlote gelungen, Lambretta-Roller

Der 125-ccm-Roller von Aermacchi war eigentlich ein verkleidetes Motorrad.

wieder mit Erfolg in Deutschland abzusetzen. Neben einer 125er gab es die beiden anderen Grundmodelle 150 und 175. 1960 vertrieb dann die Zweirad Union AG in Nürnberg die Lambretta 150 li, die bei 148 ccm und einer Leistung von 7,3 PS eine Höchstgeschwindigkeit zwischen 80 und 85 km/h aufwies.

Ohne den bisherigen Partner gelang es Innocenti nicht, den Vertrieb auf ein vergleichbares Niveau zu bringen, wenngleich Lambretta in anderen Ländern wie Großbritannien nicht zuletzt wegen des neuen Designs der SX 150/200-Serie sehr viel Terrain zulasten der Vespa gutmachen konnte. Neben dem Stammwerk in Italien wurde die Lambetta auch noch in Lizenz bei der *Sección Industrial Amasadoras Mecánicas* (SIAM Di Tella) in Argentinien als Siambretta (1955-1965) und von der Serveta Industrial S.A. im baskischen Eibar (seit 1954) gebaut. Das Innocenti-Stammwerk stellte schließlich 1971 nach vier Millionen Exemplaren die Rollerproduktion ganz ein und konzentrierte sich auf die Lizenzfertigung britischer BMC-Autos wie den Mini. Doch das bedeutete noch nicht das Ende der Lambretta-Produktion: Serveta fertigte den Roller bis 1989 unter dem eigenen Namen Lince, und die staatliche indische Scooter India Ltd. (S.I.L.) kaufte 1972 die italienischen Fertigungsmaschinen, um bis 1997 Roller auf Lambretta-Basis herzustellen.

Lambretta SX 200.

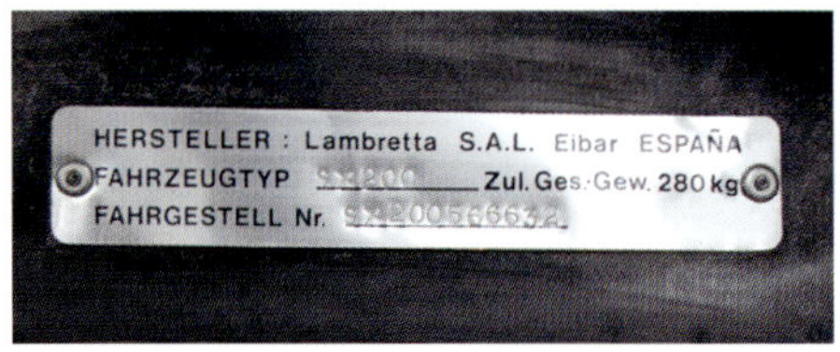

Auch im spanischen Eibar wurde die Lambretta hergestellt.

Für Freunde der historischen Lambrettas hat der frühere Händler Vittorio Tassera mit Unterstützung der Gründerfamilie Innocenti 2006 in Rodano vor den Toren Mailands ein Museum mit über 115 Exponaten aus der gesamten Firmengeschichte errichtet, nachdem die ehemaligen Werkstatträume dafür zu klein wurden.

Als 2011 die Fachpresse verkündete, bei Sanyang (SYM) in Taiwan würden wieder Lambretta-Roller mit einer Blechkarosserie italienischer Herkunft und modernen Viertakt-Automatikaggregaten hergestellt, war die Freude bei den Anhängern des Hauses trotz verhaltener erster Testberichte groß. Selbst die sehr selbstbewußte Preisgestaltung der neuen LN125, deren gefällige Erscheinung sich an der letzten erfolgreichen SX-Serie orientiert, tat dem keinen Abbruch. Doch wenig später entbrannte ein verbitterter Streit um das Erbe des Namens. Im März

Rechts: Spartanisch mutete die Lambretta noch um 1949 an.

Von oben nach unten: Gilera G50, der von Prina gebaute Orix-Roller (175 ccm), der Capri von Garelli (50-ccm-Sachs-Motor) und der in Italien recht bekannte Galetto von Moto Guzzi (175 und 200 ccm).

2013 gab die Wirtschaftskammer des Mailänder Gerichtshofs unter dem Aktenzeichen 7914/12 dem internationalen Konsortium Lambretta S.R.L. mit Sitz in Milano recht, seit 31.03.2010 alleiniger Inhaber der Namensrechte zu sein. Gleichzeitig wurde den Herstellern der neuen Roller, die sich auf eine alte asiatische Lizenz berufen hatten, untersagt, ihre Produkte unter dem Namen und mit dem typischen Schriftzug »Lambretta« zu vertreiben. Das allerdings hindert bis heute den österreichischen Großimporteur KSR Group nicht, die neuen Fahrzeuge an Händler in halb Europa zu liefern und auf der Homepage zu verkünden: »Die Lambretta ist zurück«. Die Eigenentwicklung eines neuen Rollers der wahren Lambretta S.L.R. mit dem Namen »Cigno« indes ist noch nicht serienreif. Bis dahin begnügt sich das Unternehmen mit dem Verkauf sog. Lifstyleprodukte wie Designeruhren, ebensolche Brillen, Customfahrräder usw. mit dem Lambretta-Logo.

Die übrigen Mitbewerber auf dem Rollermarkt in Italien konnten gegenüber Vespa und Lambretta bei weitem nicht so hohe Marktanteile erobern. Sie hatten eine Außenseiterposition, dennoch wurden einige von ihnen auch nördlich der Alpen angeboten.

Die Firma Aermacchi hatte ab 1951 eine 125er im Programm, die aber mit ihren 3.00 x 17 Zoll-Speichenrädern einem Motorrad ähnlicher war als einem Roller. Durch Verschieben des Werkzeugkastens ließ sie sich auch in ein Leichtmotorrad zurückverwandeln. Mit der Cavaliere 150 bot Aermacchi – ähnlich wie Vespa mit der Ape – ein Lastendreirad an, das bis zu 350 kg Fracht befördern konnte.

Auch von Prina in Asti gab es neben Motorrädern zwei Roller, das Modell Utilitario 3 M mit 125 ccm und den Fuori Serie 4 M mit 175 ccm, letzteren mit eleganter, stromlinienförmiger Verkleidung. Von Laverda wurde ein Stadtroller mit 5 PS und 50-ccm-Viertakt-Motor offeriert, der in zwei Varianten als Typ 50 S und 50 N für die deutschen Führerscheinklassen 4 und 5 lieferbar war.

Von der Capri Meccanica Garelli S.p.A. in Mailand wurde ein Capri-Roller mit 50 ccm verkauft. In Italien war er mit einem 2 PS starken Garelli-Einzylinder-Zweitaktmotor ausgerüstet, gut für 40 km/h. In Deutschland kam er mit dem Sachs-Motor 50/3 L.K.H. in den Verkauf und wurde hier euphorisch als der sicherste 50-ccm-Motorroller der Welt umworben. Hersteller war die Firma Agrati in Mailand.

Anfang 1950 begann NSU in Neckarsulm mit der Lizenzherstellung des Lambretta Autorollers, der seine spartanische Urform inzwischen abgelegt hatte.

Auch so berühmte Motorradproduzenten wie Ducati, Gilera, Iso, Parilla, Moto Rumi, Laverda und Moto Guzzi hatten zeitweilig Scooter im Programm. Der Ducati Cruiser von 1953 hatte bereits ein automatisches Getriebe sowie einen elektrischen Anlasser für den 7,5 PS starken 175-ccm-Viertaktmotor. Der Galetto mit 150 ccm war 1950 die Antwort von Moto Guzzi auf den Scooter-Boom.

Die deutsche NSU-Lambretta

NSU, eine der ältesten und renommiertesten deutschen Motorradfabriken und zeitweilig auch im Autogeschäft aktiv, hatte das Roller-Phänomen schon früh erkannt und es für besser gehalten, sich dem Trend anzuschließen als sich ihm entgegenzustellen. Nach dem Krieg war sie zum bedeutendsten Zweiradhersteller des Landes avanciert und hatte bereits 1950 die italienischen Lambrettas in Lizenz gebaut. Ein halbes Jahr später, im Januar 1951 begann bereits die Produktion des ersten deutschen NSU-Lambretta-Autorollers. Zusammen mit der gleichzeitig erscheinenden Vespa läuteten die Neckarsulmer mit ihrem Autoroller die große Rollerbewegung nördlich der Alpen ein. »Bügelfalten und Nylonstrümpfe werden beim NSU-Lambretta-Autoroller großgeschrieben... keine Schutzkleidung ist mehr erforderlich, um Anzug und Kleid sauberzuhalten... man fährt im Anzug zu einer Besprechung und im schönsten Kleid in die Stadt, man steigt aus wie aus einem schnittigen Kabriolett...« kündigten die Schwaben den Lizenzbau ihres Rollers an und sprachen zugleich vom »schönsten Autoroller, der wohl je gebaut wurde«.

Die Lambretta-Lizenznehmer in Neckarsulm waren die ersten, die ihr Gefährt nicht Motorroller, sondern Autoroller nannten, um innerhalb des Gattungsbegriffs »Roller« zumindest eine verbale

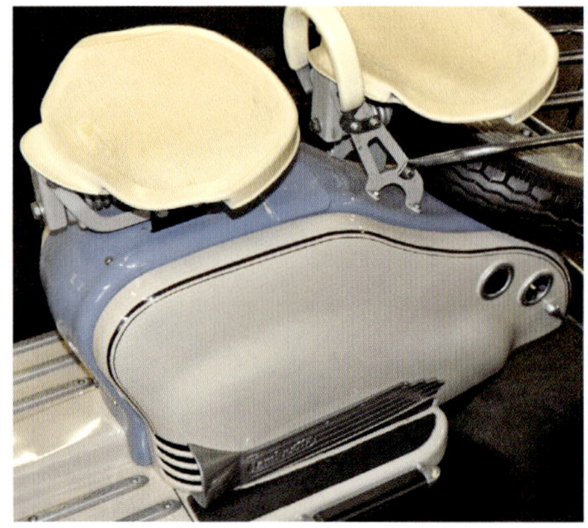

Der 125-ccm-Motor der NSU Lambretta hatte eine Dauerleistung von 3,7 und eine Kurzleistung von 4,5 PS; er lief an die72 km/h.

Links: Aus dem Familienalbum anno 1954.

Rechts: Wie auf Schienen, so hieß es in der Werbung, laufe die NSU Prima. Nachteil: Auf Schienen läßt sich die Konkurenz nicht überholen — man kann nur hinterherfahren.

Alleinstellung beanspruchen zu können. Mitunter bezeichneten sie ihr Produkt auch als »Auto auf zwei Rädern«, doch diese Formulierung benutzte zeitweilig auch Piaggio für die Vespa, und der britische Lizenznehmer Douglas sprach ebenfalls von einem »little car on two wheels«.

Durch das damalige deutsche Wettbewerbsgesetz war das Apostrophieren einer Alleinstellung eingeschränkt und läßt es nur dort gelten, wo es nachgewiesenermaßen der Wahrheit entspricht. Zu Konflikten können Aussagen wie »...der wirklich einzige« allemal führen. Inserate des deutschen Vespa-Herstellers Hoffmann, in denen es wahrheitsgemäß hieß, es gebe »nur eine Vespa«, vermittelten eine durchaus korrekte Werbebotschaft, solange die ab 1955 in Augsburg montierte Parallel-Vespa noch nicht auf dem Markt war — aber sie forderte die Neckarsulmer Firma NSU dazu heraus, Anzeigen mit der Überschrift »Es gibt nur einen Autoroller!« zu veröffentlichen. Der feine Unterschied war's, den zu entdecken man dem Kunden und prospektiven Rollerkäufer überließ.

Das erste Modell hatte einen 123-ccm-Zweitaktmotor mit Bohrung und Hub von 52 mm x 58 mm und leistete wie die Hoffmann-Vespa 4,5 PS bei 4500/min.

Schon nach fünf Monaten hatte sich der Roller aus Neckarsulm an die Spitze der Produktions- und Zulassungsstatistik aller in Deutschland gebauten Roller gesetzt, somit auch die Vespa überrundet. »Deutschland fährt Roller!« freute sich der NSU-Pressechef Arthur Westrup und versprach, die auf sechs Monate angewachsenen Lieferfristen rasch zu verkürzen. Es gab Engpässe bei der Stahlblechbeschaffung, die erst im Sommer 1951 beseitigt werden konnten. Allein im Produktionsmonat August 1951 liefen 1100 NSU-Lambretta-Roller vom Band.

In mehreren Phasen erfuhr das Fahrzeug Verbesserungen. 1952 brachte man eine Luxusversion mit einer zweifarbigen Lackierung, einem verchromten vorderen Stoßfänger und Parkleuchten auf den Markt. Ab Ende 1954 konnte der Roller mit einem stärkeren Triebwerk von 150 ccm Hubraum und 6,1 PS Leistung beim NSU-Händler bestellt werden.

Von der NSU-Lambretta zur Prima

Im Februar 1956 erschien die Prima D — denn offiziell war sie jetzt keine Lambretta mehr. Der Vertrag mit Innocenti war abgelaufen, der Name Lambretta durfte nicht weiter benutzt werden. Als Prima bekam die NSU-Lambretta einen verkleideten Lenker, neues Armaturenbrett, Spritzwandeinfassung und eine andere Hornplazierung; auch die Seitenschlitze gaben dem Gefährt ein leicht modifiziertes Aussehen. »Das Original und das auf Grund der Lizenz entwickelte Fahrzeug (von

Ganz oben: NSU Prima III 1956. Darunter: Die italienische Lambretta im Schlote-Import.

Oben rechts: Autoroller-Produktion in Neckarsulm.

NSU) haben nur noch Grundform und Grundanlage gemeinsam; die NSU-Lambretta war schon seit langem in eigenen Bahnen entwickelt worden. Die neue Bezeichnung setzt nun einen Schlußpunkt darunter«, hieß es in einem Kommentar der Zeitschrift *Roller-Mobil-Kleinwagen*. Hierin unterschieden sich Lambretta und NSU Prima grundlegend von den deutschen Vespa-Versionen à la Hoffmann oder Messerschmitt, bei denen es sich um eng an das Original gebundene Lizenzkonstruktionen gehandelt hatte.

Es bekam der Lambretta ausgezeichnet, daß NSU sie in freier Entfaltung den deutschen Verhältnissen anpassen konnte. In ihrer letzten Ausführung wurde die Prima alias NSU-Lambretta bis 1958 gebaut; 186.000 Einheiten waren insgesamt hergestellt worden. Eine Stückzahl, die kein Nachfolgemodell erreichte.

Parallel zu diesem Modell D hatte NSU eine eigenständige Prima entwickelt, die als Prima V im August 1957 auf den Markt kam, gefolgt von der Prima III im Oktober des gleichen Jahres, einem 150-ccm-Modell. Im November 1958 kam die Prima III K mit Kickstarter anstelle des Elektrostarters auf den Markt. Als Sparmodell kostete sie nur noch 1380 Mark im Vergleich zu 1795 Mark für die Prima V. Mit umfangreichem Chromschmuck hieß sie dann Prima III K L und war zum Preis von 2446 Mark erhältlich.

Der 174-ccm-Motor der Prima V leistete 9,5 PS und brachte eine Spitzengeschwindigkeit von 90 km/h. Die Prima-Fünfstern bekam ein Viergang-Getriebe, das sich über eine Wippe bedienen ließ.

Zur Ausweitung des Programms importierten die Neckarsulmer gleichzeitig noch die Original-Lambretta 125 LD (auch 125 ld geschrieben), bis die Firma Schlote in Hamburg den Vertrieb des Innocenti-Rollers in eigener Regie übernahm.

Nicht nur NSU, sondern allen Motorradherstellern mit Ausnahme von Vespa blies inzwischen ein heftiger Wind entgegen — ihre Produkte galten als proletarisch, die Vespa hingegen als schick. So verlor NSU allmählich die Lust am Roller-

Oben: Der 9 PS starke Heinkel-Roller 150 von 1960.

Links: Heinkel Tourist, als Viertakt-Roller besonders erfolgreich.

Rechts: Heinkel-Prototyp mit 125-ccm-Motor, 1956.

bau. Die Produktion der Prima Modelle lief im November 1963 aus. Der letzte Roller-Prototyp Maxima — als Antwort auf den Heinkel Tourist — wurde kurz vor der Präsentation auf der IFMA 1960 zurückgezogen.

Heinkel, Maico und Zündapp

Unter den deutschen Rollerfabrikanten gab es echte Pioniere. Persönlichkeiten wie Gottfried Delius, Gustav Kroboth, Norbert Riedel und viele andere mögen im Rückblick mit Don Quichote zu vergleichen sein — in einem Film würde ihnen unsere ganze Sympathie gehören, die sich ja gern der Verlierer annimmt.

Doch das Geschäft blieb den anderen vorbehalten, die sich der Sache zwar mit gleichem Engagement annahmen, aber über ein stärkeres Fundament verfügten, wie es zum Beispiel der Lizenzvertrag darstellte, den ein Jakob Oswald Hoffmann mit dem Vespa-Hersteller Piaggio abschloß. Hans Glas besaß eine prosperierende Landmaschinenfabrik, die Auto Union verfügte ebenso wie Zündapp und NSU über wohlausgestattete Produktionsanlagen für Motorräder.

Neben NSU zählte die Firma Heinkel zu den großen deutschen Rollerproduzenten. Alleinunternehmer Ernst Heinkel, der während des Zweiten Weltkrieges Kampfflugzeuge, Nachtjäger und Langstrecken-Aufklärer gebaut hatte, sah sich 1945 — wie Messerschmitt — vor die Notwendigkeit gestellt, ein neues Betätigungsfeld zu finden. In der ersten Nachkriegszeit hatte er sein Geld vorwiegend als Zulieferer für Motoren verdient, so unter anderem für die Firmen Veritas, Saab und Tempo.

Zusammen mit seinem Konstrukteur Dr. Bentele hatte Heinkel einen leistungsfähigen Einzylindermotor entwickelt, der im Gegensatz zu den meisten Konkurrenzfabrikaten ein Viertaktmotor war und für den er eine hauseigene Verwertung suchte. Angesichts des in Deutschland und Europa herrschenden Rollerbooms entschloß sich der Flugzeugbauer Heinkel 1950, in die Rollerproduktion einzusteigen. Binnen drei Jahren entwickelte er den Heinkel-Roller Tourist, der zum Inbegriff des starken deutschen Rollers in der ganzen Welt werden sollte.

Von der ersten Serie des 101 A, noch mit einem 140-ccm-Motor von 7,2 PS ausgerüstet, verließen ab 1953 bis zum Juni 1954 6500 Stück das Heinkel-Werk in Stuttgart-Zuffenhausen. Die große Nachfrage ließ den Bau eines neuen Betriebes notwendig werden, der in Karlsruhe entstand. Die Ernst Heinkel Motorenbau KG übernahm hier ab August 1954 die komplette Fließbandfertigung mit einer Kapazität von 110 Einheiten pro Arbeitstag. Zum gleichen Zeitpunkt erhöhte Heinkel den Hubraum auf 175 ccm (102 A1); der Motor leistete jetzt 9 PS und speiste die Lichtanlage mit 12 Volt statt bisher mit 6 Volt. Gleichzeitig ersetzte man den Kickstarter durch einen Dynastarter. 1960 wurde der Tourist-Roller noch einmal optisch überarbeitet.

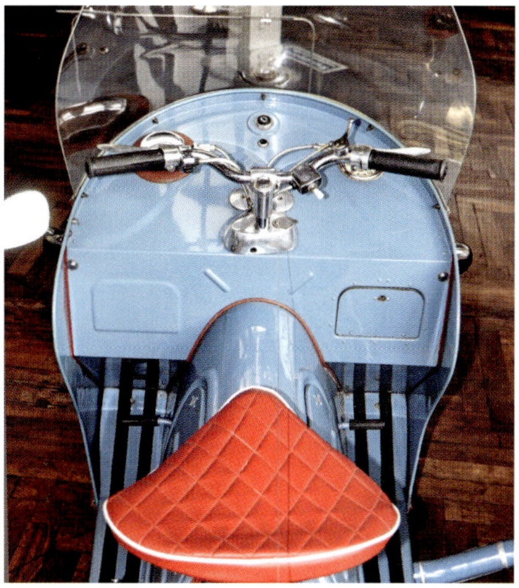

Links: Die Kommandozentrale des imposanten Maico-Mobil.

Rechts: Wahrlich ein Auto auf zwei Rädern. Die voluminöse Karosserie war natürlich auch ein Gewichtsfaktor, doch das Fahrzeug verfügte über einen richtigen Kofferraum (links unten).

Etwas im Schatten des Tourist-Rollers standen die weiteren Modellentwicklungen von Heinkel. 1956 wurde der Heinkel 112 mit einem Einzylinder-Viertakt-Motor mit 125 ccm und 6 PS vorgestellt, der aber ein Prototyp blieb und nur in fünf Exemplaren hergestellt wurde.

Erfolgreicher war das Modell 150, das von 1960 bis 1965 gebaut wurde und mit seinen 9 PS und 150 ccm Hubraum eine Höchstgeschwindigkeit von 85 km/h brachte. Im Gegensatz zum rundlichen Tourist-Blechkleid war das Karosseriedesign italienisch-schnittig; im Fahrverhalten war das Modell 150 dem Tourist-Roller ebenbürtig.

Mit mehr als hunderttausend Exemplaren wurde der Heinkel Tourist in seinen verschiedenen Modellvarianten, die hier nicht alle einzeln behandelt werden können, zum weltweit meistverkauften Viertakt-Roller. Dennoch entschloß sich das Herstellerwerk 1965, die Produktion auslaufen zu lassen.

Zu den schwereren deutschen Motorrollern zählte auch das Maico-Mobil, der »Straßenkreuzer auf zwei Rädern«. Seine Serienproduktion begann 1951 in Ammerbuch-Pfäffingen. Auffallend war sein voluminöses Blechkleid, unter welchem der konventionelle 150-ccm-Motor des Maico-Motorrades M 150 steckte. Ein Kühlgebläse hatte der Zweitakter nicht; die Luftzufuhr erfolgte durch die Fronthaube des Rollers. Die große Windschutzscheibe und ein Armaturenbrett samt Handschuhkasten verfehlten ihre Wirkung auf den Betrachter nicht, dennoch hielten sich die Verkaufszahlen in Grenzen. Vor allem wurde bemängelt, daß man diese »Maico-Lokomotive« wie ein Motorrad besteigen und sie beim Anhalten mit gespreizten Beinen stützen mußte.

In Italien fand das volumige Fahrzeug überraschenderweise einigen Anklang. In der Kundenzeitschrift *Maico-Dienst* wurde im Juni 1953 über den Ritt mit dem Maico-Mobil über die Alpen berichtet: »Während wir langsam über das holprige Pflaster schwingen, legen Straßenarbeiter die Pickel weg, und die Ragazzi, die kleinsten Bambini schreien vor Aufregung... eine tolle Angelegenheit! Wenn wir anhalten, schließt sich sofort ein Ring von Neugierigen. Wieviel Kubik? Velocita? Quanta costa? So beginnt unsere Fahrt die Küste entlang... Es ist nicht zu beschreiben, wie schön diese Reise ist. Unser gutes Mobil springt getreulich wieder und wieder an, geduldig und zuverlässig.«

1954 gab es eine stärkere Motorenversion mit 9 PS und 174 ccm, kurz danach — bis etwa 1958 — wies das Maico-Mobil einen 200-ccm-Motor mit 10 PS Leistung auf.

Es folgte dem bauchigen Maico-Mobil 1955 die Maicoletta, die bis 1966 im Programm blieb. Von der Form her war dies schon eher ein Roller in der klassischen Definition, vor allem freute man sich über den freien Durchstieg. Und mit dem 14 PS starken Zweitakt-Blockmotor war er einer der stärksten deutschen Roller, 105 km/h schnell.

Wie die NSU-Lambretta, so leitete sich auch die von Zündapp gebaute Bella von einem italienischen Vorbild ab, der Moto Parilla. Die Zündapp-Techniker hatten über die Moto Parilla nur Positives gehört, besorgten sich ein Exemplar und unterzogen es einer gründlichen Prüfung. Anschließend nahm Zündapp-Chef Hans-Dietrich Neumeyer Kontakt zu dem Hersteller auf und verhandelte über eine Lizenz. Doch die Gespräche führten nicht weit, es kam zu keiner Übereinstimmung.

Dennoch scheuten sich die Nürnberger nicht, die Parilla in ihrer äußeren Erscheinungsform zu kopieren, gaben ihr aber einen ganz anderen konstruktiven Unterbau. Entscheidend zum Erfolg der Zündapp Bella trug ihr elastischer, zuverlässiger Motor bei. Der Fachjournalist Dr. Günter Winkler schrieb: »Die Bella hat wie kaum ein anderer Rollertyp die Motorradfahrer angesprochen. In der deutschen Technikgeschichte darf man ihr wahrscheinlich eine führende Rolle als Totengräberin des Motorrades als Volksfahrzeug einräumen...« Die Bella-Produktion nahm im Jahre 1952 ihren Anfang, genau 30 Jahre nach dem Beginn der Fertigung des ersten Zündapp-Motorrades, der Z 22.

Die erste Bella, das Modell R 150, wurde von 1953 bis 1955 gebaut und fand sofort das Gefallen des Publikums. Der 150-ccm-Zweitaktmotor mit 7,3 PS war auf der Tradition der Zündapp-DB-Motoren aufgebaut und erbrachte hohe Dauerleistungen. Die gleiche Motorleistung hatten die Nachfolgemodelle R 151 mit Elektrostarter (1955), R 153 (1956), R 153 K — nur für die USA — (1956), R 154 (1956/57) und R 154 K — ebenfalls nur für die USA — (1956/57). Ein 200-ccm-Triebwerk wurde erstmalig 1954 in das Modell R 200 eingebaut. Die 10,7 PS Leistung ergaben eine Höchstgeschwindigkeit von 90 km/h. Folgemodelle in dieser Baureihe waren die Bella R 201 mit Elektrostarter (1955/56) und R 203 (1956). 1956 wurde bei allen Modellen die Vorderradfederung verbessert; anstelle der Teleskopgabel erhielten sie eine einseitige Vorderradschwinge. Die R 204, die

Oben: Auch Zündapp zählte zu den großen Konkurrenten der Vespa.

Links: Zündapp Bella mit Spezialaufbau im Dienst der Bundespost.

Unten: Zündapp R 153 Modell 1956. Die Nürnberger glänzten durch große Modellvielfalt.

Klassische Zündapp Bella, der allerdings der rollertypische Durchstieg fehlte.

Konkurrenz für die Vespa 50: Zündapp 50R

Oben: Im Vergleich zu italienischen Rollern wirkte die Zündapp Bella sehr massiv.

Rechts: Der ab 1954 in Ingolstadt gebaute Hobby-Roller von DKW.

Links: Die elegante Diana von Dürkopp aus Bielefeld.

von 1958 bis 1959 in einer Stückzahl von 15.000 Exemplaren gebaut wurde, hatte das 12-PS-Triebwerk des Motorrades 200 S erhalten und brachte es damit auf eine Spitzengeschwindigkeit von 90 km/h. Letztes Modell war die bella 200 — jetzt kleingeschrieben —, die es in den drei letzten Produktionsjahre lediglich auf 2000 Stück brachte, obwohl der Motor eine Leistung von 13,4 PS aufwies, gut für eine Höchstgeschwindigkeit von 100 km/h.

Die Identifizierung der einzelnen Bella-Modelle ist für den Uneingeweihten nicht einfach, denn von den Grundmodellen gab es immer wieder Abweichungen. Allein die erste R 150 wurde in fünf Varianten gebaut, die R 201 in acht unterschiedlichen Modellen!

1962 wurde die Bella-Fertigung eingestellt; danach gab es ab 1964 im Zündapp-Programm nur noch die Mokick-Roller R 50 und RS 50 Super, die aber nicht mehr im Nürnberger Stammwerk, sondern im Münchner Zweigbetrieb hergestellt wurden. Im Sommer 1984 endete die wechselvolle Zündapp-Geschichte mit einem Konkurs, in dessen Folge die Produktionsanlagen von der Fahrradfabrik Tianjing in der Volksrepublik China übernommen wurden. Auch die portugiesische Firma Femal in Agueda baute den 50-ccm-Scooter nach Zündapp-Vorbild weiter.

DKW, Dürkopp und Glas

Wie bereits erwähnt, wäre auch der prominente deutsche Motorradhersteller DKW, 1932 bis 1945 dem Auto-Union-Konzern angehörend, beinahe Vespa-Lizenznehmer geworden. 1948 hatte Piaggio dem einst sächsischen, jetzt in Ingolstadt als Auto Union GmbH frisch angesiedelten Unternehmen eine Vespa-Lizenz offeriert. Diese sahen sich indessen außerstande, das Angebot zu akzeptieren, denn erst mußte die gesamte Organisationsstruktur neu aufgebaut werden, zudem war man der Überzeugung, daß nur DKW-eigene Schöpfungen über sie abzusetzen sein würden.

Es war eine Anregung des Ingenieurs E. Uher, die man aufgriff, um dennoch ins Rollergeschäft einzusteigen. Schon 1952/53 hatte es im Konstruktionsbüro der Auto Union Studien für einen Roller gegeben, mit 175- und mit 200-ccm-Motor, doch Uhers Entwurf kam erst Ende 1954 zur Realisierung. Als erster deutscher Roller wies der DKW Hobby ein stufenloses,

Links: Bei der Diana saß die Vorderradführung auf der linken Seite.

Goggo-Roller mit maßgeschneidertem Einspur-Anhänger auf einer Zweirad-Ausstellung.

Unten: Diana mit Frontscheibe und zusätzlichem Kindersitz; daneben ein Goggo-Gespann.

sozusagen automatisches Getriebe auf. »Nicht schalten — nur fahren!« lautete die Devise. Das Fahrzeug mit seinem gebläsegekühlten 75-ccm-Motor (traditionsgemäß ein Zweitakter) kostete nicht mehr als 950 Mark und wurde bis 1957 in 44.000 Exemplaren gebaut. Anschließend übernahm die französische Firma Manurhin in Mülhausen/Elsaß die Fertigung und setzte sie bis 1961 fort.

Die in Bielefeld ansässigen Dürkopp-Werke, Motorradproduzenten seit dem Jahre 1901, stellten von 1954 bis 1960 ebenfalls Motorroller her. Ihre Diana verband italienisches Flair mit der Leistung eines »deutschen Reiserollers«. Eine Fachzeitschrift bescheinigte der Diana Qualitäten, die sie auf die »deutsche Gründlichkeit« zurückführte; die »Vollkommenheit« des Dürkopp-Rollers stünde im Gegensatz zu dem »technischen Spielzeug«, das der Roller jenseits der Alpen sei. In Pontedera wird man über ein solches Urteil den Kopf geschüttelt haben.

Ohne Zweifel war der Dürkopp-Roller technisch und optisch aus einem Guß. Der 200-ccm-Zweitakter leistete 9,5 PS und galt als sehr robust. Als die Diana entwickelt wurde, kannte man in Deutschland nur die Vespa und die Lambretta, dann kam der bajuwarische Klotz namens Goggo. Mit Erfolg bemühten sich die Bielefelder Konstrukteure um eine ästhetischere Lösung, die ihnen auch bestens gelang.

Doch der Goggo-Roller, so häßlich er war, verkaufte sich gut. Die Hans Glas GmbH rückte mit ihm in die vorderste Reihe der deutschen Zweiradproduzenten vor. Die Idee, Roller herzustellen, war dem Juniorchef Andreas Glas anläßlich einer Landmaschinenausstellung in Verona gekommen, wo ihm die quirligen Vespa- und Lambretta-Scooter aufgefallen

Ganz oben ein Goggo-Roller; rechts ein Blick in die Goggo-Fertigung bei der Hans Glas GmbH. Das untere Foto zeigt die gute Zugänglichkeit des Ilo-Motors im Goggo.

waren. Gemeinsam mit dem Konstrukteur Karl Dompert machten sich Vater und Sohn Glas an den Entwurf eines Rollers, besorgten sich aber erst einmal eine Original-Lambretta. Dompert berichtete später: »Nachdem wir das Ding aus Italien hatten, fuhren wir es ausgiebig spazieren und studierten es gründlich. Da wir uns nicht die Investition eines neuen Motors leisten konnten, zog ich bei einschlägigen Automobilausstellungen und Firmen, die Motoren herstellten zu Rate und wurde nach vielen Absagen schließlich bei Ilo in Pinneberg fündig.« Dompert hatte sich schließlich für einen Zweitakt-Einzylinder von 120 ccm Hubraum mit Flachkolben und Schnürle-Umkehrspülung und mit einem Dreiganggetriebe entschieden. Diesem Erstling folgte dann ein Modell mit einem 125 ccm Aggregat, kurz danach ein 150-ccm-Roller, der auch mit Seitenwagen der Hersteller Royal, Stolz und Steib geliefert wurde. Später kam der 200-ccm-Goggo hinzu und Ende 1954 schließlich noch eine Luxusversion, mit 10-Zoll-Rädern und Elektrostarter.

Von 1953 bis 1955 wurde auch — ähnlich wie die Ape von Vespa — ein dreirädriger Lastenroller gebaut, allerdings in nur einer Stückzahl von 458 Exemplaren. Sein Weiterbau scheiterte an einer nicht mehr verlängerten Betriebsgenehmigung.

Mit sieben unterschiedlichen Rollern gehörte Glas neben Vespa und Zündapp zu den drei bedeutendsten Rollerherstellern. Der Goggo erwies sich als ausgereiftes Gebrauchsfahrzeug, zwar weniger elegant als eine Vespa oder Lambretta, mit seiner Vollkarosserie aber bestens geeignet, den Fahrer vor Spritzwasser, Staub und Schmutz zu schützen. Etwa 46.000 Roller wurden bis Ende 1956 hergestellt, dann setzte der Kleinwagen Goggomobil bei Glas neue Prioritäten.

Rollerparade: Außenseiter und Exoten

Die Liste der Rollerfabrikate ist groß. Neben den oben behandelten Firmen gab es in Deutschland viele andere ausgereifte Konstruktionen, die hier kurz aufgezählt werden sollen. Denn erst die Fülle der auf dem Markt konkurrierenden Motorroller mit ihren oft skurrilen technischen Konstruktionen läßt im Rückblick auf die fünfziger Jahre die Faszination der Rollerbewegung erkennen. Und auch die kometenhafte Verbreitung der Vespa kann erst im Kontrast zu den Entwicklungen der Außenseiter gewürdigt werden.

Achilles

Die Achilles-Werke Weikert & Co. KG in Wilhelmshaven produzierten von 1953

Rechts: Originell und Lambretta-verwandt: Ferbedo 1953 mit Zündapp-Motor.

Links: Adler Junior mit 98-ccm-Motor und 14-Zoll-Rädern.

Links: Binz 1955 – halb Roller, halb Mofa.

Rechts: Der Bastert kostete fast 2000 Mark und gehörte schon in die Kategorie der Einspurautos.

bis 1957 den Achilles-Sport-Motorroller mit 150 und 175 ccm, ein Zwitter aus Motorroller und Motorrad, entstanden auf Basis des in der Schweiz gebauten Motorrollers Ami, der 1950 auf den Markt kam.

Adler

Mit dem ab 1955 gebauten Adler Junior, einem Roller mit 14-Zoll-Motorrad-Speichenrädern, hatten die Adlerwerke vorm. Heinrich Kleyer AG in Frankfurt/Main kaum Chancen gegenüber der wesentlich eleganteren Vespa, zumal auch der klassische Rollerdurchstieg fehlte. 1957 wurde nach zweijähriger Produktionszeit der Bau des Rollers, der mit einem 98-ccm-Einzylindermotor aus eigenem Hause (Adler 100) ausgestattet war, wieder eingestellt.

Bastert

Die Bastert-Werke Gustav Bastert in Bielefeld schufen mit ihrem Einspur-Auto von 1952 bis 1957 einen Roller in aufwendiger Handarbeit, der in seiner Ausstattung in der Tat sehr autoähnlich war. Als Triebwerk diente ein Ilo-Flachkolbenmotor von 173 ccm und 8 PS Leistung. Mit 1960 Mark war dieses ungewöhnliche Mobil das teuerste seiner Art auf dem deutschen Markt.

Binz

Ab 1954 brachte die Karosseriefirma Binz in Lorch einen Kleinroller mit 50 ccm Hubraum und 2,25 x 20 Zoll großen Reifen heraus, das wie ein elegant verkleidetes Fahrrad aussah.

Delius

Der Cityfix von Delius in Osnabrück war ein 1-PS-Miniflitzer, der von 1949 bis 1953 gebaut wurde; 1952/53 folgte ein 2,8-PS-Modell. Größere Markterfolge blieben den Delius-Rollern indessen versagt.

Faka

Die Fahrzeugwerke Kannenberg KG in Salzgitter präsentierten erstmals im Jahre 1953 ihren Faka, eine Weiterentwicklung des Walba de Luxe, der bis 1952 von der Reutlinger Firma Walba-Fahrzeugbau produziert worden war. Bis 1957 erfreuten sich diese Roller des Typs Tourist Commodore und 150 L gewisser Beliebtheit.

Ferol Bethäuser

In Sammlerkreisen ist der Markenname Ferbedo der Firma Ferol Bethäuser aus Nürnberg auch als Produzent von Kindertretautos bekannt. In der Zeit von 1953 bis 1954 boten sie einen primitiven Roller mit Zündapp-Einbaumotor (48 ccm, 1,5 PS) an. Doch schon nach wenigen Monaten verschwand dieses in einfachster Blech-Rohrrahmenbauart konzipierte Gefährt wieder vom Markt.

Friedrich

Als krasser Außenseiter stattete 1953 der Radiomechaniker Friedrich aus Berlin-

Oben: Aus einem Kinderroller entstand 1953 dieses 25-km/h-Fahrzeug von Friedrich. Rechts daneben: Aus dem Walba war 1953 der Faka-Roller geworden; hier eine Version als Lastendreirad.

Rechts: Als Rollerproduzent recht aktiv war von 1950 bis 1955 auch Gustav Kroboth.

Kladow einen Kinderroller mit einem Fahrradmotor aus, der 25 Stundenkilometer schnell war und deshalb auch mit dem Führerschein 4 gefahren werden durfte.

Hercules

Von 1955 bis 1960 bauten die Nürnberger Hercules-Werke GmbH den R 100, einen starken Tourenroller, dem später ein Leichtroller der 50-ccm-Klasse folgte. Der 200-ccm-Einzylinder-Motor von Fichtel & Sachs leistete 10 PS und besaß einen elektrischen Anlasser.

Knappich

Als Zwerg unter den Motorrollern blieb das Gewicht des Servos unter 30 kg, er verzichtete auf jeglichen Karosserieluxus. Knappich & Co. KG in Augsburg brachte dieses Gefährt mit einem Victoria-Einzylindermotor etwa 1953 auf den Markt.

Kreidler

Die Kreidler Fahrzeug GmbH in Kornwestheim hatte in der Zeit von 1953 bis 1957 mit dem R 50 ein preisgünstiges und solides Modell auf dem Markt, das mit einem 50-ccm-Motor eigener Fertigung niedrige Betriebskosten hatte und steuerfrei mit dem Führerschein 4 ohne Fahrprüfung gefahren werden durfte.

Kroboth

Den Erfinder Gustav Kroboth hatte die Vespa zu einer eigenen Rollerkonstruktion angeregt. Er entwickelte 1950 einen Prototyp zum Anschieben, ohne Anlasser. Drei Modelle wurden in der Zeit von 1951 bis 1955 von der Maschinenfabrik G. Kroboth aus Seestall/Lech gebaut: ein 100-ccm-Modell, ein 150er Roller sowie der Kroboth Allwetterroller, der ein Cabrioverdeck und einen 174-ccm-Motor von Fichtel & Sachs mit 9 PS besaß.

Lutz

In der Zeitspanne von 1949 bis 1954 produzierte die Braunschweiger Einbaumotoren-Firma Lutz GmbH einen asketischen Roller mit 58 ccm Hubraum und 1 PS

Oben: Kreidler-Roller R 50, hergestellt von 1953 bis 1957, stark mopedverdächtig…

Unten: Der kleine Lutz-Roller gehörte ebenfalls zu den Außenseitern.

Leistung. Später kam der Autobahn-Motorroller R 175 mit 7 PS hinzu.

Meister

Ab 1955 boten die Meister-Fahrradwerke Doppelt in Bielefeld einen 50-ccm-Stadtroller gleich unter drei Markennamen an:

Rechts: Progress Strolch, eine solide Konstruktion aus dem Schwarzwald mit 150- oder 175-ccm Motor.

Links: Der von Meister hergestellte Stadtroller war ein Leichtgewicht seiner Kategorie.

Links: Recht ungewöhnlich nahm sich der Pirol 200 ccm aus, der 1951 dem 143-ccm-Modell folgte.

Meister, Phänomen und Mammut. Das Fahrzeug war eine Mischung zwischen Motorroller und Moped.

Motorenwerke Varel
Die Motorenwerke Varel GmbH brachten 1951 einen einfachen Roller mit Einzylindermotor heraus, den FF, der 0,8 PS leistete und zum niedrigen Preis von nur 475 Mark angeboten wurde.

Panther
Die Panther Werke AG in Braunschweig schufen 1951 mit dem Karat einen voll verkleideten Motorroller ohne Durchstieg mit ungewöhnlicher Straßenlage.

Progress
Mit dem Strolch hatte das Progress Werk in Oberkirch/Baden 1954 einen 150-ccm-Roller auf den Markt gebracht, dem später eine 175-ccm-Version folgte. Auffällig war die Position der Lampe im Vorderbau. Als Roller-Motorrad hatte der Strolch alle guten Fahr- und Lenkeigenschaften eines Motorrades, aber formal mit seiner geschlossenen Verkleidung und dem freien Durchstieg die Grundeigenschaften eines Rollers. Der Progress 200 ergänzte von 1955 bis 1960 das Angebot.

Rabeneick
Der Roller R 50, baugleich mit der Hercules 50 und dem KTM Pony II, wurde 1964 von den Bielefelder Rabeneick-Werken auf den Markt gebracht. In einer Zeit, als der Roller-Boom bereits in den Rückwärtsgang geschaltet hatte, sollte er der Branche neue Käufer zuführen, was aber nicht gelang.

Röhr
Die Maschinenfabrik Erich Röhr in Landshut baute in der Zeit von 1952 bis 1957 ein formschönes 10-PS-Rollergefährt namens Roletta, dem trotz seiner gelungenen Gesamtkonzeption kein Markterfolg beschieden war. Mit einem 197-ccm-Ilo-Motor ausgestattet, wurde ihm eine gute Straßenlage zugeschrieben.

Schweppe-Mechanik
Der Pirol von der Firma Schweppe-Mechanik in Dortmund mit 143 ccm und 4,5 PS Leistung war einer der ersten deutschen Serienmotorroller. Das Nachfolgemodell war der Pirol 200 mit 6,5 PS.

Simson
Mit dem Roller Schwalbe KR 50 hatte das VEB Fahrzeug- und Gerätewerk Simson in Suhl Ende der fünfziger Jahre auf dem Gebiet der einstigen DDR einen ebenso bekannten Roller im Programm wie die Vespa in allen anderen Ländern Europas und der Welt. Ende der achtziger Jahre wurde seine Produktion eingestellt. Danach folgten neue Modelle mit 12-Zoll-Reifen. So war Simson der letzte deutsche Rollerhersteller.

Triumph
Mit der Triumph Contessa, ausgerüstet mit einem 10 PS leistenden 200-ccm-Doppelkolbenmotor, und der Triumph Tessy in den Ausführungen Luxus und Super

Rechts: Er blieb ein Prototyp, der BMW-Roller, der mit 175-ccm-Viertaktmotor geplant war...

Links: Eine Reihe schöner und solide gebauter Roller kam aus dem Nürnberger Triumph-Werk.

Oben: Sehr dem Motorrad verwandt war die von Victoria gebaute Peggy mit 200-ccm-Motor (1956). Links daneben ein 1952er Walba mit ungewöhnlichen Stylingelementen.

(beide mit einem 125-ccm-Motor) hatten die Triumph Werke in Nürnberg in der Zeit von 1955 bis 1957 zwei Modelle auf dem Markt, die hohen Qualitätsansprüchen genügten.

Venus

In der Zeit von 1953 bis 1955 bot die Venus Fahrzeugbau GmbH in Donauwörth drei Roller an: Mit 98 ccm das Modell Venus DS 100, mit 147 ccm den MS 150 und mit 174 ccm den MS 175.

Victoria

Das mit vielen technischen Finessen ausgerüstete — unter anderem erstmals mit der sogenannten Swing-Electric-Schaltung — und seitenwagentaugliche Modell Peggy der Victoria-Werke AG Nürnberg wurde von 1955 bis 1957 mit einem 197-ccm-Aggregat angeboten, das 10 PS leistete. Daneben führte Victoria einen 48-ccm-Kleinroller namens Nicky ein (1954 bis 1957), gefolgt von der Preciosa, von 1958 bis 1961 auf dem Markt.

VMO

Das VMO-Werk in Lamspringe stellte von 1949 bis 1950 den Troll her, ein 1-PS-Motorroller, der wahlweise auch mit stärkeren Motoren bestückt werden konnte. Ungewöhnlich war der Antrieb: der Motor saß direkt über dem Vorderrad. Den Troll gab es auch als Dreirad mit Kastenaufbau zur Personen- oder Lastenbeförderung. 1951 übernahm Faka in Salzgitter diese Firma.

Walba

Der Walba-Fahrzeugbau in Reutlingen fertigte elegante, aber letztendlich zu teure Gefährte an, die in der Zeit von 1949 bis 1952 als Modelle Walba, Kurier, Tourist, De Luxe und Commodore auf den Markt kamen. In Technik und Design waren sie anspruchsvoll und ungewöhnlich, eine zu aufwendige Produktion führte indessen zu einer Einstellung der Rollerproduktion. 1952 übernahm die Fahrzeugfabrik Kannenberg die Firma.

Viele weitere Motorroller wurden in dieser Zeit entwickelt, die aber nie in Produktion gingen. So hatte zum Beispiel auch BMW einen Pfeil im Köcher, schoß ihn aber nicht ab. Die Bayern konzentrierten sich auf den Bau der Isetta (die ja auch auf einem italienischen Design beruhte) und legten ihren 175-ccm-Roller-Prototyp zu den Akten.

Vespa-Konkurrenz in Österreich

Auf den Straßen Europas tummelten sich in den fünfziger Jahren Exoten, Flops und unorthodoxe Konstruktionen, biedere Fahrmaschinen und zweirädrige Wüstenschiffe, was dem Erfolg der Vespa aus Italien keinen Abbruch tat: Von ihrer Attraktivität büßte sie weltweit nichts ein. In Österreich hatten ein halbes Dutzend Firmen den Rollerbau aufgenommen, unter ihnen die renommierten Lohner-Werke in Wien, wo einst Ferdinand Porsche seine Karriere begonnen hatte. Gegen die Monopolstellung des Puch-Rollers auf dem österreichischen Markt vermochte Lohner allerdings nicht zu bestehen.

Der erste Puch »Alpenroller« mit seinem 121-ccm-Zweitaktmotor ging 1952 in Serie. Schon 1953 konnte die Grazer Firma 13.000 verkaufte Exemplare melden. Einige der österreichischen, meist hellgrün lackierten Roller kamen auch nach Deutschland, um hierzulande — ohne großen Ersatzteil- oder Kundendienst — als Außenseiter ihre Liebhaber zu finden. Sehr gut erging es auch KTM aus Mattighofen, Oberösterreich. Das mittelständische Familienunternehmen (KTM bedeutet Kronreif & Trunkenpolz Mattighofen), in erster Linie als Hersteller von Cross-Maschinen bekannt, präsentierte 1956 seinen Roller namens Mirabell mit 150-ccm-Triebwerk. Ein Jahr später folgte der KTM Mecky, ein Mopedroller mit 49-ccm-Rotax-Motor, der sich innerhalb von zwei Jahren 8000mal verkaufen ließ. Anfang der sechziger Jahre avancierte dann der KTM Pony zum Renner, der über die Karlsruher Nähmaschinen- und Motorradfabrik Gritzner-Kayser auch nach Deutschland gelangte. 1974 wurde der 100.000 Pony-Roller ausgeliefert; als Super-4 de Luxe gab es das Gefährt noch bis Mitte der achtziger Jahre.

Fast nur Importfabrikate in England

Die Scooterwelle hatte schon früh die Gestade Großbritanniens erreicht. In dem klassischen Land des Motorrades begegnete man jedoch fast nur Importfabrikaten; die Eigenproduktion hielt sich in Grenzen, zumal sie im Export nicht gegen die kontinentalen Erzeugnisse anzutreten vermochte. Hinzu kam die starke Vormachtstellung der Vespa, die in England nicht importiert werden mußte, sondern direkt vom Lizenznehmer Douglas auf den Markt gebracht wurde.

Die zur damaligen Zeit als Motorradfabrik sehr berühmte Firma Excelsior vertrieb in England unter ihrem Namen den Heinkel Tourist. Die Firma Ambassador verkaufte die Zündapp Bella, der Renn- und Sportwagenhersteller Kieft importierte den Hercules-Roller. Ebenso vertreten waren die Roletta von Röhr, der Hobby von DKW und die Diana von Dürkopp, ferner Moto Parilla, Lambretta und Ducati aus Italien sowie Mobyluxe und Motobécane aus Frankreich.

Alle Anstrengungen der Briten, die Erfolge der Importroller zu erreichen oder gar zu überflügeln, schlugen fehl. Der erste britische Scooter erschien nicht vor 1954, es war der große und sehr

Links und rechts: Der Puch-Alpenroller.

Unten: Eine Mischung bewährter Konstruktionselemente wies der Roller von Lohner auf.

schnelle Albatross der Dayton Cycle Company Ltd. in London. Er hatte einen Zweitakt-Einzylinder von Villiers mit 225 ccm Hubraum, erinnerte etwas an die Zündapp Bella und lief 105 km/h.

BSA und Triumph wollten ihren gemeinsam entwickelten Tigress-Roller in 50.000 Exemplaren pro Jahr vom Stapel lassen. Ihr 1958 der Öffentlichkeit vorgestelltes Fahrzeug besaß einen Rohrrahmen und konnte wahlweise mit einem 175-ccm-Zweitakt- oder einem 250-ccm-Viertaktmotor geliefert werden, gegen Aufpreis auch mit einem elektrischen Anlasser. Doch trotz großer Anstrengungen fand dieser kraftvolle Roller mit seinen fließenden Linien nur wenige Freunde, womit es der Tigress nicht anders ging als ihrer Vorgängerin Beeza, die als 200-ccm-Roller vieles vereinte, was auch einen beliebten deutschen oder italienischen Roller ausmachte.

Alle Anstrengungen der Briten, die Erfolge der Importroller zu erreichen, schlugen fehl

Auch die Rollerhersteller Mercury, Phoenix, Piatti oder DMW wußten keine Antwort auf das Klopfen von draußen und vermochten die ausländische Invasion nicht zu bremsen. Der Piatti-Scooter nach Vespa-Vorbild mit tiefer Schwerpunktlage, 8-Zoll-Rädern und 125-ccm-Motor bewies zwar, daß man in England gelernt hatte, worauf es ankam, aber er war ein häßlicher Vogel, so daß *Roller und Mobil* 1956 höhnte: »Man hat in England nun einmal einen besonderen Geschmack, und schließlich muß es ja auch eine Möglichkeit geben, später einmal ein neues Modell herauszubringen...«

Erwähnt sei auch die Firma Carr Brothers Ltd. in Purley, Surrey, die 1956 den deutschen Progress Strolch in Lizenz baute und dieses mit seinen 16-Zoll-Reifen großrädrige Gefährt mit einem Villiers-Motor ausrüstete. Dann gab es den Oscar 200 von der Firma Projects & Development Ltd. in Blackburn mit Kunststoff-Verkleidung und 125-ccm-Villiers-Zweitaktmotor; wahlweise bekam man auch ein 175-ccm-Aggregat. Es wurden sogar deutschsprachige Prospekte für den Oscar gedruckt, obwohl der Export nur einen sehr geringen Umfang annahm.

Hellwache Konkurrenz in Frankreich

Die Vespa mußte in Frankreich gegen eine erheblich umfang- und ideenreichere Konkurrenz antreten als in Großbritannien. Schon 1952 hatte Piaggio zusammen mit französischen Partnern die Atéliers de Construction de Motocycles et d'Accessoires, kurz A.C.M.A., gegründet, die mit 700 Mitarbeitern in Fourchambault mit dem Lizenzbau der Vespa begann. Damit hatten sich die Italiener frühzeitig und auf breiter Front ein großes Stück vom Kuchen des französischen Rollermarktes gesichert.

Doch die Konkurrenz war hellwach. Bereits 1950 hatte der Bernardet-Scooter sein Debüt gegeben. Er kam aus der bedeutendsten Seitenwagenfabrik Frankreichs und lehnte sich nur ganz gering an die Vorbilder Vespa oder Lambretta an.

Oben: Ein Dürkopp-Roller in England mit einem der dort üblichen Cabriolet-Seitenwagen, natürlich links montiert.

Oben rechts: Der Oscar mit Villiers-Motor aus England. Darunter der Beeza von BSA, ein 200er mit elektrischem Anlasser, Fußschaltung und Kardanantrieb.

Oben: Nicht sehr elegant, aber solide gebaut war die französische Terrot 125.

Links: Der in Frankreich einst weit verbreitete Moby von Motobécane.

Der Bernardet hatte einen Stahlrohrrahmen als tragendes Rückgrat; das Triebwerk war ein 125-ccm-Zweitakter von Ydral mit 5 PS Leistung. Für 1650 Mark wurde dieser Roller als »Idealfahrzeug für Ihren Einkauf in der Stadt, Ihre Fahrt in den Sonntag, zur Arbeit und zum Friseur« auch in Deutschland angeboten. Die luxuriöse Exportversion umfaßte eine Uhr mit einem Achttagelaufwerk, einen Tachometer, einen Zelluloid-Windschutz sowie Zweifarbenlackierung.

Der Star der französischen Rollerszene war zweifellos der Peugeot

1954 kam der 50-ccm-Roller Cabri hinzu, dem hier allerdings die Zulassung versagt blieb. Fünf Jahre später erfolgte die Liquidation des Unternehmens, das seit 1955 unter der Kontrolle des Aggregate- und Kranbauers Le Poulain gestanden hatte.

Scootavia hieß ein anderer französischer Roller, hergestellt in Paris. Er war eine Schöpfung des Luftfahrt-Ingenieurs M. A. Morin und wurde hauptsächlich von Zweiradfans erworben, die frischen Wind schnuppern wollten, ohne auf Wohnzimmerkomfort zu verzichten. Die Besonderheit des Scootavia mit seinem 8 PS starken AMC-Viertaktmotor (175 ccm) war seine Länge von 2,15 m — eine Hoffmann-Vespa brachte es gerade auf 1,65. Diese Extravaganz hatte auch ihren Preis, denn mit 225.000 alten Francs kostete dieses Gefährt doppelt soviel wie eine A.C.M.A.-Vespa. Rund 500 Scootavia-Roller wurden 1952-53 insgesamt hergestellt.

Stark an die Form der Lambretta erinnerte der Roller von Motobécane aus Paris-Pantin, dort seit 1951 gebaut. Es gab zahlreiche Modellvarianten sowohl mit Zweitakt- als auch mit Viertaktmotor. Die Fertigung lief 1960 aus. Auch der Motorradhersteller Terrot in Dijon stellte eine Zeit lang Roller her, sogar in Großserie. Die Geschwindigkeitsregelung erfolgte durch zwei Fußpedale, was Mademoiselle Denise Perrier offenbar nicht als Nachteil empfand, die als »Miß World“ 1955 auf Prospektfotos für den zweisitzigen 125-ccm-Roller von Terrot warb.

Der Star der französischen Rollerszene war zweifellos Peugeot, deren erster Scooter

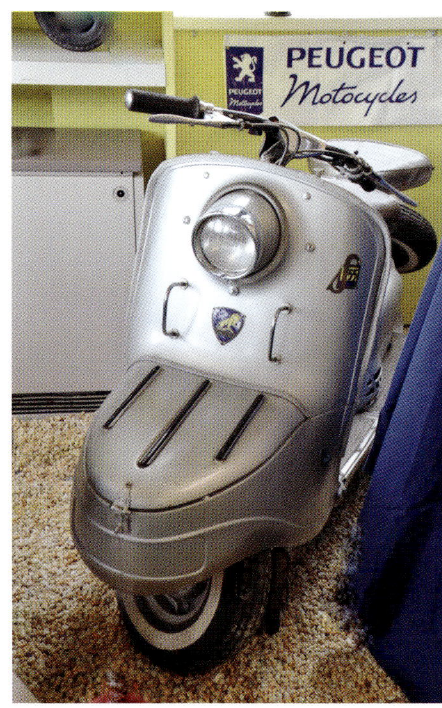

Oben ein Bernadet (im Texas-Look), darunter der vielgebaute Peugeot-Scooter mit seiner Gepäckablage auf dem Vorderrad.

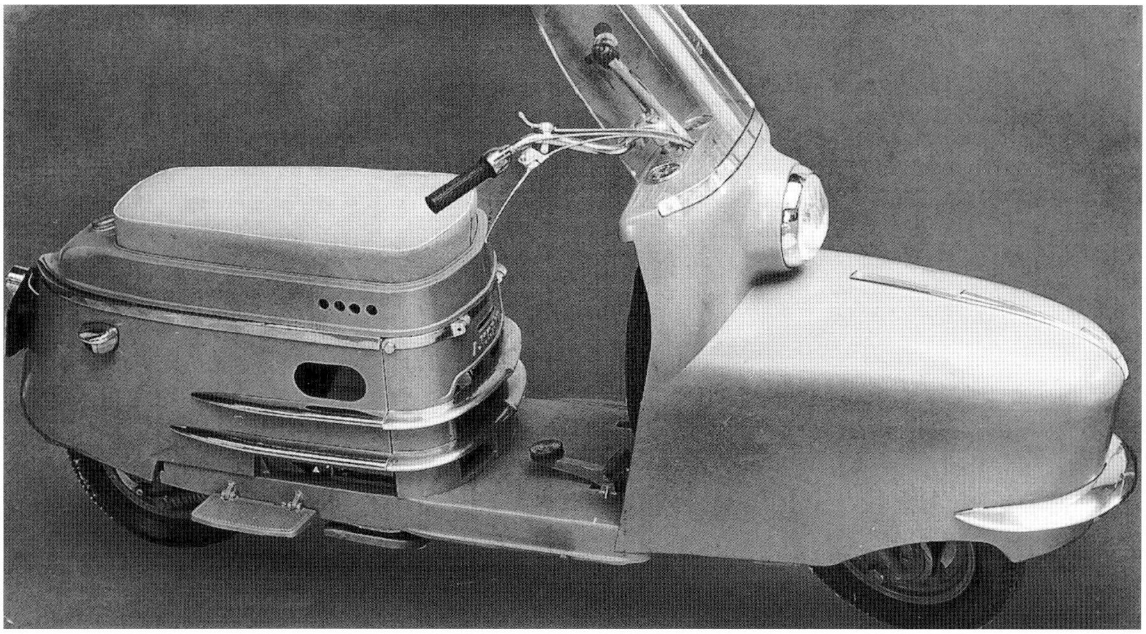

Links: Der von A. Morin 1959 in Paris vorgestellte Scootavia, stark stromformbetont.

1953 der Presse vorgestellt wurde. Es handelte sich bei dem Typ S.55 um ein langstreckentaugliches Fahrzeug mit Gepäckablage über dem Vorderrad.
Angetrieben wurde das »kleine Auto auf zwei Rädern“, wie es in der Peugeot-Werbung hieß, durch einen 125-ccm-Motor. Aufsehen erregten zwei Männer der französischen Luftwaffe, die 1956 mit einem solchen Roller von Saigon (damals Französisch-Indochina) über Kambodscha, Siam (Thailand), Indien, Pakistan, Iran, Irak, Jordanien, Türkei, Jugoslawien und Italien nach Paris fuhren.
Es ließen sich noch zwei Dutzend weitere französische Roller-Hersteller aufführen, die zwar keine allzu große Marktbedeutung hatten, dennoch alle eine Konkurrenz zum Original aus Pontedera darstellten. Denn allein auf weiter Flur war die Vespa zu keiner Zeit.
Es würde den Rahmen dieser Ausführungen sprengen, auch auf die vielen weiteren Rollerfabrikate anderer europäischer Länder einzugehen. Interessante wie primitive kamen sowohl aus der Tschechoslowakei, aus Spanien oder Ungarn.

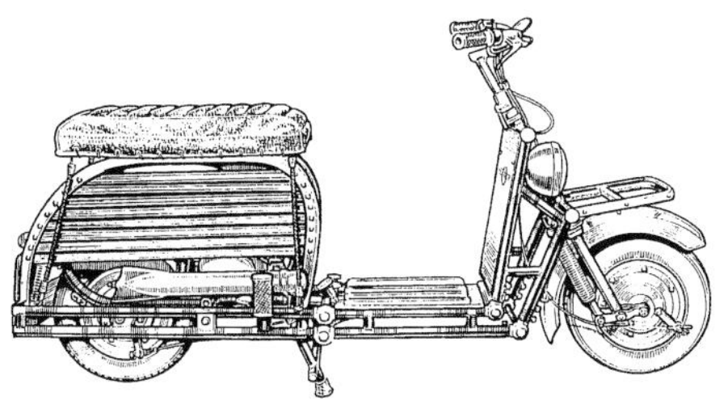

Unten: Ein zusammenlegbarer Stadtroller, auf eine Minimalformel reduziert, war der französische Aeroscoot.

Rechts: In der Tschechoslowakei von der Motokov-Gruppe hergestellter Tatran S.125.

Unten: Ebenfalls tschechoslowakischer Herkunft war der von CZ hauptsächlich für den Export gebaute 175-ccm-Roller.

PARIS
PORTE
DE CHARENT

KAPITEL 6

Vespa-Produktion und Exporte

Bereits im Jahre 1950 hatte sich mit der Lintorfer Produktion durch die Firma Hoffmann eine erste Fertigungsstätte von Piaggio-Produkten außerhalb Italiens etabliert. Ihre Entwicklung wurde bereits weiter oben ausführlich geschildert.

Weitere wichtige Produktions- und Montageländer stellten darüberhinaus bis in die sechziger Jahre Frankreich, Großbritannien, Brasilien, Belgien und Spanien dar, wenn man von einigen Montageaktivitäten in Ländern der dritten Welt absieht.

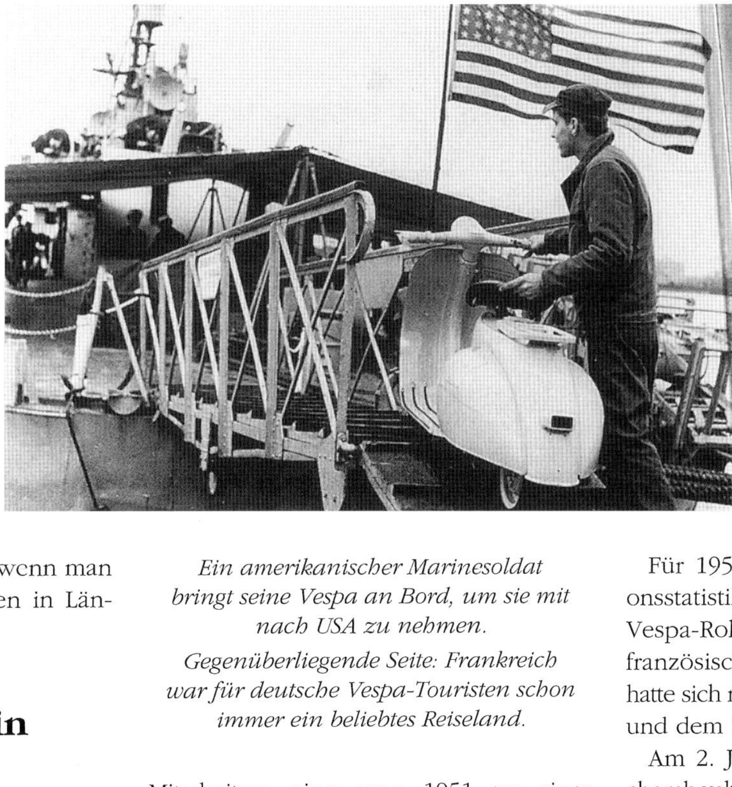

Ein amerikanischer Marinesoldat bringt seine Vespa an Bord, um sie mit nach USA zu nehmen.

Gegenüberliegende Seite: Frankreich war für deutsche Vespa-Touristen schon immer ein beliebtes Reiseland.

Vespa-Produktion in Frankreich

Im Herbst 1950 wurde die Produktion der Vespa in Frankreich vorbereitet. Drei verschiedene Modelle des Typs 125 sowie das berühmte Weltrekordfahrzeug von Montlhéry fanden auf dem Pariser Salon gebührende Beachtung. Vom Frühjahr 1950 bis Februar 1951 wurden 1200 Vespa-Roller eingeführt.

Die im Herbst 1950 gegründete Importfirma Ateliers de Construction de Motocycles et d'Accessoires (A.C.M.A.) in Fourchambault war eine Nachfolgerin des ehemals staatlichen Rüstungsbetriebes Société Nationale de Constructions Aéronautiques du Centre (S.N.C.A.C.). Mit 300 Mitarbeitern ging man 1951 zu einer eigenständigen Herstellung über. Und bereits ein Jahr später setzte sich die A.C.M.A.-Vespa zu 100 Prozent aus in Frankreich hergestellten Komponenten zusammen. Die Zahl der Mitarbeiter war inzwischen auf 700 angestiegen.

8940 gefertigte Roller wies die Werksstatistik für das Jahr 1951 auf, 1952 waren es bereits 28.280 — mehr als die Hälfte der französischen Gesamtproduktion von 50.829 Motorrollern. Ohne Zweifel rangierte die A.C.M.A.-Vespa als Nummer Eins auf dem französischen Scootermarkt. An zweiter Stelle folgte mit einem einsitzigen Roller Terrot mit 7983 Exemplaren, an dritter Stelle lag Lambretta, die von diesem Jahr an in Troyes als Lizenzprodukt hergestellt wurde. An vierter Stelle stand der französische Rollerpionier Bernardet mit 4737 Stück, an fünfter Stelle Speed mit 1834, dann kam Motobécane mit 808 Exemplaren. Der Rest verteilte sich auf eine Vielzahl kleiner Fabrikate, von denen noch die Namen Vallée, AGF, Guiller, Ardent und Sterva erwähnenswert sind.

Für 1953 wies die A.C.M.A.-Produktionsstatistik die hohe Zahl von 40.800 Vespa-Rollern auf: Der Geschmack des französischen Publikums, so schien es, hatte sich noch mehr der italienischen Linie und dem 125-ccm-Roller zugewendet.

Am 2. Juni 1954 feierte man in Fourchambault die Fertigstellung der hunderttausendsten Lizenz-Vespa. Fürst de Beauveau-Craon, Präsident der A.C.M.A., sprach vor den 1400 Mitarbeitern von einem Siegeszug der Vespa in Frankreich, wie ihn anfangs kaum ein Branchenexeperte für möglich gehalten hatte. Innerhalb von nur drei Jahren hatte sich das Unternehmen von einem Außenseiter, der nicht mehr als 20 Roller pro Tag baute, zu einem angesehenen Großhersteller entwickelt, der jetzt täglich 200 Exemplare auslieferte und zudem ein umfangreiches Zubehörprogramm fabrizierte.

Das Werk verfügte über Hallen von 20.000 Quadratmetern Fläche; das ge-

Elegante Französin: Vespa 125 A.C.M.A. ...

... mit Rundscheinwerfer am unverkleideten Lenker.

samte Betriebsareal war 100.000 Quadratmeter groß und umfaßte auch eine Einfahr- und Testbahn von 250 Meter Länge in Form eines Rundkurses aus Beton, der direkt an die Produktionsstätten grenzte.

Die A.C.M.A. war nicht nur in Bezug auf ihre Fertigungstechnik ein Musterbetrieb; zeitweise handelte es sich um eines der modernsten Zweiradwerke Frankreichs überhaupt.

Eine beachtliche Zahl von A.C.M.A.-Fahrzeugen wurde auch auf deutschem Boden verkauft, nämlich im Saarland, das erst 1956 in die Bundesrepublik eingegliedert wurde und zuvor durch eine Wirtschafts- und Währungsunion mit Frankreich liiert war.

Ganz im Gegensatz zu ihren Kollegen in Großbritannien, Irland und anderen Ländern scheute sich die französische Gendarmerie, auf dem Sattel einer Vespa Platz zu nehmen. Dafür zeigte die Armee Interesse an den »Scooters militaires« und orderte 1955 für vergleichende Testfahrten einige Dutzend Bernardet-, Valmobile- und Vespa-Roller. Die A.C.M.A. produzierte zwei Modellvarianten, den T.A.P.56 und den Typ T.A.P.59. Der Motor hatte einen Hub von 54 und eine Bohrung von 58,5 mm. Da bei einem Fallschirmabwurf die Landung zumeist recht unsanft vor sich ging, hatte man das ausladend geformte Blechkleid der Vespa durch breite Sturzbügel geschützt. Statt einer Sitzbank verpaßte man der Armeeversion einen einzelnen Sattel mit einer verstärkten Halterung, auf der auch schweres militärisches Gepäck Platz finden konnte. Einsätze mit derart ausgerüsteten Vespa-Rollern fanden im Indochina- und später auch im Algerienkrieg statt.

Auf den ersten Blick schien sich die französische Vespa 125 überhaupt nicht von dem Original aus Pontedera zu unterscheiden. Bei näherem Hinsehen wurden jedoch einige Unterschiede im Detail deutlich. So gab es zum Beispiel Amac- anstelle der Dell'Orto-Vergaser (die zu erheblich größerem Durst neigten). Von Produktionsbeginn an — wenn man von den 1950 aus italienischen Teilen montierten Rollern absieht — war der Scheinwerfer vom Schutzblech an den Lenker gewandert, denn die französische Gesetzgebung verlangte bei Zweirädern, daß die Frontbeleuchtung mindestens 60 cm über dem Boden zu sitzen hatte.

Auf Basis der zivilen Vespa 150 wurde von der französischen A.C.M.A. der Militärroller T.A.P. für die Luftlandetruppen (Troupes Aeroportées — T.A.P.) entwickelt.

Was die Modellpolitik des französischen Werkes betraf, so lehnte man sich eng an die des Herstellers in Pontedera an. So waren die ersten Roller mit dem bekannten 125-ccm-Motor von 4,5 PS bei 4500/min ausgestattet und besaßen 8-Zoll-Reifen. Das 1955 in Italien entwickelte 5 PS-Modell war in Frankreich erst ein Jahr später zu bekommen. Liefen 1955 von der 125er-Serie noch 57.591 Einheiten vom Band, so sank diese Zahl im folgenden Jahr auf 55.515 Roller. Diese Tendenz setzte sich in der Folgezeit fort: 38.311 Exemplare 1957, 17.471 im Jahr 1958. Schließlich produzierte die A.C.M.A. weitgehend auf Halde und sah sich eines Tages gezwungen, die Fließbänder anzuhalten. Kurzarbeit war angesagt — der Roller schien, wie auch in anderen Ländern, aus der Mode zu kommen.

Auch die französische Armee zeigte Interesse am »Scooter militaire«

Um der Lambretta 150 DL Paroli zu bieten, präsentierte die A.C.M.A 1956 eine eigenständige 150 GL — nicht mit der italienischen GL zu verwechseln, die erst 1957 eingeführt wurde. Dieser französische »Grand Routier"-Roller hatte das Fahrwerk der 125, aber mit 3,5x9-Zoll-Reifen. Der 145-ccm-Motor war eine Weiterentwicklung des 125er Triebwerks. Anstelle des quadratischen Maßes von 54x54 mm wurde bei gleichem Hub die Bohrung auf 58,5 mm vergrößert und damit eine Motorleistung von 6,2 PS erreicht, gut für eine Höchstgeschwindigkeit von 85 km/h. Typisch für diese französische Variante waren ein Zenith-Vergaser, Weißwandreifen, gegenüber dem Modell 125 veränderte Bremsen, ein abschließbares Gepäckfach und zwei identische Motorradsättel. Die Bowdenzüge verliefen noch außerhalb des Lenkers. 4462 Exemplare entstanden nach französischen Aufzeichnungen 1956, 5916 im Jahre 1957, und nur noch 3705 waren es 1958.

Dem Kleinwagen-Trend folgend, versuchte die A.C.M.A. die Zweirad-Rezession mit dem Bau des Vespa-Autos 400 aufzufangen, das im Oktober 1957 auf dem Pariser Automobil-Salon sein Debüt gab und ab 1958 gebaut wurde. Aber auch dieses Minimobil konnte die Krise nicht abwenden. In der Zeit von 1953 bis 1957 wurden in Fourchambault auch Ape-Dreiräder (»Tri-Ape«) hergestellt, insgesamt 5076 Stück.

1959 stellte die A.C.M.A. 15.664 Vespa-Roller des Typs 125 und 5683 Stück des Modelles 150 auf die Räder. 1959 ersetzte man die Vespa GL durch die Vespa 150 GS, die in Italien im Dezember 1954 erstmals präsentiert und ab 1955 gebaut worden war. 1961 betrug die gesamte Vespa-Rollerproduktion Frankreichs nur noch 13.500 Exemplare.

1962 gingen in Fourchambault endgültig die Lichter aus; Die Fertigung der Vespa wurde eingestellt. Fortan sorgte die neugegründete Firma Vespa-France für einen (gedrosselten) Nachschub an Fahrzeugen und vermochte erst in den siebziger Jahren wieder mit Ciao-Mopeds und Ape-Dreirädern neue Absatzmärkte zu erschließen. Mitte der siebziger Jahre liefen in Frankreich Hunderte von Ape-Transportern im Dienst der Postbehörden.

In den letzten Jahren hat auch in Frankreich die Zahl der Roller wieder zugenommen. Mit Peugeot besitzen die Franzosen einen starken nationalen Hersteller, aber auch die Vespa findet gerade bei Jugendlichen wieder zahlreiche Liebhaber. Den Vertrieb der Piaggio-Produkte besorgt heute die Vespa Diffusion S.A. mit Sitz in Pantin bei Paris. Sie stützt sich auf ein Händlernetz mit rund 600 Konzessionären, die das gesamte Zwei- und Dreiradprogramm aus Pontedera führen.

Vespa-Produktion in Großbritannien

Der englische Zweiradmarkt wies stets seine besonderen Eigenheiten auf. Lange Zeit schienen sich die traditionsbewußten Angelsachsen dem Motorroller zu verschließen. Zwar gelangten 1949 die ersten Vespa-Fahrzeuge auf die Insel, aber ein anschließender Roller-Boom, wie ihn Westdeutschland erleben sollte, blieb aus. So war Großbritannien eines der wenigen europäischen Länder, in welchem keine namhafte Firma einen Roller baute — mit nur einer Ausnahme: Douglas Ltd. in Kingswood bei Bristol.

Dieses Unternehmen startete 1951 mit einer Lizenzfertigung der Vespa und hoffte, damit ihre angespannte wirtschaftliche Situation zu meistern. Der ersehnte Erfolg blieb indessen aus. Im Herbst 1953 schraubte Douglas gerade knapp 100 Exemplare pro Monat zusammen.

Es gab mehrere Ursachen für diese wenig zufriedenstellende Situation. Insbesondere war den Engländern der Roller nicht sportlich genug. Er schien auch die Damen nicht anzusprechen: Schon früher sah man dort Fahrerinnen auf leichten Motorrädern der 125-ccm-Klasse, selbst mit sportlichen 500-ccm-Maschinen trauten sie sich auf die Straße. Hinzu kam ein ungünstiges Preis-Leistungs-Verhältnis. Eine Vespa kostete 1953 einschließlich Kaufsteuer 149 Pfund Sterling (1754 DM), eine aus Italien eingeführte Lambretta zwischen 139 und 159 Pfund. Hingegen konnte man bereits für 88 Pfund ein 125-ccm-Motorrad von BSA oder für 130 Pfund eine obengesteuerte 250er erwerben. Selbst die 500-ccm-Norton kostete nur 165 Pfund. Hinzu kam, daß der Roller keine besonders günstige

Bei Douglas hergestellte Vespa, fotografiert in London. Typisch ist das meist (aber nicht immer) gekrümmte, auf dem Kotflügel aufgemalte Kennzeichen.

Die Verkehrspolizei der englischen Universitätsstadt Cambridge hatte ebenfalls Vespa-Scooter im Fuhrpark. Die Windschutzscheibe zählte nicht nur bei den Briten zum beliebtesten Zubehör.

Versicherung oder Vorteile bei der Kfz-Steuer in Anspruch nehmen konnte, sondern wie jedes andere Zweirad eingestuft wurde. 1956 nahm man nach der 125er das Modell 150 mit Dreiganggetriebe sowie das GS-Modell mit vier Gängen in die Fertigung auf. Zu diesem Zeitpunkt paßte man auch die Plazierung des Schweinwerfers den kontinentalen Gepflogenheiten an und ließ ihn von der Mitte des Frontschildes hinauf an den Lenker wandern.

Mit der Firma Douglas hatte sich Piaggio ohne Zweifel ein prominentes Unternehmen als Partner für die »Wasp«-Expansion im Vereinigten Königreich gewählt, wenn diese Firma auch immer wieder in Schwierigkeiten gekommen war. Aus wirtschaftlichen Gründen war sie von 1907 an binnen eines halben Jahrhun-

Links: Hostess des Royal Automobile Club Great Britain.

Oben: Bei Douglas gab es ab 1951 eine Vespa-Lizenzfertigung. Hier ein Blick auf die Motorenmontage.

derts fünfmal neu gegründet worden. Während des Zweiten Weltkrieges gab es eine kurze Phase der Sanierung, als zeitweise 5000 Mitarbeiter mit der Produktion von Rüstungsgütern beschäftigt waren. In der Nachkriegszeit jedoch ließen sich die in Kingswood hergestellten Motorräder mit ihrem Zweizylinder-Boxermotor kaum mehr absetzen, weshalb es Douglas auch zum Rollergeschäft zog.

Die Probleme ließen sich damit jedoch nicht aus der Welt räumen. 1957 mußte Douglas seine Motorradproduktion einstellen; Vespa-Lizenzroller wurden noch bis Ende 1960 produziert. Danach blieb Douglas als Importeur und für den Service zuständige Firma dem Hause Piaggio dennoch weiterhin verbunden.

Wie viele ihrer Kollegen nutzten auch die englischen Bobbys die praktischen und wirtschaftlichen Vorteile der Vespa. Im Sattel ihrer Vespa-Scooter waren sie auch im dichtesten Verkehrsgewühl sprichwörtlich schnell. Für die Einwohner von Liverpool, Stafford und Cambridge war es jahrelang ein üblicher Anblick, wenn ihre Ordnungshüter auf der Vespa daherkamen.

Auch bei der irischen Polizei fiel 1958 bei der Suche nach

Betta Getta Vespa (schaff dir lieber eine Vespa an) — eine originelle Anzeige von 1959, als die Engländer dem Scooter noch höchste Zuneigung entgegenbrachten.

einem leichten, und gut zu handhabenden Zweirad die Wahl auf die Vespa. Die Iren befanden sich dabei in guter Gesellschaft mit Ordnungshütern in aller Welt. So verwendeten Einheiten der mexikanischen Forstpolizei als Nachfolger der berittenen Polizei die Vespa ebenso wie ihre Kollegen am Fuße der Akropolis in Athen und die Carabinieri Italiens.

Vespa-Produktion in Spanien

Die spanische Vespa-Story startete im August 1952 in Ciudad Lineal bei Madrid. In der Calle de Juliàn Camarillo wurde auf einem 15.000 Quadratmeter großen Gelände mit dem Bau einer modernen Werksanlage begonnen, und schon sechs Monate nach dem ersten Spatenstich liefen hier die ersten Vespa-Roller vom Band. Sie zählten bald zu den populärsten Motorfahrzeugen des Landes.

Während 1953 nicht mehr als vier Vespa-Roller pro Arbeitstag entstanden waren, betrug die Zahl bereits ein Jahr später 150 Roller und zehn Transportdreiräder nach Ape-Vorbild pro Tag. Bereits am 23. Juli 1957 lief die 50.000. Vespa vom Band.

Die ersten spanischen Vespa-Roller waren 125er Modelle mit der für jene Zeit typischen Lackierung in Grünmetallic. Konsequent folgte die Moto Vespa S.A. den Detailverbesserungen, die das italienische Mutterwerk vornahm und brachte die Lizenz-Vespa ebenfalls auf den neuesten Stand.

1959 kam das Modell »S« unter dem Werbeslogan »para turismo ràpido« auf den Markt: Der schnelle Reiseroller. Das S-Modell war identisch mit der überarbeiteten italienischen Vespa 125 des Jahres 1958. 1961 folgte das S-Modell mit 150-ccm-Motor. 1964 lief alle drei Minuten ein Fahrzeug vom Fließband. Von 100 in Spanien verkauften Motorrollern waren inzwischen 70 heimische Vespa-Modelle.

Mit der Verbreitung der Vespa vollzog sich in mancher Beziehung auch eine Veränderung des Lebensstils der Spanier. Der Roller diente nicht nur zur Absolvierung des Weges zur Arbeit, sondern ermöglichte es seinen Besitzern, unabhängig von der Benutzung öffentlicher Verkehrsmittel zu reisen und sich mit Land und Leuten der Umgebung bekanntzumachen.

Die Niederlassung schrieb sich später zusammenhängend »Motovespa S.A.« und war seit 1986 eine hundertprozentige Piaggio-Tochter. Mit außerordentlichem Erfolg liefen in den Achtzigerjahren die Baureihen PK und PX vom Band, und zwar als PK 75 XL, PK 75 XL Elestart, PK 125 XL Elestart und PK 125 Plurimatic mit automatischer Schaltung, sowie PX 125, PX 125 T5 Sport Elestart, PX 200 Iris und PX 200 TX Elestart. Später kamen die Cosa 125 und 200 mit Kickstarter dazu. Hauptabnehmer für die 125er PK und vor allem PX war die königlich spanische Post. Noch heute versehen tausende PX 125, ausgerüstet mit einem Wetterschutz am Lenker und einer großen Transportbox auf dem Soziusplatz, zuverlässig ihren Dienst bei der Briefzustellung. Nach und nach werden sie — leider — durch die großrädrigen Libertys von Piaggio ersetzt.

Ende der neunziger Jahre waren über tausend Personen in dem Werk beschäftigt und stellten neben den Vespa-Modellen u.a. das Moped Vespino F9, Puch-Mopeds und die beiden modernen Gilera-Kleinkrafträder GSM SuperMotard und Zulu mit jeweils 50 ccm her. Die Fahrzeuge wurden nicht nur mit einem Gesamtanteil von beachtlichen 30 % auf dem heimischen Markt verkauft, sondern auch in 35 Länder, hauptsächlich nach Lateinamerika, exportiert. Umso unverständlicher war für die Belegschaft die Entscheidung der Konzernzentrale im fernen Italien, die spanische Produktion im Jahr 2003, nach 51 Jahren, einzustellen. Damit gingen auch in den letzten außeritalienischen Werkshallen in Europa für immer die Lichter aus. Der Standort firmierte fortan als »Piaggio

Links oben: Die spanische Vespa-Fabrik in Ciudad Lineal durfte als ein besonders modern eingerichteter Betrieb gelten. Ein Foto von 1964.

Links unten: Gebäude der Moto Vespa S.A., wo die Produktion 1953 ihren Anfang nahm.

Rechts: Schnappschuß von einem Boulevard-Café in Madrid. Junge Leute waren in Spanien der Vespa natürlich besonders zugetan.

Gesuchte Rarität: Motovespa aus spanischer Produktion.

Wo sonst PIAGGIO steht: MOTOVESPA auf PX-Kaskade.

Einsatzfahrzeug in Diensten der königlich spanischen Post, und unverwüstlich im Dauereinsatz: eine postgelbe PX125.

Oben: Endmontage der spanischen Vespa.

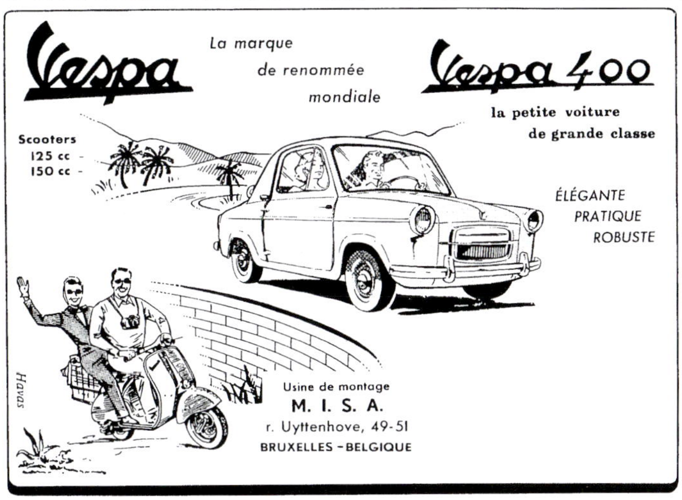

Links: Seit 1956 gab es auch in Belgien einen Vespa-Lizenznehmer. Die Moto Industry S.A. (M.I.S.A.) bot sowohl den Roller als auch später den Vespa-Kleinwagen an.

Espana S.A.« und war wie die übrigen Tochtergesellschaften nur mehr für Vertrieb und Service von Piaggio-Produkten zuständig. Ende 2005 wurden die Aktivitäten ganz eingestellt. Am 16. Februar 2007 wurde die Gesellschaft aus dem Handelsregister von Madrid gelöscht. Heute erfolgt die Belieferung der iberischen Halbinsel von der Piaggio Espana S.A. in Santa Margarita y Monjos, einem Vorort Barcelonas, aus.

Vespa-Produktion in Belgien

Als letztes europäisches Vespa-Produktionsland kam Belgien hinzu. Die ersten nach Belgien exportierten Vespa-Roller trafen dort Ende 1949 bei der Bevelux in Brüssel ein. Nachdem die belgische Regierung aus protektionistischen Gründen Importfahrzeuge mit hohen Strafzöllen belegte, begannen 1954 die Planungen für eine belgische Montagefabrik.

In Jette, in der Nähe von Brüssel, errichtete die Moto Industry S.A. (M.I.S.A.)

Unten: Die in Belgien gebauten Vespa-Roller bereit zur Endabnahme. Hohe Einfuhrzölle machten es erforderlich, eine eigenständige Montage aufzubauen.

Vespa-Meeting in der belgischen Stadt Namur. Das Publikum, so scheint es, interessiert sich durchaus für die Scooter aus ganz Europa.

Hauptportal des brasilianischen Vespa-Werkes Panauto S.A. in Santa Cruz bei Rio de Janeiro, geleitet von dem Argentinier Juan Manuel Fangio.

1956 einen Betrieb, in welchem zu 100 Prozent in Italien vorgefertigte Teile zu kompletten Rollern zusammengebaut wurden, zunächst nur 125er, 1956 kam das Modell 150 Touren und die 150 GS hinzu. Das Modell 150 hatte das Fahrwerk der 125er mit 3,50x8-Zoll-Bereifung, aber den 5,4 PS leistenden Motor mit 57x57 mm Hub x Bohrung. Das Modell 150 GS besaß den Motor mit 8 PS. 1957 wurde erstmals auch das Ape-Dreirad Modell C in Jette produziert. Das vierte Modell war schließlich die 150 GL, eine Mischung aus beiden Vorgängermodellen: Der Motor mit 150 ccm war vom Tourenmodell, besaß aber vier Gänge; die Räder waren mit 10-Zoll-Reifen versehen.

Die Vertriebsorganisation dieser Produktion erstreckte sich nicht nur über ganz Belgien, sondern bezog auch das Großherzogtum Luxemburg und Holland ein. Anfang der sechziger Jahre wurde die Lizenzfertigung in Jette mangels Rentabilität wieder eingestellt.

Vespa-Produktion in Brasilien

Auf den lateinamerikanischen Märkten vermochte sich die aus Italien importierte Vespa jahrelang mit gutem Erfolg zu behaupten. In Brasilien ging Vespa sogar noch einen Schritt weiter — denn hier stellte man die Vespa in den fünfziger und sechziger Jahren sogar in Lizenz her.

Die Vespa-Fabrik Panauto S.A. in Santa Cruz, 60 Kilometer von Rio de Janeiro entfernt, befand sich auf einem 120.000 Quadratmeter großen Industriegelände. Ein großer Teil der später zusätzlich installierten Fertigungseinrichtungen stammte aus dem Werk der Vespa GmbH in Augsburg, wo im Oktober 1963 die Lizenzproduktion auslief und der Maschinenpark im Auftrag der Firma Panauto S.A. anschließend abgebaut wurde.

Auch brasilianische Polizisten fuhren ihre Patrouillen auf der Vespa

Hinter dem brasilianischen Unternehmen stand kein Geringerer als der legendäre Grand-Prix-Rennfahrer Juan Manuel Fangio, nicht nur in seiner Heimat Argentinien ein Nationalheld. Als Fangio, Jahrgang 1911, der in zehn Jahren fünf Weltmeisterschaftstitel in der Formel Eins errang, vom aktiven Motorsport genug hatte, etablierte er sich als erfolgreicher Geschäftsmann.

Wie der Kontakt mit Piaggio zustandekam, wird in den zahlreichen Biographien über Fangio mit keinem Wort erwähnt. Vielmehr ist darin stets nur die Rede von seiner Mercedes-Benz-Repräsentanz in Buenos Aires, die Fangio seit 1951 mit mehreren Partnern erfolgreich unterhielt. Tatsächlich aber machte Fangio nicht nur mit dem »guten Stern« Geschäfte, sondern produzierte mit ebenso viel Erfolg auch Vespa-Roller und -Autos, und zwar in Brasilien. Von dort aus wurden zahlreiche weitere Länder Südamerikas beliefert.

Die Vespa-Klientel, die bei Fangio kaufte, bestand nicht nur aus Privatkunden, sondern auch aus Vertretern des Militärs. In zahlreichen Armee-Einheiten, sowohl beim Heer und der Marine als auch bei der Luftwaffe, gehörten Vespa-Roller zum offiziellen Fuhrpark. So fuhren auch brasilianische Polizisten ihre Patrouillen auf der Vespa.

Durch ungewöhnliche Werbeaktivitäten hatte es das Werk in Pontedera von Anfang an verstanden, seine bahnbrechenden Produkte in aller Welt bekanntzumachen. Sehr bald wurde die Vespa das wohl berühmteste Zweirad rund um den Globus. Ende der fünfziger Jahre war die Vespa auf allen Kontinenten gelandet. Neben den Produktionsländern, die weiter vorher

Fangio (oben) und seine brasilianische Vespa-Produktion (rechts).

beleuchtet wurden, gehörten in erster Linie die Schweiz, Österreich, Holland und die skandinavischen Länder zu den wichtigsten Märkten in Europa. Aber in ihrer Festschrift zum 75jährigen Bestehen wies die Firma Piaggio auch stolz auf ihre Präsenz in Griechenland, Irland, Portugal, Rußland hin — obwohl es sich bei der russischen Vespa eigentlich um ein Plagiat handelte. Ebenfalls erwähnenswert sind Exporte in die Türkei sowie nach Afrika, Lateinamerika, Japan, Hongkong, Indien, Iran, Israel, Singapur und Australien, in denen später z. T. weitere Produktionsstätten errichtet wurden.

Oben: Bajaj Chetak, eine indische 150-ccm-Lizenz-Vespa, die mit Sitzbank oder mit Einzelsitzen angeboten wurde. Links: Roller-Produktion bei Bajaj in Poona, Indien.

Vespa-Produktion in Asien

Indien

Die zunehmende Industrialisierung Indiens in der zweiten Hälfte des letzten Jahrhunderts hatte wachsende Städte und die Erschließung des Landes durch neue Straßen zur Folge.

Die indische Regierung förderte einerseits ausländische Industrieansiedlungen, stellte andererseits aber nur befristete Lizenzen aus und erhob die Forderung nach indischer Beteiligung. So kam es 1960 zu einer anfangs recht holprigen Zusammenarbeit mit der heimischen Bajaj-Auto-Ltd. Schon bald erwies sich die alte Fabrik in Kurla bei Bombay (heute Mumbai) als völlig ungeeignet für die europäischen Produktionsanforderungen. Daher entstand nach Piaggios Plänen in Akurdi bei Poona ein modernes neues Werk mit 12.000 qm, aus dem im Herbst 1962 die zehntausendste Vespa 150 rollte. Gleichzeitig war der indische Staat nur bereit, bei einer stärkeren Beteiligung einheimischer Zulieferer die Lizenz der Italiener zu verlängern. Ab 1963 durften die Fahrzeuge dann nur noch ganz aus indischen Teilen bestehen. Schließlich wurden 1971 trotz oder gerade wegen des großen Erfolgs von Vespa und Ape die Daumenschrauben noch einmal angezogen: 1966 wurde Indira Gandhi Staatschefin, und Piaggio fiel entschädigungslos dem beispiellosen Verstaatlichungsprogramm zum Opfer. Bajaj indes rieb sich die Hände und produzierte munter weiter Vespas, ohne eine einzige Rupie Lizenzgebühr abzuführen. 1974 erfolgte eine leichte optische Modifikation an der Front, und die Vespa 150 erhielt den Namen Ba-

Designed by Piaggio, made in India, ...

... ist die Bajaj Chetak 150.

jaj Chetak. Später folgten Anleihen von der PX bei der Chetak 125/150. Sie wurde bis Ende 2005 millionenfach nahezu unverändert gebaut und bekam zuletzt noch einen Zweiventil-Viertaktmotor mit 8PS. Sogar nach Europa wurde der Roller ausgeführt.

Die Entwicklung ging sogar so weit, dass mit staatlicher Hilfe weiter südlich von Poona in Satara ein Zweigwerk der Bajaj Auto Ltd., Maharastra Scooters Ltd. (MSL), gegründet wurde, in dem von August 1976 bis März 2006 ebenfalls Roller auf Basis der

Die Priya war in Wirklichkeit keine Bajaj, sondern eine Vespa!

Vespa/Chetak 150 »illegal« hergestellt und unter dem Namen »Priya« vertrieben wurden – wen wundert es da, dass der Schriftzug auf dem Beinschild ein wenig an den der russischen Wjatka erinnert...

Lizenzproduktion der Vespa in Indien bei der Firma LML, die im Piaggio-Auftrag auch Teile nach Italien liefert.

Werbung für die indische LML-Vespa A1, die in Asien weit verbreitet ist.

Mehr als 35 Jahre Modellkontinuität machen deutlich, wie sehr das Grundkonzept aus den frühen Sechzigerjahren den asiatischen Verkehrsbedürfnissen jahrzehntelang gerecht wurde und noch immer wird. Vespa, Chetak, Priya und die dreirädrige Schwester Ape haben eine Entwicklung eingeleitet, deren Folgen das Straßenbild bis heute unverkennbar prägen.

Lizenzfreie 1:1-Kopie mit den Originalgenen der PX ...

Natürlich wollte Piaggio nicht tatenlos zusehen, wie das eigene Knowhow von den früheren Partnern mißbraucht wurde und zunehmend japanische und koreanische Scooter den lukrativen indischen Markt mit ihren Fahrzeugen überschwemmten. Bei der erneuten Suche nach einem Produktions- und Vertriebspartner stieß man auf die Fa. Lohia Machines Ltd. (LML) in Kanpur, wo 1982 mit einer Lizenzfertigung der PX begonnen wurde. Weniger erfolgreich verlief das Unterfangen, ab 1984 bei der Fa. Andhra Pradesh Scooters Ltd. (APSL) in Patancheru einen Roller auf Basis der Vespa 50/90 mit einem 100-ccm-Motor zu bauen. Er erhielt die Seriennummern V9B1T 50001 bis 107758, konnte sich aber mit der kleinen Karosserie auf dem Subkontinent nicht durchsetzen. Dafür wurde er noch bis zu Beginn der Neunzigerjahre nach Japan geliefert. Bei LML indes wurde bis 1985 in derselben Hubraumklasse äußerst erfolgreich das Modell PX 100 E mit den Serien-

... ist die LML Star de Luxe aus Indien.

nummern VIX1TN 1101 bis 44104 gebaut. Es war nicht nur komfortabler, sondern verfügte auch über 20 kg mehr Zuladung, was vor dem Hintergrund, dass nicht selten der gesamte Hausrat und noch die Gewerbeausstattung auf dem Roller Platz finden mußten, nicht ohne Bedeutung war. Diesem Modell folgte die nicht minder erfolgreiche PX 150 E, für die zwischen 1985 und 1990 die Seriennummern VLX1T

Längsschlitze in der Seitenbacke deuten auf den Viertaktantrieb der LML hin.

2000001 bis 2821048 vergeben wurden, und eine modifizierte PX 125 T5.

Nachdem 1991 der indische Staat wieder ausländische Mehrheitsbeteiligungen an Industrieunternehmen zuließ, übernahm Piaggio 51 % der Geschäftsanteile und bezog selbst zunehmend mehr PX-Teile für die Produktion in Pontedera aus Kanpur.

Das indische Modell NV entsprach weitgehend der klassischen Vespa PX 150 und wurde auch nach Europa exportiert und zu einem um etwa ein Viertel günstigeren Preis als das Original angeboten. Das wurde bei Piaggio verständlicherweise nicht gerne gesehen, und so wurde Vertragshändlern, die auch das LML-Modell anboten damit gedroht, sie nicht mehr mit Originalteilen zu beliefern, wenn sie ihre Verkaufsaktivitäten nicht einstellten. Als Folge wurde in Maddaloni/Kampanien das Familienunternehmen »LML Italia SrL« gegründet, erwarb die Vertriebsrechte für Europa und begann schon in den Achtzigern mit dem Aufbau eines Händler- und Werkstattnetzes. Es ging 2008 in der »LML Italia SpA« mit Sitz in Montedoro/Sizilien auf. Von dort wird auch der deutsche Importeur beliefert.

Als 1997 Piaggiochef Giovanni Agnelli, der einen Großteil der indischen Firmenanteile in Privatbesitz hielt, starb, wurde den Italienern Vertragsbruch vorgeworfen. Das sollte LML das Recht geben, die Piaggio-Anteile für einen Bruchteil des Marktwertes — die Rede war von 30 % — zu übernehmen. Was folgte, war ein erbitterter Rechtsstreit, der schließlich mit einem Vergleich enden sollte. Der brachte zwar LML ebenso wie Piaggio die Freiheit, sich auf dem indischen Markt voneinander unabhängig zu betätigen, zuende war die Zusammenarbeit damit aber noch lange nicht. Obwohl sich Piaggio bedeckt hält und keine Auskünfte zu dem Thema erteilt, ist es unter Kennern der Materie kein Geheimnis, daß die PX heute ausschließlich aus Indien kommt. Und die aktuelle LML Star de Luxe ist eine PX pur. Zur Auswahl stehen inzwischen vier abgasgereinigte Antriebsquellen, die alle die Euro 3-Norm erfüllen: Immerhin 1.400 EUR lassen sich bei der Ausführung mit dem 125-ccm-Zweitaktmotor mit 6,5 PS gegenüber dem Original einsparen. Daneben gibt es zwei Viertaktmotoren mit 125 ccm und 8 PS sowie 200 ccm und 12 PS, alle in klassischer Handschaltausführung. Ganz neu ist eine Automatikversion mit einem völlig neu konstruierten 125-ccm-Viertaktmotor mit 9PS und einer Variomatik der Adler SpA/Italien. Er ist wie früher bei den kleinen Baureihen schräg geneigt eingebaut. Optisch sind die neueren Stars an längs ausgerichteten Luftschlitzen in der rechten Seitenbacke zu erkennen, bei der Automatik mit zusätzlichen Schlitzen vorne.

Von 2010 bis 2012 wurden die LML-Roller in Deutschland offiziell vom ehemaligen schwäbischen Traditionshersteller Kreidler, heute in der Cycle-Union aufgegangen und in Rheda-Wiedenbrück ansäßig, ausgeliefert. Seit 2013 erfolgt der Vertrieb einschließlich Ersatzteilversorgung auch für Deutschland, Belgien und die Schweiz über die österreichische KSR-Group.

Nach der offiziellen Trennung von LML gründete Piaggio 1999 auf dem Subkontinent die »Piaggio Vehicles Private Ltd.« (PVPL) mit Sitz in Baramati und nahm die Produktion der Ape auf, von der in den letzten zehn Jahren eine Million Einheiten gebaut wurden. Mit einem Marktanteil von 64 Prozent beherrscht sie den Dreiradmarkt an Transportfahrzeugen, und täglich werden über 300.000 Tonnen Güter mit einer Ape auf indischen Straßen transportiert. Seit April 2012 läuft in einer neuen Produktionsanlage erstmals wieder seit 13 Jahren mit der LX 125 eine Vespa unter der Regie des Mutterkonzerns Piaggio in Indien vom Band. Sie wurde speziell für den asiatischen Markt modifiziert und mit dem äußerst sparsamen Dreiventil-Viertaktmotor ausgestattet, der sich bereits in Piaggio-Fahrzeugen der vietnamesischen Tochter aus der Provinz Vinh Phuc bewährt hat. Dort werden seit 2009 Fly, Zip, Berverly und Liberty für Südostasien hergestellt.

Indonesien

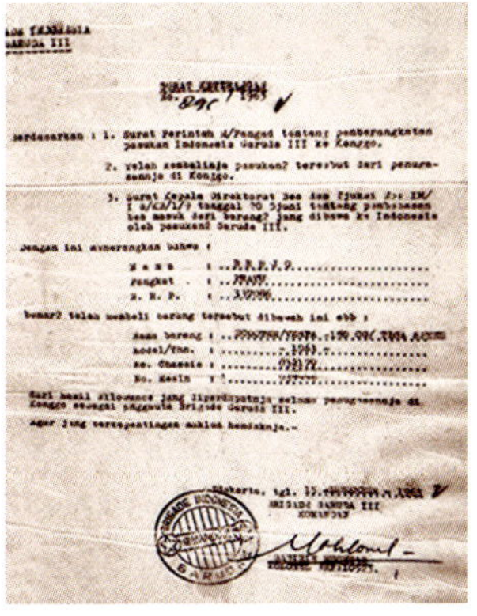

Fahrzeugschein der legendären Kongo-Vespa

Bereits 1949 sollen Abgesandte des Vatikans im missionarischen Auftrag mit ersten Vespas zwischen den weit entlegenen Dörfern Indonesien unterwegs gewesen sein. Der Siegeszug des Rollers begann aber dann mit der sogenannten »Kongo-Vespa« in den 1960er Jahren:

Werbeplakat Vespa P 100 TS von DAN in Indonesien

Als Anerkennung für ihren Einsatz bei der Kongo-Mission der UNO-Friedenstruppe im Jahr 1961 stiftete die indonesische Regierung ihren heimkehrenden Soldaten eine Vespa – mit 150 ccm und Zubehör für die Offiziere, als 125er in Grundausstattung für die niederen Ränge.

Reine Lebensfreude strahlt dieser stolze Indonesier auf seiner wunderschön hergerichteten Vespa 150 aus der DAN-Produktion aus.

Und tatsächlich bekamen die Fahrzeuge Papiere mit dem Eintrag der Codenamen der Mission (»Garuda I-III«) und »Kongo« sowie eine Messingplakette am Lenker. Die meisten kamen aus deutscher Produktion. 1964 endete die Ära der Kongo-Vespa.

1965 begann dann die Fa. DAN Motor in Jakarta Vespas vom Typ Sprint und PX150 aus Italien zu importieren. Die Roller zum Preis eines kleinen Hauses blieben der breiten Bevölkerung vorenthalten und wurden zu einem Statussymbol der aufstrebenden Mittelklasse. Das begann sich zu ändern, als die Fa. DAN 1980 anfing, selbst Vespas in Lizenz zu fertigen, anfangs noch aus italienischen Teilen, dann mit selbstgefertigten. Damit ging zugleich ein gewaltiger Verlust an Qualität einher. Dennoch fanden die Fahrzeuge zunehmend auch bei der ärmeren Bevölkerung Absatz. Als beliebtestes Modell erwies sich die PX 150, die mit einem rechteckigen Scheinwerfer ausgestattet wurde. Und wie auch in Indien wurde mit dem kleinen Rahmen eine Vespa Speciale mit 100-ccm-Motor als P 100 TS aufgelegt.

Die Cosa schafft es dann zwar zu Beginn der 90er Jahre noch in einigen Exemplaren auf den Markt, der Niedergang der Produktion ist aber mit der fortschreitenden Verbreitung der wesentlich billigeren und technisch fortschrittlicheren Japanroller vorgezeichnet. Gleichzeitig aber setzt ein ganz anderer Trend gegen die immergleich aussehenden japanischen »Bebeks« ein: es gilt, um jeden Preis aufzufallen – und was eignet sich dazu besser als eine getunte, umgebaute Vespa? Nach dem Motto »je schriller, umso toller« entwickelte sich eine bunte Szene mit Clubs, Treffen, Sportevents und vielen Gesichtern mehr, die ihresgleichen sucht. Doch wo Licht ist, ist auch Schatten: Professionelle Händlertrupps kaufen alles auf was an alten Vespas am Markt zu haben ist und verkaufen sie für teures Geld in den Westen. Der Schweizer Donald Neuburger (d'Matto) lebt auf Bali und hat dem Vespakult mit seinem herrlichen Buch »Vespaextrem« ein literarisches Denkmal gesetzt.

Iran

Mit rasant steigenden Einnahmen aus der Ölförderung begann bereits in den 1970er Jahren eine zunehmende Industrialisierung des ehemaligen persischen Kaiserreichs mit westlicher Ausrichtung. Diese Entwicklung blieb nicht ohne Spannungen und entlud sich in der islamischen Revolution, aus der 1979 die islamische Republik Iran hervorging und die Industrieunternehmen unter staatliche Kontrolle stellte.

Das NMI-Logo zeigt eine stilisierte Kurbelwelle mit Pleuel und Kolben.

Als sich wieder eine langsame Öffnung nach Westen anbahnte, wurde 1997 bei der Niroo Mohareke Company (NMI) in Qazvin in der gleichnamigen Provinz nordwestlich Teherans die Lizenzproduktion von Vespa-Modellen der PX-Reihe in allen drei Hubraumklassen (125, 150 und 200 ccm) aufgenommen. Aus nicht näher bekannten Gründen endete die Zusammenarbeit mit Piaggio bereits 2002 wieder. NMI ist heute nach eigener Angabe der führende Hersteller von Fahrzeuggetrieben im mittleren Osten

Malaysia

In Patalin Jaya, einem Vorort von Kuala Lumpur, wurden in den 1970er Jahren in einem Zweigwerk der EAC Industrial Ltd. (s.u.) die Vespamodelle 150 Super und 150 Sprint gebaut. Beliefert wurde neben Malaysia das umschlossene kleine islamische Sultanat Brunei im Norden der Insel Borneo, während der überwiegende indonesische Teil Borneos Fahrzeuge aus der DAN-Produktion erhielt.

Dabei übten DAN und EAC eine intensive grenzüberschreitende Zusammenarbeit, die weit über die Territorien dieser beiden Länder hinausging.

Pakistan

Die Raja Group of Industrial Companies Ltd. (RGI) in Pakistan pflegt eine lange Tradition der Zusammenarbeit mit italienischen Unternehmen. Schon 1948 begann die Khawaja Autocars Ltd. (KAL) in Karachi eine Kooperation mit Fiat in Turin. Daraus ging die Lizenzvergabe Piaggios, damals durch Aktienbeteiligung mit Fiat verbunden, für die Herstellung von Vespas an KAL hervor.

RGI-Logo der Rajaj Gruppe in Pakistan.

Sie soll nach einigen Jahren wieder ausgelaufen sein. Bei der Raja Motor Company Ltd. (RMC) indes läuft seit 1997 der Fiat Uno vom Band.

Pakistan hat sich heute in der Vespa-Szene einen etwas zweifelhaften Ruf erworben: organisierte Aufkäufer alter Vespas restaurieren die gesuchten Fahrzeuge für den Verkauf nach USA und Europa. Die seriösen unter ihnen leiden unter manchen Pfuschern, die mit viel Spachtelmasse und Lack schrottreife Gefährte übertünchen.

Singapur

Die auf zahlreichen Geschäftsfeldern in Südostasien agierende East Asiatic Company mit dänischen Wurzeln wurde am 28.

Feierabend in der Vespa-Fabrik: nicht in Pontedera, sondern in Singapur aufgenommen.

April 1965 mit Ihrer EAC Industrial Ltd. mit Sitz in Jurong Lizenznehmer Piaggios für den Bau der Vespa 150 Super und Sprint. Neben Singapur wurden auch Thailand, Kambodscha, Vietnam und Laos mit den Fahrzeugen beliefert.

Unten: Tachodesign einer PX aus taiwanesischer Produktion.

Taiwan

Sogar in Taiwan wurden einige Jahre lang Vespas gebaut: 1965 gründete der Geschäftsmann Chang Chi-Fu die Taiwan Vespa Co. Ltd. und produzierte mit italienischer Lizenz Fahrzeuge, die in Fernost Absatz fanden. Das Unternehmen ging 1978 in der Taiwan Golden Bee Co. Ltd. (TGB) auf. Ferner bestand von 1972 bis 1982 zwischen Piaggio und der Fa. PGO in Taipeh eine technische Kooperation in der Rollerentwicklung.

Bei TGB wurden dann von 1982 bis 1988 mit dem kleinen Rahmen Vespas mit 80- und 90-ccm-Motoren und von 1978 bis 1990 die PX mit 150 ccm (145,5 ccm) hergestellt, für die u.a. ein eigenes Tachodesign entworfen wurde. Außerdem fungierte TGB mit Stoßdämpfern, Anlassern, Lichtmaschinen und später stufenlosen Variogetrieben als Zulieferer für Piaggio. Heute stellt das Unternehmen in eigener Regie Roller, darunter das kunststoffbeplankte Vespa-Plagiat »Bellavita«, und neuerdings auch Quads her.

Schweiz: Exportland Nr. 1

Eines der ersten Länder, in welchem die »rollende Weltanschauung« aus Italien heimisch wurde, war die Schweiz. 60 Fahrzeuge wurden bereits im ersten Produktionsjahr 1946 in die Eidgenossenschaft eingeführt, es handelte sich dabei um Importe der Firma Titan in Zürich. Von 1947 bis 1958 war die Firma Intercommercial in Genf die erste offizielle Generalvertretung. In dieser Zeit importierte sie die Vespa 125 und ab 1955 die Modelle 150 und 150 GS. Das Engagement des Inhabers Nicolo Rizzi für die Reederei Arosa Line und Fehlspekulationen führten Ende 1958 zum Konkurs. Ab 1959 bis zum Ende der achtziger Jahre importierte dann die Rollag AG in Zürich Vespa-Roller aus Pontedera. Interessant sind zwei Modellvarianten, die es nur in Frankreich und in der Schweiz zu kaufen gab; 1961 die Modelle VNT1T, bei denen es sich um 150er handelte, aber mit einem 125-ccm-Motor bestückt; 1963 die Modelle VNTL1T; sie hatten die Karosserie der Vespa GL 150, jedoch mit 125er-Motor und 8-Zoll-Rädem. Ab 1963 gab es auch die GS mit 160 ccm, und ab 1965 die Super Sport mit 180 ccm zu kaufen. Heute importiert die Firma OFRAG in Lupfig/Aargau das Vespa-Programm, die aus der früheren Rollag und dem Puch-Zweirad-Importeur hervorgegangen war.

Die Bedeutung der Vespa läßt sich an ihrer Verbreitung im Jahr 1961 ablesen: In

Bereits 1946 brachte die Firma Titan AG die ersten Scooter aus Pontedera in die Schweiz.

der Schweiz zählte man einen Vespa-Roller pro 116 Einwohner, im Vespa-Mutterland kam ein Exemplar auf 74 Menschen.

Vespa in der Schweiz errang auch eine große Zahl motorsportlicher Erfolge. Viel Beachtung fand in der Presse zum Beispiel eine Gewalttour, die 1951 Renzo Faroppa unternahm. In weniger als 24 Stunden überquerte er 16 Alpenpässe mit einer Gesamtstrecke von über 1000 Kilometern. Den guten Ruf des italienischen Rollers mehrte im gleichen Jahr eine Vespa-Rallye in Genf, zu der, obwohl es in Strömen regnete, 500 Teilnehmer aus Deutschland, Frankreich und Italien gekommen waren.

Vespa in Österreich

Im Vergleich zur Schweiz hatte die Vespa in Österreich nie einen leichten Stand. Zollschranken machten es dem Piaggio-Roller, der hier erstmals offiziell 1950 von der Firma »Orione« G. Spetic & VO. KG in Wien eingeführt wurde, besonders schwer. 1964 löste die heute noch als Importeur fungierende Josef Faber GmbH in Wien den ersten Repräsentanten ab. Die Vespa mußte gegen den Puch »Alpenroller«, der auf dem Markt eine Monopolstellung besaß, antreten. Hinzu kam, daß sich in den fünfziger Jahren noch ein halbes Dutzend weiterer Roller-Produzenten wie KTM, Lehner, Halleiner Motorenwerke, Colibri und andere auf dem österreichischen Markt tummelten.

In sportlichen Wettbewerben qualifizierten sich österreichische Vespisti stets vorn. Hier ein Teilnehmer aus Wien am Rennen rund um die Saualpe im August 1954.

Komm. Rat Josef Faber eröffnete 1985 in der Kirchstetterngasse in Wien ein Zweiradmuseum, das die Geschichte des 1948 gegründeten Hauses widerspiegelt; auch Vespa-Roller haben dort ihren Ehrenplatz.

2002 bezog das Unternehmen das moderne Zweiradzentrum in der Carlsberger Str. 66a in Wien 23. Firmengründer Josef Faber starb 2004 im 88. Lebensjahr.

Vespa in Holland

Im Juli 1947 wurden in Holland die ersten Vespa V.98 zu Werbezwecken ins Land geholt, damals noch mit dem 98-ccm-Motor. Der offizielle Import begann im September 1949. Als die ersten Vespa-Roller auf holländischen Straßen auftauchten, gingen sie im Gewimmel der Fahrräder fast noch unter. Nach und nach aber nahm die Zahl der Vespa-Fahrer zu, und begeisterte Vespa-Rolleure schlossen sich in Amsterdam, Arnhem, Brabant-Oost, Dordrecht und Groningen zu Clubs zusammen. Ihre Ausfahrten entlang der weltberühmten Grachten halfen, die Popularität der Vespa zu heben. Ende der fünfziger Jahre wurden in Holland doppelt so viele Fahrzeuge der Marke Vespa verkauft wie von der gesamten deutschen und französischen Importkonkurrenz zusammen. Die Begeisterung der Holländer läßt sich am besten an der Mitgliederentwicklung der Clubs ablesen: Stürmische Aufwärtsentwicklung in den fünfziger Jahren bis zum Höhepunkt 1961, in dem 2500 Mitglieder in 42 Clubs das zehnjährige Jubiläum Vespa in Holland feiern. Danach sinkt die Zahl kontinuierlich, bis es 1972 nur noch fünf Clubs mit 150 Mitgliedern sind, die der Vespa die Treue schwören und selbst der nationale Dachverband Vespa-Club Holland sein Vereinsleben beendet. In den achtziger Jahren begann eine Renaissance des Rollers aus Pontedera, so daß es 1982 zur Gründung des Vespa Scooter Clubs Nederland kam, dem heute neun Regionalclubs angeschlossen sind.

Vespa in Skandinavien

In Dänemark und Schweden errangen die Scooter aus Italien bemerkenswerte Achtungserfolge, doch von einer großen Marktdurchdringung konnte nicht die Rede sein. Das lag wohl auch an den klimatischen Bedingungen — denn im hohen Norden pflegen die Sommer nun einmal kürzer und die Temperaturen niedriger zu sein. Zudem war das Pro-Kopf-Einkommen in Skandinavien bereits Anfang der fünfziger Jahre so hoch, daß sich viele Bewohner ein Automobil leisten konnten.

Was wären die Niederländer ohne ihre Blumen! Hier überbringt eine Vespa-Abordnung der Königin ein Angebinde. Mit der Vespa ließ sich das folkloristische Element gut verknüpfen.

Oben: An einer Tankstelle in Amsterdam, aufgenommen 1960.

Unten: Vespa-Werbung von 1954 in Schweden.

Die ersten Vespa-Roller wurden 1950 über die Ostsee nach Schweden expediert. Es handelte sich um Fahrzeuge sowohl aus der Lintorfer Produktion der rheinischen Hoffmann-Werke als auch um Roller, die direkt aus Pontedera kamen. Kurz darauf, im Jahre 1951, zog Dänemark mit der Rollereinfuhr nach. Im ersten Jahr fanden hier 2000 Einheiten ihre Käufer, 1952 verdoppelte sich diese Zahl bereits. 1953 und 1954 stiegen die Absatzzahlen auf jeweils über 3000 Fahrzeuge. Während 1959 auf 550 Dänen eine Vespa kam, verfügte im gleichen Jahr jeder 285. Schwede über die »Bella Donna« aus der Toskana.

In Dänemark wurde 1962 bereits die 25.000. Vespa eingeführt, die meisten waren in Kopenhagen und auf Jütland nahe der deutschen Grenze registriert.

Wenn auch die Zweiradbegeisterung in den skandinavischen Ländern eher hubraumstarken Motorrädern deutscher und japanischer Herkunft galt, und wenn Roller und Krafträder als reine Verkehrsmittel eine untergeordnete Rolle spielen, so hat sich in den letzten Jahren allen Strömungen zum Trotz gerade auch bei der Jugend eine kleine aber lebendige Szene von Liebhabern der italienischen Vespa gebildet.

Heute werden die Roller aus Pontedera in Dänemark von der PG Danmark S/A in Albertslund, in Finnland von der SGN-Group in Vantaa, in Norwegen von der Loxkel AS in Ås und in Schweden von der SPG (Svenska Piaggiogruppen) in Täby vertrieben. Und die Dachorganisation der nationalen Vespaclubs, der Vespa-World-Club, listet für alle vier Länder eigene Clubs auf.

Vespa in Osteuropa

Mit dem Fall des eisernen Vorhangs zwischen Ost und West 1989 und dem Zerfall der Sowjetunion zu Beginn der neunziger Jahre wurde in den Ländern Osteuropas ein ganz allgemeines Interesse an den fortschrittlichen Kraftfahrzeugen jeglicher Art aus westlicher Produktion geweckt. Davon konnte auch Piaggio profitieren und neue Märkte erschließen. Der Import erfolgt größtenteils über autorisierte ortsansässige Großhändler, die wegen der Fülle und auch wechselnder Adressen hier nicht alle aufgezählt werden können.

Auch wenn die Vespa im ehemaligen Ostblock noch ein Nischendasein fristet, hat sich in zahlreichen Ländern bereits eine Fangemeinde in Clubs organisiert. Nationale Vereinigungen listet der Vespa-World-Club für die baltischen Staaten, Kroatien, Mazedonien, Polen, Rußland, Serbien, die Slowakei, Slowenien, Tschechien und die Ukraine.

Vespa in den USA

Von den vielen Vespa-Fahrzeugen, die in den fünfziger und sechziger Jahren in alle Welt exportiert wurden, gelangten Zehntausende auch in die Vereinigten Staaten.

Das Geschäft begann am 14. November 1951 mit einem Abkommen, das Piaggio mit dem Warenhausriesen Sears, Roebuck & Co aus Chicago abgeschlossen hatte und das die Einfuhr von 1000 Rollern gleichsam zur Probe vorsah. Schon die erste Lieferung war ein voller Erfolg. Es handelte sich um die 125er Vespa mit 4 PS, die als »Allstate Motor Scooter« mit dem Werbeslogan »Power — Safety — Economy« als ideal für die Fahrt zur Schule und zum Uni-Campus sowie als flinkes Botenfahrzeug angepriesen wurde. Mehr als die Hälfte der »Wasps« wurde von Teenagern gefahren, jener Gruppe zwischen Kind und Erwachsenen, die im ganzen Land nur den einen Gedanken im Kopf haben: ein eigenes Auto zu fahren.

Amerikanische Kontraste: Ein Vespa-Roller auf Weltreise und ein Vespa-Kleinwagen als »control car« bei einer Thanksgiving-Parade in New York, 1960.
Unten: Ein Versandhaus bot die Vespa unter dem Namen Allstate an.

Daran hinderten sie seinerzeit in erster Linie gesetzliche Bestimmungen, denn ein regulärer Führerschein konnte in den meisten Bundesstaaten erst mit 18 Jahren erworben werden. So betrachteten die Youngsters den Motorscooter als willkommenes Mittel, um die autolose Zeit in ihrem Leben abzukürzen. Der Vertrieb der Vespa in Amerika stand, bedingt durch die Größe des Verkaufsgebietes mit seinen unterschiedlichen klimatischen Bedingungen, vor einer schwierigen Aufgabe. Hinzu kam, daß bereits in den dreißiger Jahren ein Automobil zur Standardausrüstung der meisten Familienhaushalte gehörte, weshalb die Vespa als Zweitfahrzeug nur bescheidenere Umsatzzahlen erreichen konnte als in ihrem Geburtsland Italien.

Doch die Amerikaner schätzten die wohlgeformte Zweitaktmaschine als billiges und attraktives Zweit- oder Drittfahrzeug. Wohlmeinende Artikel im Nachrichtenmagazin *Time* vom 16. Juni 1952 und in der *New York Herald Tribune* vom 9. März 1952 halfen der Vespa, sich auf dem schwierigsten Markt der Welt dennoch zu etablieren. 1958 wurden 40.000 Roller importiert; der größte amerikanische Rollerproduzent Cushman Motor Works Inc. in Lincoln/Nebraska baute vergleichsweise in der gleichen Zeit 15.000 Einheiten.

Die amerikanischen Scooter sahen im Vergleich zur Vespa ausgesprochen plump aus und waren mehr in der Art von Landmaschinen gehalten als daß sie raffinierte Zweiradtechnik repräsentiert hätten. Sie wiesen kräftige Rohrrahmen auf, keine Hinterradfederung, eine Teleskopgabel vorne und ab 1959 auch Vorderradschwingen; bei den leichten Modellen fehlte die Stoßdämpfung. Das Karosserieblech war nur in einer Dimension gebogen, nicht in Pressen verarbeitet. Für etwas kompliziertere Bauteile verwendete man Fiberglas.

Was die Motoren betraf, so wurden keine speziellen Aggregate entwickelt, sondern Viertaktmotoren verwendet, wie sie üblicherweise auch in Gartenfräsen und ähnlichen Arbeitsgeräten eingebaut waren. Die Fachzeitschrift *Rollermobil & Kleinwagen* berichtete: »Nur in Luxusausführung gibt es ein Zweiganggetriebe, sonst kommen die ziemlich großvolumigen Motoren mit einem Hubraum von 300 bis 400 ccm mit nur einer Übersetzung aus, denn man hat es auch nicht weiter eilig: kein Mensch ist ja aufs Zweirad angewiesen, man nimmt es auch gar nicht richtig als Verkehrsmittel ernst, sondern benutzt es, wenn man es mal eben praktisch findet. Und es lenkt den Sohn des Hauses davon ab, stets Daddys Wagen zu benutzen. Denn Spaß haben sie schon am Scooter — wenn es nicht regnet.«

1960 dürften nach zuverlässigen Schätzungen rund 550.000 Motorroller in den Vereinigten Straßen in Betrieb gewesen

Rechts: Ab 1961 war der Roller- und Außenbordmotor-Hersteller Cushman zugleich Vespa-Importeur für die USA.

sein. 1959 waren rund 60.000 Fahrzeuge in den USA verkauft worden — eine durchaus erstaunliche Marktentwicklung. Wenn man den Durchschnittspreis für einen Scooter mit etwas über 500 Dollar ansetzt, so betrug der Gesamtumsatz der Branche etwa 20 Millionen Dollar. Das galt als eine respektable Summe, vor allem bei einem jungen Industriezweig, der offensichtlich in steter Zunahme begriffen war. Etwa ein Drittel der Gesamtzahl wurde von den beiden italienischen Herstellern Piaggio und Innocenti beigesteuert. Deutsche Motorroller, vor allem die Zündapp Bella, machten etwa 10 Prozent aus. Mehr als 80.000 Vespa-Besitzer gab es 1961 auf nordamerikanischem Boden — mit ihren Fahrzeugen fügten sie sich problemlos in den Highwayverkehr ein.

Bis zu 90 Prozent der Vespa-Kunden waren Jugendliche. 1960 gestatteten schon 27 US-Bundesstaaten Teenagern unter 16 Jahren die Benutzung eines Motorrollers. Allerdings verlangten in diesem Fall nicht wenige Händler das Einverständnis der Eltern beim Kauf. Außerdem boten sie ihren jugendlichen Kunden eine spezielle Schulung an und richteten Trainings- und Sicherheitskurse ein.

Nachdem die Vespa für ein Jahrzehnt nur unter dem »Allstate«-Markennamen der Firma Sears, Roebuck & Co vertrieben worden war, ging Piaggio & Co mit Wirkung vom 1. Januar 1961 ein neues Bündnis mit dem bisherigen US-Konkurrenten Cushman Motor Works Inc. ein. Cushman war ein Tochterunternehmen der Outboard Marine Corporation, Hersteller der bekannten Außenbordmotoren Johnson und Evinrude. Als bis dato größter US-Motorroller-Produzent hatte die Firma Cushman vor Unterzeichnung dieses Kooperationsvertrages eine aufwendige Marktanalyse in Auftrag gegeben und auch andere Scooter aus den USA, Europa und Japan getestet. Die Vespa schnitt bei sämtlichen Prüfungen als das beste Zweirad ab — sowohl hinsichtlich Konstruktion und Fahrverhalten als auch im Preis.

Ab März 1961 wurde die Vespa sowohl von Cushman als auch von Sears parallel vertrieben. Gewisse Verkaufsrechte sicherten sich außerdem drei ehemalige Vespa-Vertriebsfirmen, nämlich Vescony in New York für die Ostküste, Italian Motors in Portland für den Nordwesten und Vespa of California in San Francisco für den westlichen Sunshine-State. So kompliziert diese Marktaufteilung auf den ersten Blick auch anmuten mag, sie war durchaus von Erfolg gekrönt.

1962 exportierte Piaggio seine hunderttausendste Vespa in die USA. Zeitweise boomte die Nachfrage so sehr, daß Vescony für seine Kunden in Boston den Roller-Nachschub per Transatlantik-Flieger herbrachte: Eine Super-Constellation Typ Flying Tiger der Capitol Airways wurde auf dem San Giusto Airport in Pisa mit 100 in Holzkisten verpackten Rollern beladen, um 16 Stunden später in Boston zu landen. Weitere solcher Cargoflüge absolvierte die Alitalia nach New York.

Im April 1961 hatte die Fortune-Redaktion die Vespa zu den weltweit 100 bestgestalteten Industrieprodukten — auch der Karmann Ghia gehörte dazu — auserkoren, doch anders als in Europa und in Japan avancierte die Vespa in den USA nie zu einer Weltanschauung. Amerikanische Kids sahen in der Vespa keine fahrbare Sitzskulptur, sondern ein preiswertes Transportmittel für den Weg zum College oder zum Tennisplatz. Für das Absolvieren von langen Strecken, in Amerika die Regel, eignete sich die Vespa ebenso wenig wie für den »Scoot« ins Drive-in-Kino, wo man einer durchgehenden Sitzbank mit rückklappbarer Lehne bedurfte.

Vespa-Stand auf einer Importeurs-Messe in den Staaten.

Zwar gründete noch im April 1975 das italienische Herstellerwerk eine eigene US-Niederlassung, die »Vespa of America Corporation«, in der Hoffnung, vor allem stärker in den kalifornischen Zweiradmarkt einzudringen. Aber auf Dauer vermochten die Piaggio-Fahrzeuge nicht mehr den strengen gesetzlichen Bestimmungen in Bezug auf Abgas- und Geräuschnormen zu genügen und auch die Faszination des »Italian Style« schwand zusehends.

Das sollte sich erst zu Beginn des neuen Jahrtausends ändern. Mit der ET standen moderne umweltfreundliche Viertaktmotoren zur Verfügung, die auch den strengen kalifornischen Abgasbestimmungen genügten. Wo allerdings eine bei den riesigen Entfernungen des Landes langstreckentaugliche Harley-Davidson als Inbegriff schierer Kraft gilt, konnte eine neue Vespa als Verkehrsmittel nur bedingt punkten. Die Werbung zielte deswegen von vornherein geschickt darauf ab, die schöne Italienerin als Freizeitmobil in der Nische eines unverkennbaren Lebensstils, getragen von italienischer Leichtigkeit und Eleganz, zu platzieren.

Vorgabe der neuen Vertriebsorganisation war deswegen, nicht nur den Preis deutlich oberhalb üblicher Roller anzusiedeln und strikt auf Rabatte zu verzichten, sondern auch die Verkaufsräume der Händler im Boutiquestil zu gestalten und das gesamte Sortiment an Vespa-Accessoires von hochwertiger Bekleidung über Taschen bis zum Schlüsselanhänger mit anzubieten. Als im November 2000 die erste Vespaboutique in Los Angeles ihre Pforten öffnete, diente ein überdimensional vergrößertes Plakat des Filmklassikers »Ein Herz und eine Krone« (Orig. »Roman Holidays«) mit Gregory Peck und Audrey Hepburn auf der Vespa als Blickfang und zur Einstimmung. In diesem Stil waren auch Poster des Starregisseurs William Wyler zu bestaunen, der sich einer Vespa bediente, um auf der Via Veneto zum Drehort des Monumentalwerks »Ben Hur« zu gelangen. Freimütig soll später sein Kollege Steven Spielberg (»Jurassic Park«) bekannt haben, sich nur deswegen eine Vespa zugelegt zu haben, um so wie der von ihm bewunderte Wyler zu sein...

Und kaum eine italienische Pizzeria oder Espressobar wollte noch auf ein Abbild des Rollers aus Pontedera verzichteten — sogar Kaffee »Italian Style« soll in Packungen mit dem Abbild einer Vespa verkauft worden sein.

Die Rechnung ging auf, die Vespa erfreute sich zunehmender Wertschätzung und steigender Verkaufszahlen. Mit den großen Granturismo-Modellen ab 2003 ließen sich auch längere Strecken getreu dem amerikanischen Inbegriff vom gelassenen »Cruisen« entspannt bewältigen, und mit 5.300 Einheiten war die LX im Jahr 2011 das meistverkaufte Zweirad aus europäischer Produktion in den USA. Bei dem südländischen Anspruch verwundert es nicht, daß der Vespa Club of America ausgerechnet in San José im »Sunshine-State« Kalifornien angesiedelt ist. Der Generalvertrieb erfolgt über die PIAGGIO GROUP AMERICAS, INC. in der Park Avenue South, New York.

Vespa in Australien

Später als auf andere Weltmärkte kam die Vespa auf den fünften Kontinent. Es war der italienische Einwanderer Vittorio (»Tony«) Tonon, der 1956 das »Vespa House« in Melbourne eröffnet und in Eigenregie Vespas aus seiner früheren Heimat importiert und vertrieben hat. Tonon konnte sich freuen, als 1959 der gelernte Mechaniker Giovanni Scriba, der im Alter von 20 Jahren ebenfalls nach Australien auswanderte, in seinem Vespahaus anheuerte und für 36 Jahre die Leitung der Werkstatt übernehmen sollte. Damit waren Vertrieb und Kundendienst langfristig unter einem Dach gesichert.

Ähnlich wie in den USA waren und sind es die riesigen Entfernungen, die zu einer nur spärlichen Verbreitung des italienischen Rollers führen. Favorisiert werden auch hier große Pickups und hubraumstarke Motorräder. Dennoch hält eine überschaubare Gemeinde von Anhängern in den dichter besiedelten Landstrichen um die Städte der Vespa ungebrochen die Treue. So versteht sich der in Sydney neugegründete und erst 2010 in den Vespa-World-Club aufgenommene »Vespa Riders Club of Australia« als Organisation »to bring together riders of both classic and modern Vespas«.

Das Vespa House in Melbourne befindet sich heute in dritter Generation mit dem Status eines authorisierten Piaggio-Vertriebspartners in Familienbesitz. Im Ausstellungsraum sind neben der aktuellen Fahrzeugkollektion Restaurationsobjekte und herrliche Schwarzweißfotos aus den dortigen Anfängen zu besichtigen.

Bruno Tonon, Onkel des heutigen Firmenchefs Dean, posiert stolz an eine Ape gelehnt vor dem Sitz in Melbourne.

Tonon vor dem Vespa-House ...

... und hier der Nachwuchs am Liefertruck.

Vespa in Lateinamerika

Auf den lateinamerikanischen Märkten konnte sich die Vespa von Beginn an mit gutem Erfolg etablieren. Neben der Lizenzproduktion in Brasilien gab es insbesondere in Uruguay (bereits ab 1956), Argentinien, Chile, Peru und Kolumbien gute Absatzmärkte.

In Venezuela tauchten bereits in den fünfziger Jahren die ersten Vespa-Roller auf. Vor allem fanden sie in den großen Städten Verbreitung, während die Ape-Transporter eine bedeutende Funktion auf den Ölfeldern im Osten des Landes erfüllten. Bei der Verbreitung der Vespa in Venezuela muß man berücksichtigen, daß die Einführung durch eine sehr große italienische Kolonie begünstigt wurde. Das gleiche galt bis in die siebziger Jahre — wenn auch in geringerem Umfang — für die karibischen Inseln, wo die Vespa lange vor der Exportoffensive der japanischen Motor-Zweiräder dominierte und besonders in Costa Rica große Verbreitung fand.

In Mittel- und Südamerika erfreute sich die Vespa seit Anbeginn großer Popularität. Mexico City 1960: Zu den Azteken? Zweite Querstraße rechts, Señora!

Links oben: Vespa-Roller als Patrouillenfahrzeuge der Polizei in San Salvador. Es sind GS-Modelle.
Darunter: Straßenszene im nordafrikanischen Tanger, 1959.
Unten: Drei Grazien mit Vespa-Ambiente: Miß Paris, Miß France und Miß Outre-mer (Übersee) 1960 vor der Akropolis. Die Jahreszahl auf dem griechischen Zollkennzeichen täuscht...

15
Vespa CLUB Vespa
REGENSBURG

KAPITEL 7

Vespisti in Fahrt

Viele bezweifelten zwar die sportlichen Qualitäten des Motorollers, doch auf Rallies und Zuverlässigkeitsfahrten, auf der Straße wie im Gelände, bewährte er sich bestens. Links: Ein Teilnehmer der 1960er Augsburg-Rallye.

Der Erfolg der Vespa als technisch neuartiges Mobil, als Faszination, Philosophie, Kult, Szene, Glauben an Technik in menschlischen Dimensionen, Erotik und Wortspielerei ist immer nur in Verbindung mit ihren Fahrern und Fahrerinnen zu sehen, die ihre Vespa in Besitz nehmen, zu ihrer »Bella Donna« erklären, sie lieben, nutzen, tunen, ausstaffieren, sich in Clubs zusammenschließen, im Motorsport quälen, auf Reisen strapazieren, zur Hochzeit chauffieren - mit Frack und Zylinder. Diese Ausstrahlung fordert zu Wortspielen heraus, in der Werbung, in den Zeitschriften, im Buch und um das ewige Thema: »Vespa mi' amore«. Vespisti, Vespazieren, Vespaakrobatik, um nur einige dieser Begriffe zu nennen. Auch optisch wird das Wespentier in vielen Varianten - ernst oder als Karikatur - zumeist aber mit weiblichen Attributen ausgestattet, als Briefkopf, Visitenkarte, Clubsignet, Aufkleber oder Anstecker verwandelt.

Vespa im Motorsport

Man könnte meinen, die Begriffe Vespa und Motorsport schlössen einander aus. Kann man mit einem Motorroller überhaupt »Motorsport« im klassischen Sinne betreiben? Eine Antwort auf diese Frage wurde indessen schon in allerfrühester Vespa-Zeit erbracht.

Parallel zum Beginn der Serienproduktion und der großangelegten Werbekampagne zur Einführung der Vespa in ganz Europa und Übersee hatte Piaggio auf den Motorsport und seine positive Signalwirkung im Verkauf gesetzt. Bereits 1948 hatten die ersten Rennen stattgefunden, wobei Pontedera eigene Werksmannschaften gebildet hatte, die sich stets heiße Duelle mit den Lambretta Teams lieferten. 33 Siege errangen Vespa-Fahrer im Jahr 1948, darunter in so berühmten Wettbewerben wie den Libro d'Oro oder bei der Internationalen Sechstagefahrt durch Dino Mazzoncini.

Auch im nächsten Jahr gab es grandiose Erfolge für Vespa. Allein 47 Wettbewerbe mit ebenso vielen Erstplazierungen wies der Sportkalender des Jahres 1949 auf. Wie schon zuvor war der Rekordfahrer Mazzoncini hier neben vielen anderen mehrfach vertreten; auch Damenteams gab es von Anfang an.

Weltrekord in Montlhéry

Besonders spannend war das Weltrekordduell zwischen Vespa und ihrer Erzrivalin Lambretta. Am 24. März 1950 gelang es Piaggio erstmals, mit einer Vespa deren Zeiten zu unterbieten — in Langstrecken-Weltrekordfahrten, die auf der Montlhéry-Strecke bei Paris stattfanden.

Mit Spannung verfolgten Vertreter der Fachwelt, wie die aerodynamisch verkleidete Vespa die 2548 Meter lange Strecke in Montlhry umrundete. Es gab hier nur zwei kurze Geraden von je 300 Meter Länge und zwei bis zu 16 Grad ansteigende Kurven; ein recht kleines und von allen Punkten einsehbares Motodrom. Das Rennen ohne die Präsenz des Gegners, allein gegen die Uhr, war von schlechtem Wetter begleitet — starke

Windböen gefährdeten das Unternehmen. So brach man nach den ersten zwei Stunden das Unterfangen ab und vertagte es auf den 6. und 7. April.

Immerhin waren in der kurzen Zeit sechs neue 125-ccm-Rekorde aufgestellt und die bestehenden Lambretta-Bestleistungen übertroffen worden:

50 km	134,203 km/h	(bisher: 125,802)
50 Meilen	134,573 km/h	(bisher: 126,059)
100 km	134,733 km/h	(bisher: 126,701)
1 Stunde	134.054 km/h	(bisher: 126,080)
100 Meilen	129,777 km/h	(bisher: 121,353)
2 Stunden	130,974 km/h	(bisher: 119,782)

Der zweite Anlauf brachte der Vespa-Crew abermals Erfolge. Das Wetter spielte mit, die Kondition der Rekordmaschine war hervorragend. Das präzise vorbereitete Teamwork bei den Tankstops, verbunden mit Reifen- und Kerzenwechsel (darüber hinausgehende Eingriffe waren laut Reglement nicht gestattet), klappte ausgezeichnet.

Zumindest in den Ohren italienischer Motorjournalisten klang das Auspuffgeräusch der Rekord-Vespa auf der Montlhéry-Strecke fast wie die italienische Nationalhymne. Mit Stolz konnten sie folgende neue Bestwerte vermelden:

3 Stunden	125,713 km/h	(bisher: 107,314)
4 Stunden	123,376 km/h	(bisher: 108,304)
500 km	123,463 km/h	(bisher: 108,504)
5 Stunden	124,065 km/h	(bisher: 107,856)
6 Stunden	124,036 km/h	(bisher: 107,975)
500 Meilen	123,919 km/h	(bisher: 107,182)
7 Stunden	124,056 km/h	(bisher: 107,821)
8 Stunden	124,274 km/h	(bisher: 107,386)
1000 km	124,304 km/h	(bisher: 103,507)
9 Stunden	123,434 km/h	(bisher: 107,556)
10 Stunden	123,537 km/h	(bisher: 104,912)

Das waren eindeutige Zahlen, mit denen sich belegen ließ, zu welcher Dauerleistung die Vespa fähig war. Das *Kfz.-Fachblatt* schrieb über den Wert eines solchen Unternehmens: »Rekordfahrten sind aufschlußreich in jeder Beziehung. Sie haben die gleiche Aufgabe wie Dauerprüfungen in der Art der 24-Stunden-Fahrt des ADAC. Sie sollen dem Werk

Oben: Die vollverkleidete Rekord-Vespa von Montlhéry, April 1950.

Rechts: Die Montlhéry-Vespa kurz vor dem Start. Bestwert: Fast 135 km/h!

Unten: Die zu Rekordzwecken umgerüstete Lambretta.

und dem Kunden Aufschluß geben über die Möglichkeiten, die in dem Fahrzeug stecken, und können eventuelle Schwächen aufdecken. Und der Wert dieser Versuche wird erhöht durch die Teilnahme der Öffentlichkeit in Form einer Technischen Kommission, welche die Einhaltung der Rekordbestimmungen überwacht und alle Vorkommnisse beobachtet. Jegliche Geheimnistuerei entfällt, jeder kann erfahren, wie sich das Fahrzeug verhält...« Äußerlich unterschied sich der 125-ccm-Rekordmotor nur

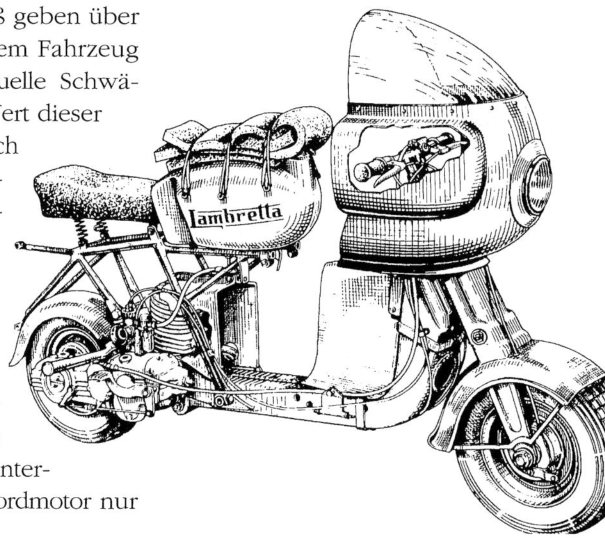

Die für den Weltrekord auf der Autostrada bei Rom im Februar 1951 karossierte Vespa, von Mazzoncini auf 171 km/h gebracht.

wenig von einem Aggregat der Serie. Es gab eine tiefere Kopfverrippung, ein etwas kleineres Gebläse sowie einen Dell'Orto-Rennvergaser mit 24 mm Durchlaß und separater Schwimmerkammer. Das bis zu 7500 Touren drehende Triebwerk war durch Ingenieur Casini, Leiter des Konstruktionsbüros, auf Hochleistung getrimmt worden. Schon 1949 hatte man die Renn-Vespa in Italien erprobt; sie war mit Vollverkleidung auch auf dem Grenzlandring und anderen deutschen Strecken unterwegs.

Bei einem Werksbesuch im Jahre 1951 hatte man dem Journalisten Peter Peregrin eine Reihe getunter Rennmotoren gezeigt, über die er schrieb: »Ich stand mit Herrn Casini am Prüfstand, wo diese Wundermotoren gebremst werden... man kann nicht mehr sagen, als daß eine vorbildlich saubere Bearbeitung, eine sehr gekonnte Führung der Spülkanäle und eine rigorose Ausfüllung aller schädlichen Räume neben einem verblüffenden mechanischen Leichtlauf die einzigen Geheimnisse dieses Motors sind. Ein Flachkolbenmotor mit keinerlei Mätzchen, keiner Ladepumpe, keiner Einspritzung, keinem Drehschieber, wenngleich man offensichtlich bei künftigen Entwicklungen auch sehr mit einem Einlaß-Drehschieber liebäugelt. Kurzes Warmlaufen, dann nimmt der Motor willig Gas an, wenn man den Gasschieber aufreißt. Wobei Annehmen ein viel zu zahmer Ausdruck ist — der Motor brüllt kurz auf, ist im Nu auf 6000, 6500, 7000 Touren — und dann bremsen wir hinter dem Getriebe mit dem Ventilator, der bei einer Drehzahl von 7500 rund 11,5 PS mißt. Eine Leistung, die ich bei der noch mäßigen Tourenzahl allenfalls ohne Ventilator erwartet hätte.«

Casini wollte mit dem Einkolben-Zweitakter an die Leistung eines Zweinockenwellenmotors herankommen und träumte von 180 km/h. Der Weg dorthin war nicht mehr weit. Casini, der nebenbei an der Universität von Pisa einen Lehrstuhl für Motorenbau innehatte, verfolgte ihn mit Konsequenz. Eine ideale Versuchsstrecke stand ihm durch das werkseigene Flugfeld in Pontedera zur Verfügung, das direkt an die Produktionsanlagen anschließt. Hier fanden ständig Probefahrten statt, bei jedem Wetter, zu jeder Tageszeit, um getunte Roller für die Scooterklasse, wie sie zum Beispiel für Rennen auf dem Circuito de Genova ausgeschrieben war, zu präparieren.

Rekordfahrten sollten Aufschluß über die Fähigkeiten der Fahrzeuge geben

In dieser Zeit bereitete man auf der Autobahn zwischen Rom und Ostia ein nicht weniger medienwirksames Spektakel vor. Zwischen den Kilometermarkierungen 10 und 11 ging es am 8. Februar 1951 um den absoluten Zweirad-Geschwindigkeitsweltrekord der 125-ccm-Klasse. Glattflächig wie ein Ei sah die hierfür vorbereitete Vespa aus. Kurz vor dem Start blickte der leichtgewichtige Jockey Dino Mazzoncini noch einmal zum Himmel: Würde es Regen geben?

Die voll aluminiumverkleidete, nur 70 cm hohe Rekord-Vespa, die den Fahrer in fast liegender Haltung umhüllte, sollte das Tempo von 180 km/h ermöglichen. Nur wenige Zuschauer waren in aller Frühe gekommen, um die Leistung des Miniaturtorpedos zu erleben. Würde Mazzoncini es schaffen, den 161-km/h-Rekord vom 18. September 1949 zu brechen? Militär und Polizei hatten die Strecke gesperrt, alles war bestens vorbereitet.

Nur wenige Zentimeter ragte das Oberteil seines Sturzhelms aus der Fahrzeugverkleidung; eine Plexiglasscheibe im Bug erlaubte dem Fahrer den Blick auf die Fahrbahn. Nicht breiter als 40 Zentimeter war sein Lenker.

Ab ging die Post — und schon die 1000-Meter-Distanz mit fliegendem Start absolvierte Mazzoncini mit 171 km/h. Der Motor seines Fahrzeugs drehte etwa 9000/min, wies aber jetzt einen Kompressor auf. Diese neue Bestmarke ließ die Innocenti-Leute nicht ruhen: Sie präparierten eine Rekord-Lambretta, deren 125-ccm-Motor an die 10.000 Touren ging und für ein Tempo von 200 km/h taugte. Noch zwei Jahrzehnte zuvor hätte man für ein solches Tempo einen 1000-ccm-Motor benötigt! Neue Rekorde, am 8. August 1951 auf der Autobahn zwischen München und Ingolstadt vom Lambretta-Chefkonstrukteur Piero Torre aufgestellt, lagen nur knapp unter den Rekordmarken der 250-ccm-Klasse:

1 km fliegend	201,0 km/h
1 km stehend	105,0 km/h
1 Meile fliegend	200,0 km/h
1 Meile stehend	123,0 km/h
5 Meilen fliegend	183,0 km/h

Die Öffentlichkeit mußte anerkennen, daß italienische Rollerhersteller etwas vom Motorenbau verstanden. Die Rekorde ergaben werbewirksame Schlagzeilen.

Rekordfahrer Mazzoncini (mit Helm und Brille) mit Kollegen, Freunden und Reportern nach seiner Rekordfahrt im Februar 1951.

Rallyes und Rennen

Am 26. Mai 1951 fand in Genua die erste internationale Vespa-Rallye statt. Etwa 500 Vespa-Fahrer aus vier Ländern hatten sich zum Start gemeldet. Deutschland war mit 70 Teilnehmern aus Heidelberg, Leipzig, Düsseldorf und Darmstadt vertreten, Frankreich mit 30 Teilnehmern aus den Städten Nizza, Besançon, Grenoble und Gérardmer, die Schweiz mit 220 Fahrern aus allen Kantonen und weiteren 47 in Trachtenkleidung.

Bereits einen Monat später starteten 273 Teilnehmer zur Audax Vespistico, eine Zuverlässigkeitsfahrt über 1000 Kilometer. 266 Fahrer erreichten das Ziel in Wertung! Der schnellste war Bruno Romano mit einem Durchschnitt von 65,596 km/h. Mit von der Partie waren auch drei Deutsche sowie fünf Belgier, denen man die Trophäe der F.I.M., der »Féderation Internationale Motocyclisme«, für die stärkste Ländermannschaft zuerkannte.

In Italien pflegte man auch um Geldprämien zu fahren, was die Härte mancher Duelle erklärte, so etwa bei der 1000-Kilometer-Rallye von Brescia nach Mailand über Verona, Udine, Treviso, Padua, Bologna, Modena, Parma und zurück. Die 1952er Fahrt sah nicht weniger als 354 zu allem entschlossene Vespisti am Start und war in ihren Anforderungen mit der berüchtigten Mille-Miglia-Fahrt für Automobile vergleichbar.

Nicht eigentlich Motorsport im klassischen Sinne, wohl aber eine herausragende motorsportliche Leistung war die am 8./9. Oktober 1952 durchgeführte Kanalüberquerung des französischen Motorsportlers und Vespa-Händlers Georges Monneret mit einer Vespa, die er auf einem Katamaran befestigt hatte. Er erreichte sein Ziel nach fünfeinhalb Stunden. Der Antrieb der Schraube erfolgte durch das Hinterrad seiner Vespa 125, mit der er anschließend nach London weiterfuhr.

Aber auch im herkömmlichen Motorsport machte die Vespa zunehmend von sich reden. In Deutschland trat man gegen die klassischen Motorräder gleicher Hubraumgröße an, woraus sich natürlich ein groteskes Bild ergab, das zu

Die Belgier Freddy und Paul Rousselle, eines der erfolgreichsten Vespa-Gespannteams der Sportsaison 1951.

Auch eine Kanalüberquerung per Vespa steht in den Vespa-Sportannalen, absolviert von dem französischen Scooter-Champion Georges Monneret am 7./8. Oktober 1952 von Calais nach Dover.

Kommentaren wie »Papa auf dem Radlrutsch seiner Dreijährigen« (*Das Motorrad*) führte. So schrieb dann auch der bekannte Zweirad-Motorjournalist Carl Hertweck: »Nichts gegen die Vespa, nichts gegen die Motoren der Rennwespen — die liefen wie die Feuerwehr, und ich bin überzeugt, daß aus den Motoren noch viel mehr herauskommt, wenn sie nicht erst freitags aus Italien eintreffen und sonntags schon laufen sollen. Aber hier ist eine Sackgasse, hier wird der Sport nicht mehr sinnvoll — eine Rollerlenkung eignet sich nun einmal nicht zum präzisen Stechen, dazu ist sie viel zu nervös. Um die Dutzendteich-Kehre in Nürnberg stach die erste Garnitur unkorrigiert herum, sogar Fleischmann mit seinem Eisenhaufen. Die zweite Garnitur korrigierte einmal — die Wespen mindestens fünfmal. Training habe ich nicht gesehen, aber im Rennen war in jeder Runde dieselbe nervöse Korrigiererei da. Das ist eine typische Rollereigenschaft! Ein Roller ist nun einmal ein Fahrzeug für Leute, die nicht ihr Leben lang auf überlegtes, präzises Fahren geeicht wurden. Man kann sich mit dem Roller in der letzten Hundertstelsekunde entschließen, das Gegenteil dessen zu tun, was man eigentlich wollte, und er wirft einen nicht ab, das muß auch gesagt werden, das ist die Rollereigenschaft! Aber man kann eben nicht rennmäßig präzise damit fahren, dazu ist die gesamte Lenkung nicht gemacht. Nichts gegen Rekorde mit Rollern, auch nichts gegen Beteiligung an Zuverlässigkeitsfahrten und Six Days (nur bei wirklichen Geländefahrten hört die Rollerei auch wieder auf).

Rechts: Diese Renn-Vespa mit Knieschluß-Zusatztank tauchte bei etlichen Veranstaltungen auch in Deutschland auf.

Roller können mehr, als bei Zuverlässigkeitsfahrten verlangt wird. Man müßte nur etwas erfinden, was die Rollerwendigkeit richtig zum Tragen bringt — also bitte den Kopf zerbrechen, hier ist Geist aufzuwenden. Damit Straßenrennen zu bestreiten, ist das Falscheste, was man tun kann.«

Ohne Zweifel hatte Carl Hertweck recht, wenn er den eher gemütlichen Motorroller, der einige Kilogramm mehr Blech und etliche Quadratzentimeter mehr Stirnfläche als ein Motorrad hat, nicht als das geeignete Instrument für die Rennstrecke ansah. Zumindest nicht in Konkurrenz zum Knieschluß-Motorrad. Und auch für Geländefahrten war die Vespa ja nicht konzipiert worden. Sinn machte motorsportlicher Wettbewerb erst, wenn Rollerfahrer ausschließlich gegeneinander antraten.

Zuverlässigkeitsfahrten

Bei Zuverlässigkeitsfahrten vermochte der Roller indessen zu demonstrieren, wo seine technischen Vorzüge lagen. Allein die Statistik des Jahres 1952 weist für Deutschland eine große Zahl sportlicher Roller-Erfolge aus. In zwölf offenen nationalen Zuverlässigkeits-Wettbewerben errangen Vespa-Privat- und Lintorfer Werksfahrer 23 von insgesamt 32 verliehenen Goldmedaillen. Allein bei der über

Oben: Mit einer Ape in einem Straßenrennen – es gab nichts, was es nicht gab!

Links: Mit berechtigtem Stolz verwies der deutsche Vespa-Lizenzhersteller auf die 1953er Erfolge seiner Produkte.

2200 Kilometer führenden ADAC-Deutschlandfahrt 1952, an der 20 verschiedene Rollerfabrikate am Start waren, erreichten nur fünf Roller in Wertung das Ziel, aber diese fünf waren Vespas! Die Hoffmann-Werke nutzten diesen großartigen Erfolg für eine überzeugende Werbekampagne mit dem Slogan: »Es gibt nur eine Vespa« — gemeint war die mit den vielen Goldmedaillen!

Ein Jahr später fand der erste Giro Vespistico di Tre Mare (Drei-Meeres-Rundfahrt) statt, eine noch härtere Rollerprüfung als die 1000-Kilometer-Rallye. Bei sengender Hitze ging es durch die abgelegensten Gebiete Süditaliens: Apulien, Kalabrien, Sizilien. Ursprünglich ein populäres Radrennen, das vor dem Zweiten Weltkrieg von einer Sportzeitung inszeniert worden war, fand die Idee nach 1945 ihre Fortsetzung durch die Initiave Piaggios. In den folgenden Jahren wurde diese Rollerfahrt eine der beliebtesten Sportveranstaltungen auf öffentlichen Straßen Süditaliens. In Messina läuteten die Glocken, wenn die Rollerfahrer nahten, Kinder und Erwachsene jubelten den Teilnehmern zu — es war wie auf einem Volksfest. Pontedera sorgte für eine meisterhafte Organisation.

Ob in Südafrika bei der South African National Rally, bei der International Scooter Rally auf der Isle of Man oder beim Blériot Anniversary Race von London

Die alljährliche Italien-Rundfahrt »Giro Vespistico di Tre Mare« mit internationaler Beteiligung war in den fünfziger Jahren stets ein wichtiges Ereignis. Hier ein Schnappschuß am Hafen von Genua.

Links: Dicht gesäumt waren die Straßen der Städte und Dörfer, wenn die Vespisti der Tre-Mare-Fahrt nahten...

Rechts: Inserat des britischen Vespa-Lizenzherstellers Douglas mit Hinweis auf den Erfolg seiner Roller auf der Isle of Man, 1959. Die drei Sieger hießen Ken Harris, Dennis Christian und André Baldet.

nach Paris: Überall organisierten rührige Vespa-Clubs, Motorsportvereine oder Zweiradhändler Trials, Turniere, Zuverlässigkeits-Wettbewerbe. An vielen internationalen Veranstaltungen nahmen deutsche Teams teil. Der Motorsport mit dem Roller trug ein gutes Stück zu einer internationalen Völkerverständigung bei, als der Tourismus noch keine Massenbewegung war und der Start zu ausländischen Zielen als ein ganz besonderes Erlebnis galt.

Slalom, Wippe, Ölspur, Ball- und andere Gaudiübungen gehörten zum Reglement

In den folgenden Jahren setzte hierzulande vor allem der Vespa-Club von Deutschland alles daran, den Rollersport auf breiter Ebene zu fördern. Der VCVD suchte einen Weg, Wettbewerbe für jedermann reizvoll zu machen und schrieb Sternfahrten aus, zu denen oft hunderte von Vespisti aus allen Teilen des Landes kamen — aus Bayern, aus Berlin, aus dem Rheinland, von der Waterkant, aber auch aus dem benachbarten Ausland. Es gab Enthusiasten, die Anfahrten von 30 Stunden in Kauf nahmen, um an einem Turnier teilnehmen zu können. Die Veranstalter achteten darauf, daß keine übermäßige Beanspruchung von Fahrzeug und Fahrer gefordert wurde, um vielen ein Mitmachen zu ermöglichen.

Meist fanden die Wettbewerbe am Ziel der Sternfahrt auf einem großen Platz statt, der das Abstecken einer Wettbewerbsstrecke auf etwas sandigem Untergrund erlaubte. Hier galt es, Geschicklichkeitsübungen zu absolvieren: Slalom, Wippe, Ölspur: Hierunter verstand man das Befahren eines schmierig eingeseiften Bretts. Die »eingeengte Fahrgasse« bestand aus einer durch leere Konservendosen markierten schmalen Spur, der meist eine Reihe von Haarnadelkurven folgte. Der Parcours war nicht leicht, denn die schmale Spur mußte mit Beschleunigung durchfahren werden, dann galt es, abrupt zu bremsen und in den sandigen Kurven wieder richtig durchzuziehen... hier waren körperliche Geschicklichkeit und Fahrzeugbeherrschung ausschlaggebend, wollte man strafpunktfrei durchkommen. Ball- und andere Gaudi-Übungen gehörten gleichermaßen zum streng reglementierten Turnierprogramm.

Sternfahrt mit Geheimkontrollen

Regen Zuspruchs erfreuten sich stets die Motorroller-Prüfungsfahrten des ADAC, so — um eine solche Veranstaltung unter vielen herauszugreifen — die des Gaues Württemberg vom 28./29. Juni 1956. Diese Prüfung begann mit einer Sternfahrt über 350 Kilometer, Start null Uhr. Unterwegs gab es offizielle und auch geheime Zeitkontrollen; ein Schnitt von 40 km/h sollte von den Rollern bis 150 ccm nicht überschritten werden. Es gab indes Rollerfahrer, denen die angeblichen Geheimkontrollen egal waren — sie drehten auf den nächtlich-leeren Straßen auf und gönnten sich dafür irgendwo unterwegs ein Ruhestündchen, um sich am Ende die

Oben: Hans Stuck und sein Sohn Hans-Joachim, später als »Striezel« so berühmt geworden wie sein Vater, im Jahre 1961.

Links: Fertigmachen zum Start – Vespa-Piloten bei einer Langstreckenprüfung.

sorgfältig ausgerechnete Sollzeit eintragen zu lassen. Am Ziel war eine Bergprüfung zu absolvieren, bei der es darauf ankam, daß Auf- und Abfahrt in möglichst gleicher Zeit bewältigt wurden! Wer also langsam hinaufknatterte, durfte ebenso gemächlich wieder zu Tal fahren. Im Stadion von Ludwigsburg gab es anschließend eine Beschleunigungs- und Bremsprüfung. Nächstentags stand ein Gleichmäßigkeits-Wettbewerb auf dem Programm: Auf einer 150-Kilometer-Strecke mußten einige Dutzend Dörfer durchfahren werden; Geschwindigkeitsverletzungen wurden genauestens vermerkt. Am Ende kam die Zustandsprüfung — ein ausgefallenes Rücklicht konnte das Strafpunktkonto beträchtlich erhöhen.

Viele Rollerfahrer scheuten weder die lange Anreise noch schlechtes Wetter, um dabei sein zu können. Manche nahmen den Rollersport so ernst, daß sie für die Bergprüfung nachts zuvor noch die Übersetzung auswechselten oder gar die Zündkerze des Motors mit in den Schlafsack nahmen, damit ein Konkurrent nicht etwa nachschaute, mit was für einem Fabrikat man an den Start ging! Manche besaßen auch einen Speedpilot, ein damals neu auf den Markt gekommenes Instrument aus Schweden, das einem die gefahrene Durchschnittsgeschwindigkeit anzeigte.

Ab 1956 wurde im VCVD der Rollersport nach einheitlichen Richtlinien geleitet. Man einigte sich auf der Präsidialsitzung in jenem Jahr, daß der Sportpräsident und seine Sportleiter die einzigen sein sollten, die für den Motorsport zuständig waren. Man erstellte für 1957 ein detailliertes Programm, wonach durch drei Ausscheidungsläufe nach der Turnierordnung die fünf besten Fahrer aus den einzelnen Landesclubs zu ermitteln waren. Unterstützt durch Mittel aus dem VCVD-Sportetat, bewarben sich diese Fahrer bei Bundestreffen in der Endrunde um den Meisterschaftstitel. Außerdem wurden Mannschaften von je drei Fahrern zu verschiedenen AvD- und ADAC-Veranstaltungen geschickt, auch sie erhielten aus der Clubschatulle einen Zuschuß. Großzügige Unterstützung gewährte hierbei auch das Vespa-Werk.

Im Rampenlicht: Hans Stuck

1958, als es allein in Deutschland schon 135 Regionalclubs mit rund 4000 Mitgliedern gab, gelang es durch die Empfehlung des Hauses Piaggio, den Grand-Prix-Altmeister Hans Stuck als Kandidaten für das Amt des VCVD-Präsidenten zu gewinnen. Der »Eiserne Hans«, der im Verlauf seiner dreißigjährigen Karriere 507 Siege bei Renn- und Sportwagen-Wettbewerben sowie 37 Geschwindigkeits-Weltrekorde errungen hatte, nahm an und gemahnte die Vespagemeinde: »Bitte fahren Sie nie zu schnell und immer mit Bedacht!«

Man führte eine Sportnadel in Bronze, Silber und Gold ein. Sie wurde alljährlich an Fahrer verliehen, die sich bei Ausscheidungs- und Meisterschaftsläufen qualifizieren konnten. Für den VCVD-Meisterclub stiftete Hans Stuck aus eige-

Links: Der Balance-Akt auf der Wippe gehörte zu jedem Vespa-Turnier.

Oben: Das Wetter konnte man sich nicht aussuchen. Aber auch bei Regen beherrschten die Vespisti ihr Sportgerät.

Unten: Je schlechter die Straße, desto größer die Herausforderung...

Ganz links: Der österreichische Vespa-Händler Maitz aus Graz am Schloßberg-Rollerrennen im Mai 1958 auf einer umgebauten Vespa GS.

Links: Wenn das Gras zu hoch stand, kam nur der Bach als »Fahrbahn« in Frage...

Unten: Rallye Monte-Carlo 1959. Drei Vespa-400-Fahrer bei der Ehrenparade vor dem monegassischen Palais.

ner Tasche den »Großen Preis des Vespa-Clubs von Deutschland«. So manches Rennen bestritt Stuck auch selbst im Sattel einer Vespa.

1958 fand zum erstenmal eine Europameisterschaft in der Eifel statt. Man fuhr den 331-Kilometer-Wettbewerb in drei Etappen: Zwei führten über die hügeligen Landstraßen der Eifel, die dritte umfaßte sechs Runden auf dem Nürburgring. Eine klassische Vespa-Regel wurde aufgestellt: 48 km/h durften auf der Zielgeraden nicht überschritten, 45 km/h nicht unterschritten werden.

In Monte-Carlo und auf der Radrennbahn

An dieser Stelle sei ein Abstecher zur automobilen Vespa-Vergangenheit gestattet. Bei der 27. Rallye Monte-Carlo rollten auch drei Vespa 400, wie sie von 1958 bis 1961 gebaut wurden, als hubraumschwächste Teilnehmer an den Start. Insgesamt 322 Fahrzeuge bahnten sich ihren Weg durch die tiefverschneiten, vereisten Straßen Europas. Die zu bewältigende Strecke betrug 3500 km von Stockholm nach Paris. Die drei Vespa 400 fuhren in der Klasse bis 1000 ccm und erreichten einen Stundendurchschnitt von 65 km/h. Damit hatten die kleinen Flitzer natürlich keine Chance auf die vorderen Plätze, wurden dennoch vom Publikum bei ihrer Ankunft am Ziel

Vespa-Roller beim Steher-Rennen in Zürich, 1960.

1962er 24-Stunden-Rennen für Zweiräder und Kabinenroller auf der Avus um den »Goldenen Bären von Berlin«. Es endete mit einem großartigen Triumph für die 28 teilnehmenden Vespa-Fahrer.

mit Jubel begrüßt. Immerhin war ein Drittel aller Teilnehmer auf der Strecke geblieben.

Ihre Vielseitigkeit bewies die Vespa auch bei einer anderen Spezialität: beim Steherrennen. Auf der offenen Rennbahn von Zürich kamen im Frühjahr 1960 zum ersten Mal in der Schweiz Steherrennen hinter Vespa-Motorrollern zur Austragung. Der »Grand Prix Vespa« wurde vom französischen Champion Louison Bobet gewonnen. In vier Läufen absolvierten die Fahrer ein Stundenmittel von mehr als 61 km/h, und sie äußerten sich lobend über die große Laufruhe der Schrittmachermaschine. Es handelte sich um serienmäßige Vespa GS des Modelljahrgangs 1960. Lediglich die Übersetzung des Gasdrehgriffs hatte man verringert und hinten eine Laufrolle angebracht. Natürlich hatte man auch die Vorderradbremse demontiert, da eine Betätigung derselben den Steher unweigerlich zu Fall gebracht hätte.

Le Mans auf der Avus

Vespa-Hasen unvergeßlich ist die 24-Stunden-Fahrt auf der Berliner Avus, für die sich am 14. Oktober 1961 die Startflagge senkte. Diese Dauerprüfung zählte zu den härtesten Zweirad-Veranstaltungen und endete mit einem großartigen Triumph für die Marke Vespa. 28 Fahrer hatten um 12 Uhr im Le-Mans-Start ihre serienmäßig ausgerüsteteten Roller — meist GS-Modelle — bestiegen. Die ihnen auferlegten Rundenzeiten hatten es in sich und waren nur durch knapp bemessene Stops zu halten; viel passieren durfte dabei nicht. Ausfälle aus technischen Gründen gab es aber meist nur bei den schweren Motorrädern, was die Rollergemeinde mit Erleichterung zur Kenntnis nahm...

Vespa als die am stärksten vertretene Rollermarke war der auserkorene Liebling der zehntausend Avus-Zuschauer. 50 Fahrer wechselten sich am Lenker der Roller ab und sorgten dafür, daß die Maschinen stets »unter Dampf« blieben.

Vespa-Gleichmäßigkeitsprüfung auf einer weltberühmten Rennstrecke: Es ist der Nürburgring.

24-Stunden-Avusrennen 1962. Links: Vorbereitung im Fahrerlager.

Rechts: Wenn es schon mal eine Panne gab, wurde sie unterwegs mit Bordmitteln behoben!

Unten: Sie sah nicht nur spektakulär aus, sondern sie war es auch, die berüchtigte Steilkurve am nördlichen Ende der Avus-Rennstrecke.

Es war eine Augenweide für die Fans, wenn mehrere Scooter zugleich durch die Steilwand der damals noch bestehenden Nordkurve brausten. Auch ein Sturz des Vespa-Fahrers »Acke« Strumpf, der am Kurvenausgang dicht vor der Haupttribüne glücklicherweise in einem Strohballen landete, vermochte die Stimmung nicht zu trüben — der tapfere Mann fuhr nach wenigen Minuten weiter.

Um 20 Uhr begann die Nachtarbeit. Tausende von Kilowatt beleuchteten jetzt die Steilkurve. Das Tempo verlangsamte sich, doch bei einigen Fahrern bedurfte es vieler Mühe, ihr Temperament zu zügeln: Die Maschinen mußten geschont werden. Tafeln zeigten an, welchen Fahrern man ein Vermindern der Geschwindigkeit empfahl...

Die Nacht war kühl und trocken; am Morgen kam Nebel auf. Bei Halbzeit waren noch sämtliche Vespa-Roller im Rennen! Würde man gegen Heinkel den Sieg erringen können? Die Tribüne war wieder dicht besetzt, als die letzte Stunde des Rennens kam. Jetzt wurden die Geschwindigkeitsrunden gefahren! Die drei Schnellsten gaben den Ausschlag für die Klassensiegwertung. Ein letztesmal mit 100 durch die Steilwand, dann fiel die Flagge; die vier Rollerfahrer des Vespa-Clubs Berlin liefen geschlossen durchs Ziel vor der Haupttribüne. Geschafft! Das Rennen um den »Goldenen Bären« hatte zu einem weiteren grandiosen Erfolg für Vespa geführt.

Langstreckenfahrten für Motorroller hatte es in Deutschland bis dahin kaum gegeben. Im Ausland, etwa in Italien, Frankreich, Spanien und England, waren sie schon länger bekannt. Die Avus eignete sich für solche Veranstaltungen sehr gut, wobei der im Oktober 1961 ausgetragene Wettbewerb noch ein erster Versuch gewesen war. Durch großzügige Unterstützung der Vespa GmbH Augsburg konnte er 1962 in noch größerem Rahmen bestritten werden. Das Werk selbst stellte keine Mannschaft, um den Privatfahrern keine Konkurrenz zu machen. Tausende von Berlinern erlebten 1962 ein zweitesmal diese harte Belastungsprobe für Motorräder, Gespanne, Motorroller und dreirädrige Kabinenfahrzeuge aller Klassen. Das Wetter spielte diesmal verrückt: Es gab Regen, Hagel, auch ein bißchen Sonnenschein, Temperaturen um null Grad — doch niemand ließ sich davon abschrecken. Selbst um Mitternacht herrschte am Tribüneneingang noch reger Betrieb. Je nach Klasse mußten Schnitte zwischen 75 und 115 km/h eingehalten werden. Der Vespa-Club von Deutschland war mit 116 Teilnehmerfahrzeugen vertreten, die zusammen eine Fahrstrecke von 44.800 Kilometern zurücklegten.

Die Bedeutung des Wettbewerbssports mit dem Motorroller ging während der sechziger Jahre spürbar zurück, auch schränkte das Werk in Pontedera im Laufe der Zeit seine Aktivitäten immer mehr ein. Die Vespa und ihre Fahrer hatten indes zur Genüge bewiesen, daß sie auf Langstrekken und im Gelände zuverlässig und einsatzstark waren.

Doch die Unentwegten kämpfen weiterhin in jedem Jahr um die Vespa-Sportmeisterschaft, die in einer A- und einer B-Klasse ausgetragen wurde. Unter der Ägide des VCVD-Sportkommissars Manfred Brandt gingen in den neunziger Jahren 70 bis 100 Teilnehmer pro Veranstaltung an den Start. Brandt zog sich 2011 nach über dreißig Jahren im Amt des Sportkommissars mit einem gut bestellten Feld aus der aktiven Arbeit zurück, stellt aber seine Erfahrung und seine Kontakte auch heute noch gerne in den Dienst des VCVD.

Solange es Roller gibt, wird man auch Wettbewerbe mit ihnen austragen, und wie stets kommt es auf Geschicklichkeit, Fahrpräzision und Zuverlässigkeit der Technik an, nicht auf Spitzenleistungen: Vespa-Welt- und andere Rekorde, so beeindruckend sie einst waren, gehören der Vergangenheit an.

Mit der Vespa auf Reisen

Seinem Fernweh zu frönen und die Welt kennenzulernen, den eigenen Horizont zu erweitern und sich ein Bild von den Verhältnissen außerhalb der eigenen vier Wände zu machen, vermochte der Mensch eigentlich erst mit Beginn des Eisenbahn-Zeitalters. Und es waren auch nur wenige, die ein solches Privileg für sich in Anspruch nehmen konnten, denn Reisen war ein teures Vergnügen. Das blieb auch noch lange nach der Erfindung des Automobils so.

Erst das Motorrad ermöglichte es weiteren Bevölkerungskreisen, längere Distanzen auch zum Vergnügen und zur Erholung zurückzulegen. Motorwandern nahm in den zwanziger und dreißiger Jahren eine neue Dimension an. Und als nach dem Zweiten Weltkrieg der Roller für Belebung des Verkehrsbildes sorgte, war es diese gänzlich andere Art unbeschwerter Mobilität, mit der auch das Reisen eine neue Definition erfuhr.

Mit dem Roller unterwegs: Das war vor allem für junge Menschen eine Chance, preiswert und ohne besondere Konventionen eine Reise zu unternehmen. Ob es übers Wochende zu einem 100 oder 200 Kilometer entfernten Campingplatz ging (Rollercamping war eine gewaltige Bewegung im Tourismus der fünfziger und sechziger Jahre) oder auf große Fahrt nach Süditalien, Schweden oder in die Bretagne: Die Vespa machte es möglich. Ihr Spritkonsum hielt sich in Grenzen, man traf unterwegs garantiert Gleichgesinnte, und langstreckentauglich war der Roller allemal. Die Vespa verkraftete auch immer wieder ganz erstaunliche Lasten. Was natürlich den Reiseschnitt dämpfte, aber auf hohe Geschwindigkeiten kam es ja nicht an.

Ganz besondere Leistungen vollbrachten Vespa-Fahrer auf Fernreisen durch tropische Gegenden, durch Wüsten- und Steppengebiete, aber auch in arktischen Regionen. Die Vespa-Chronik verzeichnet eine Menge solcher Safaris durch aller Herren Länder.

Guy Ebert auf Vespa-Safari in Afrika. 1956/57 absolvierte er eine erlebnisreiche Fahrt durch den Schwarzen Kontinent.

Eine der anstrengendsten Rollerreisen absolvierte im Jahre 1953 der französische Sergeant Pierre Dellière, der im damaligen Französisch-Indochina stationiert war. Er brach am 18. März in Saigon auf und erreichte nach 51 Reisetagen Paris. Seine Route führte ihn über Bangkok, Kalkutta, New Delhi. Bei seiner Ankunft in der französischen Hauptstadt wurde er natürlich groß gefeiert, und mit besonderer Ausführlichkeit nahm sich die Vespa-Hauszeitschrift des Globetrotters an.

Erwähnenswert ist auch eine Tour des Schweden Guy Ebert, der im Dezember 1956 zu einer Reise nach Afrika startete, die ihn über Dakar, Gambia, Senegal, Guinea führte. Zurück über Las Palmas, Sevilla nach Stockholm. Dies waren insgesamt 10.000 Kilometer, davon etwa 3000 Kilometer auf schwierigsten, fast unpassierbaren Straßen. Er hatte lediglich drei Reifenpannen und mußte einige Male den Bremszug und Zündkerzen wechseln.

Das große Abenteuer einer Weltreise mit kleinem Geldbeutel lockte auch zwei Vespa-Fahrer, die im Mai 1957 starteten. Es waren der 28jährige amerikanische Kunststudent Rohn Engh und ein 23jähriger deutscher Journalist namens Rudolf Thurau, die mit einer Vespa Grand Sport in Rotterdam starteten und neben 500 Mark in bar nur ihre Gitarren dabei hatten. Am Ende ihrer Reise in New York hatten sie zu Lande, zu Wasser und in der Luft 27.000 Kilometer zurückgelegt. Mit musikalischen Darbietungen in Trottoir-Cafés tingelten sie durch ganz Europa, Nord- und Zentralafrika bis an den Golf von Guinea. »Meist war der Himmel ihr Dach, und sie ernährten sich von Früchten und Kamelfleisch,« berichtete der *Vespa-Tip*, die Zeitschrift des deutschen Vespa-Clubs. Größere technische Pannen gab es nicht zu vermelden, dafür Abenteuer jede Menge.

Am 3. Mai 1958 startete Victor Engelbert in Brüssel zu einer Rollerfernfahrt und durchquerte in vier Monaten den afrikanischen Kontinent: Auf diesen 20.000 Kilometer verbrauchte er 600 Liter Benzin. Aber nicht nur junge Optimisten machten sich im Sattel der Vespa auf die Reise zu fernen Gestaden. 1958 berichtete der *Vespa-Tip* von dem achtundsechzigjährigen Rollerfahrer Bruno Sandner, der als Pensionär sein Fahrrad gegen eine

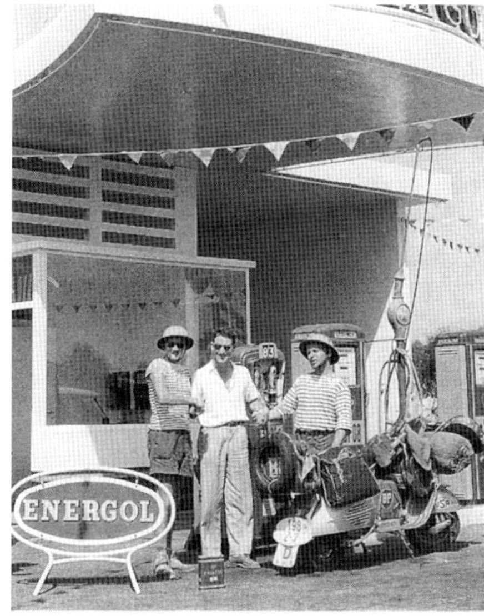

Rohn Engh und Rudolf Thurau starteten 1957 zu einer 27.000-Kilometer-Weltreise. Oben: Rast an einer BP-Station in Casablanca.

Links: Die abenteuerlich beladene Vespa Grand Sport mit einem Bewunderer aus der südlichen Sahara im Sattel.

Oben: Nachtanken in afrikanischer Einsamkeit. Engh und Thurau kam die Sparsamkeit ihres Rollers sehr zugute.

Rechts: Überquerung des Niger an Bord einer der landesüblichen Fähren.

Oben: Etappenziel in Nordafrika — eine Oase mit schattenspendenden Palmen.

Oben: Vespa und Vespisti 1959 in Budapest. Reisen in östliche Länder galten damals als ungewöhnlich.

Rechts: Vespa-Globetrotter und ihre Ausrüstung empfangen vor dem Start die Segnung eines Priesters.

Vespa getauscht und damit den Balkan unsicher gemacht hatte. Hinter den Karawanken hatte es ihn dann in Mazedonien erwischt: »Der Druckstift der Kupplung war gebrochen. Ein geringfügiger Defekt, zu dessen Beseitigung man zuhause kaum eine Stunde benötigt hätte. Doch durch die Unfähigkeit der Monteure entstanden weitere Schäden, die zu beheben ihnen nur mit Mühe gelang...«

Spannend wurden solche Reisen immer am Ende der Teerstrecke. Das Befahren von Kamelpfaden, Bachbetten und Ödland, die Bewältigung schlechtester Wegstrecken in mitunter monatelanger Folge erbrachte stets aufs Neue den Beweis, daß die Vespa hart im Nehmen war. Große Sorgfalt verlangte die Zusammenstellung des Reisegepäcks eines Roller-Selbstversorgers, denn man konnte ja bei solchen Touren nur sehr selten mit dem Komfort einer Herberge rechnen. Zur Standardausrüstung der Globetrotter gehörte meist das Elf-Sprachen-Wörterbuch von Shell, aber auch eine Reiseapotheke mit schmerzstillenden Tabletten, Lebertransalbe, Chinosol-Gurgelwasser und Baldriantropfen. Vielleicht hatte im Gepäck auch noch ein kleines Buch Platz, etwa das von Harry Roskolenko, der 1959 nach seiner Weltreise auf einer Vespa einen ausführlichen Bericht darüber verfaßt hatte: »Poet on a Scooter — a highly literate account of an around-the world adventure« lautete der Titel.

Als Reisen in osteuropäische Länder noch sehr viel umständlichere und mit großen behördlichen Problemen gespickte Unterfangen darstellten, machten Rollerfahrer von sich reden, die in die Sowjetunion, nach Ungarn oder Rumänien reisten. Der »Eiserne Vorhang« war zwar in den fünfziger Jahren noch hier und da etwas durchlässiger als in der nachfolgenden Zeit, doch wer im Sattel seiner Vespa nach Budapest oder Sofia gelangte, war sich größter Aufmerksamkeit sicher. »Überall Aufsehen erregend, kurvte ich durch Budapest und Umgebung«, berichtete der zwanzigjährige Hans Fiegen, ein junger Vespa-Fahrer, der in München gestartet und über Österreich nach Ungarn gefahren war. »Wo ich auch parkte, bildete sich schnell ein Kreis Interessierter. Besucher aus dem Westen stehen hoch im Kurs!«

Natürlich wurde auch später mit der Vespa immer und überall gereist. Manch einer brach sogar auf, um Rekorde aufzustellen, so 1992 der italienische Motorjournalist Giorgio Bettinelli auf einer Vespa PX 150 E von Rom aus nach Saigon. Weitere Reisen sollten ihn in den folgenden Jahren schließlich auf einer Vespa PX 200 über rund 254.000 Kilometer durch alle fünf Kontinente der Erde bis an sein Ziel im pazifischen Tasmanien führen, das er

Die Originalvespa PX 150 E von Weltenbummler Giorgio Bettinelli im Museo Piaggio.

im Jahr 2000 erreicht hatte. Doch damit nicht genug: Bettinelli konnte das Reisen auf der Vespa nicht lassen, was ihm schließlich zum Verhängnis werden sollte. Am 15. September 2008 starb er im Alter von 53 Jahren im Süden Chinas an einer Infektion, nachdem er sich bereits 2004 ein Haus im Reich der Mitte gekauft hatte. Seine Erlebnisse hat Bettinelli in mehreren Büchern niedergeschrieben, die leider nur auf Italienisch erschienen sind und nur wenige Bilder enthalten.

Wer heute das Internet nach Reisen mit der Vespa durchsucht, der findet einerseits ein reichhaltiges Angebot an organisierten Gruppenreisen, die von Clubs, Shops und zahlreichen kommerziellen Veranstaltern angeboten werden, andererseits aber auch lesenswerte Geschichten von Individualisten, die mit ihrer Vespa das Abenteuer vor der Haustür ebenso wie in allen Winkeln dieser Welt suchen und gesucht haben.

1959 fand in Bremen ein Vespa-Clubtreffen mit mehr als 2000 Teilnehmern aus aller Welt statt.

Kein Vespa-Meeting ohne sportliche Einlagen! Der Roller forderte zur Akrobatik geradezu heraus...

Die Geschichte der Vespa-Clubs

Die ersten Vespa-Clubs entstanden, wie nicht anders zu erwarten war, im Heimatland des Rollers aus Pontedera, und zwar in den Städten Verona und Bologna; weitere folgten bald. Die Aktivitäten dieser Clubs waren immer wieder Inhalt zahlreicher, lebendig geschriebener Berichte in der Piaggio-Hauszeitschrift und später selbstverständlich auch in den clubeigenen Publikationen.

Um 1949 zählte man mehrere Dutzend Clubs in Italien; 112 waren es bereits Ende 1952. Bei ihren Zusammenkünften gab es oft genug regelrechte Verkehrsstockungen — es war keine Seltenheit, daß Pulks von 1000 oder mehr Vespisti über den Corso Sempione zum Piaggio-Stand auf der Mailänder Zweiradmesse anrückten. Das Statut des überregionalen Verbandes, genannt Vespa Club d'Italia, wurde am 25. Oktober 1949 in Viareggio erstellt. Zum Präsidenten wählte man Dottore Renato Tassinari.

Ohne Anregung von außen und zunächst auch ohne Dachorganisation gründeten im Jahre 1950, als die ersten Hoffmann-Roller auf die Straße kamen, Enthusiasten in vielen Städten Deutschlands ebenfalls Vespa-Clubs. Mit zu den Vespa-Clubs der ersten Stunde gehörten die in Frankfurt am Main, Hamburg, Köln, Pforzheim, Stuttgart und Wiesbaden. Es waren 25 in jenem Jahr, weitere folgten in schnellem Tempo, nicht nur in Italien und Deutschland. Rasch nahmen Vespisti in allen Ländern über Grenzen hinweg Verbindungen miteinander auf. So kamen auch schon 1950 die ersten internationalen Treffen zustande, bei denen die Vespa-Ideologie wie eine Weltanschauung weiterverbreitet wurde.

Als deutscher Dachverband wurde 1952 der Vespa-Club von Deutschland aus der Taufe gehoben. Beteiligt daran waren die Vespa-Clubs Köln, Essen, Rhein-Wupper, Rheinhausen, Krefeld, Solingen und Düsseldorf, die am 8. Mai einen Arbeitsausschuß gebildet hatten. Die Gründung erfolgte am 20. Juli in Düsseldorf.

Es folgten eine Reihe weiterer Clubs. Ende 1952 wurde auf einer Delegiertenversammlung die endgültige Konstituierung des VCVD festgelegt. Fabrikant Hoffmann trug man die Ehrenpräsidentschaft an. Als Clubzeitschrift entstanden die *Vespa Nachrichten*. Zur gleichen Zeit war die Zahl der europäischen Vespa-Clubmitglieder auf 50.000 gestiegen. Übrigens hatte es an der Saar seit 1955 — erst zwei Jahre später wurde das Saarland als zehntes Land in die Bundesrepublik aufgenommen — stets eine eigene Zeitschrift gegeben, die *Vespa-Rundschau*. Im wirtschaftlich und verwaltungspolitisch zunächst Frankreich zugeordneten Saarland war 1950 der erste Vespa-Club entstanden, der bis 1954 die stattliche Zahl von 1500 Mitgliedern vorweisen konnte. Der Vespa-Club Saar war der internationalen Föderation angeschlossen und hatte dort Sitz und Stimme wie der VCVD. Motorsportlich engagierte sich der saarländische Club stark in Frankreich, wo man ein gutes Verhältnis zum Touring Club de France hatte. So nahmen im August 1955 auch Vespa-Fahrer aus Völklingen an einem Zweiradtreffen des TCF in Algier teil.

Besonders aktiv war das Clubleben in den fünfziger Jahren in Holland. Am 15. April 1951 wurde der erste holländische Vespa-Club in Limburg als »De Wesp« aus der Taufe gehoben. Am 1. Juni 1952 folgte dann der Vespa-Club Rotterdam, der vorerst die Aufgaben eines nationalen Clubs übernahm. Die Mitgliederzahl wuchs in der Zeit von 1953 bis Ende 1954

Oben: Audienz beim Papst. Ein Vespa-Fahrer mit Familie passiert das Spalier der Schweizergarde.

Links: Vespa-Hochzeiten hatten in den fünfziger und sechziger Jahren einen hohen gesellschaftlichen Rang.

Oben: Einer der Wettbewerbe um die Europäische Clubmeisterschaft 1960, ausgetragen in England.

von 90 auf 200; 1955 waren es schon 15 Clubs mit 423 Mitgliedern. 1956 bestanden in Europa bereits 400 Clubs, die sich jährlich zu wichtigen Veranstaltungen trafen. So folgten 1956 etwa 1000 Vespisti der holländischen Einladung zur Rallye nach Den Haag. Erst 1957 wurde offiziell der Vespa Club Holland gegründet, in einem Jahr, als der Vespa Club von Europa an die 1000 Vereinigungen mit etwa 100.000 Mitgliedern aus 14 Ländern vertrat. Die Zahl der Clubs und ihrer Mitglieder erreichte in den Niederlanden 1961 ihren Höhepunkt. In diesem Jahr feierte der Verband sein zehnjähriges Bestehen mit 2500 aktiven Vespa-Fahrern, die in 42 Clubs organisiert waren.

Parallel zum abflauenden Rollerboom setzte dann ein genauso rapides Sinken der Zahl von Clubs und Mitgliedern ein. Denn viele Vespisten stiegen, inzwischen verheiratet und mit Kindern, vom Roller aufs Auto um. Nur 20 der 2500 Mitglieder erschienen 1962 auf der Hauptversammlung in Utrecht. Und mit der Vespamüdigkeit der Aktiven blieb auch das Geld der Sponsoren aus.

Der Tiefpunkt war 1972 erreicht, als sich der Vespa Club Holland auflöste und nur einige Regionalclubs mit etwa 150 Mitgliedern überlebten. Diese Entwicklung blieb nicht allein auf Holland beschränkt. Selbst in Italien, der Wiege der Vespa-Bewegung, löste sich 1970 der Vespa Club d'Italia auf. Erst Ende der siebziger Jahre, mit der Präsentation der neuen PX- und PK-Modelle, begann in Holland ebenso wie in Italien und auch in anderen Ländern eine Wiederbelebung der Vespa-Clubszene. Die junge Generation zeigte ein verändertes Verhältnis zu ihrer Vespa, auch die Namen ihrer Clubs änderten sich. So wurde 1982 in Holland ein neuer Vespa-Club namens »Vespa Scooter Club Nederland« gegründet. Die Reminiszenz an die fünfziger Jahre lebte in einer privaten Initiative von B. K. Portanje wieder auf, der das Andenken an den Vespa Club von Holland bewahrt und eine spezielle Vereinigung hierfür ins Leben gerufen hat. Seine Motorroller- und Vespa-Nostalgie-Sammlung in Bunnik ist Anlaufstelle für Vespisti aus der ganzen Welt.

Anfang der 60er Jahre hatte der Vespa-Boom in Holland seinen Höhepunkt erreicht

Der erste nationale Vespa-Clubverband in der Schweiz wurde 1950 in Genf gegründet. 1957 waren es 82 Clubs mit 4000 Vespisti, die in ihm vereint waren. Heute sind es 18 regionale Clubs, hauptsächlich in der Deutschschweiz, die im Vespa-Club der Schweiz organisiert sind.

Die Geschichte des Vespa Club Austria ist mit der des Vespa Club Wien untrenn-

Links: Eurovespa in Rom 1961. Diese Veranstaltung hatte stets den größten Stellenwert im Vespa-Kalender.

Rechts: Miß Lazio 1961. Die gekürten Damen mußten über ein gutes Vespa-Wissen verfügen!

bar verbunden. Gegründet wurde der Club im Juli 1955 unter dem Namen VC Austria, da er damals der einzige Vespa-Club im Lande war. 1957, nachdem es dann fünf Landesclubs gab, beschloß die Generalversammlung die Namensänderung in Vespa Club Wien, der neugegründete Vespa Club Austria übernahm die Aufgaben einer Dachorganisation. In seiner Blütezeit von 1960 bis 1965 gehörten ihm zehn Landesclubs mit rund 600 Mitglieder an. Zur Zeit sind es 20 Landesclubs, jedoch bei einer geringeren Mitgliederzahl. 1958 wählte man Albert Wayss zum Präsidenten des Vespa Club Wien, seit 1965 war er auch Präsident des nationalen Clubs.

Bei Piaggio hatte man verständlicherweise großes Interesse an der Etablierung dieser Clubs und Verbände und trug die Idee auch in die Importländer weiter, wo man sie begeistert aufgriff. Der italienische Verbandspräsident Tassinari bezog Quartier bei der Piaggio-Geschäftsleitung in Genua und übernahm 1949 auch die Redaktion der Hauszeitschrift *Piaggio*. Somit wurden die Clubs und ihre Aktivitäten zum Instrument der Piaggio-Öffentlichkeitsarbeit, ein Teil der Vespa-Marketing-Strategie. 1952 schlossen sich erstmals 13 Länder in Mailand zum Vespa-Club von Europa zusammen und organisierten jedes Jahr zahlreiche wichtige Veranstaltungen, darunter die Eurovespa.

Diese Veranstaltung machte ihrem Namen alle Ehre und wurde in den Folgejahren in wechselnden Ländern ausgerichtet. Auch Deutschland war schon mehrfach Gastgeber dieses prestigeträchtigen Eventes: München (1956), Mainz (1967), Saarbrücken (1983), Frankfurt (1985), Kaiserslautern (1989), Pforzheim (1992) und letztmalig Hamburg (2000).

Aus dem Vespa Club von Europa ist die Federation Internationale des Vespa Clubs (FIV) hervorgegangen, die Anfang dieses Jahrhunderts im Vespa World Club (VWC) aufgegangen ist. Er ist der Dachverband von aktuell 41 nationalen Verbänden, die über die ganze Welt verteilt sind. Seine Hauptaufgabe besteht neben der Aufrechterhaltung des Vespa-Mythos aus der Koordination und Durchführung sportlicher Aktivitäten wie der Vespa Rally und touristischer Aktivitäten wie den Vespa World Days.

Die Vespa World Days sind die Nachfolgeveranstaltung der Eurovespa. Die letzte Eurovespa fand 2006 in Turin (I) statt. 2007 wurde die Veranstaltung im Stadtstaat San Marino feierlich in die Vespa World Days umfirmiert, die seitdem in Cefalu (I), Zell am See (A), Fatima (P), Gjovik (N), London (GB), Hasselt (B) und 2014 in Mantua (I) stattfanden. 2015 ist Kroatien an der Reihe.

Die Vespa-Fahrer sahen in der Verbindung von Pontedera und Clubszene keinerlei Benachteiligung, ganz im Gegenteil. Sie organisierten Vespa-Rallyes, Vespa-Fotowettbewerbe, Vespa-Hochzeiten — ohne Werksauftrag, aber stets ganz im Sinne der Manager in Pontedera. Die Presse berichtete in Wort und — das war wichtig! — Bild von solchen Zusammenkünften, insbesondere von den Vespa-Hochzeiten, bei denen oft lange Spaliere blitzsauberer Scooter vor dem Standesamt oder dem Kirchenportal standen; selbstverständlich fuhr auch das Hochzeitspaar per Vespa vor.

Für Vespa sangen die Isarspatzen

Ab 1955 wurden deutsche Vespa-Besitzer über Clubaktivitäten durch die Verbandszeitschrift *Vespa-Tip* auf dem Laufenden gehalten. Dieses Blatt im A4-Format hatte seinen Redaktionssitz bei der Vespa-Messerschmitt GmbH in Augsburg-Haunstetten. Die zuvor vom VCVD herausgegebenen Vespa-Nachrichten hatten eine Auflage von 6000 Exemplaren. Der Verband steckte inzwischen jedoch in einer Krise, denn mit der Pleite der Hoffmann-Werke war auch das Präsidialbüro in Lintorf geschlossen worden. Die wenig erfreuliche Situation hatte den damaligen Präsidenten, Ernst-August Prinz zur Lippe, zur Aufgabe seines Amtes bewogen.

Erst mit Einstieg der Firma Messerschmitt ins Vespa-Geschäft wurde der VCVD wieder mit neuem Leben erfüllt; es bildeten sich die Landesclubs West, Südwest, Nord sowie der Schwäbische Vespa-Ring. Diese Vereinigungen hatten einen guten Start und fanden beste Unterstützung durch Augsburg. Am 8. Mai 1955 traten in Gießen die Vorstände aller Regionalclubs zusammen, regelten Organisationsfragen und belebten den VCVD neu. Die nachfolgenden zehn Jahre galten als seine große Blütezeit.

1960 — inzwischen hatte man den ehemaligen Rennfahrer Hans Stuck zum Präsidenten gewählt — gab es in Deutschland 250 Vespa-Ortsclubs mit mehr als

Links: Ein Team Vespisti, Teilnehmer am Europapokal-Rennen 1961, aus Italien, England, Belgien und der Schweiz am Nürburgring. Die Dame auf dem Sozius ist Ingrun Moeckel, ihres Zeichens Miss Europa.

8000 Mitgliedern, die enge Kontakte zu Gleichgesinnten in Frankreich, Belgien, Holland, Luxemburg, Großbritannien und in der Schweiz hielten. Auf Weihnachtsfeiern kam der Nikolaus per Vespa, es gab Wohltätigkeitsveranstaltungen und Vespa-Abordnungen bei den Rosenmontagszügen an Karneval und Fasching.

Auf der Internationalen Fahrrad- und Motorradausstellung (IFMA) war Vespa regelmäßig vertreten, und Tausende von Rollerfans besuchten den Stand, den 1960 beispielsweise eine »Phonobar« zierte: Hier konnte man die neuesten Vespa-Schlager hören, wie das Lied »Junge Leute von heute« mit der Musik des Komponisten Ralph Maria Siegel, einer der Großen der deutschen Schlagerbranche. Es sangen dazu die Isarspatzen.

Gerade aus Anlaß solcher Ausstellungen kamen Vespa-Fahrer in riesigen Aufgeboten, oft mit Fahnen und in auffallender Overall-Kostümierung. So auch in Frankfurt, wo man am 10. September 1960 »Zehn Jahre Vespa in Deutschland« feierte, gleichzeitig das zehnjährige Bestehen des dortigen Wespen-Clubs. 1200 Rollerfahrer aus dem In- und Ausland fanden sich ein, und sie beherrschten ein Wochenende lang fast das gesamte Straßenbild der Stadt. Das Meeting war zugleich ein hochgradiges Gesellschaftsereignis.

Mit großem Aufwand fanden auch stets die Miss-Vespa-Wahlen statt. In Deutschland hießen die gekürten Damen Vespa-Sommernachtsköniginnen. Attraktive Erscheinung allein genügte nicht, um Chancen zu haben: Die Damen mußten auch ein bestimmtes Maß an Vespa-Wissen vorweisen können.

Einen guten Draht hatte der VCVD zum Technischen Hilfswerk (THW); viele Vespa-Fahrer stellten sich für Katastrophen-Einsatzübungen zur Verfügung, ebenso dem Roten Kreuz. Hans Stuck hatte im Februar 1961 mit dem DRK vereinbart, daß sämtliche VCVD-Mitglieder einen kostenlosen Erste-Hilfe-Kurs absolvieren durften. Als Gegenleistung standen die Vespa-Eigner im Bedarfsfalle als Melde- und Kurierfahrer zur Verfügung. All diese Aktionen wurden in den Medien gebührend erwähnt und führten der Vespa-Gemeinde viele neue Mitglieder zu.

Hans Stuck lud zu Clubabenden mit der Verkehrspolizei ein

Um die Gilde der wirklich überzeugten Vespisti von den weniger »Linientreuen« unterscheiden zu können, gab es den VCVD-Clubausweis zunächst drei Monate auf Probe. Durch sein Verhalten hatte der Aspirant zu beweisen, daß er der Mitgliedschaft auch würdig war. Angeber und Nassauer wollte man nicht in den Reihen haben. Auch gab es einen Ehrenrat, der in Club-Streitfällen angerufen werden konnte.

Helmpflicht schon ab 1959

Wenn es Probleme gab, dann durch eine sich allmählich abzeichnende altersmäßige und soziale Umstrukturierung in der Mitgliederschaft. Während der Hoffmann-Zeit, also vor 1955, waren es meist höhere Angestellte, Ärzte, Rechtsanwälte und andere Angehörige freier Berufe, die Vespa fuhren. Allmählich aber kamen mehr und mehr Facharbeiter, Handwerker, Verkäufer und Behördenangestellte hinzu, während sich die erstgenannten Berufsgruppen nun ein Auto leisten konnten. Das Durchschnittsalter lag bald bei 21 und nicht, wie zuvor, bei 31 Jahren. Die Jüngeren verstanden nicht immer die Sprache der Älteren aus der Pionierzeit der Rollerei, drehten die Musikbox ein wenig lauter auf, schlürften Hawaii-Cocktails statt Apfelschorle und handhabten ihre Roller auch weniger disziplinvoll im Straßenverkehr. Verbandspräsident Stuck bemühte sich sehr um eine hohe Verkehrsmoral und initiierte sogar bundesweit Clubabende mit Vertretern der örtlichen Verkehrspolizei. Die Unfallstatistik zeigte bei den Zweiradfahrern damals stark zunehmende Tendenz; es galt vorzubeugen, wo immer dies möglich war. Der VCVD bot seinen Mitgliedern ab 1959 sogar das Privileg einer Unfallversicherung zu besonders günstigen Konditionen, ausgehandelt mit der Württem-

Mitglieder des Bonner Vespa-Clubs als Eskorte des VCVD-Präsidenten Hans Stuck vor dem Gebäude des Roten Kreuzes in der Bundeshauptstadt.

bergischen Feuerversicherungs-AG in Stuttgart. Sie erlegte den Versicherten das Tragen eines Schutzhelms auf — das war Bedingung, um im Schadensfall Leistungen in Anspruch nehmen zu können!

Mit der Kampagne zum Benutzen eines Schutzhelms trug der VCVD ganz erheblich zur Sicherheit seiner Mitglieder bei, nachdem wissenschaftliche Untersuchungen ergeben hatten, daß bei 90 Prozent aller Unfälle mit tödlichem Ausgang die Opfer am Leben geblieben wären, hätten sie einen Helm getragen. Auch die Teilnahme an Clubveranstaltungen machte es bald zur Pflicht, einen »Kübel« zu tragen, wie man sich gern leger auszudrücken pflegte...

Zu Beginn der sechziger Jahre nahmen die Aktivitäten im Vereinsleben indes ab. Clubs lösten sich auf, die Zuwendungen seitens der Vespa GmbH in Augsburg ließen nach. Es gab auch Unregelmäßigkeiten in der Verbandskasse, die zwar nie an die große Glocke gehängt wurden, aber dazu beitrugen, daß es zum Ausfall des für 1961 geplanten Bundestreffens kam.

Aber nicht nur das Loch in der Kasse war hieran schuld. Eine Zeit des Umschwungs und der Neustrukturierung war gekommen, in Deutschland wie woanders ebenfalls. Die mit viel Enthusiasmus gegründeten Vespa-Clubs in Persien, in Thailand, in Uruguay, Chile und Kolumbien verschwanden, wie sie gekommen waren. Oft fehlte es am Geld, das man sich aus Pontedera erhofft hatte, zumal das Werk an den Clubgründungen so stark interessiert gewesen war. Die FIV, Fédération Internationale des Vespa Clubs in Rom (früher: Vespa Club Mondial) führt ein langes Register der bestehenden, aber auch der inzwischen nicht mehr existenten Clubs...

Der 1957 gegründete Vespa-Club der USA warb zeitweise mit großem Erfolg um Mitglieder in den Kreisen der 75.000

Der Vespa-Club Nürnberg bei einer Faschingsveranstaltung 1991. Ganz vorn VCVD-Präsident Arthur Eichner.

Kurierfahrer beim Eucharistischen Weltkongreß 1960 in München.

Vespa-Besitzer Nordamerikas (Stand 1959). Das Hauptquartier befand sich in der 3, East 54th Street, New York; Einzelclubs gab es in Philadelphia, Washington, Cleveland, Miami, Portland, Salem, Denver, San Francisco, Boston und vielen anderen Städten, vor allem in Kalifornien.

Das große Argument der amerikanischen Vespa-Fahrer war das der Wirtschaftlichkeit. Man fuhr ohnedies langsam, und das Benzin kostete nur ein Bruchteil dessen, was man in Europa zahlte. Bei sportlichen Aktivitäten hielt man sich zurück, die Amerikaner bevorzugten Picknickfahrten ins Grüne.

Doch auch in den USA befand sich die Vespa-Welle wieder im Aufwind; der damalige Vespa Club of America mit Sitz in Cleburne, Texas, war zwar nicht der FIV angeschlossen, vertrat aber etwa 400 Mitglieder. Stattdessen wurde Amerika dort von einem Club mit etwa acht Mitgliedern vertreten, der in Los Gatos, Kalifornien, eingetragen war und von einem deutschen Einwanderer geführt wurde. Daneben gab es noch weitere sieben bis acht Regionalclubs.

Außergewöhnlich ist die Situation in Japan. Hier waren die ersten Vespa-Roller Ende der vierziger Jahre von amerikanischen Soldaten ins Land gebracht worden; die ersten offiziellen Vespa-Importe stellten 15 GS-Modelle in Silber dar. Nach der Vespa-Flaute in den siebziger Jahren, die in allen Ländern zu spüren war, gilt heute Japan als Geheimtip für Vespa-Fans. Zwar ist die Verbandsstruktur hier weniger sichtbar — neben einigen örtlichen Clubs gibt es jetzt aber auch einen Vespa Club Japan —, doch von der stillen Liebe zeugen Treffen und Ausfahrten, Händler mit Spezialkatalogen zum Thema Tuning und Ausstattung sowie die Tatsache, daß heute neben den neuesten Modellen Vespa GTS und Primavera bis Ende der 1990er Jahre eine Vintage-Serie der Modelle 50 S, 100 und 125 ET3 Primavera in Pontedera speziell für den japanischen Markt produziert wurde. Begründet wurde dies von einem Vespist aus Osaka damit, daß die modernen japanischen Roller »äußerlich zu viel Hightech aufweisen, und eine junge Generation sich mit dem »human touch« — oder auch den vespatypischen weiblichen Formen verstärkt anfreunde.

Heute ist Italien das Land mit den meisten Vespa-Clubs. Deutschland liegt mit etwa 150 Clubs und 4500 Mitgliedern auf Platz zwei in der Welt. Auch Österreich und die Schweiz stellen an ihrer Größe gemessen mit je rund 20 Clubs und 200 Mitgliedern starke nationale Verbände.

Nachdem 1963 die Clubzeitschrift »*Vespa-Tip*« eingestellt wurde und die Mitglieder in den Regionalclubs fortan nur noch durch Rundschreiben und Mundpropaganda auf dem Laufenden gehalten wurden, startete der VCVD im Jahr 2009 mit der »*Vespina*« wieder einen sehr erfolgreichen Anlauf, seine Informationen in Form einer Zeitschrift herauszugeben. Sie erfreut sich bis heute wachsender Beliebtheit und kann auch von Nichtmitgliedern bezogen werden.

Erinnerungen an Eurovespa 1960

In der Tat, die Italiener waren einst führend und Vorbild, was Vespa-Aktivitäten betraf. Sie lieferten Musterbeispiele, wie große Treffen zu organisieren waren, so die Eurovespa in Rom 1960, die noch heute alljährlich als Vespa-World-Days jeweils in einer anderen Stadt veranstaltet werden. 1965 war es in Cortina d'Ampezzo, 1969 in Viareggio, 1981 in Livorno, 1983 in Saarbrücken, 1985 in Frankfurt am Main.

1960 gab es zwei Ereignisse, die das Vespatreffen für alle Teilnehmer unvergeßlich machten: Die Eröffnung der Olympischen Sommerspiele und eine große Audienz aller Teilnehmer einschließlich der Vespisti beim Papst. Die Zahl der Vespa-Fahrer war auf 50 pro Nation begrenzt, und die Gruppe aus Deutschland kam aus allen Ecken der Bundesrepublik. Nonstopfahrten bis zu 900 Kilometer legten die Rollerpiloten zurück, um sich in Bozen, kurz nach dem Grenzübergang am Brenner, zu treffen und ab dort gemeinsam — mit Polizei-Eskorte — nach Rom zu wallfahren. Andere Kolonnen aus verschiedenen Ländern gesellten sich hinzu, durch Farben gekennzeichnet: Blau für die Portugiesen und Spanier, aus Imperia kommend; Gelb für Franzosen, Briten und Luxemburger, die Autostrada nach Rom über Turin ansteuernd; Grün für Belgier, Niederländer, Dänen, Schweden, Norweger

Roller-Treffen in Japan. Dort hat der Scooter und vor allem die Vespa einen sehr großen Freundeskreis.

Anläßlich des 60-jährigen Jubiläums des VCVD wurden die 1. German Vespa Days in Herten abgehalten, eine zweite Auflage folgte 2014

und Schweizer, die sich in Mailand sammelten, während Österreicher und Deutsche die Rote Kolonne bildeten.

Daß es in Anbetracht des auch damals bereits dichten Verkehrs auf den italienischen Straßen zu einem reibungslosen »Marsch auf Rom« kam, ohne unplanmäßige Aufenthalte oder Zwischenfälle, verdankten die Vespa-Fahrer einer generalstabsmäßig geführten Organisation. Das Haus Piaggio war daran in hohem Maße beteiligt, kam auch für Fahrtkosten und Unterbringung auf und spendierte sogar das große Buffet im Hilton. Die Presse wußte das zu honorieren, lobte das vorbildliche Verkehrsverhalten der einheitlich in weiße Overalls gekleideten Vespisti und brachte eindrucksvolle Bilder von den Vespa-Flotten.

Die Zuhausegebliebenen organisierten derweil lokale Veranstaltungen wie den »Tag der Vespa«, wie es ihn in vielen Städten gab. Auch an diesen publikumsträchtigen Meetings beteiligten sich Werk oder Importeur finanziell. Das hörte indes auf, als die Zweirad- und mithin auch die Rollerbaisse ihren Tiefstand erreicht hatte, nämlich um 1965. Damals stellte auch der *Vespa-Tip* sein Erscheinen ein — der Stamm der Bezieher war so stark geschrumpft, daß die Zeitschrift nicht mehr am Leben zu erhalten war.

Die Ära Stuck währte im VCVD 18 Jahre lang, bis der Präsident am Ende der Rollersaison 1975 aus gesundheitlichen Gründen seinen Rücktritt erklärte. Man ernannte ihn auf Lebenszeit zum Ehrenpräsidenten des VCVD. Hans Stuck verstarb im Alter von 77 Jahren am 8. Februar 1978. Zu seinem Nachfolger hatte man Arthur Eichner gewählt, der zuvor im VCVD das Amt eines Sportkommissars innegehabt hatte.

Der in Nürnberg ansäßige Arthur Eichner, von Beruf Finanzbeamter, hatte sich 1954 für 250 Mark seine erste (gebrauchte) Vespa zugelegt. Mittlerweile war er Pensionär, Cosa-Fahrer und jahraus, jahrein mit der Organisation von Vespa-Sportveranstaltungen beschäftigt. Sein großer Wunsch an Pontedera: Ein Roller mit 250-ccm-Viertaktmotor…

Dieser Wunsch sollte 2006 mit der Vespa GTS 250i.e. in Erfüllung gehen. Zu spät für Eichner — er verstarb ein paar Jahre zuvor. Das Amt des VCVD-Präsidenten hatte er schon 2001 an Dieter Mertes, beheimatet im Saarland, abgegeben. Dieser führte den Verein 10 Jahre lang und übergab die Präsidentschaft 2011 im Rahmen eines größeren Generationswechsels an Uwe Bödicker. Mertes bleibt dem VCVD aber als Schatzmeister erhalten. Mit dem Wechsel kehrt der VCVD quasi zu seinen Wurzeln zurück: Bödicker wohnt im Rheinland in der Nähe von Ratingen-Lintorf (Heimat der Hoffmann-Werke) und Düsseldorf (Gründungsort des VCVD). Und vollends schließt sich der Kreis, seit die Piaggio Deutschland GmbH ihre Zentrale von Diedorf bei Augsburg nach Kerpen und 2014 nach Düsseldorf verlegt hat.

Der VCVD feierte 2012 mit einem großen Jubiläumstreffen, den »German Vespa Days«, sein 60 jähriges Bestehen in Herten b. Recklinghausen.

In diesem Zusammenhang muß ein weiterer überregionaler Club genannt werden: der Vespa-Veteranen-Club-Deutschland e.V., der 2013 sein 25-jähriges Jubiläum feiern konnte.

6402HL75
963 CG58
2383 EX-76

KAPITEL 8

Vespa ganz anders

Das Auto, der Roller, der Außenbordmotor: Alles trug den Markennamen Vespa.
Gegenüberliegende Seite: Vespa-Auto-Parade am Place de la Concorde, Paris. Der Wagen ganz vorn weist besonders viel Chromzierat auf.

Piaggio als Hersteller zunächst von Schiffseinrichtungen, dann Flugzeugen und schließlich des weltberühmten Vespa-Motorrollers hatte sich mit ständig ausweitender Fertigungskapazität in seinen nach 1945 wieder aufgebauten Betriebsstätten die Möglichkeiten geschaffen, auch andere Produkte herzustellen. So gesellte sich dem Roller schon kurze Zeit später das Ape genannte Lastendreirad hinzu, 1957 auch ein kleiner Personenwagen; sogar Außenbordmotoren wurden von Piaggio gebaut. Beginnen wir mit der Story des kleinen Personenwagens.

Das Vespa-Auto

Der Kleinstwagen Vespa 400, der am 11. September 1957 in Monte-Carlo der Fachpresse vorgestellt wurde und im Oktober des gleichen Jahres auf dem Pariser Autosalon erstmals auf einer Ausstellung zu sehen war, darf als ein erstes Kind des gemeinsamen europäischen Marktes bezeichnet werden. Seine Konstruktion stammte aus dem italienischen Piaggio-Werk, gebaut aber wurde das Fahrzeug in Frankreich, und kaufen konnte man es schließlich überall im westlichen Ausland, auch in Deutschland.

Die Story des Vespa 400 ist eng mit der Entstehungs- und Erfolgsgeschichte des Vespa-Rollers verknüpft. Zweifellos trug der Scooter aus Pontedera zu einem ganz erheblichen Teil zur Motorisierung einer breiten Bevölkerungsschicht bei, in Italien wie auch in vielen anderen Ländern, aber es ließ sich auch erkennen, daß viele Zweiradfahrer den Roller nur als eine Art Übergangslösung betrachteten. Man träumte von einem Auto — auch und gerade in einer Zeit, als man es sich überhaupt nicht leisten konnte und sich glücklich schätzen durfte, ein motorisiertes Gefährt wie eine Vespa sein eigen nennen zu dürfen. Die Ära, in welcher Zweiradfahren zu einem sportiven Luxus, zum Freizeitvergnügen und zum Ausdruck eines neuen Lebensgefühls wurde, war noch längst nicht angebrochen.

Die Vespa-Hersteller bekamen sehr wohl mit, daß viele Roller-Besitzer und deren Familien ihre gesteigerten Mobilitätsansprüche alsbald mit einem Kleinstwagen stillten, wie ihn Fiat in Gestalt des 500 oder 600 anbot, sobald sie in der Lage waren, sich ein solches Fahrzeug zu leisten. Was lag also näher als der Gedanke, die Vespa-Kundschaft an sich zu binden — mit eben einem solchen Miniaturauto.

Der Vespa 400 präsentierte sich auf dem Pariser Salon 1957 als ein grundehrliches Fahrzeug mit einer zeitlos-modern gestalteten, selbsttragenden Karosserie. Ein Stadtfahrzeug ohne Allüren, dessen Konturen an den Fiat 500 C alias Topolino (in Frankreich: Simca Six) erinnerten. Es handelte sich um einen reinen Zweisitzer; die schmale Bank hinter den Vordersitzen war ungepolstert und nur für die Gepäckunterbringung gedacht. Notfalls ließen sich dort auch mal zwei (kleine) Kinder platzierten. Die weiche Federung des Wagens sorgte dafür, daß die Knirpse keine blauen Flecken bekamen.

Natürlich versuchte die Vespa-Werbung, diese rollende Einkaufstasche als ein Nonplusultra der Geräumigkeit darzustellen. Das serienmäßig vorhandene, fast die gesamte Dachbreite einnehmen-

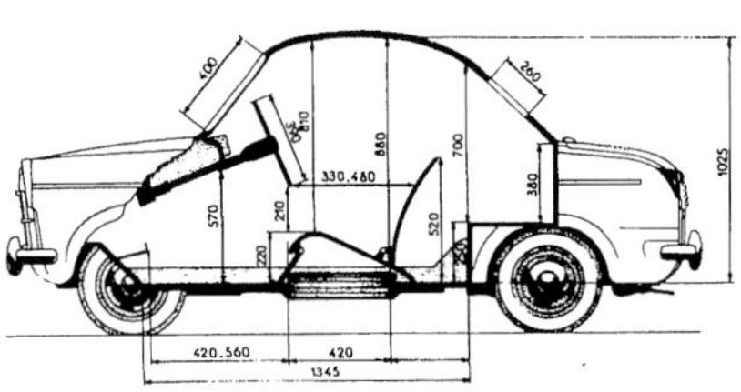

Vespa 400 1958-61

Motor		2 Zyl. Zweitakt, Heck
Hubraum	ccm	394
B x H	mm	63 x 63
PS/min		14/4350
Kraftstoff		1:50
Zündung		12 V Batterie Ducellier
Anlasser		elektrisch
Getriebe		3-Gang
Länge	mm	2835
Breite	mm	1270
Höhe	mm	1250
Spur v/h	mm	1100/1100
Radstand	mm	1693
Kurvenradius	mm	7800
Leergewicht	kg	360
Bereifung		4.40 - 10 "
Tankinhalt	l	21
max. km/h		90
Verbrauch l/100 km		ca. 5
Anmerkungen		Selbsttragende Karosserie, Einzelradaufhängung, hydraulische Bremsen. Exportversion GT auch mit 20 PS Leistung und 4-Gang-Getriebe (ab 1961). Faltdach serienmäßig.

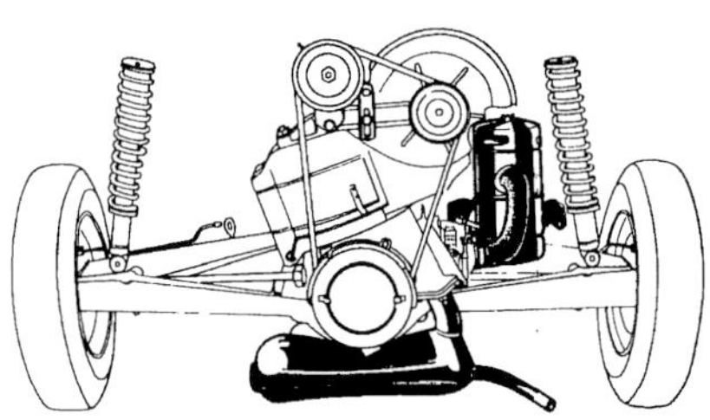

de Faltdach erlaubte in der Tat, großvolumige Gegenstände zu befördern, wenn man es zurückrollte. Durch zwei Gummilaschen wurde es festgehalten; der Vespa 400 wurde so zu einer Art Cabrio-Limousine.

Durch eine gründliche Vorbereitung, die der Serienfertigung vorausgegangen war, war das kleine Auto frei von Kinderkrankheiten. Dabei handelte es sich um eine völlige Neukonstruktion, entstanden unter der Leitung des Vespa-Chefingenieurs Carlo Carbonero. Daß Piaggio den Wagen nicht in Italien produzierte, hatte einen triftigen Grund: Es gab zahlreiche Ebenen einer Zusammenarbeit mit dem Fiat-Konzern, und Piaggio hatte großes Interesse, sich nicht mit den Turinern anzulegen, die 1957 gerade ihren neuen Fiat 500 herausgebracht hatten. So zog es die Firma Piaggio vor, ihren Auto-Neuling im Ausland herstellen zu lassen.

Man entschied sich für das Nachbarland Frankreich, wo 1950 mit Beteiligung Piaggios in Fourchambault die Ateliers de Construction de Motocycles et d'Accessoires (A.C.M.A.) gegründet worden war. Gemeinsam mit einer Gruppe französischer Investoren hatte man Anteile des defizitären Staatsunternehmens Société Nationale de Construction Aéronautique Centre (S.N.C.A.C.) erworben und die Firma privatisieren können. Die daraus hervorgegangene A.C.M.A. hatte unter der Leitung des damals 29jährigen Fürst Beauvau-Craon ihren Geschäftssitz in Paris.

Kurz nachdem die Firma Hoffmann in Lintorf 1950 mit der Lizenzfertigung des Vespa-Rollers begonnen hatte, nahmen im nächsten Jahr Douglas in Großbritannien und der A.C.M.A.-Betrieb die Montage des italienischen Scooters auf. 300 Mitarbeiter stellten zunächst aus Pontedera gelieferte Bausätze zusammen; ab 1952 erfolgte die Rollerfertigung in Fourchambault in kompletter Eigenregie. Die nur wenig modifizierte A.C.M.A.-Vespa bestand nun zu hundert Prozent aus in Frankreich hergestellten Komponenten. 28.280 Einheiten verließen 1952 das Werk; 1953 waren es bereits mehr als 40.000. Der Werkskomplex für die über 300 Mitarbeiter umfaßte auch Wohnungen, Gastronomie, Kindergarten, Sportplätze und ein Ferienheim. Als im Spätherbst 1957 die Fertigung des Vespa 400 anlief, verfügte dieser moderne Betrieb mehr als jedes andere Vespa-Werk in Europa über die Voraussetzungen zu einem Sprung in die Kleinwagenproduktion.

Das kleine Auto und die große Welt: Yachthäfen und elegante Damen gaben auch für den Vespa 400 eine attraktive Kulisse ab.

Neben den täglich hergestellten 260 Rollern rechnete man anfangs mit einem Tagesausstoß von 100 bis 200 Autos. Solche hohen Erwartungen ließen sich aber während der gesamten Bauzeit des Vespa 400 von 1957 bis 1961 nicht realisieren. Zwar vermochte die französische Piaggio-Filiale binnen vier Jahren rund 28.000 Wagen abzusetzen; im internationalen

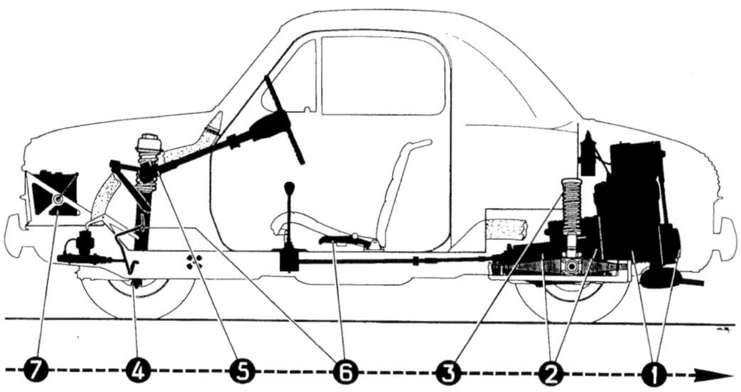

(1) Motor
(2) Getriebe
(3) Hinterrad-Dämpferbein
(4) Vorderrad-Dämpferbein
(5) Lenkung
(6) Hand- und Fußbremse
(7) Batterie

Rechts: Der selbsttragende Karosseriekörper des Vespa 400.

Links: Rallye des Vespa-Club Léopoldville, Kongo, 1960 – eine Veranstaltung, die sich großer Aufmerksamkeit erfreute.

Maßstab reichte dies jedoch nur zu einer Randnotiz in den Zulassungsstatistiken der wichtigsten Abnehmerländer.

Die meisten Fahrzeuge blieben im Herstellungsland Frankreich, wo der Faltdach-Zweisitzer mit den hinten angeschlagenen Türen als Stadtfahrzeug für die elegante Dame, wie es im Werbeprospekt hieß, bescheidenen Anklang fand. Angesichts eines nur geringen Preisunterschieds zu Konkurrenzfahrzeugen gaben indessen die meisten französischen Autokäufer eher einem Vierplätzer nach Art des Citroën 2 CV oder Renault 4CV den Vorzug. Für diese Entscheidung gab es auch psychologische Gründe: Der Vespa-Hecktriebler schien ausschließlich ein Auto für den urbanen Gebrauch zu sein. Zwar ließ er sich mühelos handhaben, und sein Wenderadius von nur 3,80 Meter und seine Gesamtlänge von nicht mehr als 2,85 Meter erlaubten Manövrieren und Parken auf kleinstem Raum, doch wollte der Besitzer eines solchen Fahrzeugs ja auch einmal mit seiner Familie in den Urlaub fahren. Hier waren ihm — so nahm er an — doch sehr viel engere Grenzen gesetzt als mit einem Citroën 2 CV, einem Heckmotor-Renault oder Simca-Fiat.

Tatsächlich war der Vespa 400 sehr viel langstreckentauglicher als viele Skeptiker glaubten. Der renommierte Motorjournalist Robert Poensgen absolvierte am Steuer des 13-PS-Mobils eine Vollgasjagd auf der Autobahn Frankfurt-München mit einem Schnitt von mehr als 70 km/h und berichtete auch über eine Testfahrt durch die Alpen, bei welcher das Auto die Turracher Höhe — mit 36 Prozent die steilste alpine Paßstraße — problemlos erklommen hatte (nachzulesen in der Zeitschrift *Kleinwagen* vom 1. Oktober 1959).

Eine ähnliche, aber noch sehr viel strapaziösere Parforce-Tour war die Langstreckenfahrt von Paris nach Moskau und retour zweier französischer Journalisten. Raymond Miomandre (»Pépère«) und René Pari absolvierten die 7214-Kilometer-Distanz mit einem Schnitt von 63,5 km/h. Für die Strecke von Paris nach Moskau (3223 km) hatten sie 63 Stunden benötigt, einschließlich 12 Stunden und 14 Minuten Aufenthalt an Grenzen und Tankstellen. Der zuverlässige Zweizylindermotor hatte insgesamt 191,5 Liter Benzin verbraucht, das entsprach einem Mittel von 5,81 Liter auf 100 Kilometer. Nicht eine einzige Panne hatte es während der Fahrt gegeben, die in der Zeit vom 8. August bis zum 7. September 1958 unter Aufsicht der »Fédération Française des Sports Automobiles« stattgefunden hatte.

In einem Gutachten der FFSA wurde bestätigt, daß der »Vespa 400 in der Lage ist, zwei Personen ohne Schwierigkeiten über eine Grand-Tourisme-Strecke zu befördern, und zwar mit einer mittleren

Oben: Interieur eines 1961er Vespa 400.

Links: In seiner Dimension ein zweisitziger Stadtwagen par excellence!

Rechts: Vespa 400 nach einem Überschlag...

Geschwindigkeit und ohne mechanische Störungen.« Eine Leistung, die auch Fahrer anderer Minimobile erbracht hatten, auf anderen Strecken, aber unter vergleichbaren Belastungen. Halbe und ganze Weltreisen mit der Isetta oder dem Goggomobil widerlegten alle Vorurteile, ein Kleinstfahrzeug sei nun einmal nichts anderes als ein Stadtwagen.

Die Vespa-Vertriebsleute nutzten die Moskau-Reise der beiden Männer zu einer eindrucksvollen Werbung. Sie ließen Sonderdrucke und Postkarten anfertigen, die den Vespa 400 in Moskau auf dem Roten Platz zeigten, veröffentlichten das FFSA-Gutachten und luden Journalisten nach Mailand ein, wo die Kreml fahrer interviewt werden konnten. »Das billigste Auto Frankreichs hat seine Leistungsfähigkeit bewiesen!« jubelte das Herstellerwerk in einer Presseerklärung und kam zu der Erkenntnis: »Das Interesse, welches dem kleinsten Botschafter unserer Automobilindustrie von der Bevölkerung der durchquerten Länder entgegengebracht wurde, gereicht dieser französischen Fahrzeugschöpfung zu hoher Ehre. «Solchermaßen artikulierter Stolz war gewiß gerechtfertigt, trug aber nicht im geringsten zu höheren Umsätzen bei.

Vespa 400: »Verkehrsmittel des kleinen Mannes und des Mittelstandes«

Im März 1958 wurde der Vespa 400 auf dem Genfer Salon dem schweizerischen Publikum gezeigt. Nicolo Rizzi, Präsident der helvetischen Importgesellschaft und Reeder der Arosa Line, pries auf einer Pressekonferenz den italo-französischen Kleinwagen als »Verkehrsmittel des kleinen Mannes und des Mittelstands« und gab der Hoffnung Ausdruck, daß der Wagen eine ebenso gute Aufnahme finden möge wie der legendäre Roller aus gleichem Hause, von dem es damals in der Schweiz 49.000 Exemplare gab.

Doch auch die Schweizer zeigten sich zurückhaltend und gaben dem 2 CV trotz langer Lieferfristen den Vorzug. Auch die Isetta, das Goggomobil, der Maico 500 oder der Zündapp Janus rangierten noch vor dem Vespa 400. Gut schnitten in der Schweiz auch der erstklassig verarbeitete Lloyd aus dem Borgward-Konzern sowie der NSU Prinz ab.

In der Bundesrepublik kam der vierrädrige Sproß aus der Vespa-Familie erst 1959/60 in Fahrt. Der Vertrieb erfolgte über die in Augsburg angesiedelte Vespa GmbH. Doch die zahlreiche einheimische Konkurrenz machte dem Vespa 400 das Leben schwer. Das Auto gefiel, aber es war für deutsche Begriffe zu primitiv, auch monierte man den relativ hohen Preis, der anfangs 3890 Mark betrug, dann auf 3450 Mark reduziert und schließlich mit nur mehr 3090 Mark angegeben wurde (»einschließlich Heizung«, wie es hieß: Sie war mit 110 Mark angesetzt). Was den Absatz aber auch nicht förderte.

Oben: Mit 2980 Mark kostete der Vespa 400 in Deutschland bedeutend weniger als ein Fiat 500. Ein Inserat vom September 1959.

Oben: 100 Vespa-Kleinwagen warten auf ihre Verschiffung in die Vereinigten Staaten.

Rechts: Wo ist bitte der Schnee von gestern geblieben? Werbefoto von 1960.

Unten: Eine Flotte von Vespa 400 nach der Rückkehr vom Pariser Automobilsalon im Oktober 1960. Gegen die Konkurrenz von Renault und Citroën hatte es Vespa nicht leicht.

Links: Ein Werbe-Sketch für ein Preisausschreiben, das 1960 gemeinsam von DKW und Vespa veranstaltet wurde.

Unten: Blick auf den luftgekühlten Zweitaktmotor im Heck des Vespa 400. Das Aggregat leistete in der Standardversion 14, in der US-Ausführung 20 PS.

Vielleicht glaubten viele Auto-Interessenten, daß sich der Verkaufspreis eines Wagens proportional zu seinen Abmessungen verhalten müßte. Doch ein Blick auf die Preislisten Ende der fünfziger Jahre bewies eher das Gegenteil. So kostete ein Fiat 600 um 24 Prozent mehr als ein Fiat 500, und die Preisdifferenz des Vespa 400 gegenüber dem Renault 4CV machte nur rund 17 Prozent aus. Der Vergleich zwischen den deutschen Kleinwagen des Zeitraums 1958-59 zeigt dieses rechnerische Mißverhältnis noch deutlicher. Nimmt man den VW 1200 Standard als Vergleichswagen, dann lag das Goggomobil T 400 als Rollermobil 26 Prozent unter dem Preis des Käfers, der Janus von Zündapp aber nur 16 Prozent, das Goggomobil Coupé nur noch um 10 Prozent, der BMW 600 sogar nur rund 2 Prozent. Die hohen Preise für kleine Mobile machen den fatalen Optimismus mancher Hersteller der damaligen Zeit deutlich, erklären den alsbaldigen Ruin einiger von ihnen, aber auch den Erfolg des Wolfsburger Käfers.

Ende der fünfziger Jahre schienen die Tage des Rollermobils ohnedies gezählt zu sein. Der Autokäufer verlangte mehr Leistung, höheren Komfort. Selbst die, deren Budget es eigentlich nicht erlaubte, bestellten sich einen VW, einen DKW Junior, einen Lloyd Alexander. Wer wollte noch in einem Minimobil in die Gefahr geraten, als ein Unterprivilegierter des Wirtschaftswunders angesehen zu werden? Es war also auch eine Prestigefrage, ob man ein Roller-Derivat oder ein »richtiges« Auto fuhr. So ließen sich die Erwartungen der Vespa-Autoverkäufer in Deutschland ebenso wenig erfüllen wie die ihrer Kollegen in Frankreich oder anderen Ländern.

Auch Modellverbesserungen, elegantes Chromzubehör zum Nachrüsten oder Preisreduzierungen brachten dem Vespa 400 kein Glück. Abweichend vom ersten Modell hatte der Wagen 1959/60 Schiebefenster erhalten. Nicht mehr vorhanden war der separate Öltank mit Pumpe, so daß man sich wie bei jedem anderen Zweitakter auch sein 1:50-Gemisch an der Tankstelle durch den Zusatz von Selbstmischeröl eigenhändig herstellen mußte. Zur Abmessung des benötigten Ölzusatzes gab das Werk jedem Fahrzeug einen kleinen Meßbecher mit.

Robert Poensgen berichtete in der Zeitschrift *Kleinwagen,* daß es an den Tankstellen immer wieder zu einem kleinen Kampf gekommen sei, wenn er auf zehn Liter Benzin um eine Beimischung von nur 0,2 Liter Öl gebeten habe. Offenbar glaubte man, daß der Motor das doppelte Quantum benötigte.

1961 wurde der lang erwartete Vespa 400 mit Vierganggetriebe vorgestellt. Der 400 GT genannte Wagen wurde allerdings nicht auf dem deutschen Markt angeboten, sondern lediglich in Frankreich und einigen französisch dominierten Exportländern.

Mehrere hundert Vespa-Kleinwagen gelangten nach Australien, Venezuela und in die USA. Auch dort wurde das Auto mit drei Gängen, aber mit einem auf 20 PS Leistung gesteigerten Motor ausgeliefert. Ab New York Hafen betrug der Preis für den Winzling aus Europa 1080 Dollar einschließlich Heizung und zusätzlich angebrachten Richtungsanzeigern unterhalb der Scheinwerfer. Allerdings stellte die Vespa Distributing Corporation mit Sitz auf Long Island zusätzlich fünf Dollar für Auslieferungsarbeiten in Rechnung. Die Amerikaner amüsierten sich über das »Mickymaus-Auto« und seinen lustigen Preis, kauften es aber nicht.

Weißwandreifen gehörten übrigens zur Serienausstattung.

Auf amerikanischen Straßen vermochte sich der Vespa 400 also auch nicht durchzusetzen; der Werbeaufwand seiner Importeure dürfte sich nie bezahlt gemacht haben. Die verwöhnten Amerikaner bevorzugten Fahrzeuge mit starken Motoren, automatischem Getriebe, Panoramascheiben und großzügigem Platzangebot. Wenn ein kleines Auto, etwa als Zweit- oder Spaßmobil, für sie überhaupt in Frage kam, dann war es der VW Käfer, für den es obendrein an jeder Ecke eine Kundendienst-Werkstatt gab.

Noch im Jahre 1961 stellte die A.C.M.A ihre Kleinwagenproduktion ein. Die Nachfrage war zu gering, eine kostendeckende Fertigung war nicht gegeben. Dem Werk verblieb noch bis 1962 die Vespa-Rollerfertigung, bis sich in Fourchambault endgültig die Pforten schlossen. Der französische Vespa-Markt wurde in der Folgezeit direkt aus Italien versorgt, wozu man die Importfirma Vespa-France gründete. Der A.C.M.A.-Betrieb wechselte seinen Besitzer und ging später an den Lkw-Hersteller Unic über, seit 1966 eine Fiat-Tochter und damit Mitglied in der IVECO-Gruppe.

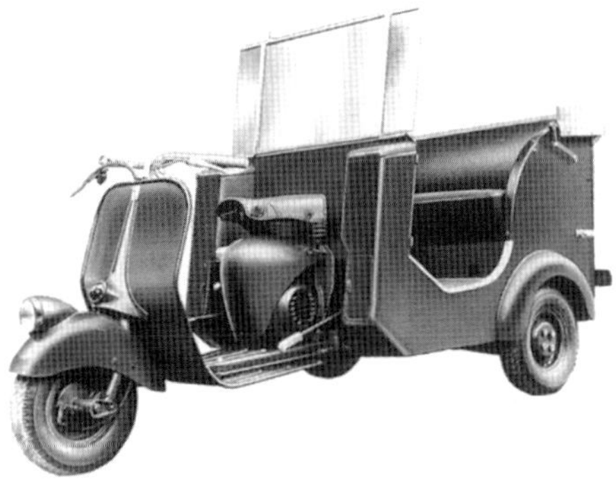

Den Lastenroller Ape gab es im Laufe seiner Produktionszeit in den unterschiedlichsten Taxiversionen.

Unten: Ape von 1948 in der Ausführung als Pritschenfahrzeug, universell einsetzbar .

Lastenroller Ape: die fleißige Biene

Nach dem grandiosen Start des Vespa-Rollers folgte nur wenig später eine dreirädrige Version nach Art der in Italien seit langem beliebten, auf Motorrad-Konstruktionen basierenden Dreiradtransporter. Die »Ape« — auf deutsch: Biene — wurde ein Erfolgsmodell wie die Vespa, wobei sie in den ersten Jahren ihrer Produktion äußerlich mehr einem Roller glich als einem Automobil.

In Italien haben diese Lastenmotorräder eine lange Tradition. Aber es gab sie auch in anderen Ländern, etwa in Frankreich und auch in Deutschland, als Lastesel, mobile Kolonialwarenläden, Lieferwagen und sogar Droschken. Erinnert sei an die Dreiräder von Framo, Goliath und Tempo. Besonders in vielen asiatischen Ländern spielen solche Fahrzeuge noch heute eine wichtige Rolle im Kleingewerbe sowohl auf dem Lande als auch in der Stadt.

Die Ape als motorisiertes Muli taugt für tausendundeinen Zweck. Telefongesellschaften beutzen sie für ihre Reparatur- und Entstörungstrupps, Landwirte für den Transport ihrer Produkte zum Markt, Luftverkehrsgesellschaften für den Flugplatzservice. Der »Motofurgone«, wie der Kleintransporter auf drei Rädern in Italien genannt wird, avancierte zum Rückgrat des Lieferverkehrs in Stadt und Land.

Von Anfang an stand eine Vielfalt von Aufbauten aus Holz, Blech oder in Kombination beider Materialien zur Verfügung, von der Pritsche bis zur Rikscha für den Personentransport, wie man sie auf den Inseln Capri und Ischia sah. Bis zu vier Fahrgäste hatten in einer Taxi-Ape Platz. Vor der Sonnenhitze schützte ein Leinendach. Auf ihren durchgesessenen Plastiksätteln steuerten Ape-Chauffeure ihre touristische Fracht durch die Vulkanlandschaft der Inseln, quälten die kleinen Scooter-Motoren über steile Serpentinen und übertönten mit ihrem Zweitakt-Konzert die Brandung an der Küste...

Titel eines Prospektes für die französische Schweiz aus dem Jahre 1955.

Mit den Jahren wurden die Motoren stärker und die Aufbauten komfortabler. Bis Anfang der sechziger Jahre gab es drei Entwicklungsstadien der Ape, die Modelle A, B und C, sowie eine Sattelzugmaschine namens Pentarò. 1963 wurde das Modell D eingeführt, das erstmals serienmäßig Türen an der Fahrerkabine aufwies. Damit war ein entscheidender Schritt vom Lastenmotorroller zum Kleinlieferwagen getan.

Ape Modell A (1948-1954)

Die 1948 von Piaggio vorgestellte Ape war im Vorderbau mit dem Vespa-Motorroller identisch und ähnelte im hinteren Teil je nach Aufbauart einer Pferdekalesche, einem Kastenlieferwagen oder einem nach sonstigen individuellen Bedürfnissen gestaltetem Nutzfahrzeug. Der Fahrer saß auf einem Sattel über dem Triebwerk, dem bekannten 125-ccm-Motor mit 4 PS Leistung. In der Ape-Werbung wurden eine Höchstgeschwindigkeit von 40 km/h, ein durchschnittlicher Verbrauch von einem Liter Zweitaktgemisch auf 35 bis 40 Kilometer sowie eine maximale Steigfähigkeit von 18 Prozent angegeben. Bedient und gesteuert wurde die Ape wie ein Vespa-Roller. Das Getriebe hatte vier Vorwärtsgänge — gegenüber dem Roller also einen Gang mehr; es gab zunächst keinen Rückwärtsgang, und der Antrieb auf die Hinterräder erfolgte über zwei Ketten in Blechummantelung und ein Differential. Mit einem engen Kurvenradius von 1885 mm und seinen kleinen Reifen von 4,00 x 8 Zoll war das Gefährt sehr wendig und durch die niedrige Höhe des Kastenbodens von 500 mm über der Fahrbahn auch leicht zu beladen. Der Rahmen der Ape bestand aus elektrisch geschweißtem Stahlblech.

Ape Modell A in den drei Grundausführungen als Pritsche, Kastenwagen und Rikscha.

Die für den Fahrgastbetrieb vorgesehene Ape verfügte über ein zurückschlagbares Faltverdeck für die Passagiere. Der Fahrer saß zunächst ungeschützt auf seinem Sattel; einen wirksamen Wetterschutz für ihn gab es in Form einer aufsteckbaren Windschutzscheibe. Dann bot Piaggio eine kleine Blechkabine an, seitlich offen, für den Kasten- und Lieferwagen ebenfalls lieferbar. Die Windschutzscheibe war aus Cellon und hatte einen Scheibenwischer, den man von Hand betätigte.

Ape Modell B (1955-1956)

Im Unterschied zu ihrer Vorgängerin hatte diese Ape, ab 1955 unter der Bezeichnung 150 angeboten oder auch Modell B genannt, den stärkeren 150-ccm-Motor erhalten, der bereits ein Jahr zuvor beim Vespa-Roller eingeführt worden war. Der Hubraum betrug 145,5 ccm bei einem

quadratischen Verhältnis von Hub und Bohrung von 57 x 57 mm. Die Leistung war damit auf 5,8 PS bei 5100/min gestiegen, die Höchstgeschwindigkeit wurde mit 55 bis 60 km/h angegeben, der Verbrauch mit 2,9 Liter pro 100 Kilometer (abweichend von den Angaben in den damals gedruckten Verkaufsprospekten findet man im offiziellen Typenblatt allerdings einen Wert von 3,5 Liter). Die Steigfähigkeit betrug jetzt 20 Prozent, die Nutzlast 300 kg. Links vom Fahrersitz befand sich ein Handhebel zur Betätigung des Anlassers, in der mechanischen Wirkung einem Kickstarter entsprechend. Zur serienmäßigen Ausstattung der Ape gehörte neben einem Wagenheber auch eine Luftpumpe in einer Leinwandtasche. Ein Tachometer konnte gegen Aufpreis bestellt werden.

Ab Werk wurden vier Basisaufbauten angeboten: Ein offener Kasten in den Abmessungen 110 x 110 x 22 cm, entweder standardmäßig in einer Kombination

Oben: Touristen-Taxi auf Capri – ein in den fünfziger Jahren auf vielen italienischen Inseln gewohnter Anblick.

Unten: Die Ape auf dem Piaggio-Stand der Levante-Ausstellung in Bari, 1955.

Wetten, daß...? Mit einer Ape treppauf und treppab zu fahren, war nur eine Sache der Nerven und Bandscheiben.

Fertigung des Ape-Modells C mit Fahrerkabine. Als Antriebsaggregat diente noch immer der kleine 5,8-PS-Einzylindermotor.

von Holz und Metall oder auch nur in Ganzmetall lieferbar; eine Version als Kipper, ein geschlossener Kofferaufbau von 70 cm Innenhöhe und die Taxi-Rikscha. Als Zubehör gab es für die Pritsche eine Plane mit Gestell und wie beim Modell A eine Überdachung für den Fahrersitz oder auch eine Metallkabine. Noch war die Ape mit einem Motorradsattel ausgestattet; neben dem Sitz befand sich das Kraftstoff-Reservoir. Einschließlich Reserverad kostete das offene Kastenmodell in der Exportversion für die Schweiz 2574 Franken, die mit einem Klappverdeck versehene Rikscha 3069 Franken.

Ape Modell C (1956-1963)

Ende 1956 wurde die Ape als Modell C auf den Markt gebracht, die sich deutlich von ihren Vorgängern unterschied und erstmals nicht mehr den spontanen Eindruck eines »Motorrollers mit Rucksack« machte, sondern bereits wie ein Kleinlastwagen aussah. Dies war in erster Linie auf ein neu gestaltetes Fahrerhaus zurückzuführen. Die einfachste Version stellte eine Art Windschutz mit Scheibe dar, auf das jetzt sehr viel voluminöser gestaltete Beinschild gesetzt, aber ohne Dach oder Rückwand. Gegen Aufpreis erhielt man ein komplettes Fahrerhaus, mit oder ohne Türen. Die Türen waren hinten angeschlagen, nach vorn öffnend. Der Motorradsitz war einer flachen Sitzbank gewichen, entweder einsitzig oder auch etwas breiter, so daß sie zwei Personen Platz bot.

Der Motor war weiterhin das bewährte 145,5-ccm-Triebwerk mit 5,8 PS bei 5100/min. Die vier Gänge wurden nach wie vor mit dem linken Handgriff geschaltet, während mit einem speziellen Hebel rechts am Boden das Differential auf Rückwärtslauf umgeschaltet werden konnte. Praktisch hatte man damit ebenso viele Rückwärts- wie Vorwärtsgänge zur Verfügung. Anfangs war diese Einrichtung ein Extra, doch schon die ersten Prospekte für das C-Modell bekamen einen Aufdruck, daß der Rückwärtsgang nunmehr im Serienumfang enthalten sei.

Wie zuvor bot Piaggio die Ape mit verschiedenen Aufbauten an, deren Zahl sich aber auf acht ab Werk erhältliche

Ape-Rikscha der C-Baureihe als schickes Cabriolet – und jetzt auch mit Rückwärtsgang!

Varianten erweitert hatte. Erstmals gab es ab 1958 auch in Deutschland die Ape zu kaufen, auf den Markt gebracht von der Vespa GmbH in Augsburg. Weder die Lintorfer Hoffmann-Werke noch die Vespa-Messerschmitt GmbH hatten zuvor die kleinen Ape-Lastesel in ihr Vertriebsprogramm aufgenommen gehabt und schon gar nicht in Lizenz gebaut. Aus gutem Grund, denn die fleißige Biene hatte hierzulande stets nur sehr begrenzte Marktchancen. Schon das Wort »Dreirad« erinnerte die Deutschen offenbar an Behelfe der Nachkriegszeit. Außerdem war für potentielle Kunden die Ladekapazität von 350 kg zu gering. Das Rennen auf dem heimischen Transportermarkt machte folglich nicht der Winzling aus Pontedera, sondern der Goggomobil-Transporter (wie ihn auch die Bundespost einsetzte), der Lloyd LT 500 oder gleich der VW »Bulli«.

Die wenigen Ape-Dreiräder, die für den deutschen Straßenverkehr zugelassen wurden, unterschieden sich von ihren italienischen Schwestern durch zwei Scheinwerfer im Vorderbau gegenüber dem in Italien immer noch üblichen Einzelscheinwerfer auf dem vorderen Kotflügel, damit man das Fahrzeug bei Nacht nicht mit einem Motorrad verwechselte. Außerdem benötigte man — in Italien für derlei Fahrzeuge nicht üblich — eine Befestigung für das vordere Kennzeichen, wollte man für die Ape den TÜV-Segen erhalten.

Wo die Ape bei uns auf den Straßen auftauchte, wurde sie zwar freundlich belächelt, galt aber immer als Außenseiter. Allenfalls Lesezirkel, Dampfwäschereien oder städtische Gartenbaubetriebe, die wegen der geringen äußeren Abmessungen des Vespa-Dreirades auch auf engsten Wegen fahren konnten, fanden Gefallen an diesem Frugal-Transporter aus Pontedera. Skeptisch äußerte sich auch die zeitgenössische Motorpresse. Hoher Innenlärm, geringe Fahrleistung,

Die Ape als anderthalbsitziges Tierheim-Fahrzeug und mit abgenommenem-Vorbau: Szene aus einem italienischen Spielfilm um 1960.

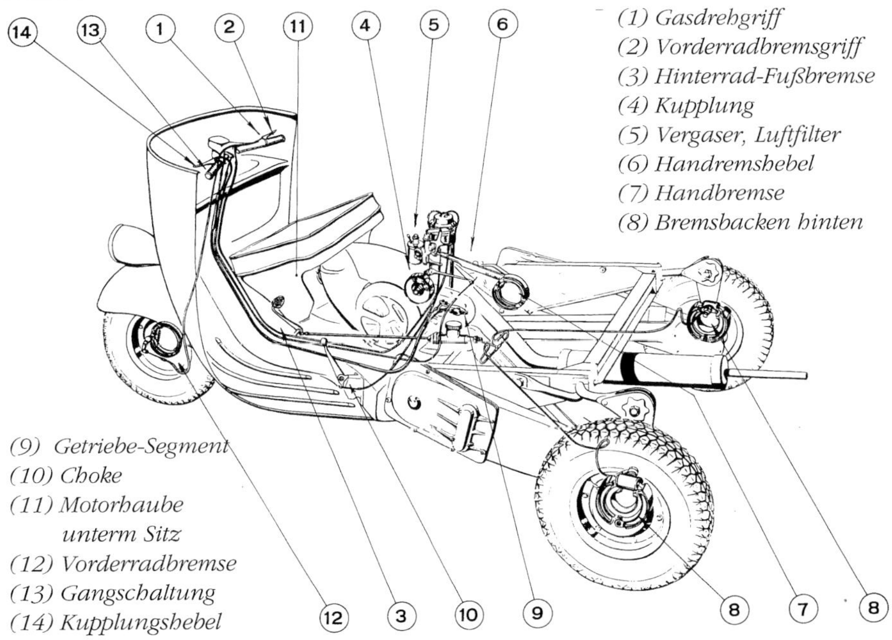

(1) Gasdrehgriff
(2) Vorderradbremsgriff
(3) Hinterrad-Fußbremse
(4) Kupplung
(5) Vergaser, Luftfilter
(6) Handremsbebel
(7) Handbremse
(8) Bremsbacken binten
(9) Getriebe-Segment
(10) Choke
(11) Motorbaube unterm Sitz
(12) Vorderradbremse
(13) Gangschaltung
(14) Kupplungsbebel

Ape Modell C von 1958/59 als Schneeräumfahrzeug eingesetzt. Die beiden Frontscheinwerfer waren in Deutschland Vorschrift.

kalte Zugluft durch die Türspalte und die fehlende Heizung wurden bemängelt, wenn auch die Wendigkeit und die leichte Beherrschung bei voller Last gewürdigt wurde. Die Vespa GmbH warb mit dem Slogan »Das Fahrzeug, das verdienen hilft« mehr recht als schlecht für das Dreirad, welches nicht als »Biene«, sondern schlichtweg als Vespa-Lastenroller vertrieben wurde und bei seiner Einführung zwischen 2440 und 3160 Mark kostete.

Ape-Exoten: Pentaró, Wjatka-Ape, Baiaj-Rikscha

Im Sommer 1961 brachte das Werk in Pontedera einen veritablen Sattelzug unter dem klangvollen Namen Pentaró als Transporter-Variante auf den Markt; sein Motor war eine Weiterentwicklung des Ape-Aggregats. Mit 7,5 PS Leistung und einem Hubraum von 169,7 ccm schaffte er eine Höchstgeschwindigkeit von 50 km/h, verbrauchte 5,5 Liter auf 100 Kilometer und bot eine Nutzlast von 700 kg. Aber auch als Fünfradler konnte sich dieser Transporter nicht auf dem Markt durchsetzen und blieb ein Exote.

Ungewöhnlich war auch ein Gefährt namens Wjatka, das bereits ab 1957 als Motorroller im russischen Kirow ohne offizielle Lizenz des italienischen Mutterwerkes gebaut wurde und dem 1961 eine Wjatka-Ape folgte. Ihre technischen Daten waren 148 ccm Hubraum, 5,5 PS Leistung, 300 kg Nutzlast und eine Spitze von etwa 40 km/h. Damit entsprach die Wjatka äußerlich der Ape Modellreihe B, wenngleich die Scheinwerferposition den jüngeren Vespa-Motor-

Ob als Lesezirkel-, Reklame- oder Kommunalfahrzeug eingesetzt: Die Ape ist ein universelles Nutzfahrzeug.

Die Auswahl ab Werk gelieferter Standard-Karosserien wurde immer größer, es gab auch ein Chassis für den individuellen Aufbau.

Ab 1961 erhielt man die Ape als Sattelzug, fünfrädrig und für 700 kg ausgelegt. Das 7,5-PS-Fahrzeug hieß Pentaró.

Vespa-Werkstattwagen Ape C.

Fast wie von der Vespa gewohnt: Kommandozentrale der Ape C.

Täglich frisch: Backwaren frei Haus. Diese Ape TM weist die Rechteckscheinwerfer auf, die 1982 eingeführt wurden. In der Form ist die Ape, mehr oder weniger unverändert, noch heute zu haben.

Oben die russische Wjatka, ganz offensichtlich ein Ape-Plagiat; unten eine 1992er Bajaj-Nostalgie-Rikscha.

rollern ähnelte. Wegen ihrer hohen Gebrauchseigenschaften wurde die Wjatka in Rußland sehr geschätzt.

In Indien kennt man die Ape vor allem als Rikscha. Es war die Firma Bajaj Auto Ltd., die ab 1961 zunächst die Vespa-Lizenzherstellung aufnahm und später auch Ape-Dreiräder baute. Mitte der achtziger Jahre wurde die Bajaj-Ape erstmals in Deutschland angeboten, jedoch aus Wettbewerbsgründen im Vertrieb eingeschränkt. Serienmäßig mit Sicherheitsgurten, Überrollbügel, Doppelscheinwerfern und verchromten Radzierkappen. Als Sonderzubehör offerierte der in Berlin ansäßige Generalimporteur Cola-Halter, Zigarettenspender und -anzünder sowie eine Stereoanlage. Das Gefährt bot Platz für drei Personen und konnte mit dem damaligen Führerschein Klasse 3 gefahren werden.

Unter dem aufgemotzten Blechkleid verbarg sich aber der gute alte 5,5-PS-Motor mit nur 145,5 ccm Hubraum.

Die Ape und Piaggio-Nutzfahrzeuge im 21. Jahrhundert

Die Ape wurde im Laufe der Jahre immer wieder modifiziert ohne dabei ihr unverwechselbares Aussehen zu verlieren. 1972 erhielt sie als Ape Car einen 216-ccm-Motor und 1982 erblickte die Ape TM, aus der alle weiteren Ape-Modelle neben der Ape 50 hervorgegangen sind, das Licht der Welt. 1984 kam dann die erste Ape mit einem Einzylinder-Dieselmotor auf den Markt und 1990 das erste Vierradfahrzeug. Heute umfaßt die Produktpalette der Ape Benzin- und Dieselmotoren zwischen 50 und 422 ccm Hubraum in verschiedenen Karosserie-Varianten mit offenen und geschlossenen Nutzaufbauten und zum Personentransport.

Als direkte Schwester der Vespa, ausgestattet mit den gleichen Genen, genießt die Ape inzwischen auch den gleichen Kultstatus. Das hat zur Gründung zahlreicher eigener Ape-Clubs geführt, die sich mit Hingabe der Pflege historischer Fahrzeuge, Clubtreffen, Ausfahrten und dem geselligen Beisammensein widmen.

Der Geschäftsbereich Nutzfahrzeuge des Piaggio-Konzerns umfaßt neben den Ape-Modellen inzwischen auch die Baureihen Quargo und Porter mit handlichen vierrädrigen Fahrzeugen in zahlreichen Variationen, die auch in Deutschland gerne im Einsatz insbesondere kommunaler Einrichtungen stehen.

Die Vespa des Meeres: Moscone

Bereits 1949 hatte das Piaggio-Werk in Pontedera den Bau eines zweizylindrigen »Flautenschiebers« namens Moscone aufgenommen. Es handelte sich um einen Zweitakt-Außenbordmotor mit 3,3 PS Leistung bei 4000/min und einem Hubraum von 99,5 ccm, Wasserkühlung mit Druckumlauf, Stufenschaltung mit Leerlauf. Ein Rückwärtsgang ergab sich durch Steuerdrehung um 180 Grad.

Der Moscone war kein hoch gezüchteter Sportmotor, sondern ein schnell montierbarer Motor für leichte Holzboote — die Ära der Kunststoffkähne setzte erst Ende der fünfziger Jahre ein. Das salzwasserfeste Aggregat mit geringen Packmaßen und nur 19 kg Eigengewicht konnte problemlos im Kofferraum eines

Die Vespa des Meeres war nicht etwa das Mädchen im Boot, sondern eine Bezeichnung für den Außenbordmotor »Moscone«.

Mittelklassewagens verstaut werden.

Auch in Deutschland kam der »Fuoribordo« unter der Bezeichnung »Wasser-Vespa« auf den Markt, fand aber vor allem im Produktionsland Italien seine Abnehmer bei Sportanglern, Bootsverleihern und Hobbyseglern, die auch bei Windstille mit der Jolle wieder in den Heimathafen zurückschippern wollten.

Die Produktion lief Ende der fünfziger Jahre aus. Sie war eigentlich ein Fremdkörper in dem sonst auf Zwei- und Dreiräder begrenzten Produktionsprogramm des Unternehmens gewesen.

Nicht sehr weit gedieh die Herstellung von Rasenmähern, die Ende der sechziger Jahre in die Wege geleitet wurde, um zusätzliche Kapazitätsauslastung zu schaffen. Den Verkaufs- und Reparaturservice sollte das dichte, im Umgang mit Kleinmotoren bestens geschulte Vespa-Händlernetz besorgen. Doch welcher potentielle Kunde vermutete schon einen vierrädrigen Gartenhelfer wie den Typ »Vespa Mountfield M 3« bei einem Rollerhändler statt in einem Kaufhaus oder bei einem Garten-Discounter? Die Frage des richtigen Vertriebsnetzes konnte nicht zufriedenstellend gelöst werden; schließlich verzichtete die Firma Piaggio darauf, ihren Vespa-Rasenmäher in Serie gehen zu lassen und trug das millionenschwere Projekt lautlos zu Grabe.

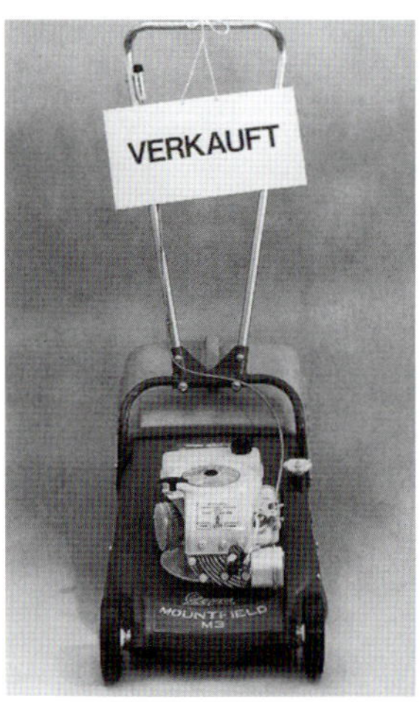

Auch einen Vespa-Rasenmäher wollte man in Pontedera fabrizieren, doch blieb es bei einigen Prototypen.

Vespa-Zubehör und Tuning

Wer immer ein großes Vespa-Treffen besucht, dem fällt auf, mit wieviel Liebe die meisten Roller aufgeputzt sind. Von Kopf bis Fuß läßt sich die Vespa mit vielerlei nützlichen oder auch einfach nur schönen Zubehörteilen individualisieren: Barocke Kaskaden, Radzierkappen, Trittbrettmatten, Stoßstangen, Gepäckträger gehören ebenso dazu wie eine Sitzbank in Schlangenleder-Imitation, Chrombuchstaben oder Aufkleber auf dem Beinschild. Prangten in den sechziger Jahren Namen wie »Hannelore« oder »Lotte« am Rollerblech, so

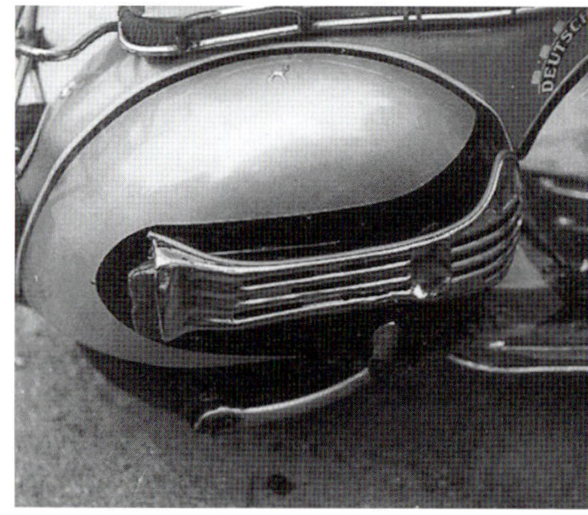

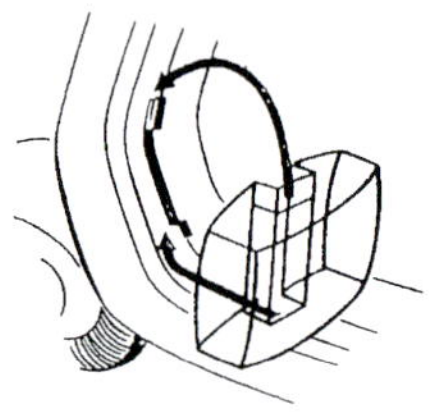

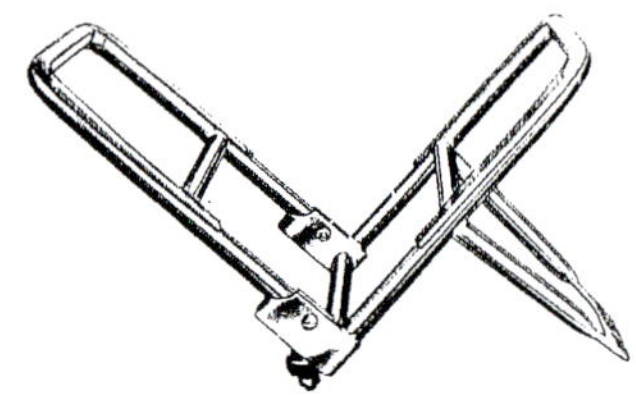

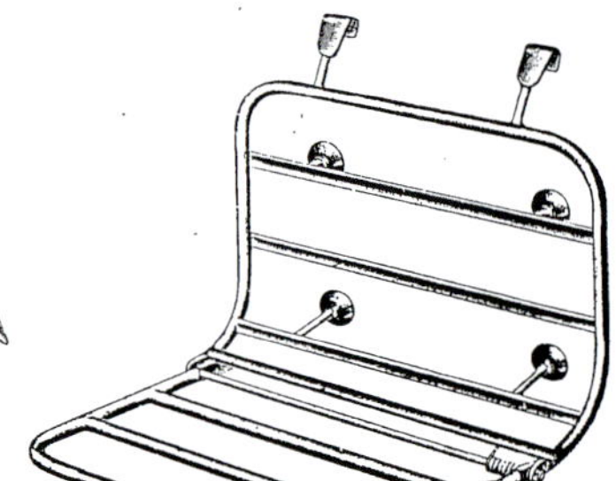

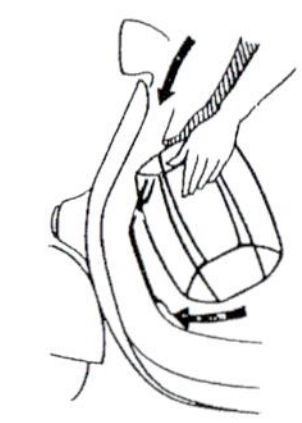

Seit der ersten Vespa-Stunde zählen Gepäckhalter zum wichtigsten Roller-Accessoire. Es gab und gibt sie in vielen Varianten zur Bug- und Heckmontage.

Ein von Koch in Wanfried angebotener Seitenwagen (Linksanschluß) für die Vespa.
Links: Hoffman in Lintorf hatte eine eigene Fabrikation von Seitenwagen und lieferte sie auch für kommerzielle Zwecke.

Rarität: Original Piaggio-Beiwagen am Vespa-125-Gespann von 1956.

Links: Koch-Velorex-Seitenwagen, jetzt für Rechtsanschluß, an einer Cosa.

Rechts: Paradies für Rollerfahrer: Verkaufsraum eines Vespa-Händlers in den 1960er Jahren mit viel Sonderzubehör.

hießen die Roller später »White Lady«, »Silver Surfer« oder »The Curling Wasp«. Nach dem Abebben der Modswelle scheuten sich die Scooterboys auch nicht, ihren Chromroller »Soldier of Fortune« oder »Pyromane« zu nennen.

Gepäckträger und Seitenwagen

Rollerfahrer, die ihre Vespa nicht nur für Stadtfahrten, sondern auch zum Campingwochenende nutzen wollen, benötigen als wichtigstes Zubehör einen Gepäckträger, den es sowohl für vorne als auch für hinten gibt. Schon in der Rollerfrühzeit bot die Zubehörindustrie hier eine reiche Auswahl, außerdem gab es Gepäcknetze vor und hinter dem Frontblech, Kasten und Reservetanks zwischen den Beinen sowie diverse Leder- und Stofftaschen. In der Unterbringung von Gepäck war der Roller dem Motorrad stets überlegen.

Aus Gründen der Fahrstabilität muß man das Gepäck möglichst gleichmäßig verteilen. Reichen zwei Träger nicht aus, so kann man ein zusätzliches Gepäckstück am Haken unter dem Sattel befestigen. Während die neueren Vespas serienmäßig über ein abschließbares Gepäckfach an der Innenwand des Frontblechs verfügen, behalfen sich Rolleure in den fünfziger und sechziger Jahren, bevor die Grand Sport mit einem geschlossenen Frontbehälter herauskam, mit speziellen Kunstledertaschen, die auf das Beinschild aufzustecken waren. Über die verschiedenen Ausführungen entschied dann nur der Geschmack.

Vespa-Besitzer mit Familie entschieden sich oft für einen Seitenwagen. In Italien gehörte er von den ersten Baujahren der Vespa an zum offiziellen Zubehörprogramm. Heute gibt es Beiwagen nur noch in handwerklicher Kleinauflage, beispielsweise von der Koch Motorrad GmbH in Wanfried, mit Liebe und Formgefühl hergestellt. Vor vierzig Jahren sah die Situation noch anders aus: allein in Deutschland existierten zahlreiche Hersteller wie Binder, Kali, Royal, Stolz, Stoye, Wilmsen und vor allem die Firma Steib. Dieses Nürnberger

Gepäckträger aus dem offiziellen Vespa-Angebot.

An erster Stelle des Chromzierats für PK und PX: Kaskade und Kotflügel.

Sog. »Kaskaden« für die Verzierung der Steuerrohr-Abdeckung gab es dutzendweise.

Unternehmen deckte den Löwenanteil des heimischen Seitenwagenbedarfs und belieferte neben den Motorradfabriken auch 80 Prozent der Vespa-Händler. Offiziell wurden in Deutschland keine kompletten Vespa-Gespanne direkt ab Werk angeboten, sieht man einmal von der Hoffmann-Kombination ab. Bei dieser handelte es sich um ein Boot, das auf einer geschweißten Rohrkonstruktion ruhte und per Rohrtraverse am Vespa-Fahrgestell angeschraubt wurde. Das Eigengewicht des kompletten Gespanns betrug 130, das zulässige Gesamtgewicht 285 kg. Hoffmann lieferte die Beiwagen-Vespa mit einer speziellen Getriebeübersetzung (12,2:1, 8,2:1, 5,83:1). Im übrigen hielt das Lintorfer Werk auch einen für Kleingüter bestimmten Beiwagen bereit; unter seinem abschließbarem Deckel ließen sich Frachten bis 75 kg verstauen.

Natürlich brachte die Seitenwagen-Ausrüstung der frühen 125-ccm-Vespa den Roller schnell an die Grenzen seiner Leistungskraft. Auf großen Strecken konnte der Einsatz eines Seitenwagens nicht befriedigen, der ja auch mehr dazu gedacht war, mit Frau und Kind zum Baden oder Einkaufen zu fahren. Für Botenfahrten sah das anders aus: Hier bewährten sich die leichten Beiwagen für den Warentransport ausgezeichnet.

Windschutzscheiben: Pro und contra

Von Anfang an war die Windschutzscheibe ein Diskussionsthema unter Rollerfahrern. Noch heute streiten sich Vespisti darüber, ob dieses Zubehör sich nur für schwere Brummer oder auch für einen Roller eignet. Fahrkomfort einerseits und veränderte Fahreigenschaften des Rollers andererseits sind gegeneinander abzuwägen.

Viele Vespa-Fahrer haben eine Abneigung gegen Windschutzscheiben, da bei Windböen die Fahrstabilität des Rollers beeinträchtigt wird, und sportliche Fahrer empfinden eine Windschutzscheibe ohnedies als störend. Erfahrungsgemäß »fressen« alle Scheiben Kraft, was bei einer 125er auf der Autobahn eine Geschwindigkeitsdifferenz bis zu 8 km/h ausmachen kann. Auch klagten Vespisti früher über ein Beschlagen der Scheiben, was eine Sichtminderung bedeutete. Abhilfe brachten Windschutzscheiben mit Sehschlitz, wie sie für die Vespa ab 1954 von der Firma Eichenwald (»Ideal«) oder von den Panther-Werken (»Aero«) angeboten wurden. Viele dieser Scheiben wiesen zusätzlich einen Sonnenschutz auf. Wichtiger aber war der untere Teil, „Wintervorflügelscheibe« genannt, der die Aufgabe hatte, die Hände und den Lenker zu schützen und zu verhindern, daß Zugluft oberhalb des Frontblechs durchblies. In der Regel war dieser flexible Schutz (»Sabberlatz«) am Lenker aus Wachstuch oder aus durchsichtigem Plastikmaterial.

Auf keinen Fall durften Lenkung und Beleuchtung beeinträchtigt werden.

Obwohl die Firma Piaggio auch heute noch Windschutzscheiben anbietet, ist deren große Zeit vorüber. Die Erklärung dafür ist einfach: Früher diente die Vespa als Allwetterfahrzeug und war nicht wie heute ein Zweit- oder Drittfahrzeug in der Familie oder ein ausgesprochenes Freizeitgerät.

Ohne Zweifel sind die heutigen Windschutzscheiben-Kunststoffe von höherer Qualität, doch hängt ihre Lebensdauer nach wie vor von der Pflege ab, die man ihr angedeihen läßt. Das Material ist wie ehedem relativ kratzempfindlich, besonders wenn man versucht, mit zu wenig Wasser Schmutz von der Scheibe zu entfernen. Fällt die Vespa einmal um oder baut man einen Sturz, so kann die Scheibe einreißen. Kümmert man sich um diesen Riß nicht weiter, so zieht er sich bald quer durch die Scheibe. Einen Riß pflegten Vespisti in den fünfziger Jahren zu stoppen, indem sie an seinem Endpunkt ein kleines Loch in die Scheibe bohrten und die Rißstelle anschließend verschweißen ließen — und die kostbare Windschutzscheibe war gerettet.

Oben: Verchromte Radzierkappen in verschiedenen Ausführungen

Windschutzscheiben waren nicht überall beliebt, gleichwohl äußerst nützlich.

Zubehör in Chrom und Glas

In den frühen Rollerjahren reichte das Zubehörangebot der Vespa-Händler von Stoßstangen, Zierleisten, Spiegeln, Wimpelstangen, Gepäckträgern, Kaskaden, Zierstücken, Plaketten bis zu Schlitzrohren fürs Frontblech, Sturzbügeln, Radzierkappen, Schriftzügen, Sitzbankbezügen, Vespa-Um-

Serienmäßig: LX Touring mit Windschutzschild und Gepäckträgern. Auch das Sitzbankdesiogn ist anders als bei den Basis-Modellen.

hängetaschen und Faltgaragen. Teilehersteller in ganz Europa boten ein buntes Zubehörprogramm an, die Piaggo-Auswahl oft noch übertreffend. Einer der größten freien Anbieter von Rollerzubehör war die Firma Hans Pfefferkorn in Bad Pyrmont, welche schon für die Hoffmann-Vespa Windschutzscheiben, Stoßstangen, Radzierkappen und Sturzbügel (auch für den Damensitz) bereithielt. Das gleiche Sortiment offerierte Pfefferkorn dem Heer der Lambretta- und Goggo-Fahrer. Heute bürgen Namen wie Cuppini, Vigano, Faco, Fabbri und andere seit Jahren für Qualität.

Hatte man in der Hoffmann- und Messerschmitt-Ära das Zubehörgeschäft fast ausschließlich kleineren Spezialfirmen überlassen, so begann um 1962 auch die Vespa GmbH verstärkt in diese Sparte einzusteigen; sie warb mit einem umfangreichen Zubehörkatalog. Zudem wurde später sogar ein Zusatztank für die Cosa 2 angeboten, der seinen Platz unter der Sitzbank findet.

Vespa-Fahrer hatten eine Abneigung gegen Motorradkleidung

Nach wie vor zählen klassische verchromte Gepäckträger für vorne und hinten sowie Stoßbügel rundum und immer noch Windschutzscheiben zu den gefragtesten Nachrüstteilen. Deswegen kommen immer wieder Sondermodelle auf den Markt, die bereits ab Werk mit derartigen Utensilien aufgerüstet sind, aktuell die Vespa LX Touring und GTS Touring.

Dazu gesellen sich seit einiger Zeit Gepäckboxen, »Top-Cases«, die sogar in allen Fahrzeugfarben und mit Rückenlehne für den Sozius zu haben sind, Fußmatten, Schutzplanen (»Garagen«) mit »Vespa«-Schriftzug, Zusatzschlösser und mehr. Von diesem Fahrzeugzubehör zu trennen sind Teile für die Ausstattung der Fahrer wie Helme, Lederjacken und Windwesten sowie modische Freizeitbekleidung in Form von T-Shirts, Sweatshirts, Blousons, Taschen, Wollmützen, Baseballkappen, Schals und sogar Krawatten, alle mit dem Vespa-Logo. Und einen Hauch von Nostalgie verströmen die zahlreichen sonstigen Accessoires vom Vespa-Service-Emailleschild über Kaffeetassen, Kalender, Wanduhren, Wecker, Leselampen, Notizbücher, Schreibstifte usw. bis zum unvermeidlichen Schlüsselanhänger.

Rollermantel und Helm

Zum Rollerfahren, besonders in der regenreichen und kalten Jahreszeit, ist wasser- und winddichte Bekleidung unverzichtbar. Allerdings galt in Kreisen der Vespisti die Lederkluft der Motorradfahrer lange als verpönt, allenfalls einen Marquardt- oder Klepper-Rollermantel aus gummiertem Gewebe ließ man gelten. Der Marquardt war etwas raffinierter geschnitten als der Klepper, war aber dünner, daher gut über einem Leder- oder Wintermantel zu tragen. Ein Futter zum Einknöpfen gab es hierfür nicht. Im Vergleich zum Marquardt-Motorradmantel wirkte der Rollermantel ziviler, er war kürzer und wirkte weniger militärisch. Nur wenige Vespa-Fahrer zogen eine Überhose oder -jacke an, wie man sie vom Motorrad kannte. Auch heute noch zögern Rollerfahrer, Schutzkleidung wie eine Motorrad-Kombi anzuziehen. Heute wie früher gilt

Links: GTS Super für die Langstrecke aufgerüstet mit Windschutzscheibe, Gepäckträgern, Topcase und Stoßbügeln. Ein Teil der Features ist Bestandteil des optionalen »Touring-«Pakets.

Passendes Outfit: Umhängetasche Ton in Ton, ideal für Überzeugungstäter.

Motorradfahrer-Kleidung mochten die wenigsten Vespisti, allenfalls zog man bei schlechtem Wetter einen zünftigen Kleppermantel über.

es als schicker, die Vespa mit Stadt- und Freizeitkleidung zu besteigen. Es sollte indessen keiner Darlegungen mehr bedürfen, was das Vernachlässigen von Sicherheitsmaßnahmen — und nur das sind sie letztlich — für Folgen haben kann.

Ähnlich war der Trend beim Sturzhelm. Unter Rollerfahrern galt er anfänglich als Attribut der Raser. Vespa-Fahrer kamen leicht in Mißkredit, wenn sie mit einem solchen »Krachhut« durch die Landschaft fuhren. Erst gegen Ende der fünfziger Jahre änderte sich diese Einstellung, als die Stimmen nach einer Helmpflicht lauter wurden. Der *Vespa-Tip* empfahl: »Wichtig ist, daß man nicht eine zu schwere Ausführung erwirbt, wie sie etwa von Motorradrennfahrern getragen werden; sie sind auf Dauer unbequem. Es gibt leichtere Helme, sogenannte Geländesturzhelme, die sind für uns Rollerfahrer gerade richtig. Solche Helme drücken auch nach stundenlangem Fahren noch nicht, selbst wenn die Kinnriemen ganz fest angezogen sind, was unbedingt sein muß, denn ein locker sitzender Sturzhelm nützt im Falle eines Falles gar nichts, er fliegt höchstens davon.«

Der Vespa-Club von Deutschland startete 1959 eine Kampagne zum Tragen von Sturzhelmen und empfahl zwei Versionen der bewährten Römer-Halbschale, für die es auch ein Visier gab.

Vespa-Originalhelme für Patrioten im Nationaldesign.

Heute bedient sich der stilbewußte Vespafahrer eines visierlosen Jet-Helms, wie er als Originalzubehör von Piaggio sogar in einer besonders edlen Ausführung mit Lederbezug und eingeprägtem Vespa-Schriftzug angeboten wird. Und durchaus nicht verboten sind moderne Integralhelme — auch Vespa-Fahrer haben ein Anrecht auf optimalen Kopfschutz.

Blinker und Lichthupe

Für Motorroller waren bis 1961 Fahrtrichtungsanzeiger nicht vorgeschrieben. Dennoch rüsteten ab 1956 immer mehr Vespa-Fahrer ihren Roller um. Es gab zunächst auch keine Anbringungs- und Bauvorschriften. Entscheidend bei der Umrüstung war die Frage, ob die Vespa bereits eine Batterie besaß oder nicht; War sie nicht vorhanden, mußte diese erst einmal eingebaut und über einen Gleichrichter angeschlossen werden. Firmen wie SWF, Bosch und Hella offerierten komplette Umrüstsätze. Man konnte diese in eigener Regie oder durch eine Werkstatt montieren lassen.

Als 1955 die ersten Lichthupen auftauchten, waren diese zunächst ein Privileg der Autofahrer. 1957 lieferte die Filigranbau Stefan Keller KG in München einen speziell für die Vespa entwickelten kombinierten Blinkgeber für Lichthupe und Richtungsblinker.

Vespa-Tuning

Technische Modifikationen an Motor und Fahrwerk wurden stets in der Absicht durchgeführt, um Serien-Wespen für den Renneinsatz zu präparieren. Diverse Hersteller, etwa Pinasco, Polini, Malossi oder Ricambi in Italien, bieten auch über deutsche Händler komplette Tuning-Kits an, die von der Vespa 50 N bis zur aktuellen LX/S und sogar den großen Viertaktern reichen und diese zu rasanten »Öfen« machen. In der Regel bestehen die Kits aus mehreren Komponenten wie einem eigens entwickelten Rennzylinder und Teilen zur Modifikation des Vergasers, und für einen eindrucksvollen Sound sorgen spezielle Rennauspuffanlagen. Solche Tuning-Bausätze finden aber bei Piaggio keinen Anklang und haben auch wenig Chancen, den TÜV-Segen zu erhalten. Das Motto aus Pontedera lautet; »Die Leistung unserer serienmäßigen Maschinen ist vollkommen ausreichend!«

Vespisti

Auf den folgenden Seiten laden wir Sie ein zu einem Ausflug in die Vespa-Welt — farbig betrachtet. Ein Hauch von Nostalgie begleitet uns von der Vergangenheit in die Gegenwart.

Corso durch die Romagna beim Raduno Nove Colli in Vespa 2014

Gleich geht's los — angespanntes Warten vor dem Start zum Corso

Oben: Internationales Vespa-Treffen in Frankfurt am Main 1985. Solcherart ausstaffierte Roller sind nicht jedermanns Sache…

Links: Eine Vespa mit Seitenwagen findet stets besondere Beachtung.

Rechts: Liebevoll gepflegter Scooter eines japanischen Vespa-Fans – ganz in Weiß.

Oben: Vor allem die Mädchen in Japan haben ihr Herz für den italienischen Scooter entdeckt.

Links: Mit großem Aufwand wird in Japan auch auf kommerziellem Gebiet Vespa-Nostalgie gepflegt.

Dress Up Vespa

ベスパの魅力、それは誰もが知る
愛らしいボディデザインや、
キビキビとした走りだけではない。
豊富なアフターマーケットパーツで
思い思いのドレスアップを施し、
自分だけの一台を作り上げて行く。
そんなベスパならではの楽しみ方を
実践する20台を紹介しよう。

かわいらしいパーツたちがポイント

125Primavera オーナー 水野真紀

Owner's Profile

氏名：水野真紀
年齢：21歳
職業：?
生年月日：1970年8月24日
住所：宇治市
免許歴：5年
ベスパ歴：4年
バイク歴：?
好きなファッション：古いもの
好きな音楽：古いもの
好きなアーティスト：オーティスレディング
ボーイフレンドは?：いる
他に所有しているバイク：スーパーカブ
初めてベスパで出かけたところ：友人宅

Vespa's Profile

形式名：125プリマベラ
製造年：1968年
購入年：?
改造点：テールランプ、モール、エンブレム、自己満足ミラー
改造費：20万円くらい
改造予定：?
調子は?：たいへんヨロシイ
気に入ってるところ：プリマベラのエンブレム
気に入らないところ：マフラー
購入先：ヒカリ・ベスパ

ずいぶんと改造にのめり込んでいる水野さん。クラシックタイプのテールランプやメッキモール、シャープレバーにプリマベラのエンブレム、そしてオールペイント、ポイントをうまく押さえたドレスアップが目を引きます。最大のお気に入りはハンドルに取り付けた自分を見るためのミラー。なかなかかわいらしいポイントと言えるでしょう。

66

Oben: Die Vespa als Stadtfahrzeug — noch immer hochaktuell!

Entspannte Feierabendrunde mit der PX, dem Vespa-Klassiker. Diese Modellreihe gibt es heute wieder.

Links:
Jungen Menschen geht Mobilität über alles. Das Piaggio-Programm — wie hier mit der PK XL2 — erfüllte in dieser Beziehung schon immer alle Wünsche.

Oben: Vespa SS Super Sprint. Der Behälter auf dem Reserverad sieht wie ein Kraftstofftank aus, ist aber ein Behälter für Utensilien.

Rechts: Stilbewußt — mit Clubjacke, Jethelm und Sonnenbrille auf einer modernen GTV im urbanen Umfeld unterwegs.

Die SS gab es mit 50 cm³...

... und mit 90 cm³

Rechts: Vespa-Werbung als Gruppenbild mit Dame: Bereit für das große Scooter-Abenteuer.

Eine Cosa GS, Repräsentant der neuen italienischen Rollergeneration Ende der achtziger Jahre. Mit passendem Zubehör läßt sich auch dieses Fahrzeug zu einem langstreckentauglichen Reisemobil ausrüsten.

Oben: Unvergessen: Szene aus dem Filmklassiker »Ein Herz und eine Krone« mit Gregory Peck und Audrey Hepburn auf einer Vespa 125 in Rom.

Links: Ein Hauch von Nostalgie — kraftvolle Fahrt voraus mit einer hochmodernen Vespa GTV mit der »Lampe unten«.

Unten links: Genial — Zweitaktantrieb für den umherziehenden Scherenschleifer in einer spanischen Kleinstadt.

Unten rechts: Heute ein begehrtes Sammlerstück: klassische Vespa PX 80 E.

Rechts: Traumroller der 80er Jahre die Vespa PX 80 E Lusso. Dazu sollte man den richtigen Dress aus dieser Zeit haben.

Unten: In vornehmem Schwarz präsentiert sich diese 1982er Vespa PK 80 S.

In der Gruppe macht die Ausfahrt am meisten Spaß

Der Capri 50 von Garelli machte der Vespa 50 Konkurrenz, kam aber kaum über die Grenzen Italiens hinaus – gut getarnt ziert er heute den Eingang zum 1. Deutschen Rollermuseum in Kaub/Rh.

Lag jahrzehntelang überwuchert in einer Hecke: Vespa GS III.

Kurvenfest: mit dem richtigen Outfit auf der GTV unterwegs.

KAPITEL 9

Kleine Wespen, große Brummer

Zweiradhändler aus Deutschland besichtigen in Pontedera die neue Vespa 50 N, als sie 1963 vorgestellt wurde.

In ihren ersten siebzehn Entwicklungsjahren von 1946 bis 1963 hatte sich die Vespa zu einer überschaubaren Modellfamilie entwickelt, die aus nur wenigen Grundtypen bestand: Da gab es das Modell 125 als Weiterentwicklung der ersten V.98, das Modell 150 mit seiner Karosserievariante GL sowie die PS-stärkeren GS-Modelle 150 und 160. Ende der sechziger Jahre zeichnete sich indes ein Rückgang im Rollerboom ab, der seinen Tiefstand in den siebziger Jahren erreichte.

Mit Ausnahme der 1963 eingeführten kleineren Vespa-Roller 50 N, 50 S und 90, die 1965, 1969 und 1971 noch einmal überarbeitet wurden, stellen die in den Jahren bis 1976 auf den Markt gebrachten Roller Weiterentwicklungen der klassischen Vespa-Modelle dar und gehören damit wie die 180 Super Sport, 180 Rally, 200 Rally, die 125 - Primavera, 125 GTR, 125 TS und 125 Primavera ET3 zum Kreis der heute begehrten Sammlermodelle.

Eine erste Zäsur in der Modellpolitik und damit gleichzeitig den Beginn eines neuen Rollerzeitalters bei Vespa kennzeichnete das Jahr 1977 mit der Präsentation der »Neuen Linie«: Diese Roller waren die P 125 X, P 150 X und P 200 E sowie der PX 200 E. Mit ihnen wurden erstmals wieder jüngere Käuferschichten für den Roller aus Pontedera erschlossen. Verkaufs- und Produktionszahlen stiegen, und von den achtziger Jahren an begann auch wieder neues Clubleben zu keimen. 1982 folgte die PK-Reihe in den Hubraumvarianten 50, 80, 100 und 125, um nur die wichtigsten der vielfältigen Neuerscheinungen bis zum Jahr 1987 zu nennen.

Mit der Einführung der Cosa 125 und 150 im Jahr 1987 und der Cosa 200 ein Jahr später fand die klassische Vespa-Linie ihren vorläufigen Abschluß.

Die Zeit der großen Roller-Reisemobile war vorüber. Überfüllte Städte mit beengten Parkverhältnissen, Streß und Hektik im Straßenalltag und ein geändertes Freizeitverhalten erforderten Roller, die wirtschaftlich zu fahren, problemlos zu bedienen und umweltfreundlich einzusetzen waren. Damit schien ein Trend zum kleinen Cityflitzer à la Sfera, Scatto, Quartz, Magic, Zip und Co. vorgezeichnet zu sein, der auch preislich mit der zunehmenden Konkurrenz aus Fernost mithalten konnte.

Vespa-Chronologie 2. Teil: 1963 bis 1995

Die nachfolgende Chronologie der Firmengeschichte und Modellentwicklung schließt an die der Jahre 1950 bis 1962 an, aufgezeichnet auf den Seiten 48 bis 66 dieses Buches.

1963

Im Jahre 1963 startet Piaggio mit den drei Modellen 50 N, 50 S und 90 in einer neuen Hubraumklasse und präsentiert damit erstmals wieder ein neues Motorenkonzept. Zwar hat man die Grundkonzeption der Vorgängermodelle beibehalten, neu ist jedoch, daß der langhubige Einzylinder-Zweitaktmotor mit 49,5 ccm Hubraum (38,4 x 43 mm Bohrung x Hub) nicht mehr horizontal, sondern um 45 Grad geneigt eingebaut ist. Das Modell N, das in Deutschland noch als Moped mit dem Führerschein Klasse 5 steuerfrei zu fahren ist, hat drei Gänge, 1,45 PS Leistung, eine Höchstgeschwindigkeit von 40 km/h und eine Steigfähigkeit von 24 Prozent. Die Kraftstoffmischung beträgt 1:50, Tankinhalt 5,3 Liter, Normverbrauch 1,6 Liter.

Links: Praktisch und preiswert: Einkaufskorb für die Vespa 50 S.

Unten: Motor und Antrieb der Vespa 50 S.
(1) Vergaser mit Luftfilter
(2) Kolben
(3) Kurbelwelle
(4) Kupplung
(5) Antriebswelle , Getriebeausgang
(6) Schaltklaue
(7) Magnet-Schwungrad
(8) Kickstarter
(9) unteres Kurbelgehäuse mit Befestigung am Rahmen

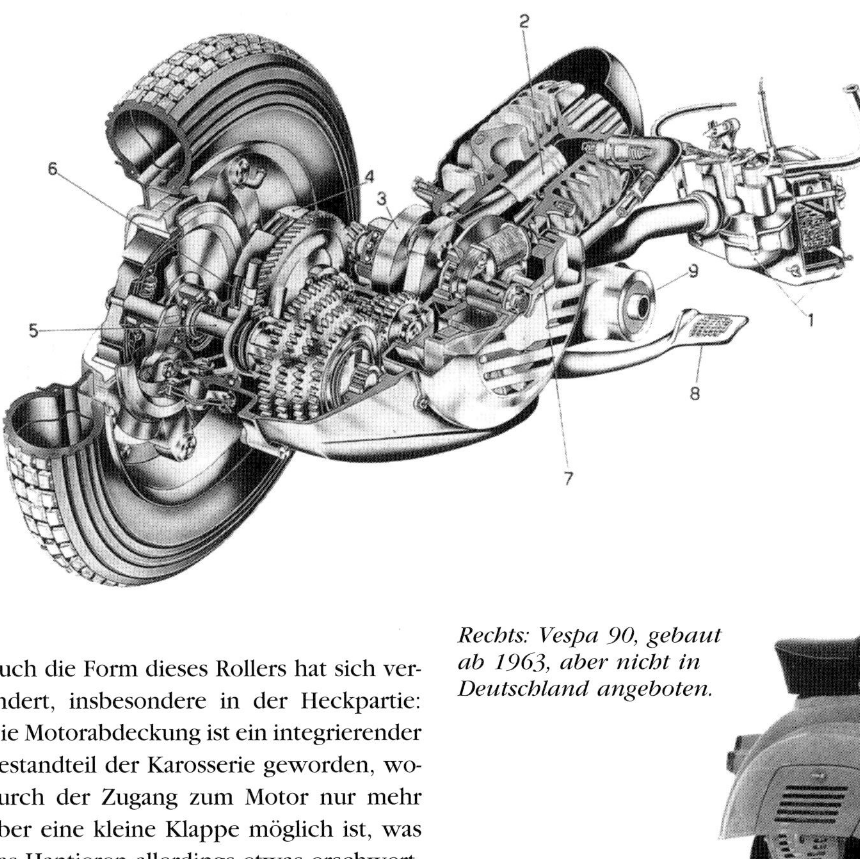

Auch die Form dieses Rollers hat sich verändert, insbesondere in der Heckpartie: Die Motorabdeckung ist ein integrierender Bestandteil der Karosserie geworden, wodurch der Zugang zum Motor nur mehr über eine kleine Klappe möglich ist, was das Hantieren allerdings etwas erschwert.

Im Gegensatz zu der italienischen Ausführung mit 9-Zoll-Rädern sind die im ersten Jahr bis Oktober 1963 noch von der Vespa GmbH in Augsburg gefertigten Modelle mit 3,00 x 10"-Reifen ausgestattet, parallel zum Modell 50 S. Sie unterscheiden sich außerdem durch ein deutsches Rücklicht in Schwanenhalsform.

Das Modell 50 S hat hingegen ein Vierganggetriebe und leistet 2,5 PS bei 5800/min. Dadurch steigt der Normverbrauch auf 1,8 Liter. Diese Vespa ist ebenfalls steuerfrei und ab 16 Jahren mit dem Führerschein der Klasse 4 zu fahren.

Die Abmessungen für beide Modelle betragen: Länge 1640 mm, Höhe 995 mm, Lenkerbreite 610 mm, Bodenfreiheit 200 mm. Beide Modelle werden in Deutschland von der Motorpresse als »goldrichtig für den Markt« gelobt, zumal die Preise mit 990 Mark für das Modell 50 N und 1040 Mark für die Vespa 50 S günstig sind.

Das im gleichen Jahr in Italien präsentierte Modell Vespa 90 wird in Deutschland indes nicht angeboten. Im Programm der Vespa Augsburg finden sich dagegen die Modelle 125, T/150, GL/150, GS/150 und GS/ 160. Der Motor der Vespa 90 hat einen Hubraum von 88,5 ccm (51 x 47 mm), als Höchstgeschwindigkeit werden 70 km/ h und als Steigfähigkeit 32 Prozent angegeben. Zu Beginn ist dieses Modell mit einem Dreiganggetriebe ausgestattet, ab 1967 mit einem Vierganggetriebe.

Auch bei dem Lastendreirad Ape gibt es in diesem Jahr eine Weiterentwicklung. Das Modell D (AD1T, AD2T), 1963 und 1964 gebaut, unterscheidet sich von seinem Vorgänger, dem Modell C, durch eine andere Scheinwerferposition: Die Lampen sind vom Kotflügel an den Vorderbau

Rechts: Vespa 90, gebaut ab 1963, aber nicht in Deutschland angeboten.

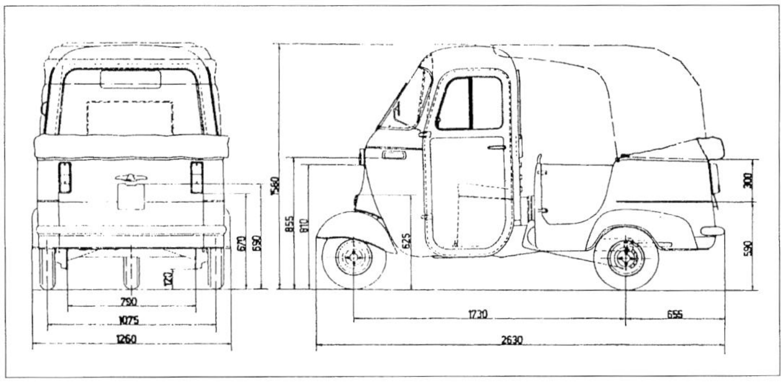

Rechts: Ape Typ D in der 1963er Homologation, als Taxi für fünf Personen zugelassen.

Produktion aus. Mit den Seriennummern VSC1T begann dann bis zum Jahr 1968 die Fertigung des Modells 180 Super Sport. Gegenüber den 8,5 PS der 160 GS leistet der 181-ccm-Motor mit 62 x 60 mm und Vierganggetriebe 10 PS bei 6250/min. Mit 3,50 X 10"-Reifen bestückt, beträgt die Höchstgeschwindigkeit gemäß Werksangaben 105 km/h, die Steigfähigkeit 40 Prozent und die Reichweite 320 km. Die Abmessungen: Länge 1770 mm, Breite 670 mm, Radstand 1230 mm, Höhe 1065 mm und Leergewicht 99,5 kg. Die Standardlackierung ist Weiß.

In Deutschland werden in diesem Jahr nur die beiden Vorgängermodelle GS/150 und GS/ 160 angeboten.

gewandert. Auch wird das Fahrerhaus erstmals komplett mit Türen geliefert. Der Motor mit einem Hubraum von 169 ccm (60 x 60 mm) leistet 7,6 PS bei 5000/min. 1965 wird diese Ape dann durch das Modell E (AE1T) ersetzt.

Mit mehr als tausend Vespa-Teilnehmern findet vom 28. bis zum 30. Juni 1963 die zehnte Jahresveranstaltung des Vespa Club Europa in Cortina d'Ampezzo statt — zuvor in San Remo, München, Paris, Barcelona, Brüssel, wiederum Paris, Rom, Salzburg und Madrid. Die Vespisti werden von Dottore Tassinari, Präsident des Vespa Club d'Italia und Vespa Club Europa, begrüßt.

1964

Auf der ganzen Welt sind Vespa-Roller von Piaggio zum führenden Fabrikat avanciert. Exporte gehen in 120 Länder, bei einer Jahresproduktion von 290.000 Stück. Aufschlußreich ist die Verteilung der Million zuletzt produzierter Fahrzeuge: Italien 606.000, europäische Länder 194.500, Afrika 18.600, Amerika 78.200 und Asien und Australien 102.700.

Interessant ist auch die Verteilung innerhalb der USA: Die Belieferung für Kalifornien beträgt 16 Prozent, Pennsylvania 12, Texas 11 und New York 9 Prozent. Die restlichen 52 Prozent verteilen sich auf die übrigen US-Staaten.

In der GS-Baureihe gibt es in diesem Jahr eine Neuheit. Wie bereits weiter oben geschildert, wurde diese erfolgreiche Reihe 1955 mit der 150 GS gestartet (VS1T bis VS5T) und 1962 durch die 160 GS (VSB1T) abgelöst; im Laufe des Jahres 1964 lief deren

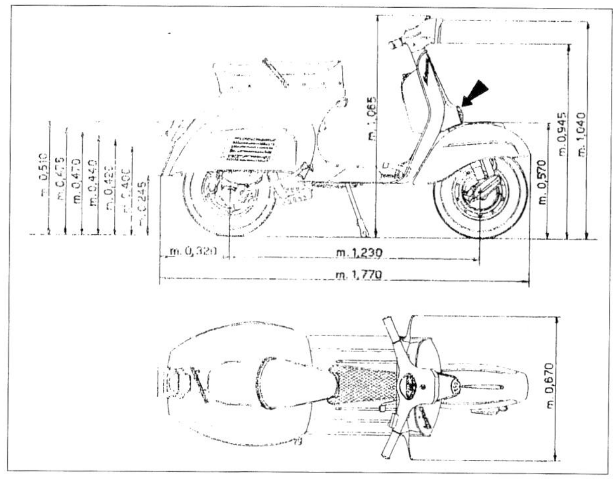

Rechts: Die Abmessungen der 10 PS starken Vespa 180 Super Sport von 1964.

Unten: Die 105 km/h schnelle Vespa 180 Super Sport, hergestellt bis 1968, wurde in der Bundesrepublik leider nicht angeboten.

Links unten: Motor der Vespa 160 GS mit 8,5 PS Leistung.

1965

In der kleinen Hubraumklasse treten in ungewöhnlichem Design die Vespa Super Sprint 50 und 90 auf den Plan. Bei gleichen Zylinderdimensionen (49,8 ccm Hubraum, 38,4 x 43 mm) wie bei der 50 S wurde bei der Super Sprint 50 eine Steigerung der Höchstgeschwindigkeit auf 68 km/h erreicht; die Werbung spricht sogar von 75 km/h, allerdings nur, wenn »solo« gefahren wird. Dieser Roller ist spritzig und entgegen der Vespa-Tradition mit Knieschluß zu fahren. Was in der Fahrzeugmitte wie ein Tank aussieht, ist ein Werkzeugbehälter. Die Abmessungen haben sich bei den Sprintmodellen geringfügig verändert: Radstand 1160 mm, Länge 1650 mm, Breite 550 mm, Höhe 1000 mm, Leergewicht 77 kg, Normverbrauch 2,2 Liter. Demgegenüber bringt es die Super Sprint 90 (Motor 88,5 ccm, 47 mm x 51 mm) auf eine Höchstgeschwindigkeit von 93 km/h (Führerschein Kl. 1!), verbraucht aber auch 2,6 Liter. Unverändert bleiben bei beiden Modellen das Kraftstoff-Öl-Mischungsverhältnis 1:50 und die 3.00 x 10"-Bereifung. Äußerlich lassen sich die beiden Sprint-Varianten durch unterschiedliche Embleme auf dem (falschen) Tank und den Chromschriftzug am Heck identifizieren. Reserverad und Werkzeugbehälter können demontiert werden, so daß dieser Roller wieder wie eine herkömmliche Vespa aussieht.

In der größeren Hubraumklasse gibt es mit der Vespa 125 (VMA1T) — erst ab 1967 wird sie mit den Seriennummern VMA2T als Vespa 125 Primavera bezeichnet — und der 150 Sprint zwei neue Modelle, die das Programm mit der 150 Touren und der (allerdings nicht nach Deutschland exportierten) 180 Super Sport abrunden.

An diesem Punkt der Modelltypologie geht es etwas verzwickt zu, denn in diesem Jahr gibt es zwei ganz verschiedene Modelle mit der gleichen Bezeichnung. Die oben erwähnte Vespa 125 darf nicht mit dem Roller gleichen Namens verwechselt werden, der seit 1948 Piaggios Erfolgsmodell ist und in diesem Jahr als Auslaufmodell letztmalig Seriennummern mit dem Präfix VNB6T trägt. 1965 findet die Vespa der ersten Stunde durch die Vespa 125 Super (VNC1T) ihre Ablösung, die dann unverändert bis zum Auslaufen des Modells im Jahre 1969 gebaut wird.

Die »alte« Vespa 125 besitzt einen Motor mit 123,4 ccm Hubraum bei einer Bohrung von 52,5 und einem Hub von 57 mm, hat ein Vierganggetriebe und entwickelt eine Höchstgeschwindigkeit von

1965er Vespa 150 Sprint. Dieser 7-PS-Roller mit Viergang-getribe kostete bei uns 1590 Mark und blieb bis 1974 im Programm.

Der Motor der Vespa 150 Sprint mit abgenommener Verkleidung.

Bewundernde Blicke sind ihnen sicher! Vorn eine Vespa 90 SS, dahinter das Modell 50 SS. Die 90er erforderte den Führerschein der Klasse 1. Der Behälter über dem Reserverad ist für Utensilien gedacht und kein Benzintank.

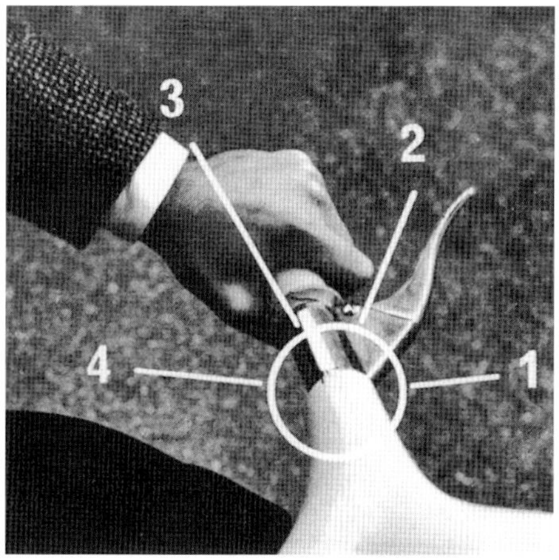

Oben: Die Drehgriffschaltung bei der »alten« 125er.

Links: Die neue Vespa 125, jetzt mit herausnehmbarer Motorklappe.

Die neue 1965 präsentierte Vespa 125, der man zwei Jahre später den Namen Primavera gab.

Die Italiener konnten die neue Vespa 125 auch mit einem Einzelsitz bestellen. Auffallend ist die verhältnismäßig große 10-Zoll-Bereifung.

75 km/h bei einer zweiprozentigen Mischung. Ihr Gewicht beträgt in diesem Modelljahr 84 kg, sie ist 1745 mm lang, 655 mm breit, 985 mm hoch und hat einen Radstand von 1180 mm. Traditionell sind die 8-Zoll-Reifen und das vespatypische Design.

Demgegenüber ist die »neue 125« sowohl in ihrer technischen Konzeption als auch in ihrem Äußeren ein gänzlich anderer Roller. Als robustes Gebrauchsfahrzeug für alle Tage nähert sie sich den Leistungsdaten für das 150er Modell. Hervorzuheben ist die Bereifung der Dimension 3.00 x 10", eine Motorverkleidung mit separater, abnehmbarer Klappe, ein kleines abschließbares Fach in der linken »Backe« sowie der Schriftzug »Vespa 125« auf dem Frontblech. Der Motor mit 121,2 ccm Hubraum (55 x 51 mm) und Vierganggetriebe entwickelt bei einem Leergewicht von 73 kg eine Spitzengeschwindigkeit von 80 km/h und eine Steigfähigkeit von 30 Prozent. Die Länge des Rollers beträgt 1650 mm, die Breite 670 mm, der Radstand 1160, die Höhe 1015 mm.

Wahrscheinlich waren es die Überschneidungen in der Modellbezeichnung, die ab 1967 zu der werbewirksamen Umbenennung in »125 Primavera« führten.

Ähnlich kompliziert sieht es bei den 150er Modellen aus. Neu im Programm ist die Vespa 150 Sprint (VLB1T) und in der GL-Baureihe das Folgemodell der 150 GL (zuletzt VLA1T). Als eleganter Gebrauchsroller mit Sitzbank und 3,50 x 10"-Reifen bringt das 145,45-ccm-Triebwerk (57 x 57 mm) eine Höchstgeschwindigkeit von 94 km/h, hat eine Steigfähigkeit von 36 Prozent und verbraucht für 45 km einen Liter Gemisch. Die Federung vorn ist als Schwinge ausgebildet. Das eigentliche Federelement besteht aus einem doppelt wirkenden hydraulischen Stoßdämpfer mit eingebauter Feder. Die Triebsatzschwinge besteht aus einer am Gehäuse angegossenen Traverse, die mittels Silentblöcken im Fahrgestell in klassischer Vespa-Bauweise um einen Stahlbolzen drehend gelagert ist. In Italien wird dieser Roller sowohl mit Einzelsitzen als auch mit einer Sitzbank angeboten, in Deutschland mit einer Denfeld-Sitzbank. Der Schriftzug auf dem Frontschild lautet »Vespa S«.

Dieser 150 Sprint folgt 1969 bis 1979 die Sprint Veloce, ebenfalls ein VLB1T-Modell, aber mit einem anderen Nummernkreis.

Bei der Vespa 150 gibt es 1965 parallel zur 125er auch ein überarbeitetes Modell, das sich Super nennt. Während das Normalmodell mit den Seriennummern VBB2T noch bis ins Jahr 1967 ausläuft, startet die Bauzeit der 150 Super mit den Seriennummern VBC1T und geht bis in das Jahr 1979.

An dieser Stelle sei ein kurzer Abstecher in eines der attraktivsten Kapitel der Vespa-Werbung gestattet: Er betrifft die Kalender mit ihren Pin-up-Mädchen. 1965 erreicht die Auflage des alljährlichen Vespa-Kalenders im Großformat 275.000 Stück, gedruckt in sechs verschiedenen Sprachen. Zudem gibt es eine »pocket edition« mit 900.000 Exemplaren. Allein aus Indonesien treffen 1965 über 10.000 Postkarten und Briefe ein, in denen um die Zusendung eines Kalenders gebeten wird...

Ganz oben eine Vespa 150 Sprint, darunter ein Super Sprint Modell , bei dem man zum Radwechsel den Schalldämpfer abnehmen mußte.

Eines der Vespa-Kalenderblätter des Illustrators F. Mosca. Ab 1955 wurde im Atelier fotografiert (rechts unten).

Der Vespa-Kalender hat eine lange Tradition. In Italien war es zunächst der Mailänder Aquarell-Künstler F. Mosca, der für das kalendarische »Dolce Vita« sorgte. Er zeigte seine erotischen Roller-Beauties vor der Wolkenkratzer-Skyline von New York oder auch als Hula-Schönheiten. In ihrer Gegenwart führten die Vespa-Roller in diesem optischen Feuerwerk von enganliegenden Blusen und geschlitzten Kleidern fast ein Schattendasein. Der letzte Mosca-Kalender kam 1954 heraus; ab 1955 zeigten sich fotografierte Schönheiten in ihrer anziehenden Weiblichkeit: Schauspielerinnen, Mannequins und Starlets. Man beabsichtigte damit eher bürgerliche Käuferschichten anzusprechen. Alle diese Kalender sind heute gesuchte Kostbarkeiten.

Es gibt auch ein trauriges Ereignis zu berichten: Enrico Piaggio, geistiger Schöpfer der Vespa und angesehene Persönlichkeit des italienischen Wirtschaftslebens, verstirbt nach einem arbeitsreichen Leben im Alter von nur 60 Jahren. Er war ein bescheidener Mensch, der besondere Auszeichnungen stets von sich gewiesen hatte — bis auf eine: Die Ehrendoktorwürde der Technischen Universität Pisa.

1966

Die Modellpalette für die deutschen Kunden bringt in diesem Jahr keine Neuheiten. Angeboten werden die Vespa 50 N (zum Preis von DM 1140), Vespa 50 S (DM 1190), Vespa 50 Super Sprint (DM 1350), Vespa 90 Super Sprint (DM 1450), Vespa 125 als Vorläufermodell der Pri-

Oben: Von links eine Vespa 50 S, eine neue Vespa 125, eine Vespa 50 SS und eine Vespa 125 GT (Sprint).

Unten: Eine Vespa 125 von 1966.

mavera (DM 1450), Vespa 150 Sprint (DM 1590) und die Vespa 160 GS (DM 1790). Im Vergleich zur italienischen Auswahl fehlen also die Super-Modelle 125 und 150, die 180 Super Sport und die Vespa 90.

In Pontedera beginnt die Fertigung zweier neuer Modelle. Zum einen ist dies die Vespa 125 GT (VNL2T), die im Export als Vespa 125 Sprint (»Vespa Sprint« steht auf dem Frontschild) bezeichnet wird. Ihre technischen Daten bleiben bis zum Auslaufen der Produktion 1973 unverändert, können allerdings im Detail von Land zu Land je nach den gesetzlichen Zulassungsbestimmungen abweichen: Hubraum 123,4 ccm, Bohrung 52,5 mm, Hub 57 mm, Höchstgeschwindigkeit 88 km/h, Steigfähigkeit 34 Prozent, Vierganggetriebe, vorne und hinten Schraubenfedern und doppelt wirkende Stoßdämpfer, 3,50 x 10 "-Reifen, Länge 1770 mm, Breite 670 mm, Radstand 1200 mm, Höhe 1045 mm, Leergewicht 89 kg.

Zum anderen gibt es bei der kleinen Gewichtsklasse eine weitere Variante der Vespa 50 N mit der Bezeichnung 50 L, die bis 1970 auf dem Markt bleibt (V5A1T).

In der Firmenchronologie nimmt das Jahr 1966 einen besonderen Rang ein: Das Haus Piaggio feiert sein zwanzigjähriges Vespa-Produktionsjubiläum.

1967

In diesem Jahr wartet Pontedera mit keinen großen Überraschungen auf. Allerdings wird die Palette durch Modellbereinigungen wieder übersichtlich wie in den ersten Jahren der Firmengeschichte. Die Produktion der Vespa 150 Super endet; es gibt jetzt nur noch die 150 Sprint. Die Vespa 125 Super hält sich noch zwei weitere Jahre.

Wie bereits zuvor geschildert, heißt das »neue« Modell 125 erst von diesem Jahr an Vespa 125 Primavera. Die technischen Daten haben sich geringfügig verändert: Die größte Steigfähigkeit ist von 30 auf 35 Prozent angewachsen, der Motor leistet 5,4 PS bei 5500/min, die Länge des Rollers beträgt 1660 mm, die Breite 670 mm, die Höhe 1010 mm, der Radstand 1180 mm. Das Leergewicht wird mit 73 kg angegeben.

An die Stelle des bisher verwendeten Kürzels VMA1T tritt für diese Serie die Bezeichnung VMA2T. Die Primavera bleibt bis Ende 1983 auf dem Markt; sie erfährt während dieser Zeitspanne nur unwesentliche Modifikationen.

In der Firmengeschichte wird 1967 ein weiterer Meilenstein gesetzt: Piaggio führt eine bis heute erfolgreiche Mofa- und Mopedreihe ein, die durch die preisgünstigen Modelle Bravo und Boxer ebenso gekennzeichnet ist wie durch das leichte Mofa Grillo, klassisch im Design und bewährt in ihrer technischen Konzeption.

Schon zu einem sehr frühen Zeitpunkt hatte das Werk in Pontedera erkannt, daß eine erfolgreiche Produktstrategie Hand in Hand mit einer alle Bereiche umfassenden Werbe- und Marketingpolitik gehen muß. So startete im Jahr 1967 die Operation »Schutzmarke«, die im Sinne

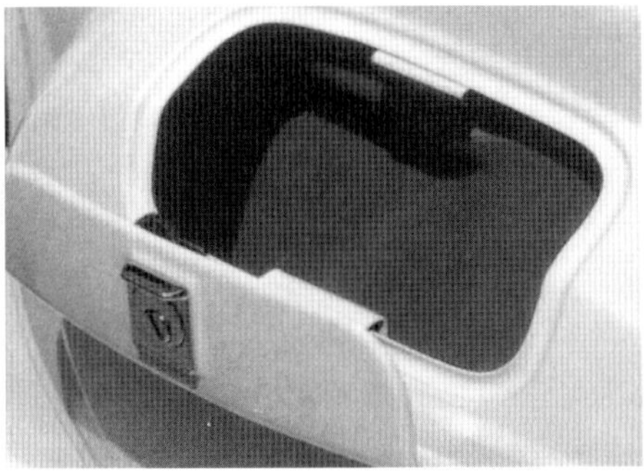

Links: Ab 1967 trägt die Vespa 125 den Modellnamen Primavera. Links hat sie ein Gepäckfach in der »Backe«.

Rechts: Grund zum Jubeln – die Primavera ist in der Tat ein prima Roller!

Oben: Seitenansicht der 1967er Vespa 125 Primavera.

des heutigen »corporate identity« zum Ziel hatte, in der Gestaltung des Produkts, im Erscheinungsbild beim Händler und beim Kunden in einheitlicher, unverwechselbarer Identität aufzutreten. Ab 1. Oktober 1967 versah man daher sämtliche Produkte des Unternehmens, die Verkaufsräume und Wartungsbetriebe in Italien und im Ausland sowie alle Werbemittel und Drucksachen mit einem neuen Logo, entwickelt von dem Turiner Designer de Silva. Auf dem Frontschild jedes Fahrzeugs prangte von nun an oben in der Mitte das neue Piaggio-Emblem, ein sechseckiges blaues Zeichen mit schwarzem Rand und weißer Schrift. Der Piaggio-Schriftzug war außerdem am Sattel zu sehen. Um den Händlern ihre Öffentlichkeitsarbeit zu erleichtern, bot die Firma Piaggio in einer internen Ausgabe ihrer Zeitschrift Gutscheine für den kostenlosen Bezug sechs unterschiedlicher Klischees und Abziehbilder an. Der Schriftzug Vespa sollte durch den Piaggio-Namen zwar keineswegs ersetzt werden, jedoch an untergeordneter Stelle aufscheinen.

Inzwischen kann die Operation »Schutzmarke« als abgeschlossen gelten. Auch die Vespa GmbH in Augsburg verzichtet seit einigen Jahren darauf, den Namen »Vespa« als Aufmacher für ihre Werbung zu benutzen. Zwar spricht man offiziell von einem »Vespa-Katalog«, doch der Slogan heißt »Piaggio auf allen Wegen« oder »Man sieht's — typisch Piaggio!«. Und nur die Modelle Cosa, PK und PX tragen noch den Vespa-Schriftzug auf ihrer Karosserie. Eine Sfera, Quartz oder Zip sind eben eine Piaggio, keine Vespa mehr. In Italien ist diese Entscheidung

Rechts: Kleintransporter als Domäne des Hauses Piaggio, auch in der Mopedklasse wie der Ciao Porter mit 50-ccm-Motor.

Neue Firmenzeichen ab 1967. Das alte Piaggio-Emblem und der kursive, schräggestellte Schriftzug gehören der Vergangenheit an.

Die 1968 präsentierte Vespa 180 Rally, letzter Vertreter der 1955 eingeführten GS-Reihe.

Neu auf dem Markt: Vespa 125 GTR, bei der Motor und Fahrwerk von der 125 GT stammten, die Karosserie von der 180 Rally.

sicher ohne Vorbehalte getroffen worden. Im Ausland jedoch, insbesondere in den Ländern mit alter Vespa-Clubtradition wie Deutschland, Österreich, der Schweiz und den Niederlanden wird immer wieder diskutiert, ob es auf Dauer nicht vielleicht doch unklug war, den werbewirksamen und so stark verbreiteten Namen Vespa in eine Nebenrolle zu drängen.

1968

Mit der in diesem Jahr vorgestellten Vespa 180 Rally ist der letzte Entwicklungsstand der GS-Baureihe erreicht, die, wie bereits zuvor ausgeführt, 1955 mit der GS 150 startete und der dann 1962 die 160 GS sowie 1964 die 180 Super Sport folgte. Das Modell 180 Rally, das bis 1973 im Programm blieb, trug in dieser Zeitspanne die Seriennummern VSD1T von 001001 bis 0027495.
Helmut Hütten testet die neue Vespa Rally bei ihrem Erscheinen und bestätigt ihr »sprühendes Temperament und kräftigen Durchzug schon bei mittleren Drehzahlen«. Erstaunlich ist für ihn, daß der neue Roller trotz höherer PS-, aber geringeren Drehzahlen kein Kilo mehr wiegt als die GS 150 von vor zwölf Jahren. Mit einem Hubraum von 181 ccm (Bohrung x Hub 63,5 x 57 mm) entfaltet sie 9,9 PS bei

Der auffallend große Scheinwerfer und das neue Piaggio-Logo prägen das Gesicht der Vespa 125 GTR.

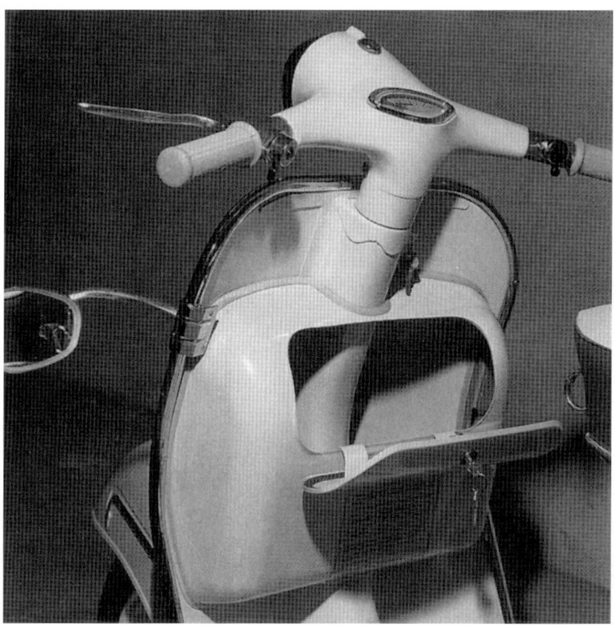

Oben: Position des Ersatzrades bei der Vespa 180 Rally.

Links: Diese Art der Utensilien-Unterbringung hatten andere Roller-Konstrukteure schon immer bevorzugt...

6000/min. Die Eckdaten lauten: Normverbrauch 2,8 Liter, Höchstgeschwindigkeit 105 km/h, Mischung 1:50, Vierganggetriebe mit der üblichen Drehgriffschaltung, Federung vorne und hinten durch Schraubenfedern und doppelt wirkende hydraulische Stoßdämpfer, mechanische Innenbackenbremsen mit Kühlrippen. Bereifung 3.50 x 10", Länge 1770 mm, Breite 670 mm, Radstand 1230 mm, Höhe 1080 mm, Leergewicht 98 kg. Mit dem Schritt von der Vespa GS zur Rally war neben einer spürbaren Leistungssteigerung auch die Drehschieber-Einlaßsteuerung fällig. Helmut Hütten führt hierzu aus:

»Bereits seit 1959 hatten die Tourenmodelle eine Einlaßsteuerung durch eine zum Drehschieber avancierte Kurbelwellenhälfte, welche die Zweitaktmischung (aus dem direkt ins Kurbelhaus mündenden) Ansaugkanal auf kürzestem Weg ans Pleuellager führt. Gleichzeitig ermöglicht der eingesparte große Einlaßschlitz einen besonders formtreuen Zylinder. Beides zusammen erlaubte, den Ölanteil der Zweitaktmischung auf 2 Prozent oder, nach dem deutschen Sprachgebrauch, auf 1:50 zu reduzieren.«

Das Reserverad hat unter der linken Backe seinen Platz; die Mulde ist unter der Verkleidung sichtbar. Für Werkzeug und Utensilien wurde ein geräumiges Aufbewahrungsfach an der Rückseite des Frontschildes geschaffen, das mit dem Zündschlüssel abschließbar ist. Die Originallackierung ist ein leuchtendes Orange, was bei diesem schmalen und schnellen Roller ein zusätzlicher Sicherheitsfaktor ist.

In Italien bringt Piaggio in diesem Jahr die 125 GTR (R wie Rinnovato) auf den Markt, im Fahrwerk und Motor identisch mit der 125 GT (Sprint), die zwei Jahre zuvor eingeführt wurde. Daher trägt sie wie diese das Seriennummern-Präfix VNL2T; die Numerierung läuft während ihrer zehnjährigen Bauzeit 1968-1978 von 100001 bis 151788. Sie erhielt die überarbeitete Karosserie der 180 Rally, wobei der große Frontscheinwerfer auffällt. Allerdings fehlt das abschließbare Gepäckfach. Auf dem deutschen Markt wird dieses Modell nicht angeboten.

1969

In diesem Jahr kann Piaggio seine führende Marktposition auf dem italienischen Zweiradmarkt durch die Übernahme der traditionsreichen Motorradmarke Gilera ausbauen. Damit hat Piaggio eine reichhaltige Palette von Mopeds, Rollern und Motorrädern ebenso im Programm wie das Lastendreirad Ape und verschiedene Klein- und Kleinsttraktoren für die Landwirtschaft, bei denen das Modell T 111 eine besondere Stellung einnimmt.

Bei den Rollern in den kleinen Hubraumklassen findet eine systematische Modellpflege statt. Das Modell 50/R, von 1969 bis 1983 in der Produktion, wurde karosseriemäßig überarbeitet und besitzt zunächst noch den Motor der Baureihe 50/N; seine Seriennummern lauten V5A1T 700001 bis 938761. Im Laufe des Jahres 1971, beginnend mit der Seriennummer 752189, wird dieses Modell dann mit dem stärkeren Motor der Vespa 50 Special ausgestattet.

Gleichzeitig beginnt 1969 die Modellreihe Vespa 50 Special (in Deutschland später unter der Bezeichnung 50 N Spezial eingeführt, die Österreicher bleiben bei der italienischen Schreibweise) als zweite Generation der 50er-Baureihe. Im Gegensatz zur Vespa 50 N ist der Chromschriftzug auf dem Frontschild zweizeilig. In dem formschönen und dem Zeitgeschmack entsprechend gestalteten Lenkerkopf sitzt der Scheinwerfer jetzt in Trapezform. Auffällig ist der geschwungen gestylte Einzelsitz (in Deutschland später auch mit der Zweiersitzbank erhältlich) sowie der moderne viereckige Scheinwerfer und die Hornverkleidung.

Vespa 150 Sprint Veloce.

Unten: Blick in die Auslieferung. 150-Sprint-Modelle geben auf die Reise.

Eine deutsche Vespa-Händlerin auf einer 1969er Vespa 50 Special bei der Präsentation in Pontedera (bei uns später 50 N Spezial genannt).

Diese 50er Vespa bleibt bis 1983 in Produktion und wird in unterschiedlichen Ausführungen geliefert. Von Beginn bis 1972 trägt sie die Serienummern V5A2T 1001 bis 96013. Nach einem Motorenwechsel (V5A2M) ist sie von 1972 bis 1975 an den Nummern V5B1T 1001 bis 95671 zu erkennen. Wiederum motorisch weiterentwickelt und nunmehr mit einem Vierganggetriebe bestückt (V5A4M), lauten die Seriennummern von 1975 bis zum Produktionsende 1983 V5B3T 1101 bis 565056.

Parallel zu dieser Modellreihe gibt es erstmals eine Ausführung mit Elektrostarter, die Vespa 50 Elestart. Von 1969 bis 1972 lauten die Seriennummern V5A3T 1001 bis 5708, nach Einbau des Motors V5A3M ab 1972 bis 1975 V5B2T 1001 bis 3667, zuletzt mit Viergang (bis 1976) V5B4T 1101 bis 1533. Die Stückzahlen blieben jedoch gering.

Parallel zu der 150 Sprint gesellt sich in Italien in der großen Hubraumklasse die 150 Sprint Veloce (in Österreich wird sie als 150 Sprint V. tituliert) hinzu, die von 1969 bis 1979 unverändert bleibt (VLB1T 0150001 bis 0368119). Im Vergleich zur Sprint ist die Veloce an ihrem runden Scheinwerfer zu erkennen.

Gegenüber den 17 Roller-Modellen, die in diesem Jahr auf dem italienischen Markt verfügbar sind, bietet die Vespa GmbH in Augsburg sechs Grundmodelle an: Die Vespa 50 N in Chamonixweiß in zwei Ausführungen (Grundversion oder mit Blinkanlage und Stopplicht); die 50 S in Korallrot ebenfalls in zwei Ausführungen (Grundversion beziehungsweise mit Blinkanlage und Stopplicht); die Vespa 50 Super Sprint in Lachsrot in den gleichen zwei Ausführungen; die Vespa 90 Super Sprint, bei welcher Blinkanlage und Stopplicht zur Serienausrüstung gehören, in Royalblau; die Vespa 125 Primavera in Chamonixweiß; die Vespa 150 Sprint in Grau-blau-Metalliceffekt sowie die Vespa 180 Rally in Korallrot. Die Preisspanne reicht damit von 1176 bis 1875 Mark.

Hinzu kommt das Modell Ciao in fünf Grundversionen als Mofa A, Mofa L, Moped L, Moped V und Vespino (zugelassen für zwei Personen) sowie zwei Ape Lastenroller, nämlich das Modell 500 mit

APE MP mit feststehendem Kotflügel und hintenliegendem Motor

Im Kleingewerbe Italiens noch immer Nummer 1: Die Ape, jetzt als 600 MPV mit einem richtigen Autolenkrad.

Rechts: Das kleinste Ape-Modell 50 hat noch den typischen Vespa-Lenker.

175-ccm-Motor und der 550 MP mit 200-ccm-Motor. Die Preisspanne liegt hier zwischen 2763 und 3496 Mark.

An dieser Stelle ist ein kurzer Rückblick auf die Entwicklung des Ape-Lastendreirades angebracht. Nach den weiter vorn bereits erwähnten Modellen A, B, C, D und E hatte 1967/68 ein weiterer Entwicklungsschritt stattgefunden: Der Motor lag bei den neuen Modellen nun nicht mehr im Bereich des Fahrerhauses, sondern war erstmals als Heckmotor oberhalb der Hinterachse eingebaut. Dadurch sank der Geräuschpegel für den Fahrer erheblich. Charakteristisch war der einzelne Frontscheinwerfer in der Verkleidung oberhalb des vorderen Kotflügels, der fest mit der Karosserie verbunden war und sich nicht mehr wie bisher beim Lenken mitdrehte. Gemäß ihrer Nutzlast wurden die vier verschiedenen Grundmodelle 350, 400, 500 und 550 MP (Motore Posteriore = Motor hinten) benannt und waren jeweils in drei oder vier Karosserievarianten lieferbar.

1969

1969 folgt die Ape 600 MPV mit einem 190-ccm-Motor und der bislang größten Zuladung von 600 kg (MPV1T). Sie verfügt im Unterschied zu den bisherigen Modellen über zwei Frontscheinwerfer und erstmals ein richtiges Lenkrad, daher das »V« für »Volante« in der Modellbezeichnung. Bis 1978 werden rund 22.000 Exemplare hergestellt.

Im selben Jahr stellt Piaggio eine ganz neue kleine Ape 50 mit einer extrem schmalen kantigen Karosserie vor, deren Motor nur 50 ccm aufweist und ebenfalls an der Hinterachse sitzt (TL1T). Sie wurde speziell zum Befahren der vielen engen Gassen in italienischen Dörfern konzipiert und durfte schon mit 16 Jahren gesteuert werden. Dass sie einmal zur erfolgreichsten Ape aller Zeiten werden sollte und sich noch heute, rund fünf Jahrzehnte nach ihrem Debüt und konzeptionell unverändert, ungebrochener Beliebtheit erfreuen würde, vermochte damals niemand abzusehen (aktuell ZAPC 800).

Schließlich läuft nach 21 Jahren 1969 die Produktion der klassischen Vespa 125, zuletzt als »Super«, aus. Mehr als eine Million Fahrzeuge wurden in verschiedenen Varianten gebaut. Den Liebhabern dieser Hubraumklasse standen bis zur P125X 1977 nur noch die aufgewerteten Modelle 125 GT, GTR und TS zur Verfügung.

1970

In diesem Jahr gibt es kein neues Modell aus Pontedera, und das Modell 50/L wird nach knapp sechsjähriger Bauzeit aus der Produktion genommen.

Nach sechs Jahren wird die Vespa 50L eingestellt.

Ape 50 von 1970 vor einem italienischen Supermarkt.

Rechts. Die kleinste Ape, das Modell 50, auf der Piazza des Städtchens Levanto.

Die kleine Ape 50 erfreute sich eines unerwartet großen Zuspruchs. Allerdings wurde auch der Ruf nach mehr Leistung laut. Dem wurde Pontedera mit einer weiteren Serie mit einem 125-ccm-Aggregat gerecht (TM1T). Sie sollte bis 1974 im Verkaufsprogramm bleiben und erhielt die Seriennummern 1001-2773. Die im Vorjahr eingeführte Ape 600 MPV ist in einer einfacheren Ausführung als 600 MPM ab 1970 mit einem normalen Lenker (daher das »M« für »Manubrio« in der Modellbezeichnung) erhältlich. Wie die Schwester MPV besitzt sie den 190-ccm-Motor und bleibt ebenfalls bis 1978 im Programm. Mit rund 100.000 produzierten Exemplaren wird sie zu einer der erfolgreichsten Ape-Baureihen.

Die Alternative zum Vespa-Roller. Der Piaggio Boxer mit stufenlosem Getriebe, für viele Jahre ein Erfolgsmodell auf dem Moped/Mofa-Markt.

1971

Als wichtigstes Ereignis ist die Ergänzung der Moped/Mofa-Baureihe Ciao durch den erfolgreichen Boxer zu vermerken, der für viele Jahre das Erfolgsmodell seiner Klasse darstellt. Er ist mit dem Ziel entwickelt worden, nicht nur in der Stadt auf guten Straßen bewegt zu werden, sondern auch auf Schotterpisten und Sandwegen seine Fahrstabilität bei hohem Fahrkomfort zu beweisen.

Daß bei Piaggio gerade die jüngeren Altersklassen der Vespa-Fahrer als Zielgruppe ins Visier genommen wurden, läßt sich auch an einer weiteren Verbesserung der 50er- und 90er-Modelle ablesen. Neu auf dem Markt sind 1971 die potenteren Modelle Sprinter und Racer, die bis 1973/1974 im Programm bleiben.

Die Sprinter in der 50-ccm-Hubraumklasse wird von 1971 bis 1973 in kleiner Stückzahl mit den Seriennummern V5SS2T 4001 bis 4515 hergestellt. Nach einjähriger Pause lebt sie für Deutschland als Modell 50 SR wieder auf. Ihre technischen Daten lauten: Bohrung 38,4 mm, Hub 43 mm, Hubraum 49,77 ccm, Verbrauch 1 Liter 2-Prozent-Mischung auf 47 km, Höchstgeschwindigkeit 73 km/h, Steigfähigkeit 24 Prozent. Wie das Modell 50 N hat sie einen runden Scheinwerfer und die klassische Lenkerpartie.

Die Ergänzung in der 90-ccm-Hubraumklasse ist der Racer, der von 1971 bis 1974 gebaut wird und die Seriennummern V9SS2T 7001 bis 10516 trägt. Seine Spezifikationen sind: Bohrung 47 mm, Hub 41 mm, Hubraum 88,5 ccm, Höchstgeschwindigkeit 90 km/h, Verbrauch 1 Liter auf 38 km, Reichweite 220 km und eine maximale Steigfähigkeit von 30 Prozent.

1972

1972 gibt es erstmals eine Vespa mit elektronischer Zündung anstelle der klassischen mit Unterbrecherkontakt. Dies ist die Vespa 200 Rally electronic, die bis 1979 im Programm bleibt. Als VSE1T mit den Seriennummern 001001 bis 0042275 ist sie das Kraftpaket im Hause Piaggio (Bohrung 66,5 mm, Hub 57 mm, Hubraum 197,97 ccm) mit einer Höchstgeschwindigkeit von 110 km/h und einer Steigfähigkeit von 40 Prozent. Aus dem Stand läßt sich die Zweihunderter in 10,7 Sekunden auf 80 km/h beschleunigen. Weitere Kennwerte: Verbrauch 3 Liter 2-Prozent-Gemisch auf 100 km, Reichweite 267 km, Tankvolumen 8,2 Liter, Länge 1770 mm, Breite 670 mm, Höhe 1070 mm, Radstand 1230 mm, Leergewicht 107 kg, Bereifung 3,5 x 10 Zoll. Äußerlich ist dieser Roller auch an markanten Streifen am vorderen und hinteren Kotflügel zu erkennen. Bevorzugte Lackierungen waren Orange, Gelb, Schilf.

Dieses in Deutschland unter der Bezeichnung 200 Rally angebotene Modell stellt gegenüber den italienischen Werksangaben eine etwas gedrosseltere Ausführung dar. Als Höchstgeschwindigkeit werden 101 km/h und als Normverbrauch 3,5 Liter genannt; die Leistung gibt Augsburg mit 12 PS bei 5700/min an. Der versteuerbare Hubraum beträgt nach der bei uns üblichen Formel 193 ccm bei gleichem Maß für Bohrung und Hub. Noch ist die elektrische Anlage mit einer 6-Volt-Batterie ausgestattet.

Die Gunst der Käufer in Deutschland wandte sich indessen verstärkt den kleinen Modellen zu. Das Programm in der 50-ccm-Klasse umfaßt in diesem Jahr vier Modelle, nämlich das Auslaufmodell 50 N, die 50 N Spezial, die 50 N Elestart und die 50 Sprinter. Abgerundet wird das Programm durch die Typen 90 Super Sprint

Rechts: Vespa-Kuriere vor dem Münchner Olympiastadion 1972 (Rally 180, 50 N Spezial).

Unten: Vespa Rally 200 electronic mit elektronischer Zündung.

Links: Vespa Car mit 400-ccm-Diesel-Motor und elektrischem Anlasser als Pritschenfahrzeug

Oben der Scheinwerfer der 50 N Spezial, darunter 50 N/ 50 Sprinter.

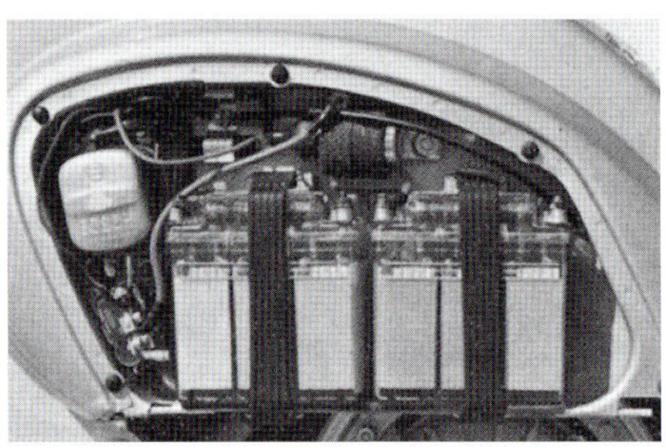

Unterbringung der Batterie beim Elestart-Modell auf der linken Fahrzeugseite.

Werbefahrzeug eines Berliner Vespa-Händlers.

Vespa 125 Primavera, 150 Sprint und 180 Rally. In der Werbung heißt es stolz: Über 4 Millionen Roller beweisen den weltweiten Erfolg der Vespa«.

Im Nutzfahrzeugbereich hat Piaggio mit der Präsentation des Vespa Car nunmehr endgültig den Schritt vom Lasten-Motorrad zum Kleinlaster vollzogen. Nichts außer den drei Rädern deutet mehr auf die konstruktive Vergangenheit dieses Fahrzeugs hin. In Italien ergänzt das Vespa Car die Ape-Modelle 50, 250, 400 R, 500 MP, 600 MP und 600 MPV. Auf dem deutschen Markt hat sich für den dort angebotenen 600 MPV die Bezeichnung »Vespa Transporter« eingebürgert.

1973

In diesem Jahr laufen in Pontedera die letzten Roller der Modellreihen 180 Rally und 125 GT (im Export als Sprint bezeichnet) vom Band, auch wird die Produktion der 50 Sprinter für ein Jahr unterbrochen, bevor dieser Roller nach einjähriger Pause als Modell 50 SR aufersteht.

Das zentrale Thema der Vespa-Berichterstattung in der Presse aber ist kein Roller, sondern das Modell Bravo, das neben dem Ciao und Boxer das Angebot der Mopeds und Mofas abrundet.

Auf dem Gebiet der Boots- und Schiffsmotoren hat Piaggio in diesem Jahr einen Strahlantrieb, genannt »Hydrojet«, entwickelt, der in den Bootsmotoren Piaggio-Berkeley KS 150 zum Einbau kommt.

1974

Auch in diesem Jahr lebt Piaggio von den Früchten der vergangenen Jahrzehnte. Ein neues Modell wird nicht vorgestellt, man reduziert sogar das Programm: Es werden die Modelle 150 Sprint (seit 1965 gebaut) und 90 Racer (ab 1971 auf den Bändern) letztmalig produziert.

1975

Die speziell für den deutschen Markt hergestellte Vespa 50 SR gilt als der schnellste 50-ccm-Roller mit Vierganggetriebe: Seine Höchstgeschwindigkeit beträgt 73 km/h. Er wird bis 1979 gebaut (V5SS2T 10001 bis 10579), bleibt mit 574 Exemplaren ein Exote unter den Vespa-Rollern. Und noch immer gibt es eine Hundertfünfundzwanziger: Als Weiterentwicklung der Vespa 125 GT (Vespa Sprint), die man 1975 aus dem Programm nahm, gibt es von 1975 bis 1978 die Vespa 125 TS (VNL3T 1101 bis 29804).

Links:
Die Bravo, das Ciao- und Boxer-Angebot Piaggios ideal ergänzend.

Darunter:
Vespa 50 SR, gebaut von 1975 bis 1979 — mit 73 km/h der schnellste 50-ccm-Roller mit Vierganggetriebe.

1976

Im Piaggio-Werk Pontedera, inzwischen auf eine Fläche von 333.512 Quadratmeter angewachsen, produzieren etwa 7200 Beschäftigte außer Vespa-Rollern auch die Mofa/Mopeds der Baureihen Ciao, Bravo und Boxer, die Lastendreiräder Ape und Vespa Car sowie Bootsmotoren. Der tägliche Gesamtausstoß beträgt 2500 Einheiten.

Im Export gilt Flexibilität: Hergestellt werden sowohl komplette Roller als auch Teile-Baugruppen zur weiteren Montage sowie Einzelteile zur Gesamtmontage im Ausland. Eine Sonderstellung nehmen jene Firmen ein, an denen Piaggio kapitalmäßig beteiligt ist, wie die Vespa of America Corporation in San Francisco und die deutsche Vespa GmbH in Augsburg. Schließlich gibt es noch die Motovespa S.A. in Madrid, die Teile zur Montage und Produktion ausgewählter Modelle direkt ab Werk bezieht.

Auch nach Afrika haben die Exporte inzwischen stark zugenommen. Die Piaggio-Unterlagen für 1976 vermerken allein 32 afrikanische Länder, in denen Vespa-Produkte verkauft werden oder wo Montagen stattfinden.

Als einziges neues Modell gibt es in diesem Jahr die Vespa 125 Primavera ET3 als Weiterentwicklung der 125 Primavera, die noch bis in die 90er Jahre unter anderem für den Export nach Japan produziert wurde. Ihre Seriennummern lauten VMB1T 1101 bis VMB1T 148923 Ende 1990. Für die Vespa 50 Elestart ist es das letzte Produktionsjahr.

Wie bereits im Kapitel über das Vespa-Clubgeschehen vermerkt, genießt Vespa-Fahren in Japan einen besonderen Stellenwert und eine eigene Lebensphilosophie. Begonnen hat die Berührung mit der auch für japanische Enthusiasten unsterblichen Vespa Ende der vierziger Jahre, als die ersten Exemplare von US-Soldaten aus Europa zum pazifischen Militärstützpunkt Okinawa gebracht wurden. Erst 1954 begann der offizielle Import aus Italien durch die Huyu Trading Co. Die erste Lieferung umfaßte 15 Exemplare des Typs GS 150, silberfarben, angeboten zu einem Stückpreis von 265.000 Yen.

Japanische Rollernostalgie: Mehr als anderswo pflegt man in Nippon seit vielen Jahren den Vespa-Kult.

Vespa P 200 E, das Spitzenmodell der »Neuen Linie«, ab 1978 auch in Deutschland verkauft.

Seit 1977 ist die japanische Firma Y. Narikawa & Company Ltd. Alleinimporteur für Piaggio-Produkte, etwa 70.000 Vespa-Roller bewegen sich inzwischen auf Japans Straßen. Das Fieber für nostalgische Modelle läßt sich am besten daran ermessen, daß — so unglaublich es klingt — die Japaner noch im Jahre 1993 brandneue Vespa-Modelle der Typen Vespa 50 S, 100 und 125 Primavera ET3 kaufen können, die in Pontedera eigens für Japan gebaut werden. Daneben gab es natürlich auch die aktuellen Modelle PX 200 E und Cosa 200.

Da in den siebziger Jahren die Relation des Yen zu europäischen Währungen sehr schwach war, erreichten nur wenige Modelle der F-Baureihe Japan. Heute sind dies begehrte Liebhaberstücke. Vespa-Zubehörshops wie die Vespa Garage Yasojima in Osaka und der Laden Tokyo Vespa in Tokio boten japanischen Vespa-Fans alles, was sie für ihre Lieblinge benötigen, und wenn es die ausgefallensten Tuning-Sets sind.

Vespisti in Deutschland waren begeistert, wenn sie auch hier bei deutschen Oldtimer-Treffen und in Spezialbuchhandlungen das 144 Seiten starke und aufwendig vierfarbig gestaltete Vespa Style Handbook kaufen konnten, denn auch ohne Kenntnis der japanischen Schriftzeichen ist das Durchblättern eine wahre Augenweide.

1977

»Vespa nuova linea — Vespa neue Linie« so lautet die Zauberformel aus Pontedera, die in diesem Jahr wieder Schwung in die Modellpolitik bringt. Mit der neuen PX-Baureihe wird der Abwärtstrend beim Roller gebannt. Die modernisierten, stilistisch überarbeiteten Karosserien sprechen die junge Generation an und werden zum Erfolgsrezept der Zukunft.

Die überarbeiteten Baureihen betreffen in diesem Jahr die 125er und die 200er Modelle; die 150-ccm-Klasse folgt ein Jahr später. In Deutschland wird diese Baureihe nicht vor Oktober 1978 eingeführt.

Wesensmerkmale der neuen Vespa-Generation sind eine neue Vorderradführung mit verkleidetem Federbein, eine abnehmbare Steuerrohrabdeckung und eine horizontal teilbare Lenkerverkleidung. Serienmäßig weisen alle Modelle ein abschließbares Gepäckfach auf. Neu sind auch die Kontrollleuchten für Licht, Blinker und Zündung. Die Blinker sind vorn rechts und links am Frontschild angebracht. Durch die Verlängerung des Federweges von 70 auf 90 mm hat man die Bodenfreiheit verbessert. Erleichtert wurde auch

1967 kam sie neu auf den Markt: Die Primavera ...

... und 1976 als ET3 mit drei Überströmkanälen.

Rechts: Vespa P 200 E, das deutsche Spitzenmodell mit 10 PS.

Vespa P 200 E im Detail:
(1) Blinker hinten
(2) Schlußleuchte
(3) Sitzbankschloß
(4) Sitzbank
(5) freier Durchstieg
(6) Gepäckfach
(7) Zündschloß, Kontrolleuchte, Tachometer
(8) Scheinwerfer
(9) Blinker vorn
(10) Federbein
(11) Steuerrohr
(12) Karosserie
(13) Bremspedal
(14) Motor
(15) elektron. Zündung
(16) Kickstarter
(17) Schaltsegment
(18) Federbein
(19) Motorlagerung
(20) Gepäckhaken
(21) Helmfach
(22) Signalhorn
(23) Choke
(24) Benzinhahn

die Bedienung: Es gibt eine handlichere Startvorrichtung, neue Schaltzüge und Schaltrasten sowie ein am Boden gelagertes Bremspedal. Serienmäßig sind von jetzt an auch die großen Modelle mit einer 12-Volt-Anlage ausgerüstet.

In der kleineren Hubraumklasse wird die neue Reihe durch das Modell P 125 X angeführt, das bis 1982 auf dem Markt bleibt. Es trägt im ersten Jahr die Seriennummern VNX1T 1001 bis 5004 und hat noch den Motor VNL3M des Modells 125 TS. Danach folgen ab 1978 die Nummern VNX1T 5005 bis 198248.

Der 123-ccm-Motor leistet 9 PS (6 KW) bei 5600/min; angegeben wird eine maximale Steigfähigkeit von 38 Prozent und eine Höchstgeschwindigkeit von 86 km/h. Mischung nach wie vor 1:50, Bereifung 3,50 x 10 Zoll, Länge 1760 mm, Breite 700 mm, Höhe 1110 mm, Tankinhalt 8 Liter, Normverbrauch 2,8 Liter, Gewicht 105 kg.

Das Spitzenmodell der neuen Linie ist die Vespa P 200 E, erkennbar an den Seriennummern VSX1T. Die ersten Nummern VSX1T 100 bis 1700 bleiben speziell für den amerikanischen Markt reserviert. Für alle anderen Märkte werden von 1977 bis 1982 die Nummern VSX1T 1101 bis 160000 vergeben. Nachfolgemodell in dieser Reihe ist 1982 bis 1983 das Modell PX 200 E (Seriennummern VSX1T 160001 bis 184910) und ab 1983 das Modell Arcobaleno (Seriennummern VSX1T 300001 bis 424579 Ende 1990).

In der italienischen Version dieses Rollers ist der 12-PS-Motor der Vespa Rally 200 VSE1M eingebaut; für den deutschen Markt hat Piaggio aus Versicherungsgründen eine gedrosselte 10-PS-Version entwickelt, der Motor VDE1M. Eine ungedrosselte 12-PS-Version kommt in Deutschland erst 1985 unter der Bezeichnung PX 200 E GS »Grand Sport« auf den Markt.

Der 197-ccm-Motor leistet in der gedrosselten Version 10 PS (7kW) bei 5000/min, gut für eine Höchstgeschwindigkeit von 100km/h, bei einer maximalen Steigfähigkeit von 42 Prozent. Die Länge dieses Rollers beträgt 1760 mm, die Breite 700 mm, die Höhe 1110 mm, der Tankinhalt 8 Liter, Normverbrauch 3,5 Liter, das Leergewicht 109 kg.

An dieser Stelle soll noch einmal in Erinnerung gebracht werden, daß es als Aufgabenstellung so gut wie unmöglich ist, eine internationale Vespa-Typologie mit sämtlichen Modellvarianten und deren technischen Daten chronologisch aufzubauen, da das Basisprogramm von Pontedera je nach Importland und gesetzlichen Bestimmungen stets unterschiedlich zusammengestellt, benannt und auch laufend modifiziert wurde. So bestand zum Beispiel im Jahr 1977 das Importprogramm der Josef Faber GmbH in Österreich aus den Modellen 50 special (mit italienischem Monopostositz), Vespa 125 GTR, Vespa 125 TS, Vespa 150 Sprint V. und Vespa Rally. Demgegenüber bot die Vespa GmbH in Augsburg die Modelle Vespa 50 N, Vespa 50 N Spezial (in anderer Schreibweise und mit klassischer Zweiersitzbank), Vespa 50 SR, Vespa 125 Primavera, Vespa 150 Sprint Veloce und Vespa 200 Rally electronic an. Pontedera hat allein im Jahr 1977 14 Basismodelle in Produktion. Von den Piaggio-Fließbändern rollen in diesem Jahr 650.000 Einheiten — die Zahl von 6 Millionen Vespa-Motorrollern ist inzwischen weit überschritten.

Vespa P 125 X mit Zubehör: Die Windschutzscheibe gehört nach wie vor dazu, aber auch maßgeschneiderte, abschließbare Koffer sind im Programm.

1978

Die Komplettierung der neuen PX-Baureihe wird in Italien ein Jahr nach der Präsentation der Modelle P 125 X und P 200 E mit der Vespa P 150 X vollzogen. Äußerlich weist sie die gleichen Abmessungen und Stylingbesonderheiten wie ihre Schwestern auf. Die geänderten Motordaten lauten: 6000/min, Höchstgeschwindigkeit 90 km/h, maximale Steigfähigkeit 40 Prozent, Normverbrauch 3,0 Liter und Leergewicht 105 kg.

Ähnlich wie bei der PX-Baureihe in der 200-ccm-Hubraumklasse unterscheidet man auch bei den 150er PX-Typen im Laufe ihrer Produktionszeit drei verschiedene Modelle, die alle das gleiche Prefix VLX1T tragen. Was die in Italien gefertigten Modelle betrifft, so gilt folgendes: Von 1978 bis 1981 gibt es das Modell P 150 X mit den Nummern VLX1T 1101 bis 346402; noch im gleichen Jahr folgt das Modell PX 150 E bis ins Jahr 1984 mit den Nummern VLX1T 346403 bis VLX1T 537037, während das Schlußmodell in dieser Baureihe, das von 1983 bis 1999 produziert wurde, PX 150 E Arcobaleno heißt und an den Seriennummern VLX1T 600001 bis 903233 zu erkennen ist.

1978 wird dieses Modell P 150 X für China mit dem traditionellen 150er Motor bestückt. Zu vermerken ist, daß das Modell PX 150 E ab 1985 in Taiwan (VLX1T 537038 bis VLX1T 552410) und von 1985 bis heute auch in Lohia/Indien ab VLX1T 2000001 vom Band läuft.

Daneben gab es als Weiterentwicklung der Vespa 150 noch das Modell P 150 S (VBX1T 1101 bis VBX1T 299155, Stand Ende 1990), das ab 1989 nicht mehr in Italien, sondern nur noch in Lizenz im Ausland gefertigt wurde.

Eine weitere Rarität stellt die Erweiterung der kleinen Modelle durch eine Vespa 100 dar, die vornehmlich in den Export geht und ebenfalls noch bis Mitte der 90er Jahre in Japan erhältlich war. Der 96,12-ccm-Mo-

4,40 Meter lange und 2,80 Meter hohe Riesenvespa P 200 E als Blickfang auf der 1978er IFMA.

Das erregt auch in Italien Aufsehen: Zwei flotte Scootermädchen auf Vespa 100, ein Roller, der hauptsächlich für den Export gebaut wurde.

tor mit einer Bohrung von 49 und einem Hub von 51 mm schafft eine Spitze von 70 km/h. Bis 1983 findet die Produktion in Italien (V9B1T 1101 bis 28904) statt. Von 1983 bis 1993 wurde in Indien dieser Scooter bei der Firma A.P.S.L. produziert (VSB1T 50001 bis 107758).

Ab Herbst 1978 werden die Roller der »neuen Linie« endlich auch in Deutschland angeboten. Die Vespa P 125 X in Orange kostet 2474 Mark, die Vespa P 150 X in Blau 2674 Mark (kann allerdings erst ab Januar 1979 ausgeliefert werden) und die Vespa P 200 E in Silber für 2974 Mark. Für alle drei Rollermodelle war der Führerschein 1 erforderlich. Neben diesen Neuheiten bot Vespa Augsburg die Modelle Vespa 50 N und Vespa 50 N Spezial in Orange, die Vespa 50 SR und die Vespa 125 Primavera in Blau an.

1978 bedeutet für die Vespa 125 TS (ab 1975 gebaut) und die Vespa 125 GTR (seit 1968 im Programm) das Ende der Produktion.

1979

Nach den Markterfolgen der neuen Vespa-Generation findet in diesem Jahr eine Bereinigung der Produktpalette statt. In Italien laufen die Modelle Vespa 150 (ihr Nachfolger ist die Vespa 150 S), Vespa 150 Sprint Veloce und Vespa Rally 200 letztmalig vom Band. Auch der speziell für Deutschland produzierte Renner Vespa 50 SR läuft 1979 aus.

Für deutsche Vespa-Kunden gibt es in diesem Jahr nur einige Ausstattungsneuheiten. Das Angebot lautet; Vespa 50 N unverändert in Orange, Vespa 50 N Spezial in Blau und Orange. Neu ist eine Vespa 50 N Spezial mit vorderer und hinterer Blinklichtanlage in 12 Volt; die Karosserielackierungen sind Silbermetallic und Blau. In dieser Version kostet die 50 N einen Aufpreis von 198 Mark. Die 12-Volt-(21-Watt)-Anlage bedeutet für den Fahrer bei Dunkelheit mehr Sicherheit und ist völlig wartungsfrei. Für die Roller P 125 X bleibt es beim Orange, für die Vespa P 150 X beim Blau. Die Vespa P 200 E ist nun jedoch auch in der beliebten Farbe Orange erhältlich.

Bei den Mofa/Mopeds gibt es in diesem Jahr mit der "Si" eine weitere technische Neuentwicklung neben den bereits bewährten Modellen Ciao, Bravo und Boxer. Dieses Moped für hohe Ansprüche ist erstmals serienmäßig mit einer stufenlosen Schaltautomatik ausgestattet.

Als Fortentwicklung des Vespa Car kommt 1979 das konstruktiv verbesserte Modell P2 auch auf den deutschen Markt und wird in den Ausführungen Pritsche, Kasten, Kipper und Müllkipper zum Preis von 5565 bis 7375 Mark geliefert.

In Augsburg geht am 10. November 1979 mit dem Tod von Dr. Heinrich Simon, auch »Mr. Vespa« genannt, eine Ära zu Ende. Simon war seit 24 Jahren Geschäftsführer der Vespa GmbH in Augsburg und damit wesentlich am Erfolg und der zunehmenden Marktposition der Piaggio-Produkte in Deutschland beteiligt. Sein Nachfolger wird der bisherige stellvertretende Geschäftsführer Erwin Daßler. 1978 weist die Bilanz der Vespa GmbH einen Umsatz von über 31 Millionen Mark auf; im Mofa-Bereich hat Vespa einen Marktanteil von über 6,5 Prozent erreicht.

Unten: Die von Piaggio offerierte Modellpalette der Basistypen des Jahres 1979.

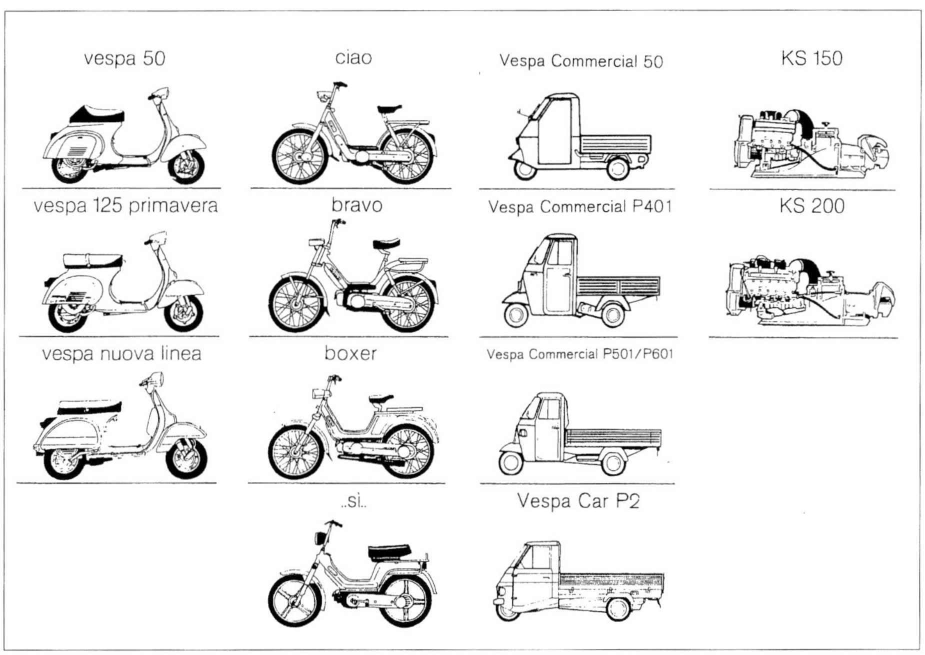

1980

Aus der Vielzahl der Lizenznehmer wird die weltweite Konzernstruktur von Piaggio deutlich: In zehn Ländern außerhalb Italiens werden Zwei- und Dreiradfahrzeuge nach italienischem Baumuster produziert, nämlich in Kolumbien, Uruguay, Indonesien, Malaysia, Pakistan (hier sind es zwei Werke), Singapur, Taiwan (zwei Betriebe), Kamerun, Nigeria und Korea. Außerdem betreibt Piaggio Tochtergesellschaften in Spanien und Mexiko mit Produktionsanlagen beachtlicher Größe. Die Firmengruppe unterhält Beziehungen zu 120 Ländern und ist nach den Japanern Honda, Suzuki und Yamaha Vierter in der Weltrangliste der Hersteller motorisierter Zweiräder.

Im italienischen Mutterland verfügt Piaggio inzwischen über sieben Werke mit 14.500 Beschäftigten. Die Verwaltung befindet sich im Hauptsitz in Genua; die Industriebetriebe sind außer in Pontedera in den Städten Arcore, Pisa, Mortellini, Lugnano und Atessa. Zwei Datenverarbeitungszentren gibt es in Genua und Pontedera. Allein im Jahr 1980 werden insgesamt 945.000 Fahrzeuge unter dem Piaggio-Markenzeichen gebaut, 442.000 davon sind Motorroller. Mehr als 8 Millionen Vespa-Scooter wurden bislang hergestellt.

Durch ein Abkommen mit Bianchi (eine 1885 von Edoardo Bianchi gegründete Firma, aus der eine Automobil- und Motorradfabrik entstand, die unter anderem den berühmten Autobianchi baute und heute im Verbund mit Lancia zum Fiat-Konzern gehört) hat Piaggio einen weiteren Schritt auf dem Zweiradmarkt getan — Bianchi ist einer der größten Fahrradhersteller Italiens. Darüberhinaus gibt es eine gemeinsame Unternehmens-Strategie zwischen Piaggio und dem Zweiradunternehmen Peugeot, die Gilera betrifft und auf den bundesdeutschen Markt ohne Auswirkungen ist.

In Deutschland ebenso wie in anderen Ländern gewinnen im Piaggio-Programm die Vespa-Mofas Bravo, Ciao, Si und Gilera, Ciao und Si auch als Mopeds, sowie die Vespa-Mokicks der 50er Baureihe und die Gilera 50 Touring zunehmend an Bedeutung neben den traditionellen Motorrollern der Neuen Linie P 125 X, P 150 X und P 200 E. Gegen starke japanische Konkurrenz wird der Vespa-Motorroller P 200 E in der Klasse bis 10 PS zum »Motorzweirad des Jahres« gewählt.

Als Neuentwicklung stellt Piaggio 1980 die Vespa P 80/P 80 E vor, die bis 1983 in Produktion bleibt (V8A1T 1101 bis V8A1T 9923). Ab 1982 wird sie in Taiwan als Vespa 80 gebaut.

1981

Als Erweiterung der PX-Baureihe der »Neuen Linie« wird in Pontedera in diesem Jahr in der 80er Hubraumklasse ein Roller mit der Bezeichnung P 80 X mit Kickstarter sowie parallel dazu das Modell PX 80 E mit elektrischem Anlasser vorgestellt; beide Modelle wurden bis 1983 produziert. Die Serienbezeichnungen lauten V8X1T 1101 bis 45710. Das 1983 überarbeitete Modell kommt dann als PX 80 E Arcobaleno auf den Markt, in Deutschland als PX 80 E Lusso bekannt.

Ab Frühjahr 1981 liefert die Vespa GmbH diesen neuen Motorroller Vespa P 80 X der 80-ccm-Klasse mit elekronischer Zündanlage als Leichtkraftrad aus. Entsprechend der neuen bundesdeutschen Führerscheinregelung darf der schnelle Roller mit dem Führerschein der Klasse 3 oder 4 gefahren werden, sofern dieser vor dem 1. April 1980 ausgestellt wurde. Damit entspricht Vespa dem Wunsch zahlreicher Pkw-Fahrer, die sich eine Vespa als Zweitfahrzeug zuzulegen gedachten.

Der 79-ccm-Motor leistet 6,8 PS (5 kW) bei 6000/min und bringt eine Höchstgeschwindigkeit von 77 km/h. Weitere Daten: Länge 1765 mm, Breite 700 mm, Höhe 115 mm, Tankinhalt 8 Liter, Leergewicht 105 kg, Bereifung 3,50 x 10 Zoll.

Zugleich werden die Schwestermodelle in den Hubraumklassen 125 ccm und 150 ccm überarbeitet und wie die 200er mit elektronischer Zündanlage ausgerüstet. Der Vespa P 125 X folgt bis 1984 die PX 125 E (VNX2T 1101 bis 135966) und der P 150 X bis 1985 die PX 150 E (VLX1T 346403 bis VLX1T 552410).

Am 8. August 1981 verstarb in Pisa der Schöpfer des legendären Vespa-Motorrollers, Corradino d'Ascanio, im Alter von 90 Jahren. Es war sein genialer Entwurf

Vespa P 80 X, ein Vertreter der »Neuen Linie« in der 80-ccm-Kategorie, mit Führerschein Klasse 3 zu fahren (sofern vor dem 1. April 1980 erworben, sonst reicht Klasse 4).

gewesen, mit dem in der schweren Zeit nach dem zweiten Weltkrieg in Pontedera die Voraussetzungen für einen neuen Anfang geschaffen wurden und dem die Blüte des Vespa-Rollers in den fünfziger und sechziger Jahren folgte. Auch die Renaissance des Motorrollers in den achtziger und neunziger Jahren basierte schließlich auf den Arbeiten dieses begabten Ingenieurs.

1982

In diesem Jahr verzeichnet man einen entscheidenden Schritt in der Modellpolitik des Hauses Piaggio. Neben der Überarbeitung des bewährten PX-Modells P 200 E sind es die neu konzipierten PK-Modelle, die zusätzliche Käuferschichten erschließen sollen.

Von 1982 bis 1985 gibt es die PX 200 E als Nachfolgerin der P 200 E, die an den Seriennummern V5X1T 160001 bis V5X1T 195574 zu erkennen ist. In der italienischen Originalausführung leistet der 197,97-ccm-Motor mit einer Bohrung von 66,5 mm und einem Hub von 57 mm 9,1 kW bei 5700/min, entsprechend 12,4 PS. Die Höchstgeschwindigkeit dieses Rollers beträgt 110 km/h. In Deutschland ist diese Version aus versicherungstechnischen Gründen bis 1985 nicht im Programm, wohl aber in den europäischen Nachbarländern, so zum Beispiel in Belgien, wo sie von der N.V. Vespa S.A. in Overijse importiert wird.

Die neue PK-Baureihe unterscheidet sich von den PX-Modellen weniger durch ihr Bauprinzip als durch ihr Erscheinungsbild und ihre Abmessungen. Die schmale und niedrigere Bauweise ist handlicher im Stadtverkehr und bietet auch weitere Vorteile für den Fahrer. Im Vergleich zu dem fast liegend eingebauten PX-Motor ragt der Zylinder bei den PK-Modellen in einem Winkel von etwa 45 Grad nach oben und wird von den breiten Falzflächen der Karosseriebacke eingerahmt. Allerdings sind Wartungsarbeiten dadurch etwas schwieriger.

Eine Unterscheidung der beiden Baureihen ist relativ einfach. Das Piaggio-Emblem befindet sich bei der PK nicht

Links: Die Vespa P 200 E war die Vorgängerin der PX 200 E, noch mit dem Piaggio-Logo im Hupengrill.

Unten: Noblesse der achtziger Jahre – Vespa PK 80 S und die geringfügig größere P 80 X (rechts).

Ganz links das Heck der PK, links zum Vergleich die Vespa PX.

mehr auf der Abdeckung des Signalhorns, sondern wanderte nach oben ans Frontschild, wo bei den PX-Modellen bislang der Piaggio-Schriftzug angebracht war. Der Schriftzug ist jetzt etwas oberhalb der kantigeren Verkleidung angebracht. Durch die veränderte Karosseriegestaltung der hinteren Backen veränderte sich auch Form und Position des Blinker am Heck sowie die Zugänglichkeit zum Motor. Der Gepäckkasten innerhalb des Frontschildes hat seine rundlichen Formen abgelegt, auch Lenker und Scheinwerfer wirken zierlicher. Anstelle der 3,50 x 10-Zoll-Reifen sind schmalere der Dimension 3,00 x 10 montiert.

Die neue PK in der 50er Hubraumklasse kommt in Italien 1982 in zwei Variationen auf den Markt: Dies sind die Vespa PK 50 als Kickstartermodell (V5X1T 1101 bis V5X1T 17512) gebaut bis Ende 1988 — wobei die Produktion des Jahres 1988 (V5X1T 17203 bis 17512) nur noch nach Deutschland geliefert wird — und die Vespa PK 50 S mit zusätzlichem Gepäckfach hinter dem Frontschild und serienmäßiger Vierfach-Blinkanlage (V5X2T 1101 bis V5X2T 221578 Ende 1986), ebenfalls mit Kickstarter. Die ersten Exemplare mit den Seriennummern bis 28492 haben noch den Motor V5X1M. Beide Modelle kommen indes erst ein Jahr später auf den deutschen Markt. 1983 folgt in Italien das Modell PK 50 SS mit einem stärkeren Motor, Gepäckfach und Vierfach-Blinkanlage.

In der 80er Hubraumklasse heißt die Neuentwicklung Vespa PK 80, äußerlich der Vespa PK 50 S ähnelnd; sie ist von 1982 bis 1986 in der Produktion (V8X5T 1101 bis V8X5T 6214). Bereits im September des gleichen Jahres wird sie auf dem deutschen Markt in zwei Varianten vorgestellt, nämlich als Kickstartermodell oder alternativ mit Elektrostarter (genannt PK 80 S Elestart) ausgerüstet. Der 77-ccm-Motor leistet 4 kW bzw. 5 PS bei 6000/min und ist für 76 km/h gut. Die Maße lauten: Länge 1690 mm, Breite 700 mm, Höhe 1070 mm, Tankinhalt 5,8 Liter, Verbrauch 2,9 Liter, Leergewicht 89 kg.

Ein 100-ccm-Roller ist die ebenfalls in diesem Jahr neu herausgebrachte und bis in die 1990er Jahre produzierte Vespa PK 100 S, die aber nicht in Deutschland

Rechts: Vespa PK 125 S Electronic 3, die 1983 mit elektrischem Anlasser geliefert wurde.

erhältlich ist. Ihre Seriennummern lauten V9X1T 1101 bis V9X1T 69175 Ende 1990.

Eine kürzere Bauzeit haben die beiden neuen Modelle in der 125-ccm-Hubraumklasse. Es sind dies die Vespa PK 125, gebaut von 1982 bis 1985 (VMX1T 1101 bis VMX1T 8378), und die PK 125 S mit Gepäckfach und Vierfach-Blinkanlage, die bis 1986 produziert wird (VMX5T 1101 bis VMX5T 62606). Ein Jahr später wird sie durch eine Variante mit elektrischem Anlasser ergänzt (VMX5T 3000001 bis 3009297). Der 121,17-ccm-Motor mit den Abmessungen 55 x 51 mm bringt eine Höchstgeschwindigkeit von 90 km/h (PK 125) bzw. 93 km/h (PK 125 S).

Zuletzt ein kurzer Überblick über das Gesamtangebot in Deutschland. Bis zum September 1982 sind sechs Grundmodelle im Programm: Die Vespa 50 N, Vespa 50 N Spezial, Vespa P 80 X, Vespa PX 125 E, Vespa PX 150 E und Vespa P 200 E. Im Herbst 1982 folgen dann die beiden ersten Modelle der Vespa PK 80 S und Vespa PK 80 S mit Elektrostarter.

Demgegenüber wirkt das Angebot der Rollag AG im Januar 1982 für die Schweiz konservativ: Es umfaßt lediglich die Vespa. 50 N, Vespa 50 Special, Vespa 125 Primavera, Vespa 125 ET3 und Vespa P 125 X.

1983

Das umfangreiche Programm der PK- und PX-Roller erfährt in diesem Jahr in allen Hubraumklassen eine intensive Modellpflege. Es gibt allein 13 neue Modellvarianten, wobei bei den PX-Modellen erstmals die Ausführungen »Arcobaleno« — auf deutsch »Regenbogen« — und die »Automatica« mit stufenloser Getriebeautomatik, erhältlich beim Modell PK 125 S, vorgestellt werden. Die Arcobaleno kommt in Deutschland als »Lusso« auf den Markt.

Die Überarbeitung der PX-Modelle in allen Hubraumklassen (80, 125, 150 und 200) bedeutet bei den neuen Arcobaleno-Modellen (Lusso) in Kurzform: Elektrostarter, neue Bremsen, neue Instrumentierung und eine neue Frontpartie.

Sämtliche Modelle sind nunmehr serienmäßig mit einem elektrischen Anlasser ausgestattet, der durch einen Knopf rechts am Lenker bedient wird. Bei diesen Modellen ist die Batterie zusammen mit dem Reserverad unter der linken

1983er Vespa PX Arcobaleno mit neuem Frontdesign.

Links: Die elegante Vespa PK 125 S mit Getriebeautomatik. Man beachte das fehlende Bremspedal im Bodenblech der rechten Seite und die schrägen Luftschlitze in der Seitenklappe.

Rechts: Das Tachometer der PX Arcobaleno als Kombi-Instrument.

Rechts: Die Vespa PX 125 E Lusso, deren Zweitaktmotor mit Getrenntschmierung arbeitet.

»Backe« angebracht. Die Diebstahlsicherung, die den Lenker blockiert, wird mit dem Zündschlüssel bedient. Die Vorderradbremse hat eine Vorrichtung erhalten, die ein automatisches Nachstellen der Bremsbacken bewerkstelligt und gleichzeitig eine stets simultane Wirkung der Bremsbacken gewährleistet. Eine von Hand drehbare Nachstellschraube am Bremskabel erlaubt die Feinregulierung des Spiels zwischen Bremsbacken und Trommeln.

Eingelassen in die neugestaltete Lenkerverkleidung sind der Geschwindigkeitsmesser mit Kilometerzähler und Kraftstoffanzeiger, die Ladekontrolllampe, die Treibstoff-Reserveanzeige sowie Kontrolllampen für Blinker, Abblend- und Fernlicht. Zu den Verbesserungen zählen ein größeres Gepäckfach, ein breiterer Sitz und eine verbesserte Fußablage.

Die Modelle PX 80 E Arcobaleno (Lusso) tragen die Seriennummern V8X1T 100001 bis V8X1T 112348 Ende 1990. Der Motor hat 79,77 ccm Hubraum (46 x 48 mm); das Werk gibt 75 km/h Höchstgeschwindigkeit und eine Steigfähigkeit von 32 Prozent an.

Beim Modell Vespa PX 125 E Arcobaleno (Lusso) lauten die Seriennummern VNX2T 200001 bis 284846 Ende 1990. Dieser Motor hat 123,4 ccm Hubraum (52,4 X 57 mm): die Höchstgeschwindigkeit beträgt 95 km/h, die Steigfähigkeit 40 Prozent.

Die Modelle PX 150 E Arcobaleno (Lusso) sind an ihren Seriennummern VLX1T 600001 bis 803233 Ende 1990 zu erkennen. Der Motor hat 149,56 ccm Hubraum (57,8 x 57 mm); Höchstgeschwindigkeit 100 km/h, Steigfähigkeit 40 Prozent. Das Topmodell Vespa PX 200 E Arcobaleno (Lusso) trägt die Seriennummern VSX1T 300001 bis VSX1T 424579 Ende 1990. Der italienische Originalmotor hat 197,97 ccm (66,5 x 57 mm); die Höchstgeschwindigkeit wird mit beachtlichen 110 km/h angegeben, die Steigfähigkeit mit 42 Prozent.

Die Mehrzahl der Veränderungen der PK-Reihe betrifft die Elektrostarter-Varianten der Grundmodelle:

Vespa PK 50 S Elestart: 1983 bis 1986 (V5X2T 3000001 bis 3009325).

Vespa PK 50 SS: 1983 bis 1987 (V5S1T 1101 bis 7172)

Vespa PK 50 SS Elestart: 1983 bis 1986 (V5S1T 3000001 bis 3001208).

Vespa PK 80 S Elestart: 1983 bis 1984 (V8X5T 3000001 bis 3002790).

Vespa PK 100 S Elestart: 1983 bis 1986 (V9X1T 3000001 bis 3000158).

Vespa PK 125 S Elestart: 1983 bis 1986 (VMX5T 3000001 bis 3009297)

Als technische Neuentwicklung stellt Piaggio ein automatisches Getriebe vor, in diesem Jahr zunächst bei der Vespa Automatica PK 125 S erhältlich. Diese Automatik wählt über ein hydraulisches Regelsystem stufenlos das günstigste Übersetzungsverhältnis. Die Hydraulikpumpe arbeitet geschwindigkeitsabhängig und wird über einem Fliehkraftregler gesteuert: Bei zunehmender Geschwindigkeit sorgt die Hydraulikpumpe über einen Hydraulikkolben für eine längere Übersetzung.

Angetrieben werden die Automatikversionen von völlig neu entwickelten Motoren, bei denen kaum ein Bauteil den Schalttriebwerken entspricht. Sie verfügen über eine Getrenntschmierung, bei der das Öl

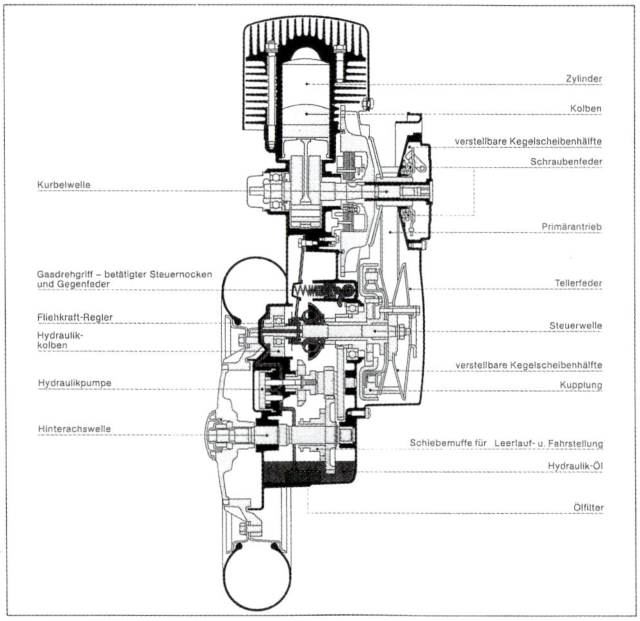

Funktionsschema der stufenlosen hydraulischen Getriebeautomatik, die Piaggio 1983 bei seinen Vespa-Rollern einführte und die auf Anhieb zu einem Schlager wurde.

Unten: Die seit 1984 auch in Asien gebaute PX150E Arcobaleno erweist sich, wie hier in Vietnam, bis heute im täglichen Einsatz als unverwüstlich.

von einem separaten Tankbehälter durch eine auf der linken Seite angebrachte Kolbenpumpe direkt in den Ansaugkanal gelangt und reines Benzin getankt wird. Durch die beengten Platzverhältnisse in der kleinen PK-Karosserie mußte der Vergaser in das Luftfiltergehäuse auf der rechten Seite wandern. Der Gasschieber wird über ein horizontales Gestänge betätigt, das von einer vertikalen Welle, in die am Boden des Motorblocks der Gaszug eingehängt ist, bewegt wird. Das Getriebe wird im Leerlauf am linken Drehgriff über einen Bowdenzug zugeschaltet und rastet mit einem kleinen Ruck ein. Der Kupplungshebel ist für den vorderen Bremszug frei geworden und der hintere Bremszug wandert auf die rechte Lenkerseite. Dadurch entfällt der Fußbremshebel.

Parallel zu dieser Vespa Automatica PK 125 S (1983 bis 1984: VAM1T 1101 bis 3366) gibt es eine Ausführung mit elektrischem Anlasser, die Vespa Automatica PK 125 S Elestart (1983 bis 1984: VAM1T 3000001 bis 3007758).

Für die Modelle Vespa 125 Primavera, Vespa 50/R und die Vespa PX 80 E geht in Pontedera die Produktion 1983 indessen zu Ende.

Im Verkaufsprogramm Frühjahr 1983 der Vespa GmbH Augsburg finden sich in der PK-Baureihe die Modelle Vespa PK 50, Vespa PK 50 S, Vespa PK 50 S Elestart, PK 80 S, PK 80 S Elestart, PK 125 S sowie ein umfangreiches Zubehörprogramm. Die Automatik-Modelle 50, 80 und 125 kommen erst ein Jahr später dazu.

Die PX-Baureihe umfaßt die Modelle P 80 X, PX 125 E, PX 150 E und PX 200 E, ebenfalls mit einem reichhaltigen Angebot von Kunststoffkoffern, Spiegeln, Lampenzierringen, Klapp-Gepäckträgern und Windschutzscheiben.

1984

Die Vespa-Kunden bestimmen einen Trend, der noch höheren Komfort und mehr Bequemlichkeit zum Inhalt hat. Piaggio reagiert in diesem Sinne; so werden nacheinander alle Modelle in den beiden Erfolgsreihen sukzessiv mit dem automatischen Getriebe oder mit dem Elektrostarter modifiziert auf den Markt gebracht. Die Produktionsjahre eines Modells werden dadurch kürzer; neue Modelle folgen in schnellerem Rhythmus. In der PK-Modellbaureihe sind folgende Modelle 1984 neu:

Vespa Automatica PK 50 S: 1984
(VA51T 1101 bis 1352).

Vespa Automatica PK 50 S Elestart: 1984 bis 1986
(VA51T 3000001 bis 3002122).

Vespa Automatica PK 80 S: 1984
(VA81T 1101 bis 2330).

Vespa Automatica PK 80 S Elestart: 1984 bis 1986
(VA81T 3000001 bis 3000737).

Vespa PK 125 ETS: 1984 bis 1985
(VMS1T (1101 bis 12811).

In der PX-Baureihe sind es die Rollermodelle:

Vespa PX 80 Arcobaleno (Lusso) Elestart: 1984 bis 1990
(V8X1T 3000001 bis 3006335).

Vespa PX 125 E Arcobaleno (Lusso) Elestart: 1984 bis 1990
(VNX1T 3000001 bis 3020135).

Vespa PX 150 E Arcobaleno (Lusso) Elestart: 1984 bis 1990
(VLX1T 3000001 bis 3010079).

Vespa PX 200 E Arcobaleno (Lusso) Elestart: 1984 bis 1990
(VSX1T 3000001 bis 3022538).

In Deutschland kommen erstmals die Automatik-Modelle PK 80 S und 80 S mit Elektrostarter sowie die PK 125 S ins Ver-

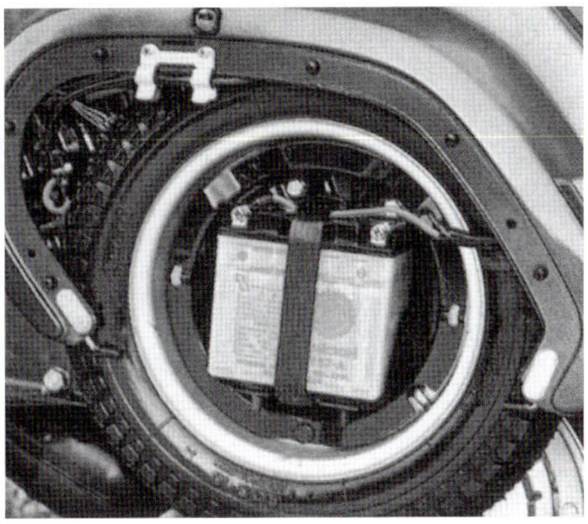

Geschickt hat man bei der Elestart die Batterie in den Felgenraum des Ersatzrades untergebracht.

Links: Motor mit automatischem, hydraulisch gesteuertem Getriebe der Vespa PK 125 S.

Rechts: Vespa PK 125 S Elestart, in dieser Ausführung von 1983 bis 1986 gebaut. Die Zeiten des Antretens per Kickstarter sind vorbei...

kaufsprogramm. Auch die neuen PX-Modelle haben den Geschmack der jungen Kunden getroffen. Vespa Augsburg lanciert die Modelle PX 80 E Lusso (auch mit Elektrostarter zu haben), PX 125 E Lusso, PX 150 E Lusso, PK 200 Lusso (wahlweise mit Kick- oder Elektrostarter).

1985

Die Präsentation der Vespa PK 50 XL in der kompakten Modellreihe zeigt ein völlig überarbeitetes Design. Im neu geformten Lenker sind die Kontrollleuchten für Blinker, die Benzinuhr, Benzin-Reserveanzeige, Licht- und Fernlichtkontrolle harmonisch integriert. Auch das Gepäckfach ist mit Zünd- und Lenkschloß in die selbsttragende Karosserie eingearbeitet. Die Hornverkleidung ist schmaler und dynamischer geworden, die Schlitze sind an die seitliche Verkleidung gewandert.

Die italienische Produktionsstatistik zeigt in diesem Jahr den Beginn zweier neuer Modellreihen:

Vespa PK 50 XL: 1985 bis 1990 (V5X3T 001101 bis 00193519).

Vespa PK 50 XL Elestart: 1985 bis 1990 (V5X3T 3000001 bis 3010706).

Der Motor mit 49 ccm Hubraum leistet 2 kW bei 6000/min, hat eine elektronische

Der alte Tacho der PK 50 S (oben) ... . wird bei der neuen PK 50 XL von einem größeren Kombiinstrument abgelöst (unten).

Zündanlage, Vierfach-Blinkanlage und bringt eine Höchstgeschwindigkeit von 50 km/h. Beide Modelle weisen noch das handgeschaltete Viergangggetriebe auf. Das Automatik-Modell wird erst ein Jahr später vorgestellt.

In der größeren Baureihe gibt es in Italien zwei neue Modelle:

Vespa PX 125 T5: 1985 bis 1990 (VNX5T 1101 bis 37161), ein Sondermodell mit 12 PS, das in Deutschland unverkäuflich war.

Vespa PX 125 T5 Elestart: 1985 bis 1990 (VNX5T 3000001 bis 3005013).

1985 beginnt bei LML in Indien die Großserien-Produktion der PX 150 E Arcobaleno, versehen mit den Seriennummern VLX1T 2000001 bis 2821048 Ende 1990.

Die größte Überraschung in Deutschland ist endlich die Präsentation des Piaggio-Flaggschiffes Vespa PX 200 E Grand Sport mit 12 PS (9 kW) starkem Motor. Das 196-ccm-Triebwerk taugt für eine Höchstgeschwindigkeit von 105 km/h und eine Steigfähigkeit von 42 Prozent. Der Normverbrauch liegt allerdings bei 4 Liter auf 100 Kilometer. Dieses Modell wird mit Kickstarter zum Preis von 4095 Mark in den Farben Weinrot und Weiß angeboten; mit Elektrostarter kostet dieser Roller 4460 Mark.

Gleichfalls neu auf dem deutschen Markt sind die bereits erwähnten Modelle Vespa PK 50 S Automatik mit und ohne Elektrostarter, die Vespa PK 50 S Lusso ebenfalls mit und ohne Elektrostarter sowie die Vespa PK 80 S Lusso. Und um die Auswahl abzurunden, gibt es eine abenteuerliche Vespa im Safari-Look, als Traveller bezeichnet — eine PX 80 E mit einer Spitze von 77 km/ h.

Schließlich geht auch Vespa mit dem Trend und weist seine Kunden darauf hin, daß alle Vespa-Motorroller und Mofas bleifreien Kraftstoff vertragen.

Oben: Vespa PX 200 E Grand Sport Lusso, auch mit einem Elektrostarter lieferbar.

Oben: Wie stets nimmt das Vespa-Zubehör im Verkaufskatalog 1986 viel Platz ein.

Unten: »Traveller« nannte sich die zweifarbig ockergelbe Spezial-Vespa im Safari-look, hier als PX 80 E, gebaut ab 1985.

1986

Es ist Tagesgespräch in der Zweiradbranche, daß Piaggio die bekannte österreichische Marke Puch übernimmt. Dies bedeutet einen weiteren Schritt zur Komplettierung des Angebots bei Fahrrädern, Mofas und Mopeds und Akquisition zusätzlicher Fertigungskapazitäten außerhalb Italiens. Die Vespa-Modellpflege betrifft 1986 ausschließlich die PK-Reihe. Erstmals ist die im Design überarbeitete PK 50 XL mit Automatik und Elektrostarter lieferbar. In Italien wird die Automatikversion als »Plurimatic« bezeichnet — in Deutschland kennzeichnet der Schriftzug »automatica« links unterhalb der Doppelsitzbank diese Modelle. Deutsche und italienische Modelle unterscheiden sich auch durch die Form der Sitzbank.

Die Vespa PK 50 XL Plurimatic/Automatik wird von 1986 bis 1989 produziert, ihre Seriennummern lauten VA52T 1101 bis VA52T 4989.

Der 48-ccm-Motor leistet 2,5 kW bei 5750/min und verhilft der PK — die serienmäßig, dank der 12-Volt-Elektrik vier Blinker trägt — zu einer Höchstgeschwindigkeit von 50 km/h. Bei der Automatik handelt es sich um eine rein mechanisch gesteuerte Neuentwicklung, deren Antriebsprinzip bereits den heutigen Automatikantrieben entspricht.

Als Version mit Elektrostarter (kurz Elestart genannt) hat die Vespa PK 50 XL Plurimatic/Automatik Elestart die Nummern VA52T 3000001 bis VA52T 3014507 Ende 1990.

Die mit dem stärkeren Motor ausgerüstete Vespa PK 50 SS hat man nunmehr auch mit der neuen Karosserie versehen, sie heißt jetzt Vespa PK 50 XLS. (V5S2T 001101 bis V5S2T 016464 Ende 1990). Im nächsten Jahr folgen eine Automatik-Version, die aber nur ein Jahr lang in Produktion bleibt, genannt Vespa PK 50 XLS Plurimatic (1987 VA51T 1101 bis 1670), sowie ein Modell mit elektrischem Anlasser, die Vespa PK 50 XLS Plurimatic Elestart (1987 bis 1989 VA51T 3000001 bis 3000999).

Das moderne XL-Design erhalten in diesem Jahr auch die 100er und 125er Modelle. Es sind dies:

Oben: Die neuentwickelte mechanische Automatik (Variomatik) der PK50XL löst die hydraulisch gesteuerte Vorgängerin ab. Gut zu erkennen ist der gezahnte Keilriemen.

Links: Vespa PK 50 XL mit viel Zubehör, hier sogar mit Cola-Dosenhalter!

Vespa PK 100 XL: 1986 bis 1990 (V9X2T 1101 bis 2197).
Vespa PK 125 XL: 1986 bis 1990 (VMX6T 1001 bis 54751).
Vespa PK 125 XL Elestart: 1986 bis 1990 (VMX6T 300001 bis 3006631).

Wie üblich wird mit einer geringen zeitlichen Verzögerung die neue Vespa PK 50 XL (mit und ohne Elektrostarter) im Frühjahr 1986 ins Augsburger Programm aufgenommen, während die Automatik-Modelle PK 50 XL und PK 125 XL im Dezember 1986 quasi erst als Weihnachtsüberraschung die deutschen Kunden erreichen. Neu ist im Sommer die Vespa 125 T5 mit 12 PS. Im Traveller-Look in Safari-Gelb/Braun gibt es jetzt nicht nur die PX 80 E, sondern auch die Modelle PX 200 E und PX 200 E GS (12 PS) mit und ohne Zubehör (Stoßstangen, Sturzbügel, Klappgepäckträger vorne und hinten).

Die Vespa PX 80 E Lusso gibt es ebenfalls als »Specials« in Sonderfarben (Pastellgelb, Pastellflieder und Pastellpink) und mit Sonderausstattung wie Höckersitzbank, Rammschutzset, Ziergummi und Lenkergriffe.

Überhaupt hat die Individualisierung der Vespa durch ihren Fahrer Hochsaison. Mit etwas Farbe und dem reichhaltigen, von Vespa angebotenen Zubehörprogramm sind der Phantasie keine Grenzen gesetzt: Aus dem Serienprodukt wird ein unverwechselbares Original.

1987

Nachdem im Vorjahr ein Großteil der Produktion älterer PK-Modelle ausgelaufen war, kommen in diesem Jahr, wie bereits geschildert, die Modelle Vespa 50 XLS mit Automatik und mit Elektrostarter auf den Markt. Parallel dazu verläuft die Modellpflege in der 125-ccm-Hubraumklasse.

Neu sind 1987 die Vespa PK 125 XL Plurimatic/Automatik (1987 VVM1T 1101 bis VVM1T Ende 1990) und die Vespa PK 125 XL Plurimatic Elestart (1987 VVM1T 3000001 bis 3001582 Ende 1990).

Die Sensation aus dem Hause Piaggio für die Vespa-Fan-Gemeinde und die Motorpresse ist die Präsentation eines futuristisch wirkenden Rollers, der in vielen Aspekten Neuland betritt und zugleich als höchste Vollendung und Weiterentwicklung des klassischen Rollerkonzepts gelten kann: die Cosa. Unter großem Aufwand konstruiert und im Windkanal gestylt, rangieren bei der Cosa Aerodynamik und Fahrkomfort ganz vorne, wobei die traditionellen Vespa-Ureigenschaften wie Direktantrieb, freier Durchstieg und Schutz von unten und vorne erhalten geblieben sind.

Neu ist auch das Bremssystem. Es handelt sich um eine hydraulische Kombianlage mit zusätzlicher mechanischer Vorderradbremse. Die hydraulische Fußbremse wirkt — mit entsprechender Dosierung und Kraftverteilung — auf beide Räder, mit einer Priorität zugunsten des Hinterrades.

Die aerodynamisch geglättete Karosserie hat insbesondere die Gestaltung der Frontpartie verändert. In der Terminologie wie in der Marketing-Zielsetzung im Hause Piaggio ist die Cosa in der werkseigenen Typologie keine Vespa; vielmehr wird der Name Cosa ohne weiteren Zusatz verwendet. Den Cosa-Schriftzug findet man auf der rechten Motorverkleidung, während am Frontschild oben das Piaggio-Emblem befestigt ist. Ganz unten befindet sich bei den italienischen Modellen der Piaggio-Schriftzug. Noch aber sind die europäischen Importländer der Vespa nicht bereit, diese Entwicklung ebenso konsequent mitzutragen, denn als die Cosa später in Deutschland vorgestellt wird, prangt unten auf dem Frontschild — wie von den

Der neue Star des Jahres 1987 ist die Cosa. In allen Einzelheiten ein Roller einer neuen Generation.

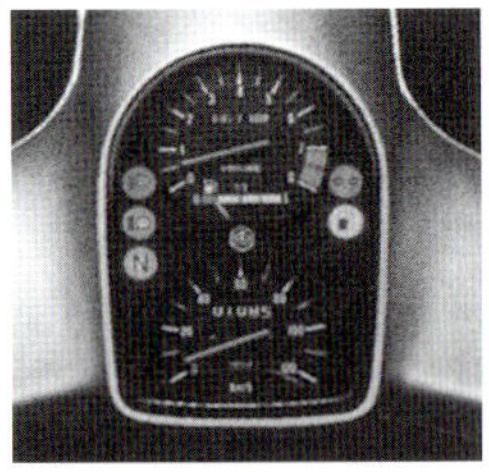

deutschen Kunden erwartet — der Vespa-Schriftzug.

Die Cosa wartet mit einem Halogen-Frontscheinwerfer von 35 Watt auf. Unter der abschließbaren Doppelsitzbank befindet sich ein Ablagefach für die Unterbringung des Schutzhelms. Darüberhinaus ist die ergonomische Anordnung der Bedienungselemente und Sitzposition gegenüber herkömmlichen Rollern deutlich verbessert worden.

1987 gibt es die Cosa in Italien sowohl mit rund 125 ccm als auch mit 150 ccm Hubraum, jeweils mit Kick- oder Elektrostarter. Eine 200er folgt ein Jahr später.

Die 125-ccm-Version ist an den Seriennummern VNR1T 1101 bis 4844 Ende 1990 zu erkennen; die deutlich beliebtere Cosa 125 Elestart trägt die Nummern VNR1T 3000001 bis 3017315 Ende 1990. Der exakt 125 ccm große Motor hat bei seiner Markteinführung die Abmessungen 52,5 x 57 mm, gut für 90 km/h.

Die Seriennummern der Cosa 150 lauten VLR1T 1101 bis 4508 Ende 1990; für die Cosa 150 Elestart gelten die Nummern VLR1T 3000001 bis VLR1T 3009413 Ende 1990. Der 149,6-ccm-Motor hat bei gleichem Hub die Bohrung 57,8 mm. Die Höchstgeschwindigkeit ist 92 km/h.

Die Abmessungen für beide Modelle und auch für die später eingeführte Cosa 200 lauten: Länge 1805 mm, Breite 700 mm (ohne Rückspiegel), Höhe 1070 mm, Radstand 1270 mm. Der Tankinhalt beträgt 7,8 Liter, die Dimension der Bereifung ist 100/90 x 10 Zoll.

Der Trend zu den überarbeiteten PK- und PX-Modellen in einer überschaubaren Modellpalette ist auch am deutschen Angebot ablesbar. Die PK-Baureihe umfaßt vier Grund-Modelle: Vespa PK 50 XL wahlweise mit Automatik oder Viergangetriebe, das Modell Vespa PK 50 sowie die Vespa PK 125 XL. Eine elektronische Alarmanlage (VE1) ist gegen Aufpreis als Zubehör lieferbar.

In der großen PX-Baureihe kann man ebenfalls unter vier Ausführungen wählen: PX 80 E Lusso, PX 125 E Lusso, PX 150 E Lusso und PX 200 E Lusso mit einer gedrosselten Motorenversion von 7 kW bei 5000/min. Sie alle arbeiten mit getrennter Benzin-Ölversorgung. Schließlich gibt es als deutsche Spezialität die Modellreihe GS mit der Vespa PX 200 E »Grand Sport«. Sie besitzt den italienischen Originalmotor und leistet 9 kW bei 5700/min.

Oben: Schema der hydraulischen Bremsanlage.

Unten: Typisch für die Cosa der ersten Serie war die Platzierung des Nummernschildes über dem Rücklicht.

Oben: Cosa der ersten Generation; später wurden unter anderem die Spiegel geändert.

1988

Piaggio bringt in diesem Jahr als Weiterentwicklung der PK 50 XL die Modellvariante Vespa PK 50 XL Rush (V5X4T 1101 bis 62170 Ende 1990) heraus, auch als Elestart erhältlich (V5X5T 3000001 bis 3002026), die aber bereits zum Jahresende wieder aus der Produktion genommen wird.

Zur oberen Abrundung des Cosa-Programms hat Piaggio inzwischen die Cosa 200 entwickelt, ihr 198-ccm-Motor weist die Abmessungen 66,5 x 57 mm auf. Als Höchstgeschwindigkeit für diesen Roller gibt das Werk 99 km/h an.

Das Interesse des deutschen Publikums an der neuen Cosa 200 ist so groß, daß die Vespa GmbH in Augsburg dieses Modell bereits im gleichen Jahr zusammen mit der Cosa 125 der Motorpresse und Vespa-Kundschaft vorstellt. Allerdings ist die 150-ccm-Hubraumversion im Programm nicht enthalten.

Die technischen Angaben für den deutschen Markt lauten: Cosa 125 mit einer Leistung von 7 kW bei 6000/min, 122 ccm Hubraum, Steigfähigkeit 40 Prozent, Höchstgeschwindigkeit 92 km/h, Normverbrauch 3,5 Liter auf 100 km; die Cosa 200 hat 7 kW (10 PS) Leistung bei 6000/min (gedrosselte Version für den deutschen Markt, VDR1T), 196 ccm Hubraum, Steigfähigkeit 42 Prozent, Höchstgeschwindigkeit 94 km/h, Normverbrauch 4 Liter, Lichthupe.

In der PK-Reihe gibt es einige kleine Veränderungen gegenüber dem Vorjahr. Die frühere PK 50 im neuen Design — aber ohne die vierfache Blinkanlage — heißt jetzt PK 50 XL, während das vorherige Modell gleicher Bezeichnung mit vierfacher Blinklichtanlage ausgestattet wurde. Neu ist außerdem die PK 125 XL mit Automatikgetriebe. In der PX-Baureihe wird das GS-Modell PX 200 E durch die PX 200 E Lusso Grand Sport ersetzt.

Insgesamt verließen bis Ende 1988 seit Baubeginn im Jahr 1946 mehr als 8 Millionen Fahrzeuge die Bänder. Aus der simplen Konstruktion von einst ist ein kompliziertes Gebilde geworden — eine Vespa wird inzwischen aus 1364 Teilen zusammengebaut!

1989

Ende der achtziger Jahre hat sich die mitunter hektische Modellpolitik beruhigt. Nur zwei neue Rollermodelle aus Pontedera machen in diesem Jahr in der Branche von sich reden.

Zum einem ist es eine neue Vespa in der 50er Klasse, die wieder einmal schlicht 50 N heißt und sich gemäß ihrer Seriennummer V5X5T (1101 bis 44759 Ende 1990) als Weiterentwicklung der Vespa PK 50 (V5X1T), PK 50 S (V5X2T), PK 50 XL (V5X5T) und PK 50 XL Rush (V5X4T) erweist. Zu ihr gesellt sich mit automatischem Getriebe die 50 N Plurimatic (V5P1T 1101 bis 6025 Ende 1990), der dann 1990 die Vespa 50 Automatica (V5P2T 1101 bis 9064 Ende 1990) sowie die Vespa 50 (V5N1T 1101 bis 57991 Ende 1990) folgt.

Als Lizenzbau wird die 1986 aus der Produktion genommene Vespa des Typs P 150 S noch einmal aufgelegt und trägt die Seriennummern VBX1T 270946 bis 299155 Ende 1990.

In Deutschland sind in diesem Jahr drei Modelle mit der Bezeichnung Vespa PK 50 XL auf dem Markt; Die einfache Ausführung ohne Blinkanlage, die Vespa PK 50 XL mit vierfacher Blinkanlage und handgeschaltetem Viergangetriebe (2 kW bei 5500/min) sowie als Automatik mit 2 kW Leistung bei 5750/min. Hinzu kommen die PK 125 XL und die PK 125 XL Automatik.

Ape elettrico, ein Kleintransporter auf Basis des Apecars mit Elektromotor. Der 11 PS starke Motor kommt von Bosch. Es gibt auch eine Diesel-Ape in der Baureihe.

In der PX-Baureihe haben sich gegenüber dem Vorjahr keine Veränderungen ergeben.

Ähnlich wie beim GS-Modell in der PX-Baureihe gibt es von diesem Jahr an eine Cosa 200 GS, die wie das italienische Original 9 kW (12 PS, VSR1T) bei 6000/min leistet und eine Spitze von 100 km/h bringt. Somit sind jetzt drei Cosa-Modelle lieferbar.

In den achtziger Jahren hat es auch beim Vespa Car einige Modellverbesserungen gegeben. So gab es im Frühjahr 1981 erstmals einen Vespa Car mit Elektroantrieb von Bosch. Das batteriegespeiste Triebwerk leistete 11 PS bei 2400/ min und besaß einen Aktionsradius von 80 Kilometern. Die Geschwindigkeiten ließen sich stufenlos regeln. Seit Frühjahr 1989 bietet Vespa Augsburg unter der Typenbezeichnung Vespa TM 703 V eine Diesel-Variante an, die über eine eigene Nutzfahrzeug-Händler-Organisation vertrieben wird und in vier Standardausführungen, nämlich als Pritsche, Kasten, Kipper- und Müllkipper lieferbar ist.

Die Leichttransporter-Modellpalette aus Pontedera verzeichnet 1995 über 40 Varianten des Vespa Car mit über 100 verschiedenen Spezialaufbauten. Auch vierrädrige Mini-Pickups und Mini-Vans sind neuerdings darunter, resultierend aus einem Joint-Venture mit der japanischen Daihatsu Motor Co. Ltd. in Osaka. Ebenfalls auf vier Rädern rollt der Ape-Poker mit einem 421-ccm-Dieselmotor und elektronischer Einspritzung, dessen Markteinführung 1991 erfolgte.

In vier Jahrzehnten haben immerhin 1,5 Millionen dieser fleißigen »Bienen« auf drei Rädern die Werkshallen von Pontedera verlassen, 400.000 davon schwärmten über Italiens Grenzen. Über eine halbe Million verzeichnete die italienische Zulassungsstatistik Ende 1992. Die Dreispur-Transporter haben den Ablauf des täglichen Lebens in vielen Ländern, sei es im südlichen Europa oder vor allem auch Asien, stark geprägt und gehören als Selbstverständlichkeit zum dortigen Verkehrsbild.

Bei den leichteren Zweirädern sind die Zuwachsraten nach wie vor groß. Neu im Mopedprogramm Piaggios ist der Grillo, ein mutiger Schritt in bezug aufs Fahrzeugdesign — ein flinker Hüpfer mit ausgeprägter Heuschreckensymbolik ...

1990

Von einer einfachen Ausführung der PK 125 (VMX7T) und einer PK 125 Automatikversion (VVM2T) für den französischen Markt abgesehen, sollte es zu Beginn der letzten Dekade des Jahrhunderts keine weiteren Neuerungen in der laufenden Produktion geben. Allerdings wird im Herbst auf der IFMA in Köln auf Basis der neuen PK 50 XL2, die erst im folgenden Jahr in den Verkauf kommt, eine interessante Studie vorgestellt: eine Vespa »PK 50 Bimodale« mit einem zuschaltbaren Elektroantrieb. Für die Stromversorgung waren zwei Batterien im linken Seitenfach, dort, wo sonst das Reserverad sitzt, zuständig. Es waren die ersten Gehversuche mit einem Hybridantrieb, und es blieben auch die vorerst letzten.

1988 hatte Giovanni Alberto Agnelli, der Sohn Umberto Agnellis und ein Neffe Enrico Piaggios, im Alter von 27 Jahren die Leitung der Piaggio & C. S.p.A.* übernommen. 1990 wird das Unternehmen eine Holding und Agnelli ihr Präsident. Er schreibt es sich auf seine Fahnen, einerseits das historische Erbe des Traditionsunternehmens zu wahren, wovon später

Links: Die Sfera läßt sich so sportlich wie jeder Scooter fahren!

Unten: Aus jeder Perspektive verrät die Sfera den Mut zur ungewöhnlichen Form, wie ihn die Italiener bereits beim Design der ersten Vespa bewiesen hatten.

*) »SpA od. S.p.A.« bedeutet »società per azioni«, eine italienische Kapitalgesellschaft ähnlich einer deutschen Aktiengesellschaft.

noch zu berichten sein wird, und andererseits die Produktion zukunftsfähig auszurichten.

Die bisweilen hektisch anmutende Modellpolitik der Achtzigerjahre war dem Bestreben Piaggios geschuldet, immer neue Antworten auf die Überflutung des europäischen Zweiradmarktes durch preiswerte Roller und Kleinkrafträder aus fernöstlicher Produktion zu geben. Doch Piaggio wäre nicht Piaggio, wenn hinter verschlossenen Türen nicht längst an einem neuen Fahrzeugkonzept gebastelt worden wäre, und so schlägt die Vorstellung des ersten grundlegend neu entwickelten Zweirads des Hauses mit einem Rohrrahmen, Kunststoffverkleidungen und Automatikantrieb im Fürstentum Monaco wie eine Bombe in der Fachwelt ein.

Getauft auf den Namen »Sfera« (zu deutsch »Kugel«) heimst der neue Roller gleich im folgenden Jahr die ebenso begehrte wie renommierte Auszeichnung »Compasso d´Oro« für das beste Industriedesign ein. Technisch ist er mit einem völlig neu entwickelten horizontal liegenden Einzylinder-Zweitaktmotor mit Getrenntschmierung und einem Keilriemenantrieb mit stufenloser Getriebeautomatik, der mit 50 ccm und 80 ccm vom Band läuft, auf der Höhe der Zeit. Vespatypisch sind die 10-Zoll-Räder und die vordere Kurzschwinge. Unter der großzügig dimensionierten und bequemen Doppelsitzbank platzierten die Konstrukteure neben dem Staufach an der Rückseite des Beinschilds ein weiteres und wesentlich geräumigeres Gepäckfach, ideal zur Ablage des Helms.

1991

Leider bleiben die Verkaufszahlen der PK-Reihe auch nach der optischen Auffrischung der N-Serie im Jahr 1989 weiter hinter den Erwartungen zurück. Deswegen folgt eine weitere noch sehr viel tiefer greifende Überarbeitung, die unter der Typenbezeichnung XL2* zu den Händlern rollt. Von der N wurde die schlanke glatte Kaskade übernommen, das Gepäckfach wird bis an den Oberrand des Beinschilds hochgezogen und das Zündschloß integriert. Durch Druck auf den Schließzylinder wird das Fach entriegelt. Völlig neu gestaltet wurde die Lenkerverkleidung mit einem großen Armaturenfenster, unter dem sich Tacho, Tankanzeige und Lichtsymbole befinden, dazu neue Kunststoffspiegel. Das vordere Schutzblech wird aus Kunststoff gefertigt und erhält ebenso wie das mit einer Kunststoffschürze und einem neuen Rücklicht versehene Heck am unteren Rand einen Spritzschutz. Die Sitzbank bekommt eine rundlichere und etwas breitere Form mit einem vorne und hinten schräg abgenähten Bezug und sitzt einem Kunststoffrahmen auf. Die Betätigung des Chokes erfolgte über einen Daumenhebel am Gasgriff. Das herausnehmbare Werkzeugfach unter der Sitzbank entfällt, wodurch der Zugang zum Vergaser erschwert wird.

Die XL2 ist in Deutschland mit 50-ccm-Motor als Schaltversion (V5X1M) oder als Automatikmodell (VA52MK, nur noch mit alleinigem Elektroanlasser) erhältlich und wird mit 125 ccm (VMX7T) für Italien und andere Märkte produziert.

Und ein wahres Highlight hält das Haus Piaggio in diesem Jahr für eingeschworene Liebhaber des ewig jungen Klassikers bereit: eine streng auf 3.000 Exemplare begrenzte Neuauflage der »Vespa 50 Special« mit 1,4 PS und Vierganggetriebe unter der Bezeichnung »Revival«. Sie soll all jene ansprechen, die in den Sechzigern noch

Oben: Auf den Zweiradmessen in Köln und Mailand wird im Herbst die neue PK XL 2 mit schlanker Kaskade vorgestellt.

Rechts: Die neue PK-XL2 mit Kunststoffkotflügel, Spritzschutz und neugestalteten Radzierkappen.

* *Lt. Betriebserlaubnis lautete die offizielle Bezeichnung weiterhin »XL«, unter Vespisti üblich ist aber die durchaus verwechslungssichere Bezeichnung »XL2«.*

Links: Eine rundum harmonische Heckpartie der PK-XL2 mit Sitzbankrahmen, Heckschürze und neugestaltetem Rücklicht (hier die Automatikversion, erkennbar am »A« im Schriftzug).

Rechts oben: Das neue Kombiinstrument der PK-XL2 vereinigt Tacho, Tankanzeige und Lichtsymbole.

Rechts: Bei der PK Automatik wird mit dem linken Drehgriff im Leerlauf (0) das Automatikgetriebe zugeschaltet (1).

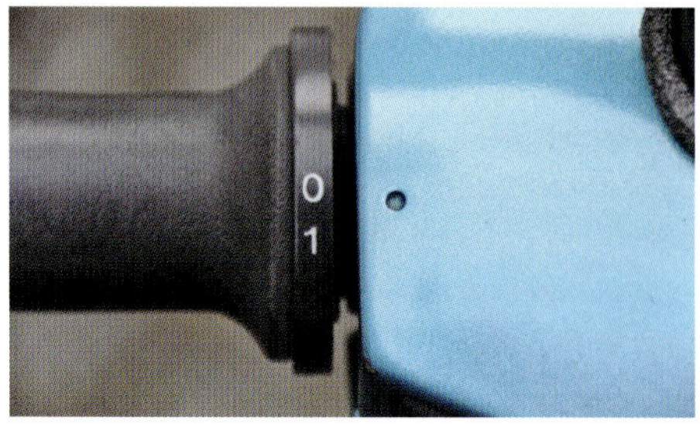

nicht geboren waren oder einfach jung geblieben sind. Der Zuspruch ist enorm, und wäre Piaggio nicht konsequent geblieben, hätten sehr viel mehr Modelle verkauft werden können. Ein Exemplar erhält sogar einen Ehrenplatz im renommierten »Museum of Modern Arts« in New York, und seit 2004 ist ein weiteres im Piaggio-Museum in Pontedera ausgestellt.

1992

Obwohl auf dem breiten Kaskadenschild der Cosa der Schriftzug »Piaggio« der Bezeichnung »Vespa« gewichen war, hält sich der Verkaufserfolg des Modells in Grenzen. Als echte Vespa wurde der Roller wegen seines Designs und der vielen Kunststoffteile vom harten Kern der Traditionalisten nie akzeptiert. Das sollte sich durch die Ende des Vorjahres auf der Mailänder Messe vorgestellte »Cosa 2 (FL*)« ändern.

Beibehalten wurde die Motorisierung mit 125 ccm, 8,3 PS (VNR1T), 150 ccm, 9 PS (VLR1T), 200 ccm, 10 PS (DR1T) und 200 GS, 12 PS (VSR1T). Die Doppelsitzbank erhält eine stärker konturierte Form mit kräftigerer Polsterung und seitlichen Haltegriffen für den Sozius. Die unter dem Nummernschild angebrachte und leicht Beschädigungen ausgesetzte Rückleuchte war wie bei allen anderen Modellen auch noch in der ersten Serie über das Num-

Links: Neue Roller-Dimensionen zeigt auch die Quartz auf.
Oben die Instrumentierung.

Unten: Einen weiteren Schritt in die Zukunft des City-Scooters stellt der von Piaggio konzipierte »Zip« dar.

mernschild gewandert, schließt aber jetzt bündig an die Sitzbank an. Die Doppelstreben der Rückspiegel werden zunächst beibehalten und weichen später einer einarmigen Ausführung. Auch technisch steigern Verbesserungen des Schalt- und Kupplungsverhaltens spürbar das Fahrvergnügen. Das auf Wunsch erhältliche EBC (Electronic Brake Control), ein Antiblockiersystem der hydraulischen Bremse, verhindert das Blockieren des Vorderrads. Damit besitzt die rund 100 km/h flotte Cosa 2 die zum damaligen Zeitpunkt weltweit fortschrittlichste Bremsanlage in einem Serienroller.

Im Mai des Jahres kommt mit der »Quartz« in Deutschland ein weiteres Modell der neuen Sfera-Generation aus Pontedera auf den Markt. Als Novität besitzt der 50-ccm-Motor eine Wasserkühlung. Wirkungsvoll verzögert wird mit einer hydraulisch betätigten Scheibenbremse (!) am Vorderrad.

Im selben Jahr wird auf der IFMA in Köln dem deutschen Publikum der Prototyp einer Hybridversion der 1990 eingeführten Sfera vorgestellt, die neben dem herkömmlichen Verbrennungsmotor zusätzlich über einen 650-Watt-Elektromotor verfügt. Das Modell kommt Ende des folgen-

Oben: Die Piaggio Quartz mit wassergekühltem Motor. Nur 50 ccm Hubraum, aber ein leistungsstarkes Aggregat als technologisches Meisterstück der Zweitakt-Bauweise.

Rechts: Doch, es ist eine echte Vespa, nicht nur weil's draufsteht. Der Roller ist eine Cosa 200 EBC, auf der IFMA 1992 als FL-Modell mit Antiblockiersystem vorgestellt.

Die Minimalformel der Motorisierung bot Piaggio mit dem Modell »free« an. Die Vielzahl der Marken (Bianchi, Gilera, Puch) bei den Motorzweirädern gibt Piaggio die Chance, alle Marktnischen zu besetzen.

*: *FL bedeutet Facelift*

Oben: Das Kombiinstrument der Cosa 2 erhält eine Bremsbelag-verschleißanzeige.

Links: Die Cosa wurde auch nach mehreren Modifikationen vom Markt nicht angenommen – ihre Verkaufszahlen blieben weit hinter den Erwartungen zurück.

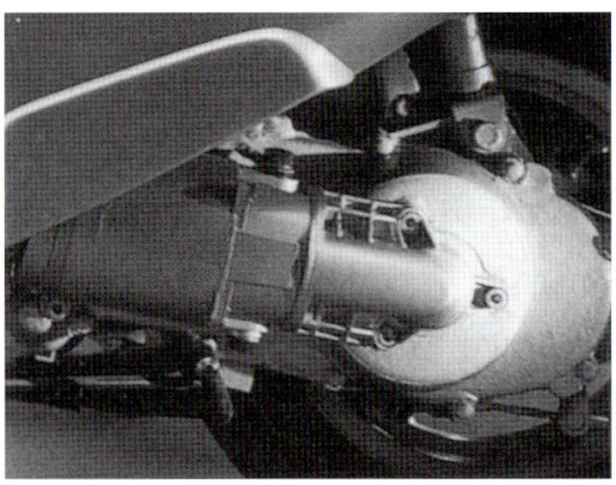

Ein Sfera-Prototyp mit Hybridantrieb wurde bereits 1992 entwickelt. Man kann vom Verbrennungs- auf einen Elektromotor umschalten, je nach Erfordernis...

Unten: Mattschwarze Spiegel, Zier- und Stoßleisten an der PK des Jahrgangs 1993

den Jahres in den Verkauf. Ein durchschlagender Erfolg bleibt ihm allerdings wegen des saftigen Mehrpreises, des durch die beiden Bleiakkus eingeschränkten Stauraumes, der bescheidenen Fahrleistungen und der sehr begrenzten Reichweite versagt.

Mit Zip, Storm, NRG, SKR, TPH und weiteren Typen gelangen zahlreiche neue Motorroller mit dem modernen Karosserie- und Antriebskonzept der Sfera aus dem Hause Piaggio auf den Markt. Da es den Rahmen dieses Buches bei weitem sprengen würde, sich jedem dieser Fahrzeuge zu widmen, soll es allein bei dieser Aufzählung bleiben.

1993

Die Weiterentwicklung der Modelle der neuen Rollergeneration lassen die Modellpflege an den klassischen Vespabaureihen etwas in den Hintergrund treten. PK und Cosa werden nahezu unverändert weitergebaut. Die weitaus erfolgreichere PX-Reihe erhält einige optische Retuschen mit mattschwarzen Details wie der Einfassung des Beinschilds, der Zierleiste auf dem vorderen Kotflügel, dem Rückspiegel usw.. Beibehalten bleiben die Motorvarianten mit 125 ccm und 8 PS (VNX2T), 150 ccm und 9 PS (VLX1T) sowie 200 ccm und 12 PS als GS (VSX1T).

Nach sieben Monaten erreicht im März des Jahres der italienische Motorjournalist Giorgio Bettinelli auf einer Vespa PX 150 E von Rom aus Saigon. Weitere Reisen mit der Vespa sollten ihn in den folgenden Jahren durch alle fünf Kontinente der Erde führen.

1994

Hinsichtlich Motorisierung und Ausstattung laufen die Baureihen PK, PX und Cosa nahezu unverändert weiter vom Band.
Firmenchef Giovanni Alberto Agnelli hatte die Idee, die Geschichte des Hauses Piaggio zusammenzutragen und der Nachwelt zu erhalten. Dafür wird eine Stiftung, die Fondazione Piaggio, aus der später das Museo Piaggio hervorgehen sollte, gegründet.

Oben: Die neugestaltete Heckpartie der Cosa 2 mit bequemerer Sitzbank mit Soziushaltegriffen und harmonischem Übergang zu Rücklicht und Heckschürze.

Rechts: Obwohl sie mit allen Genen eine echte Vespa ist, wird die Produktion der Cosa eingestellt.

1995

Im Juli des Jahres rollt als erster Roller mit einem Viertaktmotor aus dem Hause Piaggio keine Vespa, sondern die mit einer hydraulisch betätigten vorderen Scheibenbremse aufgerüstete Sfera auf den deutschen Markt. Das Zweiventil-Triebwerk verfügt über 125 ccm und zeigt mit einer kettengetriebenen obenliegenden Nockenwelle die Konstruktionsmerkmale modernen Motorenbaus.

Die Cosa geht wegen des anhaltend schleppenden Verkaufs in ihr letztes Produktionsjahr. PK und PX werden ohne größere Änderungen weitergebaut.

Kapitel 10

Aufbruch in eine neue Ära – das Vespa-Konzept der Zukunft

Vespa-Chronologie 3. Teil: 1996 bis 2012

Mit der ET-Baureihe wird die Ära einer ganz neuen Fahrzeuggeneration mit Automatikantrieb...

Weichenstellung für das dritte Jahrtausend mit der Vespa ET

1996

Ein halbes Jahrhundert Vespa — ein großes Jubiläum.

Es ist kein Geheimnis, daß Piaggio in den Achtzigerjahren wiederholt in wirtschaftliche Schwierigkeiten geriet. Ist es mit dem Konzept der ersten Vespa 1946 gelungen, den Menschen nach den Wirren des zweiten Weltkriegs überhaupt wieder zu Mobilität zu verhelfen, so haben sich die wirtschaftlichen und gesellschaftlichen Verhältnisse im Laufe der folgenden Jahrzehnte grundlegend gewandelt. Mit zunehmendem Wohlstand verlangten die Kunden nach komfortableren, leistungsfähigeren und vor allem auch größeren Fahrzeugen wie einem Auto, in dem nicht nur eine ganze Familie mit Kindern Platz fand, sondern an das sich für die Ferien bei Bedarf auch noch ein Wohnwagen hängen ließ. Die von der Jugend auf Anhieb in Beschlag genommene Vespa 50 brachte in den Sechzigern zwar noch einmal einen gewaltigen Produktionsschub, jedoch drängten in den Folgejahren zunehmend Zweiräder mit moderner Technik und frischem Design bis zu den kleinen Klassen hinunter aus Fernost auf den Weltmarkt. So lieferte Honda fast zeitgleich mit der Einführung der Vespa 50 ein bildschönes 50-ccm-Kleinkraftrad mit einem hochmodernen Viertaktmotor und den konstruktiven und stilistischen Merkmalen größerer Maschinen, das den Händlern von der jungen Kundschaft förmlich aus der Hand gerissen wurde. Die klassische Vespa dagegen wurde immer seltener von Alltagskunden von nebenan und immer häufiger von der zunehmend kleiner werdenden Gruppe eingefleischter Puristen nachgefragt. Die aber verweigerten erbarmungslos »unpassenden« Neuerungen — siehe Cosa — ihre Zustimmung. Doch längst wurde in Pontedera an einem zukunftsweisenden Projekt gearbeitet, das die Forderungen nach mehr Ökonomie und Ökologie, moderner Technologie und Umweltverträglichkeit vereinen und auch die Traditionalisten unter den Kunden versöhnen sollte.

Das Vorhaben gelingt. Und wie! Wenige Wochen nach dem fünfzigsten Geburtstag wird Anfang Juni mit der Vespa ET ein Fahrzeug mit einem völlig neuen Antriebskonzept in einem neuen Kleid vorgestellt und ist doch unverkennbar eine echte

Vespa. Die gefällige schlanke Stahlblechkarosserie mit den klassischen Stilmerkmalen wurde den neuesten produktionstechnischen Anforderungen entsprechend konstruiert und ermöglicht eine weitgehend automatisierte Herstellung. Aber auch Kunststoff kommt zum Einsatz, und zwar für den lackierten vorderen Kotflügel, die ebenfalls lackierte zweischalige Lenkerverkleidung und eine lackierte Wartungsklappe am Durchstieg. Unlackiert belassen bleiben bei der ET2 in der Standardausführung das Gepäckfach an der Rückseite des Beinschilds und die daran anschließende Bodenplatte mit integrierten Trittbrettern sowie die Schürzen unten an den Seitenbacken und das hintere Schutzblech. Sie werden bei Sonderausführungen, der ET4 und in späteren Serien lackiert. Schließlich sind auch noch die Spiegel aus dunklem Kunststoff. Und als Rückbesinnung auf alte Zeiten ziert der 1967 ausgemusterte schrägverlaufende kursive »Vespa«-Schriftzug wieder das Beinschild und die linke Seitenbacke.

Der im Vorjahr in der Sfera eingeführte 125-ccm-Viertakter mit 12,2 PS wird fast unverändert in die neue »ET4-125« (ZAPM04000) transplantiert. Damit erhält erstmals überhaupt eine Vespa einen Viertaktmotor. Einige Wochen später folgt die »ET2-50« (ZAPC16000) mit dem in der Sfera eingeführten und inzwischen auch in anderen Piaggio-Modellen zigtausendfach als äußerst zuverlässig erprobten 50-ccm-Zweitakt-Motor mit Getrenntschmierung und 4,2 PS.

Die ET rollt auf 10-Zoll- Alurädern mit schlauchlosen Reifen in der Dimension 100/80 vorne und 120/70 hinten und verfügt über ein Staufach hinter dem Beinschild und ein großes Gepäckfach unter der breiten Doppelsitzbank, in dem ein Helm oder der kleine Einkauf Platz finden. Eine bequeme Sitzposition und gut ablesbare Rundinstrumente und Lichtsymbole unter einer großen ovalen Acrylglasscheibe in der Lenkerverkleidung sorgen für Fahrspaß mit kaum vorstellbarem Komfort. Dazu kommt die ausgezeichnete Straßenlage aufgrund eines niedrigen Schwerpunkts mit ausgewogener Gewichtsverteilung von Motor und Antriebsstrang, eine sichere Führung durch die modifizierte vordere Kurzschwinge und die verwindungssteife Karosserie. Verzögert wird mit einer gut dosierbaren hydraulischen Scheibenbremse mit einem Durchmesser von 200 mm vorne und der bewährten Trommelbremse mit 110 mm hinten. Die ET erhält eine Vierfachblinkanlage und als Designmerkmal einen querovalen Scheinwerfer in der Lenkerverkleidung. Der Reflektor besteht bei der 50er aus einer Kammer und ist bei der 125er vertikal asymmetrisch unterteilt. Für die Ausleuchtung sorgt bei den 50ern eine 35/35W Glühbirne und bei den stärkeren Modellen eine 55/55W Halogenlampe. Am Heck rundet eine serienmäßig montierte Gepäckträgerplatte die gefällige Erscheinung ab. Äußerlich zu unterscheiden ist die 125er von ihrer kleinen Schwester durch die Ölwanne mit Kühlrippen am Boden des Motorgehäuses und einen voluminöseren Antriebsstrang auf der linken Seite mit kleinen Luftschlitzen im Kupplungsbereich. Und letzte Klarheit verschafft ein Schildchen in der rechten unteren Ecke des Staufachs, auf dem in dicken Chrombuchstaben der Fahrzeugtyp eingeprägt ist.

Gestartet werden können die Triebwerke sowohl mit dem links angebrachten Kickstarthebel oder per Elektroanlasser. Die Fahrleistungen der neuen Roller sind beachtlich. Die 50er ET kann wegen der in Deutschland gesetzlich auf 45 km/h begrenzten Höchstgeschwindigkeit ihr Potential von 4,2 PS nicht voll ausspielen, aber mit einem max. Drehmoment von 4,4 Nm bei 6.500/min verfügt sie über re-

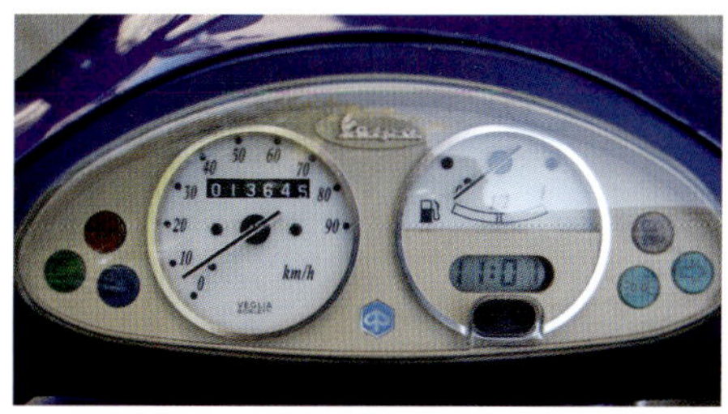

Rechte Bildspalte von oben:

... schlauchlosen Reifen auf 10-Zoll-Alufelgen ...

... und Scheibenbremsen eingeläutet.

Gefällige und gut ablesbare Rundinstrumente und Lichtanzeigen sind unter einem längsovalen Abdeckglas in die Lenkerverkleidung eingelassen.

Ebenfalls längsoval: Scheinwerfer als Stilelement der neuen ET — mit Einkammerreflektor in der ET2...

... und asymmetrisch längsgeteilten Lichtkammern in der ET4.

Oben: Der Gepäckträger der ET ist serienmäßig. Beliebtes Zubehör dafür ist das Original-Topcase in Fahrzeugfarbe.

Rechts: Die Kunststoffteile der ET4 sind lackiert.

Oben: ET2 und ET4 tragen zur Kennzeichnung ein geprägtes Aluschildchen an der Klappe des Staufachs im Beinschild.

Unten: Der Antriebsstrang der ET2 ist etwas graziler als der der ET4. Als weitere Unterscheidungsmerkmale dienen die Ölwanne mit Kühlrippen und einem kreisrunden Sichtfenster für den Ölstand und hintere Luftschlitze.

spektable Sprintqualitäten, die manchen Autofahrer beim Ampelstart der schönen Italienerin verdutzt nachschauen lassen. Als einziges Ärgernis erweist sich der hohe Verbrauch von über 4,2 l/100 km und dadurch der mit neun Litern Füllmenge eher bescheiden bemessene Tank. Der größere Zweiventil-Viertakter mit einer kettengetriebenen obenliegenden Nockenwelle vermag ungedrosselt seine Leistung mit einer Höchstgeschwindigkeit von 92 km/h auf die Straße zu bringen. Ein Drehmoment von 10,1 Nm verleiht der ET4 einen kräftigen Durchzug. Dabei hält sich der Durst mit 3,2 l/100 km in Grenzen. Beide Triebwerke sind mit einer Abgasanlage mit ungeregeltem Katalysator ausgestattet.

Als erste Vespas erhalten die Modelle der ET-Reihe die im Automobilbau bereits seit 1981 zur Pflicht gewordenen Fahrzeugidentifikationsnummern (FIN) anstelle der alten Fahrgestellnummern. Sie bestehen aus einer Buchstaben-Zahlenkombination (s. Anhang).

Mit der Markteinführung der ET-Reihe wird die Produktion der PK in allen Variationen eingestellt. Allein die PX wird einer treuen Fangemeinde zuliebe unverändert weitergebaut und erhält zum 50-jährigen Jubiläum eine auffällige gelbe Lackierung und eine braun bezogene Sitzbank.

1997

Änderungen gibt es nur bei den PX-Modellen: Ende des Jahres wird die Baureihe mit einer hydraulischen vorderen Scheibenbremse modifiziert, die der schwachen Bremsanlage für die Zukunft den Schrecken nimmt.

Die erst im Vorjahr eingeführten Modellen der ET-Reihe bleiben unverändert. Die Produktion wird bis zur Auslastungsgrenze hochgefahren.

Im Dezember stirbt Firmenchef Giovanni Alberto Agnelli mit erst 36 Jahren an einem Tumorleiden.

Rechts oben: Die Trommelbremse der PX (vorne) wird nach 20 Jahren endlich durch eine hydraulische Scheibenbremse ersetzt.

Rechts: Die ersten ET tragen die Typenbezeichnung auch unter dem Vespaschriftzug am Beinschild.

1

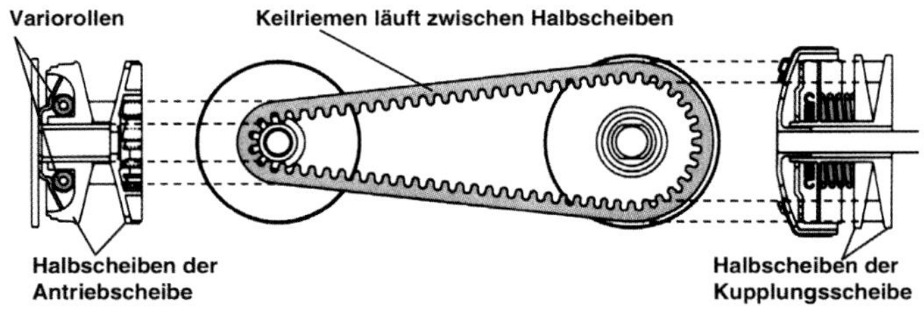

1.: Der Antrieb erfolgt von der Varioseite vorne am Motor zur Kupplungsseite des Getriebes am Hinterrad. Im Leerlauf und bei niedriger Drehzahl läuft der Keilriemen vorne ganz innen auf der Antriebsscheibe und hinten ganz außen auf der angetriebenen Scheibe.

2

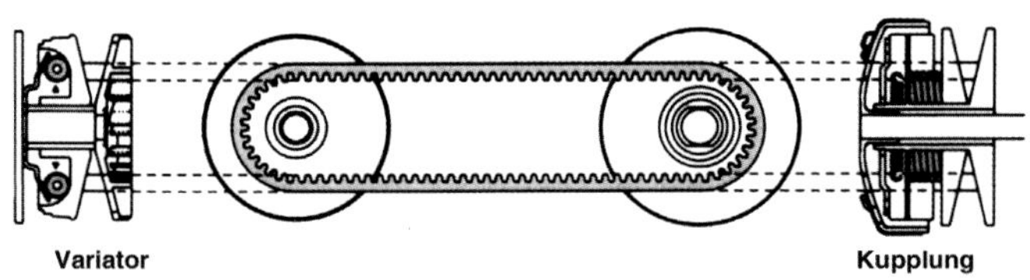

2.: Mit zunehmender Drehzahl wandern vorne die Variorollen nach außen und führen die kegelförmigen Halbscheiben zusammen, dadurch wandert der Riemen weiter nach außen. An der angetriebenen Scheibe hinten passiert durch die Feder der Kupplung genau das Gegenteil, und die Halbscheiben gehen auseinander. Dadurch wandert dort der Riemen noch weiter nach innen.

3

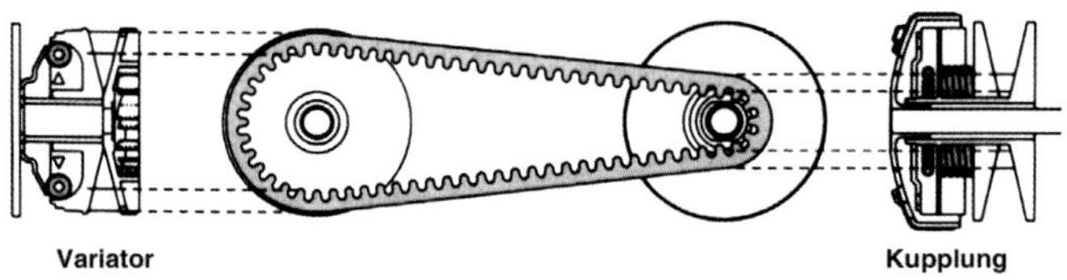

3.: Nimmt die Drehzahl noch weiter zu, rücken die Halbscheiben vorne ganz zusammen und hinten ganz auseinander. Der Riemen läuft vorne am oberen Rand und hinten ganz innen, die größte Übersetzung ist erreicht.

Die stufenlose Automatik mit Variatortechnik und Keilriemenantrieb

Erstmals 1983 konnten die Käufer einer Vespa bei dem Modell PK 125 S zwischen der herkömmlichen Schaltversion und einer stufenlosen Getriebeautomatik (CVT — Continuously Variable Transmission) wählen. Durch eine drehzahlabhängige hydraulische Steuerung wurde das Übersetzungsverhältnis der Geschwindigkeit angepaßt. Obwohl die Technik zuverlässig funktionierte, erwies sich der Antrieb in der Praxis als zu kompliziert und vor allem zu kraftzehrend, was zur Folge hatte, daß die Fahrleistungen trotz der neuentwickelten Motoren hinter den Erwartungen der Kunden zurückblieben. Deswegen wurde diese Version 1987 durch eine wesentlich einfacher aufgebaute, rein mechanische Konstruktion ersetzt. Nach deren Prinzip arbeitet auch der zuverlässige moderne Antrieb, der mit der Sfera 1990 seinen Siegeszug antrat und seit der Vespa ET in allen neueren Baureihen inzwischen millionenfach zum Einsatz kommt.

Am einfachsten kann man sich die Funktionsweise der Automatik wie bei einer Kettenschaltung am Fahrrad vorstellen: Diese verfügt über bis zu drei größere Kettenblätter (auch Kettenräder genannt) am Tretlager und bis zu elf kleinere Kettenritzel an der Hinterradachse. Beim Anfahren wählt man zur Überwindung der Trägheitskräfte eine kleine Übersetzung. Dabei gleitet die Kette vorne über das kleine oder mittlere Kettenblatt und hinten über ein größeres Ritzel. Hat das Rad Fahrt aufgenommen, wählt man eine zunehmend größere Übersetzung, um die Geschwindigkeit zu steigern, indem man vorne auf das große Kettenblatt und hinten auf ein kleineres Ritzel schaltet. Dadurch erhöht sich die Wegstrecke, die mit einer Kurbelumdrehung zurückgelegt wird.

Die stufenlose Getriebeautomatik arbeitet anstelle der Kette mit einem Keilriemen, der statt über Zahnräder hinweg in Riemenscheiben läuft. Sie bestehen aus je einer kegelförmigen äußeren und inneren Halbscheibe. Die Antriebsscheibe sitzt auf der Kurbelwelle und die angetriebene Scheibe vor dem Getriebe an der Kupplung. Der Abstand zwischen den Halbscheiben bestimmt das Übersetzungsverhältnis: je weiter die Halbscheiben auseinander liegen, umso weiter innen kann der Keilriemen auf einem kurzen Weg laufen, so wie die Kette beim Fahrrad über ein kleines Ritzel. Je enger die Halbscheiben beieinander liegen, umso höher muß der Riemen zum Rand hin wandern, um wie die Kette über ein großes Ritzel einen langen Weg zurücklegen zu können. Da der Riemen auf den Scheiben stufenlos auf und ab wandert, entfallen die Schaltschritte.

Gesteuert wird das Ganze durch Fliehkräfte. Die innere Halbscheibe auf der Antriebsseite ist Teil des Fliehkraftreglers (Variators) und kann auf der Kurbelwelle gleiten. Auf ihrer Rückseite, der Innenseite des Variators, befinden sich radiale Laufflächen für Rollengewichte. Mit zunehmender Drehzahl nähern sich die Rollen dem Außenrand. Dabei entwickeln sich immer größere Fliehkräfte, die die Innenhalbscheibe zur äußeren Halbscheibe gleiten lassen, wodurch der Abstand zwischen den Scheiben geringer und der Riemen hin zum Außenrand gezwungen wird. Da die Länge des Riemens gleich bleibt, vergrößert sich auf der Kupplungsseite der Abstand der Halbscheiben, so kann der Riemen dort weiter innen laufen. Bei gedrosselten Antrieben verhindert ein Ring auf der Kurbelwelle ab einem bestimmten Abstand ein weiteres Zusammenlaufen der Halbscheiben.

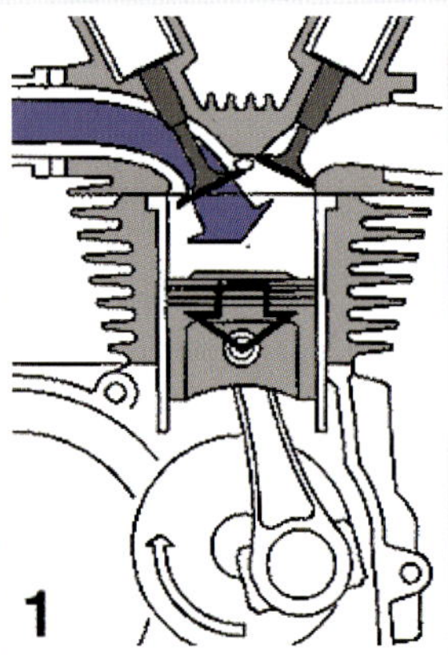

1: Das Einlaßventil öffnet, während der Kolben nach unten fährt. Frischgas strömt ein.

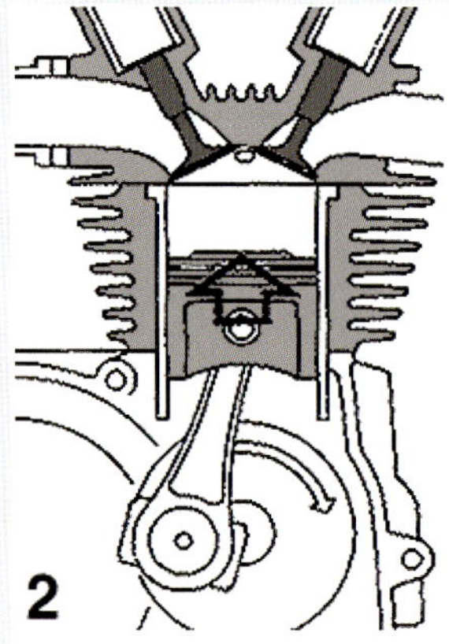

2: Während sich der Kolben wieder nach oben bewegt, wird das Gasgemisch bei geschlossenen Ventilen im Brennraum verdichtet.

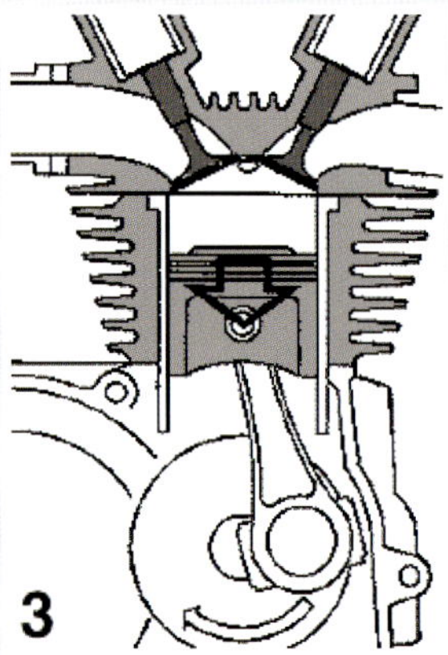

3: Das Gas wird durch den Funken der Zündkerze zur Explosion gebracht und dehnt sich aus. Der Kolben wird nach unten gedrückt.

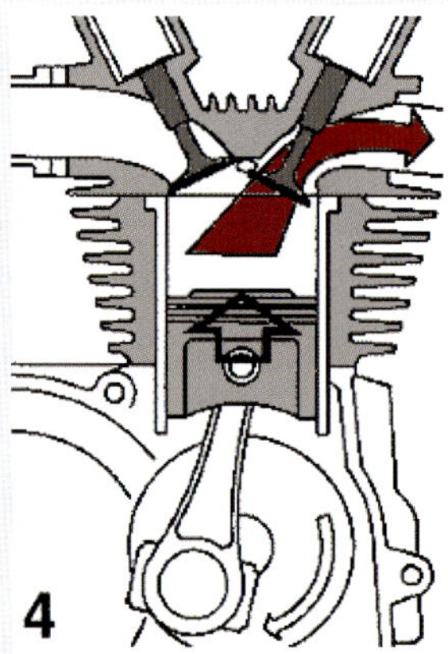

4: Während sich der Kolben erneut nach oben bewegt, öffnet das Auslaßventil und das verbrannte Gas gelangt in den Auspuff.

Der Viertaktmotor

Die neue ET4 war die erste Vespa mit einem Viertaktmotor in der Piaggio-Geschichte. Im Unterschied zum Zweitaktmotor erfolgen beim Viertaktmotor Ein- und Auslaß des Gasgemischs durch Ventile im Zylinderkopf. Es ist mindestens ein Einlaß- und ein Auslaßventil erforderlich (2V). Die neuesten Motoren der späteren Baureihen verfügen über zwei Einlaß- und ein Auslaßventil (3V) oder je zwei Einlaß- und zwei Auslaßventile (4V), was einen schnelleren Gastausch und in der Regel eine höhere Leistungsausbeute ermöglicht. Die Steuerung der Ventile erfolgt durch eine Nockenwelle oben im Zylinderkopf (ohc), die wiederum über eine Kette von der Kurbelwelle aus angetrieben wird.

Jeder Arbeitschritt erfordert eine Hubbewegung des Kolbens, also einen »Takt«, zuerst das Einlassen des Frischgases bei geöffnetem Einlaßventil, dann das Verdichten, Zünden und Verbrennen bei geschlossenen Ventilen und dadurch die Abwärtsbewegung des Kolbens (Arbeitstakt), danach die Aufwärtsbewegung des Kolbens mit Ausstoßen des Abgases bei geöffnetem Auslaßventil und schließlich während der nächsten Abwärtsbewegung das erneute Einströmen von Frischgas für den nächsten Arbeitstakt. Nur jeder vierte Takt also ist auch ein Arbeitstakt, daher der Name Viertaktmotor

Das Frischgas kann wie beim Zweitaktmotor während der Abwärtsbewegung des Kolbens durch den entstehenden Unterdruck angesaugt (Saugmotor mit Vergaser) oder direkt in den Brennraum eingespritzt werden (Einspritzmotor). Während dem Zweitaktmotor zur Schmierung Öl ins Benzin beigemischt wird, verfügt der Viertaktmotor über einen getrennten Ölkreislauf.

Der einfacher aufgebaute Zweitaktmotor zeichnet sich gegenüber dem Viertaktmotor bei gleichem Hubraum und gleicher Nominalleistung durch ein höheres Drehmoment und besseren Durchzug aus. Er ist deswegen trotz seines höheren Verbrauchs und der schlechterer Abgaswerte in den kleinen Hubraumklassen nach wie vor sehr beliebt.

Oben: Von der prominenten alten Kaskade zur Abdeckung der Lenksäule bleibt bei der ET ein flaches Schild mit Logo und Rundgitter für die Hupe übrig.

Oben: Die ET2-Iniezione verbraucht ein Drittel weniger Kraftstoff …

… und ist äußerlich nur durch den Schriftzug von der Saugversion zu unterscheiden.

1998

Mit gut 90 kg Fahrzeuggewicht hat der 50-ccm-Motor in der ET2 keinen leichten Stand. Das schlägt sich zwangsläufig in einem hohen Verbrauch nieder. Deswegen tüftelten die Ingenieure in Pontedera an einer Lösung, dem Problem abzuhelfen und als Nebeneffekt die Abgasschadstoffe zu reduzieren. Heraus kam eine Weltneuheit, die in dieser Form im Rollerbau einmalig ist: eine mechanische Benzineinspritzung für das kleinste Triebwerk! Dazu wurde ein völlig neuer Zylinderkopf konstruiert, in dem das Benzin-Luftgemisch von einem zahnriemengetriebenen Kompressor verdichtet und über ein Ventil in den Brennraum eingespritzt wird. Das Ergebnis ist ein um ein Drittel geringerer Benzinverbrauch mit entsprechend günstigeren Abgaswerten bei einer auf 4,7 PS und 5,4 Nm bei 6200/min gesteigerten Leistung. Diese »ET 50 Iniezione« (ZAPC12000) findet den größten Zuspruch im Mutterland selbst.

Bei der ET 125 stellen sich im Alltagsbetrieb zunehmend Schwierigkeiten mit Motorschäden durch einen ungewöhnlich hohen Ölverbrauch ein. Deswegen werden in der laufenden Serie Zylinderkopf und Kolbenringe überarbeitet, wodurch das Problem behoben werden kann.

Im selben Jahr findet im berühmten Guggenheim-Museum in New-York die Ausstellung »The Art of Motorcycle« statt, auf der als Vertreterin aus Pontedera eine legendäre Vespa 150 GS zu bestaunen ist.

1999

PX 125 (ZAPM09300), PX 150 (ZAPM09045) und PX 200 (ZAPM18000) bekommen ungeregelte Zweiwegekatalysatoren, mit denen die Euro-2 Abgasnorm erfüllt wird. Außerdem wird die PX-Reihe optisch aufgewertet und erhält wieder verchromte Zierleisten und Spiegel.

Eine wegweisende Neuerung wird mit einem neu konstruierten 150-ccm-Viertaktmotor in der ET-Reihe auf den Weg gebracht: die LEADER-Motorenreihe (Low Emission ADvanced Engine Range) mit einer deutlichen Verbesserung des Abgasverhaltens wird Ende des Jahres auf dem Mailänder Salon der Fachwelt vorgestellt. Um die innere Reibung zu reduzieren, erhielt die Kurbelwelle eine Gleitlagerung und die Strömungsdynamik des Ölkreislaufs wurde optimiert. Das Sichtfenster für die Ölstandskontrolle wurde durch einen Meßstab ersetzt. Mit 12 PS und einem Drehmoment von 11 Nm bei 7000/min kratzt die durchzugsstarke 150er an der 100-km/h-Marke. Das Fahrzeug wird mit Chromeinfassungen am Beinschild, klaren Blinkergläsern und lackierten Kunststoffteilen optisch aufgewertet. Es wird in erster Linie auf dem heimischen Markt und in Übersee angeboten.

Losgelöst von der produktionstechnischen Seite wird Piaggio im Dezember mehrheitlich von der zur Deutsche-Bank-Gruppe gehörenden Investmentgesellschaft MPGE (Morgan Greenfell private Equity) übernommen. Damit steht frisches Geld für Modernisierungen und Erweiterungen zur Verfügung.

2000

Zur Feier des neuen Jahrtausends legt Piaggio eine auf 2000 Einheiten limitierte Version der PX, die »TIME«, auf. Sie wird im Juni des Jahres auf einer Jugendmesse in Rimini dem Publikum vorgestellt. Sie tritt in einer eleganten graublauen Metalliclackierung mit abgestimmtem Sitzbankbezug, Chromzierleisten und einem verchromten Heckgepäckträger, auf dem eine handgefertigte Reisetasche aus schwerem Leder mit Schnallverschlüssen platziert wurde, auf. Das Sondermodell rollt mit 150-ccm und 200 ccm an den Start.

Der neue Leader-Motor, erkennbar an dem schwarzen Deckel vor der Kupplung, kommt zuerst mit 150 ccm auf den italienischen Markt.

Der im Vorjahr in der ET4-150 eingeführte LEADER-Motor bekommt eine 125er Version zur Seite, mit der die Vespa auch zu den deutschen Händlern kommt (ZAPM19000). Die konstruktiven Merkmale entsprechen der größeren Maschine und der alte Mikuni-Vergaser BS 24 wird von dem Modell CVEK 26 aus dem Hause Keihin abgelöst. Am Antriebsstrang befindet sich hinten im Kupplungsbereich ein Deckel aus schwarzem Kunststoff, der später durch eine silber lackierte Ausführung mit dem Schriftzug »Vespa« ersetzt werden sollte. Äußerlich ist der 125er-Motor nicht vom größeren Bruder zu unterscheiden.

Eine weitere bahnbrechende Neuerung beschert Piaggio der kleinen ET-Reihe: eine ET4 mit einem 50-ccm-Viertaktmotor modernster Machart mit obenliegender Nockenwelle, zwei Ventilen und einem ungeregelten Zweiwege-Katalysator mit Sekundärluftsystem (ZAPC26000). Das Triebwerk entwickelt eine Leistung von 3,4 PS bei 6500/min, erweist sich aber mit einem maximalen Drehmoment von nur 3,4 Nm bei 8000/min als spürbar durchzugsschwächer als die 50er Zweitaktmaschine. Dafür kommt Freude an der Tankstelle auf: mit nur 2,2 Litern Verbrauch auf 100 Kilometer liegt die Reichweite fast doppelt so hoch! Optisch ist der Vier- vom Zweitakter neben dem Typenschildchen am Gepäckfach am Antriebsstrang zu erkennen: vorne befindet sich die Ölwanne mit Kühlrippen und hinten vor der Kupplung ein großer runder Deckel, der freilich nur eingeprägt ist und sich nicht öffnen läßt.

Kaum dagegen äußerlich von der alten Ausführung zu unterscheiden ist der neue Hi-Per2-Motor (»High Performance 2-Takt«) in der ET2. Er verfügt bei gleicher Nennleistung über eine Abgasreinigung nach Euro 2 mit einem Sekundärluftsystem zur Steigerung der Effizienz der Schadstoffminderung im Katalysator (SAS) und eine modifizierte wartungsärmere Variomatik (ZAPC38100).

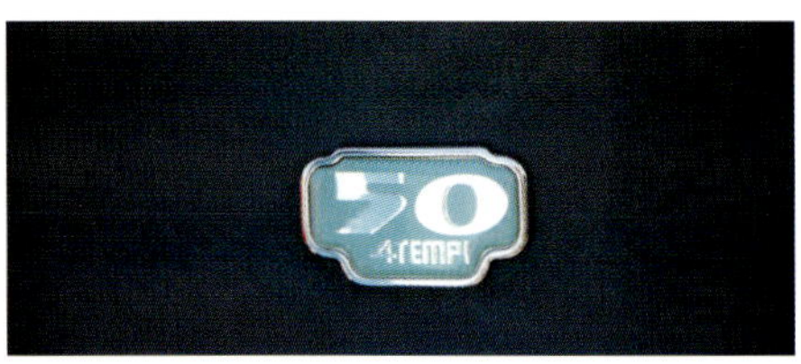

Oben: Sparsam im Verbrauch, schwach im Durchzug: Vespas neuer 50-ccm-Viertaktmotor.

Rechts: Geschmacksache: Farbgebung einer ET4.

Und endlich kann am 29. März 2000 nach acht Jahren Vorbereitung die Piaggio-Stiftung mit einem großen Festakt das Piaggio-Museum, benannt nach Giovanni Alberto Agnelli, am Stammsitz Pontedera eröffnen.

2001

Zum ersten Mal seit 1984 erfährt die PX-Baureihe wieder ein etwas umfangreicheres Facelift mit Klarglasblinkern, einem neuen Rücklicht mit Chromrahmen, einem Halogenscheinwerfer ohne die altgediente Streuscheibe, einem neuen Tachodesign und einer neuen geschwungenen Kaskade, die nicht mehr den strengen Knick über der Hupe besitzt, und die oben endlich wieder das ursprüngliche diagonal geteilte Piaggio-Logo mit dem großen »P« trägt. Dazu kommen chromgefasste Lenkergriffe und eine bequemere Sitzbank. Ein Sekundärluftsystem steigert noch einmal die Effizienz des Katalysators. Mit der etwas sperrigen Bezeichnung »PX 125 FL DT« (ZAPM50100) und »PX 150 FL DT« (ZAPM51000) rollen die aufgefrischten Modelle an den Start, wobei » FL DT« »Facelift« sowie »Disco/Tamburo« (Scheibenbremse vorne/Trommelbremse hinten) bedeuten.

Alles wie früher — Schriftzug und Logo aus vergangenen Tagen an der PX.

Die sportverrückten Italiener feiern ihre siegreichen Heroen gerne mit großen Gesten. Im Vorjahr hatte Michael Schumacher seine dritte Weltmeisterschaft in der Formel 1 und die erste seit 21 Jahren für Ferrari gewonnen. Zu Ehren des Rennstalls präsentiert Piaggio eine ET, die einschließlich der Rückspiegel komplett im Ferrarirot der Rennboliden lackiert ist. Die Sitzbank wurde mit dem Leder der Sitze der edlen Karossen bezogen, und angetrieben wird das Sondermodell vom stärksten und größten Triebwerk der Baureihe, dem 151-ccm-Viertakter. Leider ist der Leckerbissen auf nur vier Exemplare begrenzt und nicht zu kaufen. Sie stehen im Schauraum der Edelschmiede in Maranello, ausgewählten Vertriebszentren und im Piaggio-Museum in Pontedera.

Mit diesem 151-ccm-Motor hat es etwas Besonderes auf sich: wegen einer neuen Bestimmung in der italienischen Straßenverkehrsordnung dürfen die Au-

Die klassische Linie der PX bleibt auch nach der optischen Aufwertung erhalten.

tobahnen nur noch von Fahrzeugen mit einem Hubraum von mehr als 150 ccm benutzt werden. Piaggio reagiert schnell: man bohrt kurzerhand den Zylinder um 0,4 mm auf und übernimmt das Triebwerk in die Serie. Um die Motorisierung deutlich zu machen, wird dem Vespa-Schriftzug auf dem Beinschild die Aufschrift »ET4cento50« angefügt. In Deutschland ist das Modell über den offiziellen Vertrieb nicht zu kaufen

Die geliftete PX bekommt ein ganz neues Instrumentendesign.

Unten: Optisch aufgewertete ET4-150 mit 151-ccm-Motor, Klarglasblinkern, Chromleisten und der Bezeichnung »ET4cento50« unter dem Vespa-Schriftzug auf dem Beinschild.

2002

Die Baureihen PX und ET gehen ohne wesentliche technische Änderungen ins Jahr 2002. Nach 35 Jahren hat das blaue sechseckige Wabenlogo endgültig ausgedient. Es weicht auch auf dem Kaskadenschild und auf der Armaturentafel der ET dem klassischen diagonal geteilten Wappen mit dem großen Piaggio-»P«.

Von oben: In der PX- wie auch der ET-Reihe hat das 1972 eingeführte sechseckige Piaggio-Logo ausgedient und wird sowohl auf dem Kaskadenschild …

… als auch auf der Instrumentengrundplatte durch das rechteckige Wappen ersetzt.

Ab dem im Herbst vorgestellten Modelljahr 2003 ist der Deckel über dem Antriebsstrang der LEADER-Motoren silberfarbig.

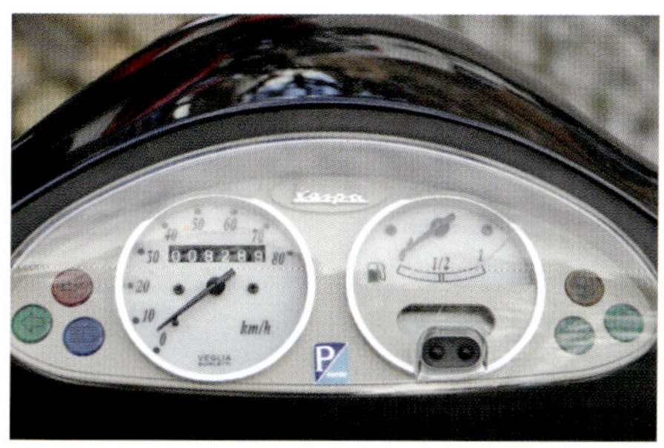

Mit der Vespa Granturismo in ein neues Zeitalter

2003

Die völlig neu konstruierte ET-Reihe erweist sich als echter Glücksfall. Mit ihr gelingt es Piaggio nicht nur in Europa Marktanteile zurückzugewinnen, sondern auch den schwierigen brachliegenden US-Markt neu zu beleben. Denn auch dort kam es bei einer ständig zunehmenden Fahrzeugdichte auf den Straßen immer häufiger zum Verkehrsinfarkt und Parkplatzproblemen in den Städten. Darauf gab die Vespa die richtige Antwort: wo für Autos kein Durchkommen mehr ist, findet sich immer noch Platz genug, um zügig ans Ziel zu kommen, und abstellen läßt sich der Roller auch fast überall. Und er ist klassenlos:

Das Scheinwerferglas ist schräggestellt, Blinkergläser …

… und Rücklicht sind bündig in die Karosserie integriert.

Größer, stärker, schneller — die Granturismo stößt das Tor zu einer neuen Dimension auf und rollt auf 12-Zoll-Alufelgen mit schlauchloser Bereifung. Zier- und Stoßleiste am vorderen Kotflügel wurden nachgerüstet.

Schüler und Lehrlinge, Studenten und Professoren, Geschäftsleute und Hausfrauen liebten ihn gleichermaßen.

Dieser Erfolg bewog die Führung des Unternehmens, die Entwicklungsabteilung in Pontedera mit der Konstruktion eines langstreckentauglichen Reisefahrzeugs zu beauftragen, das größer und stärker und trotzdem eine unverkennbare Vespa sein sollte. Mit den guten Erfahrungen der ET entstand unter dem Entwicklungscode X8 hinter den Türen des Piaggio-Styling-Centers die größte und modernste Vespa aller Zeiten, die »Granturismo«. Sie verfügt erstmals in der Geschichte der Vespa über eine neue Generation von ausnahmslos Viertaktmotoren mit Wasserkühlung, Vierventiltechnik und Automatikantrieb.

Mit 1,94 m Länge (ET 1,78 m), einem breiten Beinschild, dicken Seitenbacken, einer riesigen Sitzbank und 12-Zoll-Rädern ist die GT schon dank ihrer schieren Größe eine imposante Erscheinung. Als Reminiszenz an das klassische Vespa-Design bekommt die Neue wieder einen Rund-

Der Sozius legt seine Füße bequem auf den ausgeklappten Alufußrasten ab.

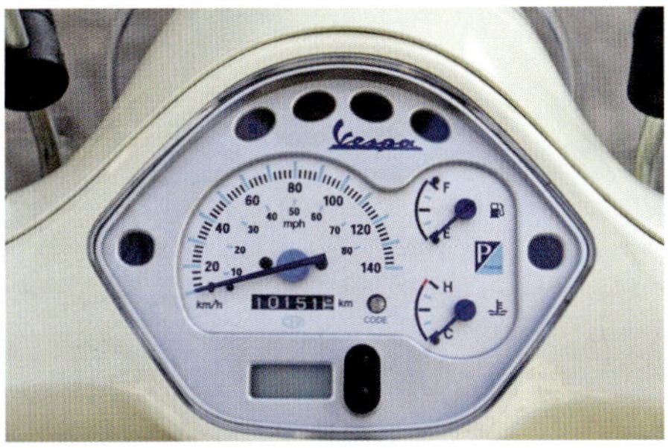

Oben: Analoge Anzeigen und Lichtsymbole setzen den Fahrer ins Bild.

Unten: Die Kühlluft wird im Radlauf des Beinschilds angesaugt, durchströmt die beiden Wärmetauscher unterhalb des Gepäckfachs und strömt seitlich an der Staufachklappe wieder aus. Aluschriftzüge am Beinschild verweisen auf die Motorisierung der GT.

scheinwerfer, der als Tribut an den Windkanal eine schrägstehende Klarglasscheibe hat, und verchromte Rundspiegel. Die farblosen Blinkergläser sind ebenso wie das große Rücklicht bündig in die Karosserie eingelassen. Die verwindungssteife Stahlblechkarosserie wird wie bei der ET mit mehreren Formteilen aus robustem Kunststoff ergänzt, so der vordere Kotflügel, das Kaskadenschild mit einem Rundgitter für die Hupe, die zweiteilige Lenkerabdeckung, in die Scheinwerfer und Instrumente eingelassen sind, das Gepäckfach an der Rückseite des Beinschilds, das auffallende seitliche Luftschlitze für die Wasserkühler enthält, die Bodenplatte mit Mitteltunnel und Trittbrettern, und die beiden Schürzen als unterer Abschluß der Seitenbacken. Diese Teile sind allesamt in der Fahrzeugfarbe lackiert.

Für Vortrieb sorgen bei den GTs der ersten Serie ein 125 ccm (ZAPM31100) und ein 200 ccm-Triebwerk (ZAPM31200), beide mit Gemischaufbereitung durch einen Vergaser und Abgasreinigung durch einen geregelten Katalysator. Die Kraftübertragung erfolgt mittels einer der Leistung entsprechend dimensionierten stufenlosen Varioautomatik. Das Vorderrad mit Schlauchlosreifen der Größe 120/70-12 wird an der bekannten Kurzschwinge mit einem Federbein geführt, das Hinterrad mit Schlauchlosreifen der Größe 130/70-12 an der Antriebsschwinge mit je einem Federbein rechts und links. Für Verzögerung sorgen unabhängige hydraulische Scheibenbremsen an beiden Rädern. Das exzellente Fahrwerk bietet Sicherheit in einer für Vespaverhältnisse nie gekannten Qualität. Geradeauslauf und Kurvenverhalten sind überragend. Für den nötigen Fahrspaß sorgen die drehfreudigen Motoren mit 15 bzw. 21 PS und einem satten Drehmoment von 12,5 Nm bei 8200/min bzw. 15 Nm bei 7000/min, die für kräftigen Durchzug und Höchstgeschwindigkeiten von 105 bzw. 120 km/h gut sind. Dabei sitzt man ermüdungsfrei auf einer geradezu überdimensionierten Sitzbank, auf der auch der Sozius in der ersten Klasse reist und seine Füße auf ausklappbaren Stützen abstellen kann. Soviel Technik bleibt aber nicht ganz ohne Folgen: die GT 125 L bringt stolze 140 kg auf die Waage, eine ET4-125 nur 104 kg.

Nach 26 Jahren wird die PX 200 mit einer auf 400 Exemplare limitierten »Serie speziale« in tiefschwarzer Lackierung mit einem weißen Kotflügel und weißen Seitenbacken mit Karostreifen in Rente geschickt.

Nach Übernahme der deutschen MPGE-Anteile durch das Immobilienimperium IMMSI von Roberto Colaninno aus Mantua wird Piaggio im September in einer Holding nach niederländischem Recht wieder ein rein italienisches Unternehmen.

2004

Die neue GT erfreut sich großer Beliebtheit und bekommt beste Kritiken in der Fachwelt. Allerdings spricht sie wegen der hohen Preise ein eher gestandeneres Publikum an.

Die PX wird unverändert weitergebaut. Bei der ET wird die Sitzbank modifiziert und dadurch geringfügig niedriger, was kleineren Personen mehr entgegen kommt.

2005 — Auf die ET folgt die neue LX

Mit mehr als 460.000 verkauften Exemplaren wird die ET neben der PX zur bislang erfolgreichsten Vespa in der Geschichte des Unternehmens. Nach zehn Produktionsjahren ist sie aber inzwischen neben der neuen GT etwas in die Jahre gekommen. Darauf reagiert Piaggio mit dem Nachfolgemodell LX, das der GT auf den ersten Blick wie aus dem Gesicht geschnitten scheint. Erst bei näherem Hinsehen gibt es sich schmaler und kleiner. Tatsächlich handelt es sich um eine modifizierte ET mit den kantigeren Konturen und dem Rundscheinwerfer der GT bei sonst kaum veränderten Abmessungen. Die LX erhält die gleichen verchromten Rundspiegel und die gleichen Armaturen wie die große Schwester. Die Blinker sind ebenfalls der GT entliehen, haben klare Gläser und schließen bündig mit der Karosserie ab. Das Schloß zur Verriegelung der Sitzbank, die noch etwas breiter und stärker konturiert ausfällt, wanderte von der rechten auf die linke Seite. Ein verchromter Bügel am Heck dient als Haltegriff für den Beifahrer und zum Aufbocken des Fahrzeugs. Tatsächlich hielt sich der konstruktive Aufwand in Grenzen. Die Stahlblechkarosserie der ET verlangte nur nach geringen Änderungen, und die neugeformten Kunststoffteile sind kostengünstig herzustellen. Trotzdem kam eine ganz neue Vespa dabei heraus.

Neben der optischen Aufwertung gibt es gegenüber der ET auch eine Reihe technischer Änderungen: die LX erhält vorne ein 11-Zoll-Rad mit einer 110/70-Bereifung, was zu einer ganz erheblichen Verbesse-

Oben: Das auf elf Zoll vergrößerte Vorderrad verhilft der LX gegenüber der ET zu spürbar besseren Fahreigenschaften. Verzögert wird über eine Scheibenbremse vorn.

Links: Frischer Wind: auf Anhieb ein Renner — das gefällige Design mit der kantigen Linienführung macht diese LX zum Publikumsliebling.

Links unten: Mit dem Rundscheinwerfer, den verchromten Rückspiegeln und den Speichenrädern ist die LX der GT (hier GTS) wie aus dem Gesicht geschnitten, erst auf den zweiten Blick fällt auf, daß sie schlanker und kürzer ausfällt.

rung des Fahrverhaltens führt, obwohl hinten das Zehnzöller mit dem 120/70-Reifen beibehalten wurde. Ausgeliefert wird die LX mit dem millionenfach bewährten, aber noch einmal überarbeiteten »HiPer2« Zweitaktmotor mit 50 ccm Hubraum, der mit einem neuen Dellorto-Vergaser vom Typ PHVA 17,5 bestückt ist, und mit einem Zweiwegekat und Sekundärluftsystem die Euro-Norm 2 erfüllt (ZAPC38101). Die Leistung steigt noch einmal von 4,2 auf 4,4 PS, und das max. Drehmoment von 4,4 Nm liegt bei 7500/min an. Das sollte eigentlich für zügiges Vorankommen reichen, doch leider erlaubt die europäische Zulassung nur eine Höchstgeschwindigkeit von 45 km/h. Als weitere Motorisierung läuft die LX mit dem aus der ET bekannten 125-ccm-LEADER-Motor — und für den heimischen Markt auch in der 150-ccm-Variante —,

Rechts: Die Viertakt-125er ist u.a. am verchromten Deckel von der Zweitakt-50er zu unterschieden.

Auch von hinten eine gefällige Erscheinung: LX-Heckpartie.

Die GTS 250i.e. (vorne) löst die GT 200L (dahinter) ab. Sie wird durch Chromapplikationen am Hupengitter und auf dem vorderen Kotflügel optisch aufgewertet.

Unten: Das bündig mit der Karosserie abschließende Rücklicht der GT weicht einer stärker konturierten Ausführung…

…und das mattsilberne Hitzeschutzschild mit einer einzigen ovalen Aussparung in der Mitte wird durch ein verchromtes Blech mit Längsschlitzen im Stil der kleineren LX ersetzt.

ebenfalls mit Sekundärluftsystem und Zweiwegekatalysator, vom Band. Auch sie erfüllen die Euro-2-Norm. Als Höchstgeschwindigkeiten werden 91 km/h und 97 km/h angegeben. 125er (ZAPM44300) und 150er (ZAPM44200) lassen sich äußerlich nur durch den verchromten Schriftzug auf der rechten Seitenbacke unterscheiden, von der 50er (ZAPC38101) heben sie sich durch den voluminöseren Antriebsstrang, der hinten jetzt einen verchromten runden Deckel besitzt, eine Halogenlampe mit 55/55W (statt 35/35W) und eine Nummernschildbeleuchtung ab. Noch nicht in Deutschland zu erhalten ist der 50-ccm-Viertaktmotor (ZAPC38300), der in Italien bereits seit der Markteinführung angeboten wird.

Rechte Spalte: Die analogen Anzeigen für Kraftstoff und Kühlwasser rechts neben dem Tacho werden bei der GTS durch ein digitales Display ersetzt. Auf Wunsch gibt es ein Antiblockiersystem.

Edel und schön: als Hommage an die Urvespa trägt das in dezentem Grau und mit viel Chrom geschmückte Jubiläumsmodell GT 60 den Scheinwerfer auf dem Kotflügel.

**) QUA.S.A.R = Quarter Liter Smooth Augmented Range*

2006

Am 23. April sollte die Vespa ihr 60-jähriges Jubiläum feiern. Dazu ließen sich die Ingenieure in Pontedera einiges einfallen: Anfang des Jahres wird der 200-ccm-Motor der GT von einem 250-ccm-Aggregat mit elektronischer Kraftstoffeinspritzung und einem geregelten Dreiwegekatalysator, dem neuen QUASAR-Motor*, abgelöst. Mit 21,4 PS ist er nur geringfügig stärker als die 200er Maschine und verfügt über ähnliche Fahrleistungen, erfüllt aber die strenge Euro-3-Norm. Die Karosserie wird mit einem verchromten Hupengitter auf dem Kaskadenschild, in dessen unterem Teil ein Standlicht eingelassen ist, einer erhabenen Chromleiste auf dem vorderen Kotflügel und chromgefaßten Lenkergriffen optisch aufgewertet. Das mattsilberne Hitzeschutzschild des Auspuffs mit einem großen

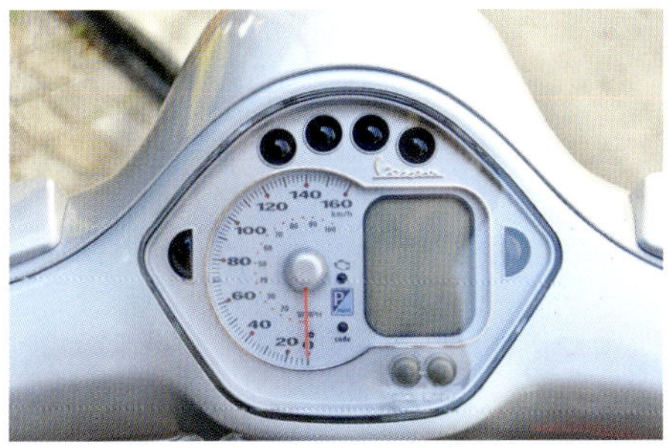

Weitere Merkmale des Jubiläumsmodells sind die Typenbezeichnung sowie die Aluplakette auf dem Mitteltunnel.

Umstritten: zentrales Kombiinstrument am Rohrlenker

längsovalen Loch im Zentrum muß einer Chromausführung mit mehreren Längsschlitzen wie bei der LX weichen, und das bündig ins Fahrzeugheck integrierte Schlußlicht wird durch eine prominentere Ausführung ersetzt. Das Fahrzeug hört fortan auf die Bezeichnung »GTS 250i.e.« (ZAPM45100) und ist später sogar mit einem elektronischen Antiblockiersystem (ABS) erhältlich. Und auch der 125-ccm-Motor mit Vergaser wird der Euro-3-Norm angepaßt und rollt in dem neuen Outfit als »GTS 125« (ZAPM31300) zu den Händlern.

Als eigentliche Jubiläumsmodelle aber werden in der kleinen Baureihe eine LX60 und in der großen eine GT60 vorgestellt. Dahinter verbergen sich nicht etwa auf 60 ccm Hubraum aufgebohrte 50er-Motoren, sondern vielmehr Varianten der jeweiligen Baureihe, die als Hommage an die Urmodelle in der LX-Reihe mit einen chromgefaßten Einzelscheinwerfer am Lenker und in der GT-Reihe mit einem lackierten Scheinwerfer auf dem vorderen Kotflügel ausgestattet sind. Die Lenker sind verchromt, bleiben unverkleidet, tragen an Chromträgern kleine Schutzscheiben und haben echte Ledergriffe. Auf dem Zifferblatt des ebenfalls verchromten Rundinstruments der kleineren LX findet sich die Typenbezeichnung mit der »60« für das Jubiläumsjahr. Beide Modelle sind mit verchromten Ständern und einem verchromten Gepäckträger ausgestattet und haben eine in zwei Einzelsitze unterteilte Sitzbank, die mit echtem Leder bezogen ist. Verchromte Räder und eine dezente Lackierung in Beige bei der LX und Grau bei der GT unterstreichen die edle Gesamterscheinung. Im Gegensatz zur Serie sind alle Kunststoffteile der LX in der Fahrzeugfarbe lackiert. Angetrieben wird die LX von dem 125er und die GT von dem 250er Motor der laufenden Serie. Zu kaufen gibt's nur die GT: in einer auf 999 Exemplare limitierten Kleinserie, von der jedes einzelne ein individuelles eloxiertes Aluschildchen mit der laufenden Produktionsnummer bekommt. Davon kommt gerade eine Handvoll nach Deutschland.

Die gewaltige Resonanz auf die Jubiläumsmodelle bewog die Führung von Piaggio, in der LX- und in der GT-Baureihe dauerhaft eine neue Serie aufzulegen, die als »Vintage«-Reihe — in der Bedeutung des Begriffs als etwas »erlesenes Althergebrachtes« — die historischen Stilelemente aufgreifen sollte. So fallen zwar die verchromten Ständer und Felgen dem Rotstift zum Opfer, das übrige Design aber bleibt den neuen LXV 50 (ZAPC38102), LXV 125 (ZAPM44301), GTV 125 (ZAPM31301) und GTV 250i.e. (ZAPM45102) nahezu unverändert erhalten. Technische Daten und Fahrleistungen entsprechen der Grundserie. Auf dem italienischen Markt werden auch noch 150er-Modelle ausgeliefert. Leider werden in Deutschland die GTV-Modelle noch nicht sofort angeboten.

Seit 2007 gibt es die GTV im Retrolook für Jedermann: mit Scheinwerfer auf dem vorderen Kotflügel, viel Chrom, Ledersitzen sowie gewöhnungsbedürftiger Instrumentierung am Lenker.

Und noch ein Prototyp wird im Jubiläumsjahr vorgestellt: ähnlich wie bei der Sfera von 1990 machte man sich in Pontedera um einen Hybridantrieb als Kombination eines Verbrennungs- mit einem Elektromotor Gedanken. Als Basis dienen die beiden Viertakter mit 50 ccm und 125 ccm in einer LX. Sie wurden mit E-Motoren von 1000 W bzw. 2500 W kombiniert. Zu einer Serienfertigung dieser »LX-HyS« (»HyS« bedeutet »Hybrid-Scooter«) ist es nie gekommen.

2007

Um die sportorientierte Jugend anzusprechen, wird in Erinnerung der legendären »S«- und »SS«-Modelle der Sechziger und frühen Siebziger eine neue S-Serie aufgelegt, die einen betont sportlichen Auftritt bekommen sollte. Basis ist die LX, deren

Oben: Die neue S 50/125 hat Rechteckscheinwerfer (hinten LX mit Rundscheinwerfer) und chromgefaßte Rundinstrumente.

Karosserie und Fahrwerk unverändert übernommen werden. Auffälligstes äußeres Merkmal der S ist der fast rechteckige, leicht trapezförmige, Scheinwerfer. Bei genauerem Hinsehen fallen rechteckige statt runder Rückspiegel und Einzelinstrumente in Chromeinfassung anstelle des großen Kombiinstruments auf. Um wie bei den alten »SS« das Beinschild schlanker erscheinen zu lassen, wird das Kaskadenschild weiter nach unten gezogen, in der Mitte längs konturiert, mit einer Chromleiste unterlegt und erhält ein wappenförmiges Hupengitter. Der vordere Kotflügel wird zu einem schmaleren und runder zulaufenden Schutzblech mit einer verchromten Leiste in der Mitte, und auch die Blenden an den Seitenbacken fallen schlanker aus. Anstelle des Gepäckfachs im Beinschild gibt es nur ein zweigeteiltes offenes kleines Ablagefach. Sämtliche Kunststoffteile werden in der Fahrzeugfarbe lackiert. Eine hinten gekappte Sitzbank rundet die sportliche Erscheinung ab. Der Schriftzug »Vespa S« mit einem roten »S« am Heck und rotlackierte Federn sollen am sportlichen Anspruch keinerlei Zweifel aufkommen lassen. An den Start rollt die neue S in Deutschland mit dem 4,4 PS starken Zweitaktmotor als »S 50« (ZAPC38103) und mit dem 125-ccm-Viertakter als »S 125« (ZAPM44302). Da lediglich optische Retuschen vorgenommen wurden, entsprechen alle Fahrleistungen den entsprechenden LX-Modellen.

Ende des Jahres wird zum Entsetzen der eingefleischten Anhänger nach 30 erfolgreichen Jahren seit 1977 die Produktion der PX eingestellt, allerdings, wie sich später zeigt, nur vorübergehend...

Unten: Nur der »S« vorbehalten sind rotlackierte Fahrwerksfedern und ein dickes rotes »S« am Heck.

Beliebtes Zubehör ist das Topcase für die S50 (die es auch mit dem 125er Leader-Motor gibt) samt Polsterlehne für den Sozius.

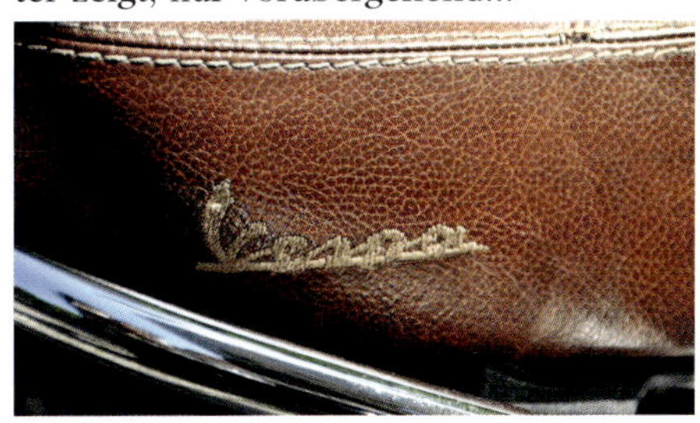

Links: Stilvoll: LXV 50 mit echtlederbezogenen Einzelsitzen, ...

... Sticklogo ...

...chromgefaßtem Scheinwerfer mit Plexischeibe und zentralem Rundinstrument (unten).

Bella Figura: LXV125 im Einsatz.

Aus diesem Anlaß läuft eine letzte, auf 1000 Exemplare begrenzte Sonderserie mit der Bezeichnung »30 Anni« vom Band. Sie wird vom 125er Motor angetrieben, ist schneeweiß lackiert und mit Weißwandreifen, Chromfelgen, einem Windschild und einem verchromten Gepäckträger ausgestattet. Als Besonderheit trägt jedes einzelne Modell ein durchnummeriertes Aluschildchen am Staufach. Auf dem offiziellen Vertriebsweg war diese PX in Deutschland nicht zu bekommen.

2008

In der Preisliste der Piaggio Deutschland GmbH vom April wird die PX 125 noch als »Lieferbar solange der Vorrat reicht« angeboten...

Für den heimischen Markt wird eine limitierte Sonderserie der LXV-Reihe mit 125 ccm und der GTV-Reihe mit 250 ccm unter der Bezeichnung »Navy« aufgelegt. Eine edle tiefblaue Metallic-Lackierung und eine beige bezogene Sitzbank zeichnen diese Fahrzeuge aus.

In der deutschen Preisliste erscheint eine LX50 in cremefarbener Lackierung, zu der ein passender gleichfarbiger Helm angeboten wird.

Facelift der LX nach vier erfolgreichen Jahren mit Chromapplikationen an Hupe, Kotflügel und Lenkergriffen.

2009

Die LX war auf Anhieb ein großer Erfolg. Nach einer Produktionsdauer von vier Jahren erhält sie in Anlehnung an die GTS eine optische Auffrischung mit einem verchromten Hupengitter, einer Chromzierleiste auf dem vorderen Kotflügel, chromgefaßten Lenkergriffen und einem abgesteppten Sitzbezug. Ergänzt wird die Motorenpalette endlich auch in Deutschland mit dem verbrauchsfreundlichen 50-ccm-Viertaktmotor (ZAPC38700). Und das Warten hatte sich gelohnt: mit neuer Vierventiltechnik erreicht die Maschine jetzt die gleiche Nennleistung wie der Zweitakter, nämlich 4,4 PS,

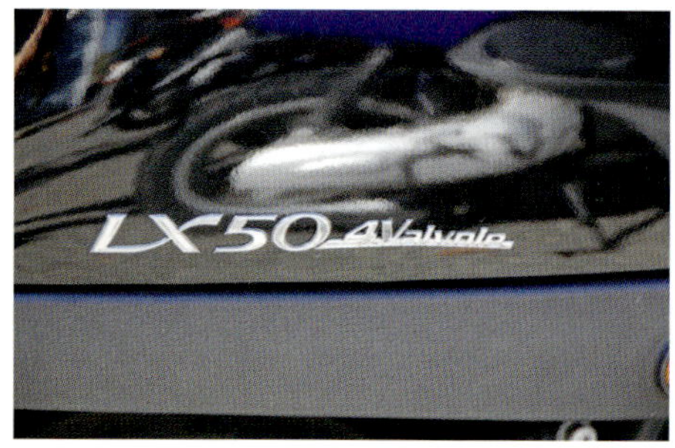

Oben: Der 50-ccm-Viertaktmotor verfügt über Vierventiltechnik und macht das auch deutlich.

Unten: Das Sondermodell »Rosa« mit schneeweißem Sitzbezug für die stilbewußte Signora.

Oben: Das rote »S« und ein Cockpit mit rotem Instrumentenzeiger auf schwarzen Zifferblättern lassen keine Zweifel am sportlichen Anspruch zu.

Links: Die GTS Super mit stärker konturiertem Kaskadenschild und dem charakteristischen wappenförmigen Hupauslaß.

Oben: Die GTS »Super« ist mit 125er ...

... und 300er Einspritzmotor zu haben. Auffällig sind die Luftschlitze in der rechten Seitenbacke (unten).

allerdings erst bei 8250/min gegenüber 7500/min, und das max. Drehmoment hinkt mit 3,8 Nm bei 7750/min der Zweitaktmaschine mit 4,4 Nm bei 6500/min etwas hinterher. Im Alltagsbetrieb macht sich das besonders bei voller Beladung mit zwei Personen in einer gewissen Durchzugsschwäche bemerkbar. Dafür kommt Freude an der Tankstelle auf: der Verbrauch liegt mit durchschnittlich 2,8 l/100 km um fast eineinhalb Liter unter der trinkfreudigen 2T-Version. Mit dem gleichen Motor wird sonst unverändert auch die »S« ausgerüstet (ZAPC38600) und parallel zur Zweitakter angeboten. Die LXV ist mit 50er Motor — vorerst — nicht mehr zu haben.

Ab September wird auch in Deutschland eine LX50 2T als Sondermodell »Rosa« in pinkfarbener Lackierung, in die auch die Kunststoffteile einbezogen wurden, und mit weißem Sitzbezug angeboten. Und weil genug Farbe übrig war, gibt's dazu noch einen passend pinkfarbenen Helm.

Zur selben Zeit erhält die S 125 als »S 125i.e.« eine elektronische Kraftstoffeinspritzung (ZAPM68101). Die Nennleistung steigt geringfügig von 10,4 auf 10,7 PS, das max. Drehmoment bleibt mit 9,6 Nm zwar unverändert, liegt aber statt bei 7250/min schon bei 6500/min an, was besseren Durchzug verspricht. Der gleiche Antrieb ist als Option auch in der LX 125 (ZAPM6868100), die noch weiter mit der Vergaserausführung (ZAPM 44300) angeboten wird, zu bekommen.

Die GT-Reihe wartet mit zwei technischen Leckerbissen auf: einer »GTS 125i.e. Super« (ZAPM45300) und einer »GTS 300i.e. Super« (ZAPM45201), dafür wird die GTS 125 (ZAPM31300) aus dem Programm genommen. Der neue 125-ccm-Motor gehört der QUASAR-Reihe an und erhält eine Benzineinspritzung. Die Nennleistung beträgt weiter 15 PS, das max. Drehmoment fällt mit 12,0 Nm geringfügig niedriger als früher aus (12,5 Nm), liegt dafür aber schon bei 7500/min statt 8200/min an. Die Höchstgeschwindigkeit wird mit 103 km/h angegeben.

Von einem anderen Kaliber ist die 300er-Maschine als vorerst letzte Evolutionsstufe der QUASAR-Motoren. Mit 21,5 PS (15,8 kW) liegt die Nennleistung nur minimal über der Leistung des Viertelliters (15,7 kW*), dafür fällt bereits bei 5000/min ein Drehmoment von satten 22,3 Nm an (GTS 250i.e.: 20,1 Nm bei 6500/min). Die Höchstgeschwindigkeit wird wie bei der 250er offiziell mit 118 km/h angegeben, Testberichten zufolge soll sie aber locker die 120-km/h-Marke überspringen, und in Beschleunigung und Durchzug ist die 300er sowieso eine Klasse für sich. Optisch unterscheiden sich die »Super«-Fahrzeuge von der normalen GTS durch den der kleineren »S« entliehenen wappenförmigen Hupengrill, der hier aber nicht tiefer gezogen wird, die gleichen rotlackierten Fahrwerksfedern und, wie bei einer Vespa schon lange nicht mehr, Längsschlitze in der rechten Seitenbacke.

*) *Die Leistungsangabe erfolgt hier nur in Watt, da die PS-Angabe in den offiziellen Verkaufsprospekten beim 250er-Motor höher als beim 300er liegen würde, was nach den kW-Angaben nicht zutreffen kann.*

2010

In der 125er-Version wird die LX jetzt nur noch als Einspritzer angeboten. Ansonsten stehen für den deutschen Markt keine technischen Veränderungen zu Buche.

Die Marketingstrategen der Vertriebsabteilung von Piaggio haben indessen erkannt, daß sich mit pfiffigen Lackierungen und Ausstattungen nicht nur weitere Interessenten gewinnen, sondern auch Preisaufschläge durchsetzen lassen. Allerdings droht angesichts der Fülle an Sondermodellen die Übersicht abhanden zu kommen: Allein für die LX-Reihe werden neben der laufenden Serie mit den Modellen »Chic« und »Touring« in Deutschland zwei Sonderausführungen in insgesamt fünf Motorvariationen angeboten.

Nur vorübergehend zu haben und wunderschön: Sondermodell »S College« für junge und junggebliebene Vespisti in rot-weiß ...

... oder blau-weiß.

Unten: Ganz im dunkelbraunen »Terra di Toscana« zeigt sich das Sondermodell »LX Touring« mit Gepäckträgern und Windschild.

Die »Chic« erscheint in einer rosa Metalliclackierung, die etwas an das Magenta der Telekom erinnert, und kann als 50-2T oder 50-4T geordert werden. Die »Touring« tritt in einem edlen tiefbraunen »Terra di Toscana« mit Metalliceffekt und gleichfarbigem Sitzbezug auf, besitzt vorne und hinten einen verchromten Gepäckträger für die große Reise, und ist in allen drei Motorvarianten (125i.e., 50-2T, 50-4T) zu bekommen.

Das Sondermodell der »S«-Reihe soll mit dem Begriff »College« das junge Publikum ansprechen. Es gibt sie in zwei Ausführungen: weiß-rot oder weiß-hellblau, jeweils mit passend rotem oder hellblauem Sitzbezug. Damit wartet sie nach dem Verkaufsprospekt »betont frisch und voller Energie« auf Abnehmer. Die können wiederum zwischen allen drei Motorvarianten (125i.e., 50-2T, 50-4T) auswählen.

Auch in der GT-Reihe wird ganz auf neue Sondermodelle gesetzt: Das erst im vergangenen Jahr vorgestellte Topmodell GTS 300 Super bekommt eine »GTS 300 Super Sport« zur Seite gestellt.

Mit einer mattglänzenden Lackierung in silber-titan, schwarzen Felgen, einem großen »Super«-Schriftzug über die ganze Länge der Seitenschürze und der aggressiven roten Feder am Vorderrad läßt sie keine Zweifel an ihrer Bestimmung.

Von betörender Schönheit und an Eleganz nicht mehr zu übertreffen ist die »GTV 300 Via Montenapoleone« in Hochglanzschwarz mit dezent anthrazitfarbenen Sitzbezügen, verchromten Felgen, einer verchromten Vorderradfeder und einem verchromten Gepäckträger. Sie soll die ganze Exclusivität der Mailänder

Die »GTS Super Sport« in mattem Titansilber erscheint 2010.

Edel und elegant zeigt sich die »GTV Via Montenapoleone«, garniert mit reichlich Chrom ...

... dem stärksten Triebwerk des Hauses und einem exklusiven Typenschild.

Prachtstraße, deren Name sie trägt, verkörpern. Ein aufgenietetes Aluschildchen mit dem Namen des Boulevards rechts oben auf dem Staufach unterstreicht dezent den gediegenen Charakter dieses Fahrzeugs. Es würde wohl auch im Fuhrpark des Diplomatischen Corps eine gute Figur abgeben.

2011

Der Aufschrei einer eingeschworenen Gemeinde von Anhängern der PX nach deren Produktionseinstellung 2007 war nicht zu überhören und wurde auch in Pontedera verstanden: Der Klassiker wurde neu aufgelegt und kam in der 125er- (ZAPM74100) und der 150er-Version (ZAPM74200) mit zeitgemäßer Abgasreinigung nach Euro-3-Norm (!) auch wieder nach Deutschland. Und da 2011 die 150-Jahr-Feier der Einheit der Nation in Italien anstand, überrascht es nicht, daß Piaggio ein 150er-Sondermodell in strahlendem weiß mit einem geschwungenen Decor der grün-weiß-roten Tricolore herausbrachte. Hinter vorgehaltener Hand war es längst kein Geheimnis mehr, daß die PX schon seit langem bei LML in Indien vom Band lief. Bei Piaggio hält man sich dazu bedeckt, eine offizielle Stellungnahme ist nicht zu bekommen. Dennoch ist die PX unverkennbar eine echte Vespa — und was für eine!

Auch in der »S«-Reihe wird ein Sondermodell in der mattglänzenden Titansilberlackierung als Special Edition »Sport« vorgestellt und ist mit beiden 50er-Motoren zu haben.

Die LX-Touring in der Farbe »Terra di Toscana« bekommt eine Schwester in dem helleren »Bronze Perseo«.

Von der LXV wird eine kleine Sonderserie mit dem 50-ccm-Zweitaktmotor in beiger Sonderlackierung aufgelegt. Sie erhält auch die Chromapplikationen der LX an Kotflügel und Hupe.

Unten: Die Wiedergeburt mit Abgasreinigung: Die PX ist wieder da.

Links: Wie die große GT-Schwester in mattglänzendem Titansilber: »S Sport« in voller Fahrt.

Oben und links: Teuer und schön: Sondermodell »LXV Vie della Moda« in vollendeter Farbgebung von Lack und Leder ...

... und mit dem obligaten Aluschildchen aller limitierten Sonderserien.

Oben: Das Instrument der neuen PX erinnert an das der GTV.

Und auch die GT-Reihe erhält eine »GTS 250 Touring« im dunklen »Terra di Toscana« mit einem verchromten Gepäckträger vorne und hinten. Die »GTS 300 Super Sport« kann alternativ zu der titanfarbenen Mattlackierung auch in glänzendem Schwarz geordert werden.

Zum 65-jährigen Jubiläum der Vespa legt Piaggio die bildschöne Sonderserie »Vie della Moda« im Retrolook der beiden »Vintage«-Reihen GTV mit 300 ccm und LXV mit 125 ccm auf. Sie sind in tiefrotem »Chianti« mit Metalliceffekt lackiert und haben passende rubinrote Sitzbezüge, Chromfelgen, eine verchromte Feder an der vorderen Schwinge und einen verchromten hinteren Gepäckträger. Die GTV knackt mit einem Verkaufspreis von 6.090 Euro erstmals für eine Vespa die Sechstausend-Euro-Schallmauer... Dafür weist dann ein kleines Aluschildchen am Staufach den stolzen Besitzer darauf hin, daß er wirklich etwas ganz Besonderes hat.

Aufsehen erregt eine Designstudie, die unter der Bezeichnung »Vespa Quarantasei« im November auf dem Mailänder Salon vorgestellt wird. Quarantasei bedeutet »46« und verweist auf das Geburtsjahr der Vespa, 1946. Mit der Concept-Studie eines ganz und gar vespatypischen und trotzdem futuristisch anmutenden Fahrzeugs mit Stilelementen des Ur-Prototyps MP6 sollte die Resonanz von Publikum und Presse getestet werden. Und die war überwältigend. Mög-

Aktuelle GTS 300i.e. Super Sport — hier mit Sportauspuff — neben einer der letzten GTS 250i.e.

Futuristisch mit Stilelementen vergangener Zeiten: Designstudie »Vespa 946«, gezeigt auf der italienischen Motorradmesse EICMA 2011.

licherweise kommt es zu einer Serienfertigung, die in dem neuen Werk in Indien, das 2012 seine Pforten öffnen wird, stattfinden könnte. Dafür würde auch die Ausstattung mit dem neuen Dreiventilmotor sprechen, der im folgenden Jahr die indische LX antreiben soll.

2012

Anfang des Jahres werden hierzulande angeboten:

LX: als 50 2T, 50 4T 4V, 125i.e. in Standard- und Touringausführung
LXV: als 125i.e. in Standard- und der Sonderausführung »Vie della Moda«
S: als 50 2T, 50 4T 4V, 125i.e.
als 50 2T Sport und 50 4T 4V Sport
GTS: als 250i.e. mit Standardausstattung
als 125i.e. Super und 300i.e. Super
als 125i.e. Super Sport
als 300i.e.
Super Sport
als 300i.e. Touring
GTV: als 300i.e. Vie della Moda

LXV und GTV »Vie della Moda« kommen in der neuen Farbgebung »Braun Etna«. Nachdem in der Vergangenheit bereits zwei Anläufe mit Partnerunternehmen in Indien scheiterten, wird seit März im neu errichteten Werk Baramati, einer hundertprozentigen Tochter des Piaggio-Konzerns, eine speziell für den asiatischen Markt modifizierte Vespa LX 125 (MET0000AA) gebaut, die über einen Viertakt-Saugmotor mit Dreiventiltechnik, Elektro- und Kickstarter verfügt. Er soll eine Leistung von 10 PS entwickeln und sich mit rund 1,7 Litern Treibstoff auf 100 Kilometer begnügen. Verzögert wird vorne mit einer 150-mm- und hinten mit einer 140-mm-Trommelbremse. Beide Räder haben zusammengesetzte Dreispeichen-10-Zoll-Felgen mit Ballonreifen der Größe 90/100-10, die sich besonders leicht wechseln lassen. Der Verkaufspreis liegt bei nur 68.000 indischen Rupien (was umgerechnet rund € 980,- entspricht; in Deutschland kostet die LX 125i.e.3V Mitte 2012 satte 3990 Euro). Die Vorstellung erfolgt im Januar auf der Automobilschau in Delhi, die Fachpresse ist voll des Lobes. Die Produktion ist auf anfangs 150.000 Einheiten im Jahr ausgerichtet. Auf dem Subkontinent wurden 2011 rund 2,5 Millionen Scooter verkauft, Indien ist damit nach China der zweitgrößte Zweiradmarkt der Welt. Und Piaggio möchte von diesem Kuchen ein kräftiges Stück abhaben. Dazu sollen auch die neuen 125-ccm-Dreiventilmotoren aus italienischer Produktion beitragen, die ab Mitte des Jahres in

Zum zweiten Mal während ihrer Bauzeit erfährt die LX ein Facelift. Das Kaskadenschild ist jetzt wie bei der großen GTS Super stärker konturiert und mit einem wappenförmigen Hupengrill ausgestattet.

Die LX 125 made in India mit dem Dreiventil-Viertaktmotor auf der Expo in Neu Delhi. Die LX wurde eigens für den indischen Markt konzipiert und weist einige Besonderheiten auf. So sollen die Radwechsel besonders leicht durchzuführen sein. Die Produktion lief im April 2012 an.

Auch das Vorderrad der LX made in India hat nur 10 Zoll und eine einfache Trommelbremse, dafür läßt es sich dank des Dreispeichendesigns einfach wechseln.

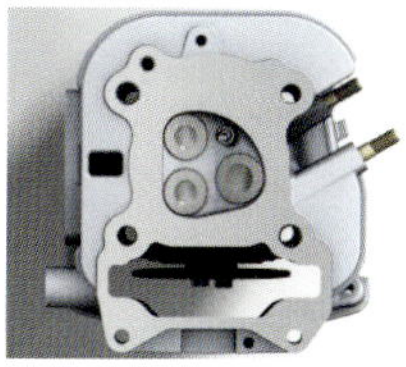

Der Blick von innen auf den Zylinderkopf zeigt die beiden kleineren Einlaßventile und das Auslaßventil der neuen 3V-Motoren. Rechts oben sitzt die Zündkerze.

Im Juni werden die neuen Motoren in der LX und der S eingeführt.

Die schicke Signora trägt den passenden Helm zur neuen LX in der Sonderfarbe Titansilber. Der Dreiventilmotor ist an dem kantigeren Antriebsstrang und dem riesigen schwarzen Lüftungsdeckel zu erkennen. Leider fehlt ihm im Unterschied zur indischen Vergaserversion wieder der bisweilen äußerst nützliche Kickstarter.

den LX- (ZAPM68300) und S-Modellen (ZAPM68301) die Zweiventiler ersetzen. Mit einem Verhältnis von Bohrung x Hub von 52 x 58,6 mm sind sie langhubig ausgelegt. Für die westlichen Märkte werden sie mit Einspritzanlage und geregelter Abgasreinigung bestückt, müssen aber auf den praktischen Kickstarter verzichten.

Auch die Zierfinne auf dem Kotflügel und die Instrumenteneinfassungen sind jetzt schwarz.

Bei einer Leistung von 11,6 PS (8,5kW) und einem Drehmoment von 10,7 Nm bei 6500/min (2V: 10,6 PS und 9,6 Nm bei gleicher Drehzahl) versprechen sie mehr Durchzug bei spürbar geringerem Verbrauch. Das gilt erst recht für die 150er Modelle, die wie bisher in Deutschland auf dem offiziellen Vertriebsweg nicht angeboten werden. Mit dem fast quadratischen Zylindermaß von 58 x 58,6 mm leistet der Motor 12,9 PS (9,5 kW) bei 7750/min und bringt es auf ein maximales Drehmoment von 12,8 Nm bei 6250/min (LX/ZAPM68400,S/ZAPM68401). Äußerlich sind sie an dem kantigeren Antriebsstrang mit einem riesigen schwarzen vorderen Lüftungsdeckel aus Kunststoff zu erkennen. Dazu erhält das Bordnetz eine zeitgemäße wartungsfreie Batterie. Außerdem erfährt die gesamte LX-Baureihe dezente optische Retuschen in Form eines stärker konturierten Kaskadenschilds, in dem eine angedeutet wappenförmige Ausführung das runde Hupengitter ersetzt, und bei der S-Reihe sind jetzt Felgenkranz, Instrumenteneinfassungen, Kotflügelzierleiste und Hupengitter schwarz.

Der S beschert das Facelift einen schwarzen Hupengrill und eine bis fast an den oberen Rand reichende Chromapplikation auf dem Kaskadenschild, in die jetzt das Piaggio-Logo eingelassen ist — genannt »Cravatta«.

Die Auftritte der Sonderserien aus der großen GT-Reihe in Schwarz, Anthrazit, Dunkelbraun, Dunkelrot und Titansilber waren bisher von betont zurückhaltender Natur. Jetzt rollt die »GTS 300 Super Sport« in schrillem Orange mit einer Chromapplikation am Hupengitter auf den Markt.

Die GTS mit dem Viertellitermotor wird Mitte des Jahres aus dem Programm genommen.

Auf der EICMA in Mailand wird im Oktober die Serienversion der neuen Vespa 946 vorgestellt und der äußerst selbstbewußte Verkaufspreis von sage und schreibe 9.000 EUR (!) bekanntgegeben. Die Auslieferung soll noch in der ersten Jahreshälfte 2013 erfolgen. Überschattet wird die Messe allerdings durch eine Blitzaktion der Guardia di Finanza, der italienischen Zollfahndung: den Damen und Herren des Hauses Piaggio war endgültig der Kragen geplatzt, sie lassen eine Reihe täuschend echter Vespa-Plagiate und des Dreiradrollers MP3 aus Fernost kurzerhand beschlagnahmen.

Das täuschend echte Plagiat im Stil der Vespa 150 VBB auf der EICMA wurde kurzerhand von der Guardia di Finanza aus dem Verkehr gezogen.

Kapitel 11

In der Neuzeit angekommen – Die Vespa mit klassisch-modernem Design

Vespa Chronologie 4. Teil: 2013-2014

2013

2013 wird für Piaggio und die Vespa mit zwei neuen Modellreihen, einem Produktionsrekord und einer renommierten Auszeichnung zum bisher ereignisreichsten Jahr des noch jungen Jahrtausends.

Die Übervespa 946 vereint klassische Stilelemente des Prototyps MP6 mit ungewohnt futuristischem Design.

Brückenschlag: Von der Urvespa in die Zukunft mit der neuen Vespa 946

Sie ist anders. Sie provoziert. Sie spaltet die Gemeinde der Vespisti in glühende Verehrer und abgrundtiefe Verächter. Und dann auch noch der Preis!

Die Rede ist von der neuen Vespa 946, die in einem futuristisch anmutenden und doch vespatypischen Kleid im Frühsommer endlich in den Schaufenstern der Händler steht (ZAPM80100). Die integrierten Hinterbacken verfügen vorne und hinten über dem Prototyp MP6 nachempfundene Luftschlitze und sind nicht wie bisher durchgehend nach außen gewölbt, sondern besitzen entlang der Kante eine dezent konturierte Gegenwölbung in den abnehmbaren Seitenteilen. Mit dem schmalen Beinschild und der vom Lenkkopf bis zum Vorderrad gezogenen und spitz zulaufenden Lenksäulenabdeckung wirkt die Übervespa betont schlank. Dazu paßt das unkonventionelle Cockpit aus einem Aluminiumverbund mit Scheinwerfer, Digitalarmaturen und hypermodernen Chromspiegeln. Blinkleuchten und Rücklicht sind bündig ins Blech eingelassen und wie der Hauptscheinwerfer, der noch über separates Tagfahrlicht verfügt, ausschließlich mit Leuchtdioden bestückt. Unkonventionell, aber überaus bequem ist auch der riesige Schwingsitz. Und fast überflüssig zu erwähnen, daß alle Materialien einen hochwertigen Eindruck hinterlassen und die Verarbeitung dem Anspruch entsprechend makellos ist.

Das Cockpit ohne analoge Anzeigen ist genauso wenig vespatypisch wie das spitz auslaufende Heck — allein die Silhouette ist unverkennbar Vespa.

Das 12-Zoll-Fahrwerk mit Scheibenbremsen an beiden Rädern und zeitgemäßer Motorradtechnik mit ABS und ASR gegen blockierende und durchdrehende Räder verleiht der 946 über jeden Zweifel erhabene Fahreigenschaften: sie gilt als sicher, spurtreu und komfortabel. Bleiben die Wermutstropfen: der simple luftgekühlte Dreiventilmotor aus der LX

Der Scheinwerfer ist mit Leuchtdioden bestückt und trägt die Typenbezeichnung in der Streuscheibe.

Auch das Rücklicht besitzt LEDs und ist bündig in die Karosserie eingelassen.

Luftschlitze in den Seitenbacken erinnern an den Urtyp der Vespa.

kommt bei einem Leergewicht von stolzen 153 Kilogramm früh an seine Grenzen — die hierzulande ausgelieferte 125-ccm-Variante kommt auf 11,6 PS und die Italien und ausgewählten Exportmärkten vorbehaltenen Version mit 150 ccm bringt es auf 12,9 PS. Und der Preis: neuntausend Euro, nackt, müssen dafür hingeblättert werden, und es gibt noch reichlich attraktives Zubehör, um den Preis nach oben zu treiben, wie Gepäckträger, Gepäcktasche, Echtlederbezüge (nein, in der Serie sind sie tatsächlich nur aus Kunststoff!) — dafür gibt's andernorts schon einen anständigen, keineswegs ärmlichen ausgestatteten Kleinwagen.

Auch sonst tut sich in der ersten Jahreshälfte einiges: Die indische LX wird mit einer Scheibenbremse am weiter nur zehn Zoll messenden Vorderrad aufgerüstet und erhält neue Felgen mit schlauchlosen Reifen. Das Zifferblatt des Kombiinstruments ist mattschwarz und die Analogzeiger für Tacho und Tankanzeige leuchten rot. Die Neue hört fortan auf das hier unbekannte Kürzel »VX« und wird zu einem um rund 4.000 Rupien höheren Preis angeboten (was umgerechnet etwa 50 Euro entspricht und in Indien durchaus eine nennenswerte Summe darstellt). Die ursprüngliche LX gibt's als Sparversion trotzdem noch — sie verliert ihre Kennbuchstaben und wird zur Vespa 125.

Eine Jury aus zwölf internationalen Experten zeichnet am 29. Juni auf dem »World Industrial Design Day 2013« in Montreal die Vespa als eines der zwölf be-

Elektronische Regelsysteme: ABS und ASR

sten Industriedesigns der letzten 100 Jahre aus. Und nicht minder stolz verkündet Piaggio wenig später auch noch den neuen Produktionsrekord von 18 Millionen gebauter Vespas — maßgeblich dazu beigetragen hat die LX, die sich fast von selbst verkauft, obwohl bezüglich des 125er

Handgenähte Bezüge und ein stylischer Tankverschluß gehören zu den Markenzeichen der Vespa 946.

Bei uns nicht zu haben: aufgewertete Vespa LX als VX aus indischer Produktion.

Die indische VX hat eine Scheibenbremse und schlauchlose Reifen bekommen, behält aber das Vorderrad im 10-Zoll-Format und Dreispeichendesign.

Dreiventilmotors nach der anfänglichen Euphorie Ernüchterung eingekehrt ist: Die Fahrleistungen sind kaum besser als beim alten Triebwerk, und an der Tankstelle werden die Erwartungen gedämpft. Zügig bewegt, ist von einem geringeren Verbrauch kaum etwas zu spüren. In einem Dauertestbericht heißt es gar, der neue Motor könne »nichts besser« als der alte Zweiventiler ... Dabei entpuppt sich als weiteres Ärgernis das deutlich geschrumpfte herausnehmbare Helmfach unter der Sitzbank, das der Einspritzanlage geschuldet ist und seinem Namen so kaum noch zur Ehre gereicht.

Die »reine« GTS hat neben ihren Super- und Super-Sport-Schwestern mit dem 300er Motor in der Touringversion überlebt und wieder das Urkaskadenschild ohne Chrom an der Hupe und ausschließlich analog arbeitende Instrumente bekommen.

Die Legende ist zurück — endlich wieder eine neue Primavera

Die neue Primavera orientiert sich unverkennbar an der Vespa 946.

Anfang November wird sie auf der EICMA vorgestellt, und sechs Wochen später stehen die ersten Modelle trotz der ungebrochenen Beliebtheit der Vorgängerin in den

Der Leib der Primavera ist im Durchstieg breiter und am Heck schmaler als bei der LX.

Verkaufsräumen. Die Nachfolgerin der seit 1996 gebauten LX kommt in einem völlig neuen Kleid auf den Markt. Die Veränderungen reichen sehr viel tiefer als beim Wechsel von der ET zur LX. Dank der Anleihen an die Vespa 946 erscheint die Primavera gestreckter und dynamischer. Dazu tragen der schmalere Kotflügel, die bis zum Radlauf heruntergezogene Kaskade mit den V-förmigen Hupenschlitzen und die hinten zusammenlaufenden Seitenbacken bei, die wie bei der 946 eine gegenläufige Wölbung entlang der gesamten Kante aufweisen die auch am vorderen Kotflügel angedeutet wird. Der zentrale Rundscheinwerfer hat wieder einen Chromzierring und jetzt auch in der kleinen 50er-Klasse eine Halogenlampe. Außerdem verfügt er über ein Tagfahrlicht, das wie das Rücklicht mit Leuchtdioden bestückt ist. Neu ist auch das Instrumentendesign: Nur noch die Geschwindigkeit wird analog angezeigt, alle anderen Informationen liefert ein Display. Keine Überraschungen gibt es bei der Anordnung und Ergonomie der Bedienelemente. Fahrer und Beifahrer genießen den Komfort einer stärker ausgeformten Sitzbank, die wie bei der großen GTS-Reihe

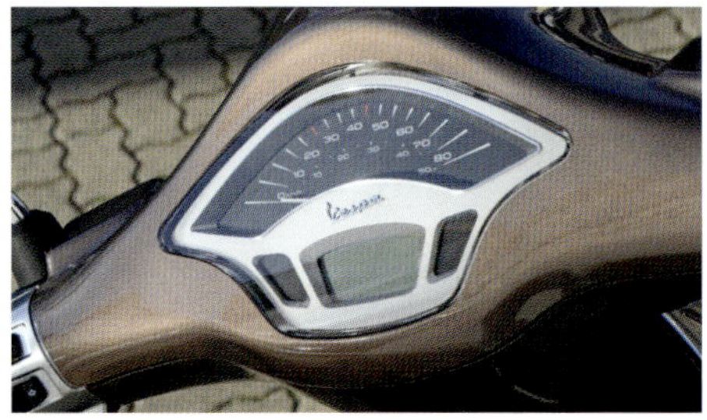

Nur noch dem Tacho ist ein analoger Zeiger geblieben.

Entlang der Kante weisen die Seitenbacken der Primavera eine negative Wölbung auf. Das Hinterrad ist auf elf Zoll angewachsen und die Vierzylindermotoren haben einen kantigeren Auspuff bekommen.

vor allem vorne deutlich breiter und tiefer heruntergezogen wurde und etwas niedriger ausfällt. Darunter verbirgt sich ein wieder brauchbares Helmfach, das seine neue Größe nicht zuletzt der unter die Bodenplatte gewanderten — wartungsfreien — Batterie zu verdanken hat.

Vielversprechend ist das neue Fahrwerk. Das Hinterrad misst, wie das jetzt von einer geschobenen Schwinge (ESS*) geführte Vorderrad, elf Zoll. Der Radstand ist um 40 beziehungsweise 60 mm gewachsen. Dazu gibt es eine leistungsfähigere Trommelbremse am Hinterrad, deren Durchmesser von 110 mm auf 140 mm angewachsen ist (aber leider nicht bei der 50-ccm-Zweitakter) und eine stabilere Hinterradführung. Zusammen mit der insgesamt steiferen Blechkarosserie bürgt das für gute, neutrale Fahreigenschaften. Ansonsten bleibt einschließlich der Fahrleistungen in der kleinen Klasse alles beim Alten: Der 50-ccm-Zweitaktmotor (ZAPC53200) bekommt lediglich eine neugestaltete Abdeckung des Antriebsstran-

*) *Enhanced-Sliding-Suspension*

Die geschobene Schwinge der Vorderradaufhängung ist eine Neukonstruktion.

ges, während der Vierventil-Viertakter (ZAPC53100) mit einem kantigeren Auspuff aufwartet. In dessen Genuß kommt auch der 125-ccm-Dreiventil-Motor (ZAPM81100), dessen Nennleistung um 0,9 PS auf 10,7 PS (7,9 kW) sinkt, aber bereits bei 7.700/min anstatt 8.250/min anliegt. Auch das maximale Drehmoment fällt mit 10,4 Nm geringfügig niedriger aus, liegt aber dafür bei 6.000/min ebenfalls früher an, was zu einer insgesamt harmonischeren Leistungsentfaltung führt. In der Leistung unverändert bleibt das 150er-Modell, das wie bisher offiziell nur in Italien und einigen Exportländern angeboten wird (ZAPM 81200). Es erfreut wie in der LX mit kräftigen 12,9 PS (9,5 kW) bei 7.750/min und einem Drehmoment von unverändert 12,8 Nm, das jetzt allerdings etwas später bei 6.500/min anstatt 6.250/min anliegt.

Wie von der LX bekannt, werden alle Kunststoffteile bei den Modellen mit großen Motoren lackiert.

2014

Die überaus erfolgreiche und beliebte LX ist im offiziellen Verkaufsprogramm schon nicht mehr enthalten. Dafür trifft man die ersten neuen Primaveras auf der Straße. Unverändert im Angebot finden sich die Modelle der großen GTS/GTV-Reihe. Allerdings wurde die in knalliges Orange getauchte GTS 300 Super Sport aus dem Programm genommen. Die Farbe hat im »Super«-Schriftzug der mattschwarzen Lackierung überlebt. Und ebenfalls noch angeboten wird die gesamte, von der LX abgeleitete S-Palette, obwohl deren Nachfolger in Italien bereits in den Startlöchern steht. In Indien wird als drittes Modell eine S125 mit dem Fahrwerk der VX ins Programm genommen, angetrieben von dem bekannten 3V-Saugmotor.

Auch bei der PX scheinen sich Veränderungen anzudeuten. Die Leistungseinbußen durch die Abgasreinigung haben die Nachfrage nach dieser klassischen Zweitakt-Vespa erheblich gedämpft. Hinter vorgehaltener Hand wird gemunkelt, sie solle demnächst auch mit den LML-Viertaktmotoren angeboten werden. Dann aber, das darf prophezeit werden, dürfte sie ihren Nimbus als letzte »wahre« Vespa wohl verlieren.

Nach der neuen Primavera noch eine neue Sprint

Nach dem Modellwechsel von der LX zur Primavera war absehbar, dass auch das Schwestermodell S zur Ablösung anstand. Konnte man bei der »S« noch rätseln, ob das Kürzel für »Special«, »Sport«, »Super« oder was auch immer steht, so ist bei der Nachfolgerin die Namensgebung eindeutig:

Erkennungszeichen der Sprint ist der neugestaltete Lenkkopf mit einer ungewöhnlichen Scheinwerferform.

»Sprint« — wie die Bezeichnung »Primavera« übernommen von den legendären Erfolgsmodellen der 1960er und 1970er Jahre.

Erinnern wir uns: 1962 wird mit einer betont schlanken und kantigen Karosserie die bildschöne Vespa 150 GL vorgestellt, ausgestattet mit dem charakteristischen Trapezscheinwerfer. Sie wird 1965 von der 150 Sprint im gleichen Kleid abgelöst. Im selben Jahr legt Piaggio mit der sehr viel kleineren Karosserie der Vespa 50 eine Vespa 125 »Nuova« auf, die zwei Jahre später in »Primavera« umgetauft wird. 2014 liegen die Dinge etwas anders: Primavera und Sprint bauen auf ein und derselben Karosserie auf.

Auffälligstes Designmerkmal der neuen Sprint ist der Scheinwerfer im Lenkkopf — zwar länglich, aber nicht trapezförmig wie früher, sondern hexagonal und wie bei der neuen Primavera mit Halogenlampe und LED-Tagfahrlicht bestückt. Dahinter befindet sich ein kleines gewölbtes Schild. Die Armaturen mit schwarzer Skala wurden von der Schwester übernommenen, ein roter Zeiger zeigt — analog — die Ge-

Im Unterschied zur Primavera bleiben bei der Sprint auch in den kleinen Motorklassen keine Kunststoffteile unlackiert.

schwindigkeit an. Die übrigen Daten werden digital übermittelt. Abgerundet wird das Cockpit mit neugeformten ovalen Chromspiegeln.

Auf dem Beinschild gesellt sich unter das »Vespa« ein »Sprint« mit rotem »S«, genauso wie auf der rechten Flanke. Alle Kunststoffteile — auch in den kleinen Hub-

In Sachen Motortechnik gibt es keine Überraschungen, im Bild der 125-ccm-3V-Motor — dafür wachsen die Räder wie in der großen Granturismo-Klasse auf 12 Zoll an.

Dynamik mit dezenten Anleihen bei 946, Primavera und Sprint: GTS-Front.

raumklassen — sind lackiert, und die Chromleisten an den Hupschlitzen weisen rote Applikationen auf. Dafür entfällt die Zierfinne auf dem vorderen Kotflügel, und die Sitzbank erhält auffällige Ziernähte.

Unverändert von der Primavera übernommen wird die Motorenpalette: 50-ccm-Zweitakt (ZAPC53201) und -Viertakt (ZAPC53101) sowie die Dreiventilmotoren mit 125 ccm (ZAPM81300) und 150 ccm (ZAPM81400), wobei letztgenannter wiederum offiziell nicht in Deutschland angeboten wird.

Entsprechend unterscheiden sich die Fahrleistungen genauso wenig von denen der Primavera wie vorher die der S von der LX — wohl aber die Fahreigenschaften. Verantwortlich für das spürbar komfortablere Abrollverhalten, die gesteigerte Laufruhe, die erhöhte Kurvenstabilität und den überragenden Geradeauslauf sind das neue 12-Zoll Fahrwerk mit Aluräden im filigranen Mehrspeichendesign und Reifen der Dimension 110/70-12 vorne und 120/70-12 hinten. Dazu kommen die von der neuen Primavera bereits bekannte Vorderradaufhängung, die stabilere Hinterradführung und die erhöhte Karosseriesteifigkeit. Und ab dem Spätsommer gibt's endlich das versprochene ABS für beide, Primavera und Sprint.

High-Tech-Modellpflege bei der Granturismo

Nicht ganz unerwartet stellt Pontedera nur wenige Wochen nach der Sprint die überarbeitete große Modellreihe vor: Die GTS 300i.e. bekommt einen Gepäckträger am Heck. GTS Super und Super Sport gibt es weiter mit 125ccm oder 300ccm. Äußerlich erst auf den zweiten Blick erkennbar bekommen alle das von Primavera und Sprint bereits bekannte Kombiinstrument mit Analogtacho und Digitalanzeigen, aufgewertet mit einer Chromeinfassung. Retuschen gibt's auch an der Front: das Kaskadenschild der GTS erhält eine spitz zulaufende zentrale Kante und die drei V-förmigen Hupschlitze der kleinen Schwestern, während das Schild der Super-Modelle fast bleibt wie es war und nur die Schlitze unten leicht angeknickt werden.

Die GTS bekommt das Kombiinstrument der Sprint und Primavera, bei der „Super“ mit schwarz hinterlegter Anzeige.

Die größten Segnungen erfährt das Fahrwerk: wiederum von den kleinen Schwestern übernommen wird die modifizierte Vorderradaufhängung mit ESS-Kinematik

Der „Super“ bleibt auch mit der neuen Vorderradaufhängung die knallrote Feder erhalten. Gut zu erkennen: der gelochte Kranz für die Sensoren der Regelsysteme an der Bremsscheibe.

(„Enhanced-Sliding-Suspension"). Dank einer Halbierung der inneren Reibung reagiert das System spürbar sensibler auf Unebenheiten und erfreut mit Komfort und Spurtreue. Entscheidend dazu tragen ab sofort auch die aufpreispflichtigen Zweikanal-Kontrollsysteme ABS und ASR bei, die wirkungsvoll das Blockieren und Durchdrehen der Räder verhindern. Ihre Seriennummern beginnen bei allen 125er Modellen mit ZAPM45301 und bei den 300ern mit ZAPM45202.

Der normalen GTS fehlen die Luftschlitze der „Super" in der Seitenbacke, dafür hat sie hinten ab Werk einen Gepäckträger. Unauffällig: Regelsysteme am Hinterrad.

Bei soviel HighTech dürfen ein paar Gimmiks nicht fehlen: hinter dem Begriff „Vespa Multimedia Platform", (VMP) verbirgt sich - wie schon beim X10-Roller - erstmals auch bei einer Vespa die Möglichkeit, über einen Bluetooth-Transmitter sämtliche Fahrzeugdaten per Smartphone auszulesen. Und die ganz Vergesslichen finden anhand der letzten abgespeicherten GPS-Koordinaten mühelos den Ort wieder, wo sie ihren Roller abgestellt haben — da hätte manch einer dann doch gerne das gute alte Handschuhfach zurück, in dem sich die ganzen Module verstecken...

Und die Übervespa?

Natürlich verharrt die 946 nicht einfach auf dem Stand des Vorjahres. Auch andere feiern Jubiläen, und so präsentiert Piaggio zum 50. Jahrestag des Modemagazins in Italien das Sondermodell „VOGUE" in Knallrot mit anthrazitfarbenen Bezügen.

Aber auch in der Serie wird mehr Farbe gewagt, wenn auch deutlich verhaltener: dezentes Blau und Silber, jeweils mit Metalliceffekt, dazu die schon bekannten grauen und roten Bezüge. Und für das Wohlbefinden des Sozius wurde der ausladende Schwingsitz gekappt und zum Einzelsitz umfunktioniert. Dahinter wird ein Gepäckträger montiert - auf den packt man für den Fahrgast ein kreisrundes Kissen, das nicht ganz zufällig wie ein Reserverad daherkommt. Das hat seinen Preis: mit schlappen fünfhundert Euro mehr ist man dabei.

Kein Ersatzrad: die neue Vespa 946 hält für Beifahrer ein Sitzkissen auf dem Gepäckträger bereit. Im Hintergrund das rote Sondermodell „VOGUE".

Kapitel 12

Das Piaggio-Museum in Pontedera

Das Museo Piaggio ist nach Giovanni Alberto Agnelli benannt.

Im Rahmen der Modellchronik erwähnt wurde die Tatsache, daß es die Idee des jungen Firmenchefs Giovanni Alberto Agnelli war, die Geschichte des Hauses Piaggio zusammenzutragen und der Nachwelt zu erhalten. Um die Mittel dafür aufzubringen, wurde im Jahr 1994 unter der Trägerschaft des Unternehmens selbst, der Heimatgemeinde Pontedera und der Provinz Pisa eine Stiftung, die »Fondazione Piaggio«, gegründet. Als deren Ziele wurden die Errichtung und Unterhaltung eines Museums mit Archiv und die kontinuierliche Durchführung und Unterstützung von Veranstaltungen zu aktuellen Themen von gesellschaftlichem Interesse sowie die Begegnung mit namhaften Persönlichkeiten aus Kultur, Sport, Industrie und Politik, festgeschrieben.

Durch den unerwartet frühen Tod Agnellis 1997 mit erst 36 Jahren geriet das Projekt vorübergehend ins Wanken, doch als 1998 Tommaso Fanfani, Professor für Wirtschaftsgeschichte an der Universität von Pisa und von Anfang an dem Projekt verbunden, die Leitung der Stiftung übernahm, ging es glücklicherweise wieder voran.

Am 29. März 2000 öffnete das »Museo Piaggio«, benannt nach Giovanni Alberto Agnelli, seine Pforten in der Viale Rinaldo Piaggio Nr. 7 in Pontedera. Gegenüber der ehemaligen Werksdirektion gelangt man durch einen Torbogen in der vorderen Häuserzeile in einen Innenhof, der von einem Flugzeug (P149), Triebwerken aus der Luftfahrt und dem Eisenbahntriebwagen MC2 von 1936 eingenommen wird. Nach diesen Zeugen einer großen Vergangenheit wird man beim Betreten der stillgelegten Produktionshalle von wandfüllenden schwarz/weiß-Fotos aus den Anfängen der Vespaproduktion auf die edlen Exponate eingestimmt.

Und die lassen das Herz eines jeden Zweiradfreundes höher schlagen: als hätte sie gerade die Schlußkontrolle der Produktion passiert, präsentiert sich in der Mitte des Ausstellungsraumes links ein hochglanzpoliertes Exemplar der ersten Vespa 98 mit freiliegendem Schaltgestänge und rechts eine GT60 der letzten Evolutionsstufe dem Besucher. Daneben finden sich die Prototy-

Oben: Zum historischen Erbe Piaggios gehören Flugzeuge ...

... und Eisenbahnen.

Rechts: Firmenpatriarch Enrico Piaggio 1956 inmitten auslieferbereiter Vespas - teilweise mit dem Scheinwerfer auf dem Kotflügel, teilweise am Lenker.

Rechts unten: Die erste Vespa 98 von 1946.

pen »Paperino« und MP6, beide noch mit dem Fliegerlogo von Piaggio auf dem Beinschild, und dazwischen reihen sich im Kreis herum Zeugen der 65-jährigen Geschichte ein, darunter auch Vertreter der Ape und der Vespa 400. An der linken Wand stehen weitere Vespas wie in Setzkästen auf mehreren Etagen übereinander. Und weiter geht es an verschiedenen Sondermodellen, darunter der von der französischen A.C.M.A. 1956 entwickelten Militärversion TAP (»troupes aéroportées«) mit 150 ccm, die sogar in Algerien zum Kriegseinsatz kam, vorbei. Schließlich finden sich auf der Galerie noch Motorräder der glorreichen Marke Gilera, die 1969 von Piaggio übernommen wurde.

Setzkastenwand mit Raritäten.

Unten: Vespa 98 von 1946 mit Schaltgestänge.

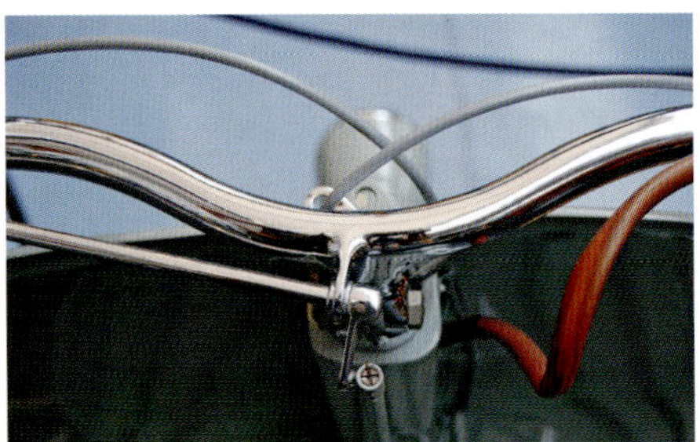

Rechts: A.C.M.A. Militärvespa TAP 150 für die Luftlandetruppe.

Zweiter Preis des VespArt-Designwettbewerbs 2001: ET »Mucca pazza« (irre Kuh) von Paolo Iemmi, dahinter das Siegermodell »Pezzo unico« (Einzelstück) von Nicola di Carlo.

Eingegliedert in das Museum — aber ohne gesonderte Genehmigung nicht zugänglich — ist das historische Archiv mit mehr als 150.000 Dokumenten aus der Geschichte des Unternehmens. Es wurde nach der Stieftochter Enrico Piaggios, Antonella Becchi Piaggio, benannt.

Wem das alles noch nicht genügt, der kann sich in der Museumsboutique mit allerlei mehr und minder nützlichen Utensilien eindecken, vom T-Shirt über Kaffeetassen und Feuerzeuge bis zu Wanduhren und Emailschildern. Das meiste entbehrlich, aber mit Stil. Und eingepackt bekommt man das dann in eine dieser quadratischen Papiertaschen, die nur die Italiener so beherrschen, ganz in Silber und mit großem Vespa-Schriftzug...

Nicht nötig, aber ein schönes Souvenir: Service-Tasse mit Einkaufstasche, stilecht gekauft im Vespa-Museum.

Vespa-Plagiate

Das Kleid der Vespa ist so einzigartig wie das eines VW Käfer oder Porsche 911. Doch was Generationen überdauert und allen Modifikationen zum Trotz unverkennbar bleibt und den ganz außergewöhnlichen Erfolg garantiert, ruft nicht nur Neider auf den Plan, sondern auch ausgekochte Schlitzohren, die an dem Ruhm teilhaben wollen.

Über den ersten dreisten Nachbau der Vespa 150 als rußische Wjatka ab 1957 wurde schon an anderer Stelle berichtet (s. S. 53), und daß in Indien bei Bajaj bis 2005 und bei LML bis heute ohne italienische Lizenz millionenfach Vespas nachgebaut und unter eigenem Namen verkauft werden, ist ebenfalls in einem früheren Kapitel nachzulesen. Was aber in den letzten Jahren aus Fernost auf den Markt kommt, läßt nicht nur staunen, sondern hat in Pontedera sicher auch zu manchem Wutausbruch geführt.

Seit 2006 ist der taiwanesische Herstellern SANYANG, der mit Lizenzbauten von Honda-Zweirädern groß geworden ist, mit der SYM-Motor GmbH in Deutschland vertreten und vertreibt mit dem »Fiddle II« einen Roller, der mit seinem großen Rundscheinwerfer auf dem Lenker, den verchromten Rundspiegeln und den hinteren Seitenbacken von weitem der Vespa LX gleicht und wie diese mit 50-ccm- und 125-ccm-Motoren angeboten wird. Erst aus der Nähe fällt auf, daß hier Kunststoffverkleidungen im Vespastil einem Rohrrahmen übergestülpt wurden. Nach dem Verkaufsprospekt verbindet er »aktuelle Technik mit klassischem Design«. Kaum zu glauben, daß autorisierte Vespa-Händler sich nicht scheuen, diese Fahrzeuge in ihr Angebot aufzunehmen!

Einer der zahllosen Vespa-Klone: der »Fiddle II« von SYM aus Taiwan.

Unter dem Werbeslogan »moderne Technik umhüllt von nostalgischem Design« rollt der zwei Kilowatt starke Elektroroller »Kumpan 1954« mit Radnabenmotor im Stil der aktuellen Vespa Granturismo mit Luftschlitzattrappen am Beinschild und vorne tief nach unten gezogenem Sitzbezug vom Hof der e-bility GmbH in Remagen. Verchromte Plastikverkleidungen á la Vespaschwinge auf beiden Seiten kaschieren die Vorderradaufhängung ebenso wie die Kunststoffbeplankung den Rohrrahmen. Der Werbeprospekt lobt unverblümt die »wohlgeformten Hüften« im »Retrodesign«. Eine »Classic-Edition« mit 1:1 kopiertem Topcase, Weißwandreifen, Chromspiegeln und Windschild runden das Programm des Chinesen ab.

Wer den Kumpan lieber mit Zweitakt-Verbrennungsmotor möchte, greift zur »Vendetta 50/125« von Ride aus der österreichischen KSR-Gruppe und erhält im gleichen Kleid laut Verkaufsprospekt »ein wahres Schmuckstück in klassischer Optik«.

Den Vogel als Trittbrettfahrer aber schießt die inzwischen in der Cycle-Union GmbH aufgegangene frühere Traditionsfirma Kreidler ab, die sich neben dem Import der PX-Kopie »LML-Star« auch die Rechte an der millimetergenau abgekupferten Vollkunststoff-LX gesichert hat. Jetzt heißt sie »Flory 50 classic« (und beschämt damit auch die guten alten Kreidler Florys). Einziger Ausrutscher der Vespa-Kopie: Sie trägt das Kaskadenschild der »S« — man hat schlichtweg übersehen, daß die tatsächlich über Rechteck-Spiegel und Scheinwerfer verfügt und auch sonst ein bißchen anders ist, doch wer nimmt das schon so genau...

Dafür kommt im fast gleichen Outfit mit dem LX-Kaskadenschild die »Siena 50« der österreichischen Motobi Trading GmbH in St. Veit/Glan daher, allerdings stilwidrig auf 12-Zoll-Rädern.

Einer Vespa noch ziemlich nah kommt der »New Sento 50« von Kymco aus Taiwan, der wie die meisten Fernostroller von einem Viertaktmotor angetrieben wird. Daneben versuchen sich eine Reihe weiterer Hersteller an mehr oder minder ansprechenden Rollern im Retrodesign.

Rechts: Kopiert zu werden ist ja bekanntlich die höchste Form der Anerkennung: Viel größer als beim »Kumpan 1954« kann das Lob wohl kaum ausfallen ...

Unten: Nach dem Kreidler-Aus 1982 ging die ruhmreiche Marke durch diverse Hände. Die »Flory 50 classic« greift zwar die Traditionsbezeichnung wieder auf, hat aber ansonsten nichts mit der schwäbischen Kreidler zu tun. Und mit einer Vespa schon gar nicht.

Nachwort

Grazie — e meraviglioso chè esisti, mi` amore Vespa

Ein weitsichtiger Konzernstratege und ein genialer Konstrukteur vor den Trümmern, die ein entsetzlicher Krieg zurückgelassen hatte — das waren Enrico Piaggio und Chefingenieur Corradino d´Asciano. Das war die Geburtsstunde der Vespa.

Welten liegen zwischen der Ur-Vespa 98 und einer GTS von heute. Kein Bauteil ist mehr gleich — und doch ist die Neue auf den ersten Blick unverkennbar eine Vespa. Mehr als 65 Jahre liegen zwischen diesen beiden Fahrzeugen, vom Rauchwolken ausstoßenden Zweitakter bis zum abgasgereinigten Viertakter, von der Unterbrecherzündung bis zum elektronischen Motormanagement, von der hakeligen Gestängeschaltung bis zur stufenlosen Automatik. Von einer selbsttragenden Blechkarosserie bis zu einer noch besseren selbsttragenden Blechkarosserie. Und das ist das Geheimnis des Erfolgs: das einzigartige Baukonzept, die unverwechselbare und durch alle Baureihen gleiche Erscheinung mit dem typischen Beinschild, dem kühn geschwungenen bogenförmigen Durchstieg und den erotischen Gesäßbacken.

Eine Schraube, eine Feder und noch ein paar Kleinteile, sieben an der Zahl, waren in den siebziger Jahren auf einer Werbeanzeige für den VW-Käfer abgebildet. Darunter stand, daß das die einzigen übriggebliebenen Teile des Ur-Volkswagen wären. Weil es an denen nichts zu verbessern gab. Sonst seien alle Bauteile irgendwie weiterentwickelt worden — obwohl der Käfer immer noch wie der Käfer aussah.

Die Vespa wird geliebt oder gehaßt, dazwischen gibt es nichts. Schwarz oder Weiß. Kein Grau. Gehaßt wird sie, weil sie unmöglich ist. Und das stimmt. Jahrzehntelang war es eine hohe Kunst, sie mit ihrer Rechtslastigkeit und ihren viel zu kleinen Rädern auf Kurs zu halten. Erst in letzter Zeit ließ sie sich mit aufwendigen Fahrwerksmodifikationen und einem neuen Antriebskonzept Manieren beibringen. Aber die Räder sind immer noch zu klein, führen zu einem enormen Reifenverschleiß. Und sie ist teuer, viel zu teuer. In der Anschaffung und im Unterhalt, bei Ersatzteilen, Zubehör und Reparaturen. Schon für die Kleinste bekommt man zwei Japaner, drei Koreaner oder fünf Chinesen.

Aber will die einer? Einer, der sie liebt? Der sie liebt, weil sie etwas hat, das alle anderen nicht haben. Weil sie Charakter hat. Weil sie einmalig und unverwechselbar ist. Kult eben. Wo, bitteschön, kann man sonst einen fabrikneuen Klassiker kaufen? Wer zu Lebzeiten bereits Legende ist, darf sich ein paar Schwächen leisten.

Wer ihr verfallen ist, kommt nicht mehr von ihr los. Wer eine alte vergessene entrostet und restauriert hat, sucht nach einer zweiten, gar dritten und vierten. Wer der Midlifecrisis entgehen will, versucht an ein Modell aus seiner Jugendzeit zu kommen. Wer sich eine neue Fünfziger kauft, sehnt als nächstes eine großvolumige Granturismo herbei. Davon lebt Piaggio und eine ganze Szene mit Clubs, Treffen, Ausfahrten, Ausstellungen, Museen und vielen, vielen begeisterten Gleichgesinnten. Sie haben die Vespa unsterblich gemacht. Kein anderes Fahrzeug wird sie jemals ersetzen.

Gibt es etwas Schöneres als mit der Vespa glücklich zu sein?

Danke, mi' amore, daß es Dich gibt!

Modelle, Baujahre, Seriennummern

Sämtliche auf diesen Seiten enthaltenen Angaben beruhen auf der Werksstatistik des Hauses Piaggio in Pontedera und der Vespa GmbH Deutschland. Für Vollständigkeit und Richtigkeit kann keine Gewähr übernommen werden.

VESPA 50

Modell	Bauzeit	Seriennummern	Anmerkungen
Vespa 50/N	1963 – 1971	V5A1T 1001 bis 283299	
Vespa 50/S	1963 – 1993	V5SA1T 1101 bis 148275	
Vespa 50 Super Sprint (50 SS)	1965 – 1971	V5SS1T 1001 bis 3525	
Vespa 50/L	1966 – 1967	V5A1T 500001 bis 530932	
	1967 – 1970	V5A1T 540001 bis 6370663 Allungata	
Vespa 50/R	1969 – 1983	V5A1T 700001 bis 938761	ab Seriennummer 752189 Motor V5A2M
Vespa 50 Elestart	1969 – 1972	V5A3T 1001 bis 5708	
	1972 – 1975	V5B2T 1001 bis 3667	Motor V5A3M
	1975 – 1976	V5B4T 1101 bis 1533	4-Gang, für Deutschl. Motor V5A5M
Vespa 50 Special (in Deutschland 50 N Spezial)	1969 – 1972	V5A2T 1001 bis 96013	
	1972 – 1975	V5B1T 1001 bis 95671	Motor V5A2M
	1975 – 1983	V5B3T 1101 bis 565056	Motor V5A4M 4-Gang; ab 1978 für Österr. Motor V5SA1M; 1980 für USA Motor V5A2M 3-Gang
Vespa 50 Special Revival	1991 – 1991	V5R1T 1001-4000	
Vespa 50 Sprinter	1971 – 1973	V5SS2T 4001 bis 4515	
Vespa 50 SR	1975 – 1979	V5SS2T 10001 bis 10579	
Vespa PK 50	1982 – 1986	V5X1T 1101 bis 17202	
	1988 – 1988	V5X1T 17203 bis 17512	nur für den deutschen Markt
Vespa PK 50 S	1982 – 1986	V5X2T 1101 bis 221578	Motor V5X1M
Vespa PK 50 S Elestart	1983 – 1986	V5X2T 3000001 bis 3009325	
Vespa PK 50 SS	1983 – 1987	V5S1T 1101 bis 7172	
Vespa PK 50 SS Elestart	1983 – 1986	V5S1T 3000001 bis 3001208	
Vespa PK 50 S Automatica	1984 – 1984	VA51T 1101 bis 1352	
Vespa PK 50 S Elestart Automatica	1984 – 1986	VA51T 3000001 bis 3002122	
Vespa PK 50 XL	1985 – 1993	V5X3T 001101 bis 213150	
Vespa PK 50 XL Elestart	1985 – 1995	V5X3T 3000001 bis 3014029	
Vespa PK 50 XL Plurimatic	1986 – 1989	VA52T 1101 bis 4989	
Vespa PK 50 XL Plurimatic Elestart	1986 – 1995	VA52T 3000001 bis 3018507	
Vespa PK 50 XLS	1986 – 1990	V5S2T 001101 bis 016464	
Vespa PK 50 XLS Plurimatic	1987 – 1987	VA51T 1101 bis 1670	
Vespa PK 50 XLS Plurimatic Elestart	1987 – 1989	VA51T 3000001 bis 3000999	
Vespa PK 50 XL Rush	1988 – 1990	V5X4T 1101 bis 62170	
Vespa PK 50 XL Rush Elestart	1988 – 1988	V5X4T 3000001 bis 3002026	
Vespa PK 50 N	1989 – 1990	V5X5T 1101 bis 44579	
Vespa PK 50 N Plurimatic	1989 – 1990	V5P1T 1101 bis 6025	
Vespa PK 50	1990 – 1990	V5N1T 1101 bis 57991	
Vespa PK 50 Automatica	1990 – 1990	V5P2T 1101 bis 9064	

VESPA 80

Modell	Bauzeit	Seriennummern	Anmerkungen
Vespa P 80 - P 80 E	1980 – 1983	V8A1T 1101 bis 9923	1982 als Vespa 80 für Taiwan
Vespa P 80 X - PX 80 E - PX 80 E Arcobaleno	1981 – 1983	V8X1T 1101 bis 45710 (P 80 X, PX 80 E)	
(in Deutschland Lusso)	1983 – 1990	V8X1T 100001 bis 112348 (PX 80 E Arcobaleno)	
Vespa PK 80 S	1982 – 1986	V8X5T 1101 bis 6214	
Vespa PK 80 S Elestart	1983 – 1984	V8X5T 3000001 bis 3002790	
Vespa PK 80 S Automatica	1984 – 1984	VA81T 1101 bis 2330	
Vespa PK 80 S Automatica Elestart	1984 – 1986	VA81T 3000001 bis 3000737	
Vespa PX 80 E Arcobaleno Elestart	1984 – 1990	V8X1T 3000001 bis 3006335	

VESPA 90

Vespa 90	1963 – 1967	V9A1T 1001 bis 25000	
	1967 – 1967	V9A1T 25001 bis 28000	Unificata
	1967 – 1967	V9A1T 28001 bis 28382	Allungata
	1968 – 1981	V9A1T 28383 bis 273526	
	1982 – 1988	V9A1T 273527 bis 300026	Produktion Taiwan
Vespa 90 Super Sprint (SS)	1965 – 1971	V9SS1T 1001 bis 6309	
Vespa 90 Racer	1971 – 1974	V9SS2T 7001 bis 10516	

VESPA 98 · 100

Vespa V.98	1946 – 1948	V.98 1001 bis 18079	
Vespa 100	1978 – 1983	V9B1T 1101 bis 28904	
	1983 – 1995	V9B1T 50001 bis 10888	in Indien (A.P.S.L.) gebaut
Vespa PK 100 S	1982 – 1990	V9X1T 1101 bis 69175	
Vespa PK 100 S Elestart	1983 – 1986	V9X1T 3000001 bis 3000158	
Vespa PX 100 E (Lohia/Indien)	1983 – 1985	VIX1T 1101 bis 44104	
Vespa PK 100 XL	1986 – 1990	V9X2T 1101 bis 2197	

VESPA 125

Vespa 125	1948 – 1950	V1T - V15T 01 bis 104096	
	1950 – 1952	V30T - V33T 104097 bis 251820	
	1952 – 1953	VM1T 01001 bis 085870	
	1953 – 1953	VU1T 1001 bis 7001	
	1953 – 1954	VM2T 085871 bis 0176014	
	1954 – 1955	VN1T 01001 bis 050100	
	1956 – 1957	VN2T 050101 bis 0125600	
	1957 – 1958	VNA1T 01001 bis 068031	
	1958 – 1959	VNA2T 068032 bis 0116431	
	1959 – 1961	VNB1T 01001 bis 089850	
	1961 – 1961	VNB2T 01001 bis 034699	
	1961 – 1962	VNB3T 034700 bis 090395	
	1962 – 1963	VNB4T 090396 bis 0136485	
	1963 – 1964	VNB5T 01001 bis 043240	
	1964 – 1966	VNB6T 01001 bis 037028	
Vespa 125 Super	1965 – 1969	VNC1T 01001 bis 025146	
Vespa 125 Nuova	1965 – 1967	VMA1T 01001 bis 018100	
Vespa 125 Primavera	1967 – 1983	VMA2T 020001 bis 0240329	
Vespa 125 GT Suisse	1963 – 1964	VNL1T 01001 bis	8" Räder
Vespa 125 GT (Vespa 125 Sprint für den Export)	1966 – 1973	VNL2T 30001 bis 81582	
Vespa 125 GTR	1968 – 1978	VNL2T 100001 bis 151788	

Modell	Bauzeit	Seriennummern	Anmerkungen
Vespa 125 TS	1975 – 1978	VNL3T 1101 bis 29804	
Vespa Primavera ET3	1976 – 1995	VMB1T 1101 bis 150915	für Japan
Vespa P 125 X	1977 – 1982	VNX1T 1101 bis 198248	Motor VNL3M
Vespa PX 125 E - PX 125 E Arcobaleno	1981 – 1984	VNX2T 1101 bis 135966 (PX 125 E)	Motor VNX1M
(in Deutschland Lusso)	1983 – 1990	VNX2T 200001 bis 284846 (X 125 E Arcobaleno)	
Vespa PK 125	1982 – 1985	VMX1T 1101 bis 8378	
Vespa PK 125 S	1982 – 1986	VMX5T 1101 bis 62606	
Vespa PK 125 S Automatica	1983 – 1984	VAM1T 1101 bis 3366	
Vespa PK 125 S Elestart Automatica	1983 – 1984	VAM1T 3000001 bis 3007758	
Vespa PK 125 S Elestart	1983 – 1986	VMX5T 3000001 bis 3006295	
Vespa PK 125 ETS	1984 – 1985	VMS1T 1101 bis 12811	
Vespa PX 125 E Arcobaleno Elestart	1984 – 1998	VNX2T 3000001 bis 312835	
Vespa PX 125 T5	1985 – 1990	VNX5T 1101 bis 37161	
Vespa PX 125 T5 Elestart	1985 – 1990	VNX5T 3000001 bis 3005013	
Vespa PK 125 XL,	1986 – 1990	VMX6T 1001 bis 54751	
Vespa PK 125 XL Elestart	1986 – 1990	VMX6T 3000001 bis 3006631	
Cosa 125	1987 – 1990	VNR1T 1101 bis 4844	
Cosa 125 Elestart	1987 – 1990	VNR1T 3000001 bis 3017315	
Vespa PK 125 XL, Plurimatic	1987 – 1990	VVM1T 1101 bis 20103	
Vespa PK 125 XL, Plurimatic Elestart	1987 – 1990	VVM1T 3000001 bis 3001582	
Vespa 125	1990 – 1990	VMX7T 1101 bis 3046	
Vespa 125/ohne Automatik und Elestart (Export Osteuropa)	1990 – 1991	VMX7T 1000001 bis 1002463	
Vespa 125 Automatica	1990 – 1990	VVM2T 1101 bis 1556	nur für Frankreich

VESPA 150 · 160 · 180

Vespa 150	1954 — 1955	VL1T 1001 bis 17000	
	1955 — 1956	VL2T 17001 bis 93101	
	1956 — 1956	VL3T 93193 bis 130693	
	1957 — 1957	VB1T 130694 bis 132737	
	1957 — 1957	VB1T 1001 bis 55375	
	1958 — 1960	VBA1T 55376 bis 125040	erster Drehschiebermotor
	1960 —1962	VBB1T 1001 bis 146000	
	1962 — 1967	VBB2T 146001 bis 280148	
Vespa 150 Super	1965 — 1979	VBC1T 1001 bis 554808	
Vespa 150 GS - 160 GS - 180 Super Sport - 180 Rally	1955 — 1961	VS1T - VS5T 001001 bis 00127350 (150 GS)	
	1962 — 1964	VSB1T 001001 bis 0061000 (160 GS)	
	1964 — 1968	VSC1T 001001 bis 0036700 (180 Super Sport)	
	1968 — 1973	VSD1T 001001 bis 0027495 (180 Rally)	
Vespa 150 GL Italia	1957 — 1958	VGL1T 01001 bis 016610 (150 GL)	
	1959 — 1961	VGLA1T 1001 bis 035267	
	1961 — 1962	VGLB1T 035268 bis 049294	
Vespa 150 GL	1962 — 1965	VLA1T 01001 bis 080855	neue Karosserie, Trapezscheinwerfer
Vespa 150 Sprint	1965 — 1974	VLB1T 01001 bis 1205477	Ausnahme: Seriennummern 050001 bis 051523 mit Prefix VLB2T
Vespa 150 Sprint Veloce	1969 — 1979	VLB1T 0150001 bis 0368119	Karosserie wie Vespa 150 Sprint mit Rundscheinwerfer
Vespa P 150 S	1978 — 1986	VBX1T 1101 bis 270945	
	1989 — 1990	VBX1T 270946 bis 299155	Lizenzfertigung; für Taiwan mit 145,45-ccm- Motor
Vespa P 150 X - PX 150 E - PX 150 E Arcobaleno (Lusso)	1978 —1981	VLX1T 1101 bis 346402 (P 150 X)	für Taiwan mit 145,5-ccm-Motor
	1981 — 1985	VLX1T 346403 bis 552410 (PX 150 E)	zuletzt produziert in Taiwan
	1983 —1990	VLX1T 600001 bis 803233 (Arcobaleno)	
	1985 —1990	VLX1T 2000001 bis 2821048 (Arcobaleno)	produziert in Lohia/Indien

Modell	Bauzeit	Seriennummern	Anmerkungen
Vespa PX 150 E Arcobaleno Elestart	1984 – 1990	VLX1T 3000001 bis 3010079	
Cosa 150	1987 – 1990	VLR1T 1101 bis 4308	
Cosa 150 Elestart	1987 – 1990	VLR1T 3000001 bis 5009413	

VESPA 200

Vespa 200 Rally	1972 – 1979	VSE1T 001001 bis 0042275	
Vespa P 200 X – PX 200 E – PX 200 E Arcobaleno	1977 – 1977	VSX1T 100 bis 1700	spezielle Nummern für die USA
(in Deutschland Lusso)	1977 – 1982	VSX1T 1101 bis 160000 (P 200 E)	generell mit Motor VSE1M (Rally 200),
	1982 – 1986	VSX1T 160001 bis 195545 (PX 200 E)	nur für Deutschland mit Motor VDE1M (gedrosselte Version)
	1983 – 1998	VSX1T 300001 bis 424579 (Arcobaleno)	auch in Deutschland als GS-Version mit ungedrosseltem Motor
Vespa PX 200 Arcobaleno Elestart	1984 – 1998	VSX1T 3000001 bis 3022538	
Vespa PX 200	1999 – 2003	ZAPM 1800	erste FIN-Kennzeichnung
Cosa 200	1988 – 1990	VSR1T ab 1101	für Deutschland in zwei PS-Versionen (10 und 12 PS) sowie Sondermodell Cosa EBC.

VESPA aus deutscher Produktion

Vespa 125 Hoffmann	1950 – 1954	N.A.	nach Erscheinen der Hoffmann Königin 1954 als Modell A bezeichnet
Vespa Hoffmann Königin	1954 – 1955	N.A.	in der Werbung auch als Modell 54 bezeichnet
Vespa 150 GS (GS/1) Messerschmitt	1955 – 1955	VS1T	wie das italienische Modell 150 GS (in der Werbung auch Grand Sport genannt)
Vespa 150 Touren (T/ 1) Messerschmitt	1955 – 1955	VL1T	Motor VL1M, identisch mit der italienischen Vespa 150, aber mit Messerschmitt-Emblem
Vespa 150 Touren (T/2) Messerschmitt (Typ 82)	1956 – 1956	VD1T 1001 bis 7000	Motor wie T/ 1, Fahrgestell der GS, neuer Lenker, Bowdenzüge noch außenliegend
Vespa 150 GS (GS/2) Messerschmitt (Typ 62)	1956 – 1958	VD1TS 1001 bis 7000	Denfeld-Sitzbank, Bowdenzüge außenliegend
Vespa 150 Touren (T/3) Messerschmitt (Typ 122)	1957 – 1958	VD2T 7001 bis 13800	Bowdenzüge im Lenkergehäuse
Vespa 150 Touren (T/3) Augsburg (Typ 122)	1958 – 1959	VD2T 7001 bis 13800	ovales Schwanenhals-Rücklicht
Vespa 150 GS (GS/3) Augsburg (Typ 112, 162, 212)	1958 – 1961	VD2TS 70001 bis 10480	(Typ 112)
		VD2TS 10481 bis 13300 (Typ 162)	
		VD2TS 13301 bis 35177 (Typ 212)	Bowdenzüge innerhalb des Lenkergehäuses
Vespa 125 Augsburg (Typ 152)	1958 – 1959	VNA1T 125001 bis 126800	Motor VNA1M, Bosch-Zündanlage W225T1
Vespa 125 Augsburg (125/1 Typ 222)	1958 – 1959	VNA2T 126907 bis 128904	Motor VNA2M, Bosch-Zündanlage W225T1
Vespa 125 Augsburg (125/2 Typ 282 und 392)	1959 – 1962	VNB1T 128905 bis 131513	
		VNB3T ab 131514	
Vespa 150 Touren (T/4) Augsburg (Typ 202, 332)	1959 – 1965	VGLA1T 300001 bis 314387	nach italienischer Typologie eine 150 GL
		VGLA1T 314388 bis 315388 (Typ 332)	
		VGLB1T ab 315489	
Vespa 160 GS (GS/4) Augsburg (Typ 382)	1962 – 1965	VSB1T ab 500001	8,5 PS wie das italienische Modell

Die Fahrzeugidentifikationsnummer nach ISO 3779 (1981)

Die europäischen Autohersteller wurden bereits 1981 verpflichtet, anstelle der bislang vom Hersteller frei gewählten Fahrgestellnummer jedes Fahrzeug mit der 17-stelligen Identifikationsnummer (FIN) mit einer definierten Kombination von Ziffern und Buchstaben nach ISO-Norm 3779 zu kennzeichnen. Sie gibt Auskunft über den Hersteller, den Fahrzeugtyp, das Modelljahr, den Produktionsort und die laufende Produktionsnummer. Dabei bedeuten im einzelnen nach der Stelle:

1 - 3	Weltherstellercode (WIM)
4 - 9	Baureihe des Herstellers
10	Modelljahrescode
11	Produktionsort
12-17	laufende ansteigende Produktionsnummer, an Stelle 17 beginnend, davor „0"-Stellen.

Mit Einführung der Baureihe ET übernimmt Piaggio die Kennzeichnung der Vespa-Fahrzeuge mit dieser Identifikationsnummer. Sie beginnt mit der Buchstabenkombination ZAP für Piaggio/Italien. Danach folgt die sechsstellige Baureihe, hier C16000 für die ET2 und M19200 für die ET4. Modelljahr und Produktionsort bleiben unbenannt.

FIN Fahrgestellnummern (Int. Fahrzeugidentifikationsnummern)

Vespa PX 125 Kat E2	1999 – 2001	ZAPM09300
Vespa PX 125 Kat E2 FL	2001 – 2007	ZAPM50100
Vespa PX 125 Kat E3	2011 –	ZAPM74100
Vespa PX 150 Kat E2	1999 – 2001	ZAPM09045
Vespa PX 150 Kat E2 FL	2001 – 2007	ZAPM51000
Vespa PX 150 Kat E3	2011 –	ZAPM74200
Vespa PX 200 Kat E2	1999 – 2003	ZAPM18000
Vespa ET2 50	1996 – 1999	ZAPC16000
Vespa ET2 50	2000 – 2005	ZAPC38100
Vespa ET2 50 Iniez.	1998 – 2005	ZAPC12000
Vespa ET4 50	2000 – 2005	ZAPC26000
Vespa ET4 125	1996 – 1999	ZAPM04000
Vespa ET4 125 LEADER	2000 – 2005	ZAPM19000
Vespa ET4 150	1999 – 2005	ZAPM19200
Vespa LX 50 2T	2005 – 2013	ZAPC38101
Vespa LX 50 4T 2V	2005 – 2012	ZAPC38300
Vespa LX 50 4T 4V	2008 – 2013	ZAPC38700
Vespa LX 125	2005 – 2009	ZAPM44300
Vespa LX 125 i.e.	2009 – 2012	ZAPM68100
Vespa LX 125 3V India	2012 –	MET0000AA
Vespa LX 125 i.e. 3V	2012 – 2013	ZAPM68300
Vespa LX 150	2005 – 2009	ZAPM44200
Vespa LX 150 i.e. 3V	2012 – 2013	ZAPM68400
Vespa LXV 50 2T	2006 – 2009	ZAPC38102
Vespa LXV 125	2006 – 2009	ZAPM44301
Vespa LXV 125 i.e.	2009 –	ZAPM68102
Vespa S 50 2T	2006 – 2014	ZAPC38103
Vespa S 50 4T 4V	2008 – 2014	ZAPC38600
Vespa S 125	2006 – 2009	ZAPM44302
Vespa S 125 i.e.	2009 – 2012	ZAPM68101
Vespa S 125 i.e. 3V	2012 – 2014	ZAPM68301
Vespa S 150 i.e. 3V	2012 – 2014	ZAPM68401
Vespa Primavera 50 2T	2013 –	ZAPC53200
Vespa Primavera 50 4T 4V	2013 –	ZAPC53100
Vespa Primavera 125i.e. 3V	2013 –	ZAPM81100
Vespa Primavera 150i.e. 3V	2013 –	ZAPM81200
Vespa Sprint 50 2T	2014 –	ZAPC53201
Vespa Sprint 50 4T 4V	2014 –	ZAPC53101
Vespa Sprint 125i.e. 3V	2014 –	ZAPM81300
Vespa Sprint 150i.e. 3V	2014 –	ZAPM81400
Vespa GT 125L	2003 – 2004	ZAPM31100
Vespa GT 125L	2005 – 2006	ZAPM31101
Vespa GT 200L	2003 – 2005	ZAPM31200
Vespa GTS 125	2005 – 2008	ZAPM31300
Vespa GTS 125i.e.Super	2009 –	ZAPM45300
Vespa GTS 125i.e.SuperSport	2010 –	ZAPM45300
Vespa GTS 125i.e. ABS alle Typen	2014 –	ZAPM45301
Vespa GTS 250i.e.	2005 – 2012	ZAPM45100
Vespa GTS 300i.e.Super	2008 –	ZAPM45200
Vespa GTS 300i.e.SuperSport	2010 –	ZAPM45200
Vespa GTS 300i.e. ABS alle Typen	2014 –	ZAPM45202
Vespa GT 60°	2006	ZAPM45102
Vespa GTV 125	2006 – 2008	ZAPM31301
Vespa GTV 250i.e.	2006 – 2010	ZAPM45102
Vespa GTV 300i.e.	2010 –	ZAPM45201
Vespa 946	2013 –	ZAPM80100

Adressen / Webadressen

Vespa Club von Deutschland VCVD e.V.
Präsident: Uwe Bödicker
Hüschelrath 5
42799 Leichlingen
www.vcvd.de
mit den Adressen aller Vespa-Clubs in Deutschland

Vespa Veteranenclub Deutschland VVCD e.V.
Karl Scharl
Flachsstr. 12
85419 Mauern
www.vespa-veteranenclub.de

Vespa World Club
Viale Rinaldo Piaggio, 7
I - 56025 Pontedera (PI) / Italien
www.vespaworldclub.com
mit den Adressen aller nationaler Vespaclubs

Museo Piaggio
»Giovanni Alberto Agnelli«
Viale Rinaldo Piaggio, 7
I - 56025 Pontedera (PI), Italien
geöffnet Mo.-Sa. 10.00-18.00h
Eintritt frei,
Gruppenführungen nach Anmeldung
Tel.: 0039-587/271727,
museo@museopiaggio.it
www.museopiaggio.it

Museo della Vespa - Collezione Mauro Pascoli
c/o il Centro MIR
Via Faentina 175/A.
I - 48124 Ravenna (RA) / Italia
Mo.-Sa. 9-11, Mo.-Fr. 14.30-18 h
Tel: 0039-544/502078,
info@mauropascoli.it
www.mauropascoli.it

1. Deutsches Motorrollermuseum
Fam. Krüger
Gartenstr. 62
56349 Kaub/Rh.
Mi.-So. u. Feiertags 11-16h, 3,00 €
Tel.: 06722-4696,
rollermuseum@hotmail.de
www.motorrollermuseum.de

Vespa Museum München
Robin Davy
Tel.: 0171-6245847
(Voranmeldung erbeten)
roura@gmx.net
www.vespa-forever.de

Vespamuseum Mauern
Karl Scharl
Flachsstr. 12
85419 Mauern
Tel.: 08764/948421
vespakarl.mauern@t-online.de

Auto & Technik Museum e.V.
Museumsplatz
D-74889 Sinsheim
Mo.-Fr. 9-18h, Sa.,So. 9-19h, 14,00 €
Tel.: 07261-9299-0,
E-mail Kontaktformular
Homepage:
http://sinsheim.technik-museum.de

Vespa-Stiftung Frankfurt
Renate Gräfe
Staufenstr. 30
60323 Frankfurt/Main
Tel.: 069-724830
(Voranmeldung erbeten)
renate-graefe-vespa-stiftung@t-online.de
www.vespa-stiftung-frankfurt.de

Vespa Privatsammlung Greiner
Max Greiner
Waldshuter Str. 72
79713 Bad Säckingen
Tel.: 0173-3084815
(Voranmeldung erbeten)
max.greiner@freenet.de

Internet - Homepages

(Auswahl ohne Anspruch auf Vollständigkeit - kein Recht auf Aufnahme)

http://www.vespa.com/
Offizielle internationale Vespa-Seite mit Links zu allen Niederlassungen und autorisierten Importeuren weltweit

http://www.de.vespa.com
Offizielle Seite Vespa Deutschland

http://www.piaggio.com
Offizielle internationale Seite mit Links zu den Konzernmarken und allen nationalen Seiten

http://www.de.piaggio.com
Offizielle Seite der Piaggio Deutschland GmbH

http://www.vespaworldclub.com
Seite des Vespa-Weltdachverbands mit den Adressen aller nationaler Verbände

http://www.vcvd.de
Seite des Vespa Clubs von Deutschland e.V. mit Adressen aller Regionalclubs

http://www.vespa-veteranenclub.de/index.htm
Überregionale Interessengemeinschaft von Vespa-Fahrern und -Sammlern

http://www.vespaonline.de
News, Diskussionsforum, Termine, Bildgalerie uvm. rund um die Schaltvespa

http://www.vespaforum.com
wie vespaonline.de für moderne Vespas

http://www.scooter-center.com
Alte u. neue Vespas, Fahrzeuge, Zubehör, Tuning, Ersatzteile, Blog, Szene, gedruckte Kataloge mit vielen Bildern

http://www.sip-scootershop.com
Zubehör, Tuning und Ersatzteile für alte u. neue Vespas, Blog, Szene, Forum, Kataloge mit vielen Bildern, Youtubekanal

http://altevespa.de
News, Tips, Tricks, Infos für alte Blechroller

http://www.scooterhelp.com
Tips, Tricks, Schaltpläne und vieles mehr für alte Vespas (englischsprachig)

http://rollerwerke.com
Technik, Teile, Service für historische Vespas

http://blechroller.de
Restaurationstips für alte Vespas

http://www.blechroller.at
Ersatz- u. Tuningteile, Service für alte Vespas

http://www.vintagescooter.com
Ersatzteile, Restaurationen (französisch)

http://www.antiquevespa.com
Restaurationen, Handbücher, Teile uvm. für historische Vespas (englischsprachig)

http://modernvespa.com
Techn. Daten, Forum, Fotogalerie uvm. für alle modernen Vespas ab ET (engl.)

http://www.germanscooterforum.de
alles rund um Vespa, Lambretta und andere klassische Roller

Literatur (alte Auflage)

Goyard, Jean, Pascal, Dominique, Salvat, Bernard: Vespa Histoire et Technique, Editions Moto Legende/Rétroviseur, Paris 1992.

Kubisch, Ulrich: Motor-Roller-Mobil, Elefanten Press Verlag, Berlin 1985.

Kubisch, Ulrich: Deutsche Motorroller, SMC-Band 51, Schrader Verlag GmbH, Suderburg-Hösseringen 1992.

Pascal, Dominique: Scooters de chez nous, Editions M.D.M., Boulogne 1993.

Roos, Peter: Vespa Stracciatella, Transit Verlag, Berlin 1985.

Roos, Peter: Vespa bella donna, Nieswand Verlag, Kiel 1990.

Schermers Motorrad-Katalog, Motorrad-Technik Verlag, Stuttgart 1990.

Schneider, Hans-Jürgen: Vespa Motorroller, Verlag Schneider

Textsystem, Weilerswist 1990 (Erstausgabe: BLV Verlag, München 1985).

Windecker, Carl Otto: Motorrad-Typen 1951/52, Verlag Klasing & Co., Bielefeld 1951.

Vespa Style Handbook, Fujimi Publishing Company Ltd., Tokio 1993.

Zeichner, Walter: Vespa Motorroller, SMC-Band 14, Schrader Verlag, Suderburg-Hösseringen 1987.

Literatur (aktuell)

Bettinelli, Giorgio, Brum Brum, 254.000 Chilometri in Vespa, 5. Aufl. 2010, Feltrinelli Editore, Milano/Italia

Boni, Valerio, Vespa, Übersetzung aus dem Italienischen, Edizione Gribaudo, Savigliano (CN), 1. Aufl. 2006, Motorbuch Verlag Stuttgart

Coombs, Matthew/Mather, Phil, Piaggio-Vespa, Wartung u. Reparatur Automatikroller, Übersetzung aus dem Englischen 2007, Haynes Newbury Park (CA/USA), Verlag Delius Klasing Bielefeld

Donati, Roberto/Zanon, Paolo, Vespa 98, Risorgere su due ruote, 1a edizione 2010, Edizioni TEPsrl, Piacenza/Italia

Davy, Robin /Hahn, Mika, Vespa Forever – Sammlerstücke aus aller Welt, 1. Aufl. 2006, Tornax Media Korschenbroich

dMatto, Vespa extrem … oder die möglichen und unmöglichen Vespas Indonesiens, 2011, www.vespaextrem.com

Korp, Dieter, Motorroller Vespa, Piaggio & Co, (Reihe Jetzt helfe ich mir selbst), Aufl. 2012, Motorbuch Verlag Stuttgart

Kozik, Thilo/Meiszies, Norbert, Typenkompass Vespa, 1. Aufl. 2011, Motorbuch Verlag Stuttgart

Mazzanti, Davide (Hrsg.), Vespa – das offizielle Buch, Übersetzung aus dem Italienischen, Titel der Originalausgabe: »Vespa – Un Avventura Italiana nel Mondo«, Giunti Editore, Firenze – Milano/Italia, 3. Aufl. 2010, Verlag Delius Klasing, Edition Moby Dick, Kiel

Paxton, Mark. Vespa klassische Zweitaktmodelle – Praxisratgeber Klassikerkauf, Übersetzung aus dem Englischen 2011, Heel Verlag Königswinter

Piaggio & C. S.p.A. (Hrsg.), Un museo per sognare, 2005, Pacini Editore S.p.A., Ospedaletto/PI/Italia

Reparaturanleitung Piaggio Vespa PX/Cosa, Aufl. 2011, Bucheli-Verlag (CH)/Motorbuch Verlag Stuttgart

Rönnike, Frank, Die Motorroller der Wirtschaftswunderzeit, Schrader-Typen-Chronik, Aufl. 2010, MBV Stuttgart

Roos, Peter, Vespa bella donna, 2. Aufl. 1991, Nieswand Verlag, Kiel

Sarti, Giorgio, Vespa – die Offizielle Chronik, Übersetzung aus dem Italienischen, erschienen bei Giorgio Nada Editor s.r.l., Vimodone/MI/Italia, Neuauflage 2011, Heel Verlag Königswinter

Schermer, Franz Josef, Vespa GTS u. GTV-Modelle, Wartung, Pflege, Reparatur, 1. Aufl. 2012, Bucheli-Verlag Wil (CH)/Motorbuch Verlag Stuttgart

Schneider, Hans J., Klassische Vespa Motorroller, Technik, Wartung, Reparatur, 16. neubearbeitete Aufl. 2014, Schneider Media UK LTD.

Schneider, Hans J., Vespa ET, LX, LXV, S Automatik-Roller, Technik, Wartung, Reparatur, 3. durchgesehene Aufl. 2013, Schneider Media UK LTD.

Schneider, Hans J., Vespa GT, GTS, GTV Automatik-Roller, Technik, Wartung, Reparatur, 1. Aufl. 2011, Schneider Media UK LTD.

Schwarz, Guido, Vespa – was für ein Leben, 1. Aufl. 2011, Wien

Schwarz, Guido, Vespa – Geschichten v. Wien bis Rom, 1. Aufl. 2013, Verlag Guido Schwarz, Wien

Sparrow, Andrea u. David, Das Vespa Album, Übersetzung aus dem Englischen, Titel der Originalausgabe »The Colour Vespa Family Album«, Veloce Publishing PLC, Godmanstone/England, 2. Aufl. 1999, Motorbuch Verlag Stuttgart

Struss, Dieter, Vespa: die »flotte Vespe« rollt seit 50 Jahren, 1995, Battenberg Verlag Augsburg

Uhlig, Günther, Vespa – Die Geschichte des Kultklassikers im Bild, 1. Aufl. 2014, Motorbuch Verlag Stuttgart

Vespa-Veteranen-Club Deutschland e.V. (Hrsg.), Chronik 25 Jahre VVCD, 2013

Zeichner, Walter, Vespa Motorroller, Schrader-Motor-Chronik, 4. Aufl. 2000, Schrader Verlag Stuttgart

Zeitschriften (alte Auflage)

Rollerei und Mobil,
Stuttgart, div. Jahrgänge.

Roller-Mobil-Kleinwagen,
Stuttgart, div. Jahrgänge.

Das Motorrad,
Stuttgart, div. Jahrgänge.

Oldtimer-Markt,
Mainz, div. Jahrgänge.

Piaggio,
Genua, div. Jahrgänge.

Vespa-Tip,
Augsburg, div. Jahrgänge.

Zeitschriften/Magazine (Printmedien aktuell)

Vespina,
erscheint 4x jährlich, Verbandszeitschrift des Vespa Clubs von Deutschland

Motoretta Spezial,
Vespa, Nr. 1/2006,
Vespa, Nr. 2/2011,
Vespa, Nr. 3/2012,
Motoretta Verlagsgesellschaft Recklinghausen/DoldeMedien Verlag GmbH Stuttgart

Scooter&Sport,
erscheint 6x jährlich im Wagner u. Wimme Verlag Schwabach

Motoretta,
erscheint 8x jährlich im DoldeMedien Verlag Stuttgart

rollerJournal,
erscheint 4x jährlich im rollerJournal Verlag Linz, Österreich

Motorrad,
erscheint 14tägig bei Motor Presse Stuttgart

2Räder,
erscheint monatlich bei Motor Presse Stuttgart